U0290125

西方文化中的数学

〔美〕莫里斯·克莱因 著

张祖贵 译

商务印书馆
The Commercial Press

2020年·北京

译者前言——
论莫里斯·克莱因的数学哲学思想[①]

张祖贵

　　莫里斯·克莱因(Morris Kline,1908—1992)是美国著名的应用数学家、数学教育家、数学史学家和数学哲学家。他于 1936 年在纽约大学获得数学方面的哲学博士学位。1936—1938 年任普林斯顿高等研究院助理研究员,1942—1945 年以物理学家身份供职于美国陆军通信部队。除此之外,他的绝大部分时间是在纽约大学从事研究与教学工作。他还执教于斯坦福大学,美国和德国的一些科研与教学机构也不时聘请他。他一直是德国古根海姆(John Simon Guggenheim)荣誉研究员和富布赖特(Fulbrighter)讲座主持人。他曾担任纽约大学柯朗数学科学研究所电磁研究部主任长达 20 年,担任纽约大学研究生数学教学委员会主席 11 年。他拥有无线电工程方面的多项发明专利。M. 克莱因曾是纽约大学柯朗数学科学研究所退休教授,《数学杂志》(*Mathematics Magazine*)和《精密科学的历史档案》(*Archive for History of Exact Sciences*)两家刊物的编委。

---

① 　本文原载《自然辩证法通讯》1989 年第 6 期。此次收入时略有增补。

《古今数学思想》[①](*Mathematical Thought from Ancient to Modern Times*,1972)是 M. 克莱因的代表作,不仅在科学界,而且在整个文化界都颇有影响。长期以来,他对数学哲学进行了深入研究,从多方面、多层次提出了许多新颖、独特的观点。主要代表著作有:《数学与物理世界》(*Mathematics and the Physical World*,1959)、《数学:确定性的丧失》(*Mathematics:The Loss of Certainty*,1980)、《西方文化中的数学》(*Mathematics in Western Culture*,1953)、《数学:一种文化探索》(*Mathematics,A Cultural Approach*,1962)、《数学与对知识的探索》(*Mathematics and the Search for Knowledge*,1985)。在轰轰烈烈的"新数学"运动中,他从数学哲学、数学历史的角度阐述了自己对数学教育改革的态度,发表了一系列著作:《为培养通才的数学》(*Mathematics for Liberal Arts*,1967)、《为什么约翰不会做加法:新数学的失败》(*Why Johnny Can't Add:The Failure of the New Mathematics*,1973)、《为什么教授不能教书》(*Why the Professor Can't Teach?* 1977)。

由于 M. 克莱因的主要研究领域是在应用数学和电磁学方面,因此他并不像当代许多数学哲学家一样直接从事数学基础(如数理逻辑等)的研究,也不像维特根斯坦(Wittgenstein)、拉卡托斯(Lakatos)等人从哲学研究的角度审视数学。但是,这并不妨碍他的数学哲学研究。他以自己独特的数学研究感受,对数学历史的

---

① 台湾九章出版社 1979 年出版了该书中译本《数学史——数学思想的发展》(林炎全、洪万生、杨康景松译)。同年,上海科学技术出版社出版了该书中译本《古今数学思想》(北京大学数学系组织翻译)。

深入研究和认识,对数学基础问题、数学本体论问题、数学真理性问题、数学文化等一系列数学哲学的基本方面进行了认真研究,在学术界产生了深远影响。

(一)作为数学哲学出发点的数学史观

在《古今数学思想》和《数学:确定性的丧失》两书序言的题头,克莱因都引用了 H. 庞加莱的名言:"如果我们想要预见数学的将来,适当的途径是研究这门科学的历史和现状。"他的数学哲学研究工作,就是按照这样的精神进行的。无论是在刚才提到的两书中(《古今数学思想》本身就是数学史专著),还是在《数学与物理世界》、《西方文化中的数学》中,都是以数学史为经线,按照历史的线索阐述自己的观点。在这个意义上,他可以称得上是科学哲学中标准的历史主义学派代表。

在纽约大学柯朗数学科学研究所,他与希尔伯特的学生 R. 柯朗(Courant,1888—1972)关系十分密切,这使得他也深受格丁根(Göttingen)大学数学传统的影响,注重研究数学史。在数学史的研究中,他除了关注重大的数学创造和发展以外,极度关心的问题就是:对数学本身的看法,不同时期这种看法的转变,以及数学家对于他们自己的成就的理解等[①]——而这些就是数学哲学所研究的问题。他认为,数学的历史发展与数学哲学有关问题的逻辑发展,如数学与外部世界、数学真理论、数学文化的发展有着惊人的

---

① M. 克莱因:《古今数学思想》第 1 册,上海科学技术出版社,1979 年,序 Ⅳ 页。

一致性，因此他在论述这些问题时倾向于采用历史的方法。在他看来，历史的方法是考察思想如何产生、是什么激发了对这些思想的研究以及这些思想是如何影响其他领域的最恰当的方法。他在谈到用历史方法探讨数学文化时说到，这样将会使人们了解到"数学作为一个整体是如何发展的，数学的活跃时期和沉寂时期与相应的西方文明发展时期的关系怎样，以及文明的进程如何影响数学的内容和实质"①。数学史是他研究数学哲学的基本出发点。

那么，克莱因的数学史观是怎样的呢？从数学哲学研究方面来看，数学史可以为其提供广阔、真实的背景。例如，数学教育使人觉得数学真理性是天经地义的，但是，只要考察数学史就可以认识到，这种认识并非正确。数学的历史告诉人们："数学的展开不是逻辑的。把直觉、巧妙的推测、纯粹形式上的运算（不加批判地使用）和一些物理论证拼凑起来，便引导着数学家们去肯定他们所谓的'定理'。"②算术、代数、微积分以及大部分数学分析的发展史都证明了这一点，所以，数学哲学的诸多基本问题，在数学发展的历史中就已经显现出来了。

克莱因在看待数学历史发展时，主张历史渐变论。他认为，数学历史告诉人们，数学中的各个分支的发展是由汇集不同方面的成果，点滴积累而成的，常常需要几十年，甚至几百年的努力才能迈出有意义的几步。当然同时他也肯定集大成者的决定作用。在评价微积分的发展与牛顿在这一发展中的作用时，他明确地表明

① 见本书边码第 viii 页。
② M. 克莱因："数学的基础"（上），《自然杂志》，1979 年第 4 期，第 229 页。

了这一观点。他说:"数学和科学中的巨大进展,几乎总是建立在几百年中做出一点一滴贡献的许多人的工作之上的。需要有一个人来走那最高和最后的一步,这个人要能足够敏锐地从纷乱的猜测和说明中清理出前人的有价值的说法,有足够的想象力把这些碎片重新组织起来,并且足够大胆地制定一个宏伟的计划。在微积分中,这个人就是伊萨克·牛顿。"[①]他的这一观点,在他整个数学史研究中显得十分突出。

由于他的这种渐变论观点,因此在他的数学史研究中,同时也在他的数学本体论、数学真理论、数学文化的研究中,占据主导地位的就是数学课题,而不是数学家。他认为,数学的每一个分支打上了它的奠基者的烙印,并且杰出的人物在确定数学的进程方面起决定性作用。但是,即使研究数学家,特意叙述的也是他们的思想,传记完全是次要的。在这方面他特别欣赏帕斯卡的一句话:"当我们援引作者时,我们是援引他们的证明,不是援引他们的姓名。"因此,在他的著作中,数学课题的研究、数学思想的研究远远超过对数学家本人的研究。如在"形式主义与集合论基础"一章中,他对希尔伯特这位 20 世纪的伟大数学家,并没有研究多少生活状况,而是着重剖析其思想。在对希尔伯特的"有限性"思想进行分析时,他指出,希尔伯特"有限性"思想相当混乱,如希尔伯特在 1925 年认为命题"如果 P 是一个素数,则存在一个比 P 大的素数"是一个非有限性的命题,而认为命题"如果 P 是一个素数,则在 P 与 $P!+1$ 之间存在一个素数"是一个有限性的命题。而在

---

①　 M.克莱因:《古今数学思想》第 2 册,第 65—66 页。

1934 年的论文中,希尔伯特又提出了另外一套标准[①]。因此,克莱因认为,数学家的思想应是数学史的核心,因为它是数学课题的主要的、真正富有活力的、反映数学本来面目的组成部分。

春天的紫罗兰到处开放。在本质上,克莱因相信数学历史发展有其固有的规律性。与崇尚数学思想而不过分崇尚一个个具体的数学家的思想一致,他总是试图说明每一项重大数学发明的前因后果,而这种因果关系在他看来完全可以从科学、数学发展中找出。正因为如此,他对数学史上的优先权之争持一种"多元"、"两可"的态度。在对待非欧几何的优先权时,他的这种态度最为明显。他写道:"任何较大的数学分支甚或较大的特殊成果,都不会只是个人的工作。充其量,某些决定性步骤或证明可以归功于个人。这种数学积累的发展特别适用于非欧几何。如果非欧几何的诞生是指人们认识到除了欧几里得几何之外还可以有他种几何的话,那么它的诞生应归功于克吕格尔(Klügel)与兰伯特(Lambert)。如果非欧几何意味着,一系列包括异于欧氏平行公理的公理系统推论的技术性推导,那么最大的功绩必须归于萨凯里(Saccheri),即便是他也利用了很多人寻求更易于接受的代换欧氏公理上的工作。然而有关非欧几何最大的事实是它可以描述物质空间,像欧氏几何一样地正确⋯⋯这种认识,不需要任何技术性的数学推导(因已有人做过),首先是由高斯(Gauss)获得的。"[②]在研究变分法的历史时,他对优先权也是持这种态度。我们认为,这种态

---

①　M. Kline,*Mathematics:The Loss of Certainty*,p. 250.

②　M. 克莱因:《古今数学思想》第 3 册,第 285—286 页。

度对于数学思想史来说，也许更接近历史的真相。

　　作为一位数学家，克莱因认为，数学史对于专业的数学家和未来的数学家都有帮助。在他看来，历史背景是很重要的。现代数学已经出现了成百上千的分支，全能的数学家已极难出现，为了能了解数学的重大问题和目标，从而能对数学发展的主流做出贡献，最稳妥的办法也许就是要对于数学的过去成就、传统和目标有一定的了解，以使自己的研究工作能被导入有成果的渠道。为了实现这样的愿望，他的数学史著作为数学家的工作提供了十分翔实的背景，正因为如此，《古今数学思想》被人评论为："就数学史而论，这是迄今为止最好的一本。"

　　作为一位数学教育家，克莱因对数学史在数学教育中的作用寄予了极高的愿望。格丁根大学的传统使得他和柯朗都非常注重数学教育。在他们看来，通常数学教科书所介绍的是一些没有什么关系的数学片断，它们给出一个系统的逻辑叙述，使人们产生了这样的错觉，似乎数学家们几乎理所当然地从定理到定理，数学家们能克服任何困难。而且课本字斟句酌的叙述，不能反映数学家们艰难的探索过程[①]，所有这些对于培养真正的富有创造力的数学家都是极其不利的。不仅如此，他们还对世界范围内的数学教育深感担忧。柯朗在为克莱因的《西方文化中的数学》写的序言中指出："科学家们与世隔绝的研究，教师们少得可怜的热情，还有大量枯燥乏味、商业气十足的教科书和无视智力训练的教学风气，已经在教育界掀起了一股反数学的浪潮。然而，我们深信，公众依然

---

　　①　M. 克莱因：《古今数学思想》，序言 vi—vii。

对数学有浓厚的兴趣。"①为了扭转这种状况,克服数学教科书和数学教学中的诸多弊端,克莱因认为数学史能起到有效的作用。数学史可以提供整个课程的概况,使课程的内容互相联系,并且与数学思想的主干联系起来;数学史可以让学生们看到数学家们的真实创造历史——如何跌跌、如何在迷雾中摸索前进,从而鼓起研究的勇气;从历史的角度来讲解数学,是使人们理解数学内容和鉴赏数学魅力的最好的方法之一。他的这一良苦用心,今天已得到了越来越多的人士的认可。

正是从对数学历史的考察中与对数学教育特点的思考中,使克莱因认识到,学生学习数学的过程与数学发展的历程有一定的类似性,即遵从生物发生学的一个基本规律:个体的成长要经历种族成长的所有阶段,顺序相同,只是所经历的时间缩短。由此出发,他认为"新数学"过分强调逻辑教学,有悖上述规律,因此注定了要失败。他在《为什么约翰不会做加法:新数学的失败》中,就是通过历史考察对"新数学"运动提出了尖锐的批评:"由于新数学的主要革新是将演绎法用于一般的数学科目上,我们要确定的是在数学方法上,特别在能否增进学生对数学的理解上,究竟有什么优点?经多方面的考量,不能不说这一问题的答案是否定的。首先,让我们了解数学本身的发展及其发展历史上,是否提供任何有助于我们判断的证据。毕竟数学是由了解数学的人所创建,且看欧几里得、阿基米德、牛顿、欧拉及高斯等大师是如何懂得数学的?""直到19世纪后期,数学、代数、分析(微积分及其延展)的逻辑基

---

① 见本书边码第 v 页。

础才开始建立,这一层至关重要。换句话说,多少世纪以来,数学的各主要分科的建立,几乎全未依赖逻辑发展。伟人的直觉显然比逻辑更有力量。""从上述历史能推断出什么结论?最具有直觉意义的概念,像整数、分数及几何概念最先被接受及运用,似乎明白不过。较少直觉的概念,像无理数、负数、复数、用字母做一般系数以及微积分等概念的建立和被接受,则各需许多世纪。……直觉凭证诱导数学家加以接受,逻辑的到来通常迟于创建以后很久,并且很不容易。数学的历史虽未证明,但已提示我们逻辑方法远较困难。"[①]近年来,数学教育中越来越重视数学史,实与柯朗、克莱因等人的呼吁有一定联系。

不考虑数学史的数学哲学是苍白无力的。在数学哲学家探讨数学的方法中,数学史提供了一种最实际、最有效的方法。克莱因准确地把握了这一点。

(二)数学与物理世界——数学本体论

数学研究对象的本体论问题,在很大程度上讨论的就是数学概念是否反映客观的真实实在这一问题[②]。克莱因,作为一位应用数学家和数学哲学家,当然非常关注数学本体论,不过他将问题稍微作了一点变换。他在讨论数学本体论时,主要讨论数学与物理世界的关系问题。当然这不仅仅因为他为此写了一本专著《数

①　转引自洪万生:《从李约瑟出发》,第12—13页。
②　夏基松、郑毓信:《西方数学哲学》,人民出版社,1986年,第201页。

学与物理世界》,而且他在讨论数学真理性等问题时,都主要以数学与物理科学发展的关系来说明数学与客观真实实在的关系。

从学术流派上来分,在数学本体论观点上,克莱因有着较明显的形式主义数学观,认为数学命题是按照一定法则组成的符号系列,数学家有创造数学结构的自由。他对实在论,即数学的研究对象是一种独立于人类认识的客观存在的观点,持较明确的反对态度。我认为,他在数学本体论方面的这一观点,相当准确地反映了数学发展的实质,值得引起我们的重视。

《数学与物理世界》一书的目的之一,就是展示数学在研究自然时的作用,从中人们可以看到数学是怎样成为以及为什么会成为科学理论的核心的[①]。从欧氏几何对物理空间的描述,圆锥曲线理论应用于近代天文学理论,微积分对于近代科学发展的决定性影响,直到麦克斯韦的电磁学微分方程组、广义相对论所利用的黎曼几何,似乎都在证实,而且在不断证实:上帝在一开始就创造了数学,然后再按照数学定律创造了宇宙和地球[②];数学是关于客观现实世界的数量关系和结构关系的一门科学。但是,克莱因对于数学与物理科学发展的历史进行了详细的分析后,再结合现代数学的特点和本质,却宣告:这种观点是站不住脚的。但是,他没有否认数学对于科学(主要是物理科学)的极其有效的作用,而是给出了独到的分析。

在克莱因看来,数学不包含真理(这是他的真理观,下面将详

① M. Kline, *Mathematics and the Physical World*,序 viii 页。
② 同上书,p. 467。

细论述),因此就没有必要解释数学是如何产生真理的,而只需要阐释物理世界和数学描述两者之间的关系。这种关系怎样呢? 他认为主要体现在这样几个方面:

　　(1)数学开始于选择某些在研究物理世界时所出现的概念,如数的概念和几何学中的一些概念;

　　(2)在数学应用于物理世界的过程中,最富有成果的是某些非数学公理也进入到这一过程,如牛顿数学力学体系中的运动定律和万有引力定律;

　　(3)将数学方法应用于自然界时,数学家和科学家得到新的结论的途径有明显的区别,数学家们诉诸于逻辑演绎,而科学家则依靠观察和实验来验证数学结论[①]。

　　在这些关系中,有什么能够确保数学准确地反映客观实在呢?没有! 但是,数学发展和科学发展的历史却一再表明,数学对于科学发展是异常有用的,怎么解释呢? 克莱因老老实实承认,数学陈述对物理世界的分析的有效性是不可解释的,正如世界本身的存在性和人的存在性一样[②]。

　　不仅如此,他甚至认为数学对科学发展的作用与日俱增,它不仅满足了科学的需要,而且指明了科学发展的方向,为人类认识自然、把握自然提供了最重要的方法。在他看来,这都是由于数学中非欧几何等重大变革所造成的。他强调指出:"非欧几何的出现不仅没有摧毁数学的这种价值和它的结论的可信性,而且令人难以

[①]　M. Kline, *Mathematics and the Physical World*, pp. 469—470.

[②]　同上书,pp. 471—472。

置信地增加了它的作用,因为数学家感觉到了迅速研究新思想的自由,而且发现它们是十分有用的。"①

　　克莱因认为,在非欧几何被人们认可以前,人们对数学与物理世界关系的认识都是错误的。他在评价 19 世纪的数学时指出:"从数学未来发展的角度看,这个世纪发生的最重要的事情是,获得了数学与自然界的关系的正确看法。"②这些看法是,数学是与自然界里的概念和法则全然不同的;数学具有一定程度的人为性(artificiality);数学能够引进并研究一些相当任意的概念和理念,它们或者像四元数那样没有直接的物理解释,但却是有用的,或者像 n 维空间几何那样,满足一种普遍性的要求;数学与其他领域的区别在于它自由地创造自己的概念,而无需顾及是否实际存在,等等。总之,这种正确的看法是充分认识到数学是人的创造物,认识到必须将数学知识与真理区分开,因为科学的确是在寻求关于物质世界的真理,因此也必须将数学与科学(至少是自然科学)区分开③。这样,我们就看到,克莱因抛弃了数学实在论。

　　克莱因说:"(数学)真理神圣性的丧失,似乎解决了关于数学的本质这一个古老问题。数学是像高山、大海一样独立于人而存在,还是完全是人的创造物呢? 换句话说,数学究竟是数学家们经过辛勤劳动挖掘出的深藏了若干世纪的宝玉,还是他们制作出的一块人造的石头呢?"在他看来,答案是十分明显的。尽管有各种各样的实在论观点,然而"数学的确似乎是人造的、易犯错误的思

---

　　①　M. Kline, *Mathematics and the Physical World*, p. 465。
　　②　M. 克莱因:《古今数学思想》第 3 册,第 101 页。
　　③　本书边码第 10 页。

想的产物,而不是独立于人的永恒世界中的东西;数学并不是建立在客观现实基础上的一座钢筋结构,而是人在思想领域中进行特别探索时,与人的玄想连在一起的蜘蛛网"[①]。在他看来,数学本体论问题获得了一种全新的解决。

那么,怎样看待数学发展与物理世界的关系呢? 他认为,即使是牵涉到像几何空间这样的理论,应该首先接受这样的事实:以物理空间为基础的思想体系(这是一种数学理论)与物理空间是不同的。然后我们所采取的态度是,把任何关于物理空间的理论(欧氏几何也好,非欧几何也好)都作为一种纯粹的主观构造,而不要责备它与现实相悖。人创造出一种几何,欧氏几何或非欧几何,然后由此决定他的空间观念。这样的好处是,尽管不能肯定空间具有客观的某些特征,但是人们却能对空间进行思考,并且在科学研究中利用这种理论。在他看来,如此这般建立的数学理论并不否认存在诸如客观物质世界这样的内容,它仅仅强调了这样的事实:人们关于物理世界的判断,所获的结论纯粹是自己的创造。

那么这种创造怎么可能会对人类认识客观世界发挥作用呢? 对此,克莱因从三方面给出了回答。

(1)人的自由创造是否"有用",是一个长期的历史过程,一时的"功利"标准,可能会断送极富创造力的数学成果。如圆锥曲线论、群论、黎曼几何在刚产生时不是一种自由创造吗? 可它们后来不都发挥了巨大的作用吗[②]?

---

①　本书边码第 431 页。

②　M. Kline,*Mathematics and the Physical World*,pp. 472—473.

（2）数学研究并不是对自然的记录，而即使是用于自然界也只是对自然的阐释。任何阐述都有可能出错。现代科学哲学分析表明，就是实证科学理论在本质上也具有"可证伪性"，何况数学呢？不仅如此，数学由于是一种"自由创造"的产物，当它在阐述物理世界失却意义或出现错误时，人们就不应问，这种数学理论是怎么回事？而应该问，为了使它继续有意义，什么样的假定才是方便的？

（3）从实际效果来看，存在这样的悖论：尽管没有真理，数学却一直给予了人类征服自然的神奇力量。他引用 A. N. 怀特海（A. N. Whitehead, 1861—1947）的话来表明自己的观点："没有什么比这一事实更令人难忘的了，数学脱离现实而进入抽象思维的最高层次，当它返回现实时，在对具体事实分析时，其重要性也相应增强了。……最抽象的东西，是解决现实问题最有力的武器，这一悖论已完全为人们接受了。"数学发展史表明，正是由于有了自由创造的数学，科学才取得了辉煌的成就，这一事实本身就足以证实无需为数学的作用担心。他因此而强调指出数学是科学的灯塔[①]。

数学是否反映客观实在这个数学本体论问题，在克莱因看来答案是否定的，或者是不可说的。他所持的是一种典型的乐观的工具主义态度。数学只是科学的一种工具，而且是一种不完备的工具。"我们正在利用不完善的工具创造奇迹吗？"数学与物理世界的关系恐怕就是如此。

后来，克莱因继续探讨这一问题，认为数学在探索知识方面有

---

①　本书边码第 10 页。

其重要作用。我们可以从他 1985 年出版的《数学与对知识的探索》一书的目录中看出他的观点：

序言：历史回顾：存在一个客观世界吗？

1. 感觉与直觉失灵

2. 数学的兴起与作用

3. 古希腊的天文世界

4. 哥白尼与开普勒的日心学说

5. 数学支配物理科学

6. 数学与神秘的万有引力

7. 数学与非感觉的电磁世界

8. 相对论的序幕

9. 相对论世界

10. 物质的解体：量子理论

11. 数学物理的真实性

12. 数学为什么会有效

13. 数学与大自然的行为

这部著作[①]可以说代表了他对数学作用的最终定型的观点，即数学主要是用于对知识的探索。不过，应该清楚的是，探索知识与揭示出自然界的真实性相去甚远。克莱因的一个基本观点是，关于自然界的知识——科学理论，仅仅只是我们对世界的一种认识，一种解释，与自然界本身完全是两回事[②]。牛顿力学、相对论、

---

① 　M. Kline, *Mathematics and the Search for Knowledge*, Oxford University Press, 1985.

② 　同上书, pp. 210—227。

量子论等一切知识,都不能说已揭示了自然界的真面目,因此,利用数学去探索知识将是一个永无止境的活动。

(三)丧失了确定性——数学真理论

在数学真理性问题上,克莱因的观点十分明确:"数学自命为真理的态度已经是必须抛弃的了。"[①]"数学是一门知识体系,但是它却不包含任何真理。与之相反的观点却认为,数学是无可辩驳的真理的汇集,数学就像是信仰《圣经》的教徒们从上帝那儿获得的最后的启示录一样,这是一个难以消除的、流传甚广的谬论。"[②]更有甚者,1980年他干脆写了一本书:《数学:确定性的丧失》,系统地阐述数学是怎样和为什么丧失真理性的。

的确,克莱因否认数学具有真理性,但是却不能认为他坚持数学真理问题上的悲观主义。因为否认数学具有真理性,并不一定对数学持一种悲观态度。至少对于他来说不是这样。正好相反,他认为,数学丧失了确定性和真理性,但并没有降低数学的作用,而是在某种程度上给数学发展注入了活力。数学获得了新的自由,数学发展仍具有广阔的前景。我认为,这就是克莱因的数学真理论的主要观点。

克莱因从数学发展的历史出发,详尽地论证了数学真理性的产生、鼎盛、丧失的过程。我们认为,这种方法对于人们了解他的

---

① M. 克莱因:"数学的基础"(下),载《自然杂志》1979 年第 5 期,第 305 页。

② 本书第 8 页。

观点是十分有利的,从中我们也可以真正理解他所强调的"确定性的丧失、真理性的丧失"的含义。

数学真理性的产生。这是古希腊文明对于人类文明的最大贡献。毕达哥拉斯学派和柏拉图学派促进了人类对数学真理性的认可①。物质世界转瞬即逝,只有理念才是永恒的,而认识理念的唯一途径就是数学,因而数学就成了真理的总汇,数学真理性由此产生了。

数学真理性结出了果实。这个果实就是近代科学的诞生。开普勒、笛卡儿、伽利略的数学宇宙观是其主要代表。科学必须是寻求数学解释和描绘,这比物理解释更重要。《自然哲学的数学原理》是最主要的代表成就,数学研究的主要目的是得到更多的自然界定律,更深入地了解自然设计的真相②。

第一次冲击:数学真理的毁灭。非欧几何和四元数理论的出现使人们认识到,外部物质世界遵循数学定律的信念被摧毁了③。欧氏几何、非欧几何(各种)至少是部分地互相矛盾,但居然都能用来描述物理空间,人们真不知道对于物理空间来说,究竟哪一种是真实的。一向宣称是描述数量和空间真理的数学,现在怎么出现了几种相互矛盾的几何学呢? 这样就迫使人们不能不承认这样的事实:所有的几何学都可能是一种"假设"④。

数学体现出符合逻辑的学科的不合逻辑的发展。数学是一门

---

① 　M. Kline, *Mathematics: The Loss of Certainty*. pp. 16—17.

② 　同上书, p. 61。

③ 　同上书, p. 75。

④ 　本书边码第 429 页。

讲究逻辑严密性的学科,但它的发展却是极其不合逻辑的。负数、复数的各种理论已经十分发达了,但数学家们还没有找到有理数、复数的逻辑基础。

不合逻辑的发展:分析学的困境。分析学的主体——微积分、微分方程、函数论已经取得了令人瞩目的成果,但人们还在为极限理论煞费苦心。进入 19 世纪后,人们才在为已蓬勃发展的数学寻找基础①。

不合逻辑的发展:伊甸乐园的入口处。到 1900 年时,经过艰苦努力,在自然数公理的基础上,算术、代数和分析严密化了,在关于点、线和其他几何概念公理的基础上,几何学也被严密化了。有人兴高采烈地说:"绝对的严密已经达到了。"人们仿佛站到了伊甸园的大门口。

伊甸园关闭了大门:推理的新危机。正当人们自鸣得意的时候,集合论中出现了悖论,数学基础受到了严重挑战,数学家们不得不重新审视数学基础。

于是,为了重建数学基础和解决数学的矛盾,人们开始从 4 个方面对基础的根本问题提出解答——集合论的公理化、逻辑主义、直观主义和形式主义,它们对数学的理解都不相同,但是它们都没有达到目的,都没有能够对数学提供一个可以普遍接受的途径。不仅如此,1931 年哥德尔的不完全性定理对这些数学基础工作又投下了阴影。数学似乎又面临着灾难,处于孤立无援的境地。

因此,不仅数学丧失了揭示客观实在的真理性,就是数学本身

---

① M. Kline, *Mathematics: The Loss of Certainty*, pp. 153—171.

是否具有严密的基础都成了严重的问题。数学在这双重意义上都丧失了确定性,现在数学该向何处去?! 人类理性的骄傲和最富有魅力的成果黯然失色了。

以上就是克莱因所描述的数学确定性丧失的历程。我认为,按照克莱因的这种分析,数学对自然界真理的确定性和数学自身的确定性无可挽回地丧失了,不愿意承认这样的现实或否认确定性丧失的必然性,很难说是明智的或尊重历史的态度。问题的关键是,对于数学确定性的丧失,我们应该持一种什么样的态度。

克莱因承认,数学真理性的丧失增加了数学和科学关系的复杂性,数学本身的危机也使得人们对将数学方法应用于文化的许多领域如哲学、美学等领域持更加慎重的态度[①],把数学当作真理化身的时代一去不复返了。

但是,这并不能降低数学的作用,实际上也没有降低数学的作用。进入 20 世纪后,数学在描述和探索物理现象、社会现象时的作用以前所未有的速度扩大了。这一切,在克莱因看来,都与数学真理性的丧失不无关系。克莱因认为,数学真理性的丧失使数学获得了自由,"现在,这一点似乎已经很清楚了,数学家们应该探索**任何**可能的问题,探索**探索**任何可能的公理体系,只要这种研究具有一定的意义;运用于现实世界的这一数学研究的动力,依然为人们所遵从。数学史上的这一阶段(指非欧几何使数学丧失真理性)使得数学摆脱了与现实的紧密联系,使数学自身从科学中分离出来了,就如同科学从哲学中分离出来,哲学从宗教中分离出来,

---

①　M. Kline,*Mathematics*:*The Loss of Certainty*,p. 7.

宗教从万物有灵论和迷信中分离出来一样。……1830年以前，数学家的处境可以比作是一位非常热爱纯艺术，而又不得不接受为杂志绘制封面的艺术家。从这种限制中解脱后，艺术家就可以无限制地发挥他的想象力和创造力，创造出众多的作品。非欧几何正是这种解脱的因素。"①他认为，自19世纪中叶以来，数学活动的大量扩张，数学家工作动力的多元化，就是新的数学影响的例证。这种分析以及比喻，是十分贴切的，而且符合数学发展的现状。

　　在此有必要把克莱因对 B. 罗素的一段名言的诠释在这里介绍一下。罗素曾说过一段看似无理、实则充满睿智的话："数学可以定义为这样一门学科：我们不知道在其中说的是什么，也不知道我们说的是否正确。"克莱因认为，这是罗素用生动的语言对数学在20世纪与科学的关系，或者说纯粹数学与应用数学关系的最好描述。数学家们不知道自己所说的是什么，是因为纯数学与实际意义无关；数学家们不知道所说的是否正确，是因为作为一位数学家，他们从不费心去证实一个定理是否与物质世界相符，对这些定理我们只能问也只需问它是否是通过正确的推理得来的②。长期以来，我们总认为罗素的这段话是在宣扬不可知论，实际上是我们自己没能理解这段话的背景，同时也由于没有从数学丧失了真理性这一角度来认识这句话的实质。

　　对于数学本身的基础问题，他也持一种尊重现实的、豁达的态度。认为"我们必须承认严格性并不是现实，而是人们可以接近的

---

①　本书边码第 431 页。

②　本书边码第 462 页。

一个目标,可能是永远达不到的目标。我们必须经常努力加强我们已有的东西,但是没有希望达到完善的目的。历史的教训是:力求达到这一不可能达到的目标,我们能继续产生一些卓越而有用的著作,这样的著作曾经造成了数学的过去光荣。即使失掉了幻想,我们仍能继续从事于数学"①。正因为数学是一种人的自由创造,因此它就永远富有魅力,我们有什么理由对它的前途悲观呢?

数学丧失了确定性、真理性,因此区分"纯"数学与"应用"数学就是十分重要的问题。数学在不停地前进,本身是如此,应用范围也在不断扩大。确定性、真理性在数学中丧失了,从另一方面又获得多元确定性、真理性。

(四)数学:西方文化的重要组成部分

在数学哲学的研究领域中,一般不包括数学文化(mathematical culture),但是克莱因在对数学文化的研究中,却大量地探讨了数学哲学问题,以至于我们不得不把他在这方面的思想纳入他的数学体系之中。在文化这一更为广阔的背景下,讨论数学的发展、数学的作用以及数学的价值,可以使人们对数学本体论、数学真理性等问题认识得更清楚、更深刻。

克莱因研究数学文化的目的之一,就是为了让人们不仅从数学思想、方法的角度,而且还能从文化的角度欣赏数学的全貌和魅力,向人们昭示数学是人类文化的重要组成部分。数学在西方文

①　M. 克莱因:"数学基础"(下),《自然杂志》1979 年第 5 期,第 306 页。

明中一直是一种主要的文化力量。数学不仅在科学推理中具有重要的价值,在科学研究中起着核心作用,在工程设计中必不可少,而且"数学决定了大部分哲学思想的内容和研究方法,摧毁和构建了诸多宗教教义,为政治学说和经济理论提供了依据,塑造了众多流派的绘画、音乐、建筑和文学风格,创立了逻辑学,而且为我们必须回答的人和宇宙的基本问题提供了最好的答案。……作为理性精神的化身,数学已经渗透到以前由权威、习惯、风俗所统治的领域,而且取代它们成为思想和行动的指南。最为重要的是,作为一种宝贵的、无可比拟的人类成就,数学在使人赏心悦目和提供审美价值方面,至少可与其他任何一种文化门类媲美"[①]。一般人也许认为他所说的这些不过是夸夸其谈,是数学家面临着数学在社会文化中每况愈下状况的哀叹,但是当读完厚近 500 页的《西方文化中的数学》时,人们就会情不自禁地感叹:我们对数学了解得太少了。至少从文化角度是如此。在这本书中,克莱因按照历史顺序,从古埃及、古希腊开始详尽地论述了数学与文化发展的关系,直到20 世纪数学与社会文化的相互联系,其中不乏独到的分析、精辟的见解。《科学美国人》评价说:"这是一部激动人心的、使人深思的著作。"

　　对于数学与文化发展的关系,克莱因的一个基本观点是:两者休戚相关。"一个时代的特征在很大程度上与该时代的数学密切相关。"希腊文化、罗马文化是这一观点的极好例证。正是由于古希腊强调严密推理、追求理想与美的数学高度发达,才使得古希

[①]　本书边码第 vii 页.

腊具有优美的文学、极端理性化的哲学、理想化的建筑与雕刻,才使得古希腊社会具有现代社会的一切胚胎,也正是由于数学创造力的缺乏,才使得罗马民族缺乏独创精神,罗马建造了高标准的跑马场、浴池、雄伟的凯旋门,但罗马文化却是外来文化。克莱因认为,数学和来源于人类理性卓越光辉的真正激情第一次被希腊人激发了,他们的数学成就表明,在人类活动中,思想具有至高无上的作用,而且提供了文明的一个新概念;希腊人最大限度地决定着今天文明本质的贡献是他们的数学,这是希腊人为人类奉献的最好的礼物①。英国著名历史学家汤因比(Arnold J. Toynbee,1889—1975)曾指出,世界上曾经存在 21 种文明,但只有希腊文明转变成了今天的工业文明,之所以如此,就是因为数学在希腊文明中提供了工业文明的要素。"言必称希腊"是历史的必然。

不仅如此,数学还是一棵富有生命力的树,她随着文明的兴衰而荣枯。在分析罗马文化、中世纪基督教文化与数学的关系时,他指出:"罗马人的实用主义结出的是不育之果,而基督教的神秘主义坚持要完全无视自然界,实际效果是阻碍了知识的进步,扼杀了创新精神。大量的历史事实表明,在这两种情形中,数学都不能蓬勃发展。数学只有在这样一种文化环境中才能结出累累硕果:在这种文化环境中,人们既能自觉自愿地探讨与自然界有关联的问题,与此同时,又允许思想毫无限制地自由发展,而不必去考虑是否能立刻解决人类及其世界所面临的问题。"②从文化背景分析数

---

① 本书边码第 38 页,第 56—58 页。
② 本书边码第 97 页。

学的发展,今天已经引起越来越多数学哲学家的重视,这无疑会加深人们对数学的认识。

文艺复兴,被克莱因称为"数学精神的复兴"。在《古今数学思想》、《数学与物理世界》、《数学:确定性的丧失》等著作中,他从数学自身的发展、科学发展论证了这一观点,在《西方文化中的数学》中,则从更广阔的文学、艺术、哲学——人类文化的几乎所有领域,再次论证了他的看法。欧洲人继承了自然界具有数学设计的思想,相信理性可以应用于人类的所有活动,一旦人们掌握了理性精神,西方文明就诞生了。在剖析达·芬奇的透视理论时,他认为,射影几何是"从艺术中诞生的数学",在考察牛顿的数学成就及其思想时,他详细地分析了牛顿在三方面的影响:科学和哲学、宗教、文学和美学。我们认为,这样的研究为我们全面了解文化发展,具有重要的价值。对此,克莱因自己也作出了评价:数学在近代"推动了人们对世界广泛的理性探索,这一探索包括社会、人类、人类的每一种生活方式、习俗。这一时期为后代留下了范围极广的、包罗万象的规律。它还使我们的文明进入了追求真正的全知全能的时代,激发了把思想组织建立在数学模式上的系统的愿望,而且使人们对数学和科学的力量深信不疑。17、18 世纪数学创造最伟大的历史意义是:它们为几乎渗透到所有文化分支中的理性精神注入了活力"①。

不仅如此,数学还对欧洲社会的工业文明,对自由民主精神,更对人们的世界观产生了重大影响。数学对文化的更为本质的影

---

① 本书边码第 286 页。

响是在现代,可惜的是这种影响还没有为人们所认识。正是在我们这个时代,数学在对文化的影响方面才达到了它应该有的范围,而且有着不同寻常的用途。克莱因认为,由于数学已经广泛地影响着现代生活和思想,因此今天的西方文明与以往任何历史上的文明都有着明显的区别。从这个角度出发,我们不妨认为,数学文化的一个重要方面,就是阐述人类文明是如何受惠于数学的。也许,人之有理性也就在此吧!

数学文化应该包括两个方面:作为人类文化子系统的数学文化,它所涉及的是数学与其他文化、与整个文明的关系;另一方面就是数学本身作为一个文化系统,它的发生、发展及其结构。克莱因主要讨论的是数学文化的第一方面,对于第二方面谈得较少,不过在他的研究中也涉及了第二方面的问题。其中最富有特色的是,剖析了数学作为一种文化,它的语言系统、发展动力与价值系统。

如同音乐利用符号(乐谱)来代表和传播声音一样,数学也用符号表示数量关系和空间形式。克莱因认为,这是数学作为一个独立系统的重要特征。

关于数学的发展动力和价值标准,人们往往只注重应用方面、科学方面,而对于审美情趣、好奇心、智力挑战、心灵的满足诸方面,要么不予承认,要么就是承认,也认为只不过是其次的。但是,克莱因却认为:"实用的、科学的、美学的和哲学的因素,共同促进了数学的形成。把这些作出贡献、产生影响的因素除去任何一个,或抬高一个而去贬低另外一个都是不可能的,甚至不能断定这些因素中哪些具有相对的重要性。一方面,对美学和哲学因素作出反应的纯粹思维,决定性地塑造了数学的特征,并且做出了像欧氏几何和现代非欧几何这样不可超越的贡献。另一方面,数学家们登上纯思维的顶峰不是靠他们自己一步步攀登,而是借助于社会力量的推动。如果这些力量不能为数学家们注入活力,那么他们就立刻会精疲力竭;然后这门学科将处于孤立的境地。虽然在短时期内还有可能光芒四射,但所有这些成就会是昙花一现。"[①]在判定数学的价值方面,和谐、美、心灵的满足以及情感也同样与实用的、科学的标准并驾齐驱[②]。

我认为,上述观点可以看作是数学本体论、数学真理论方面的多重标准论。的确,判定数学的价值和真理性不仅应有实用的、科学的标准,也要有美学的、哲学的标准,甚至这些标准是并重的,尤其是在数学丧失了实用的、科学的确定性,真理性的情况下。数学的当代发展、数学的本质、数学的历史注定了数学的标准是多重的!

千万不要误会,克莱因并不主张数学作为人类文化与人类精神是万能的。人的理性只是人的本性的一部分,人的欲望、感情与本能等动物性常常与理性冲突,作为人类理性的数学不可能引导、控制人的全部行动。尽管如此,数学作为人类文化的重要组成部分依然是有所作为的,尤其是在越来越多的人逐渐走向理智的时代。

---

① 本书边码第 7 页。
② 本书边码第 466—472 页。

目 录

插图 1
普拉克西特利斯：
尼多斯的阿佛洛狄忒

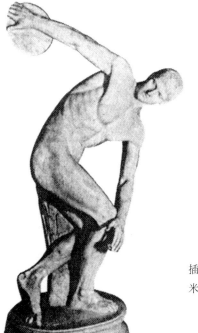

插图 2
米隆：掷铁饼者

插图 3
奥古斯都雕像

插图 4
雅典的废墟

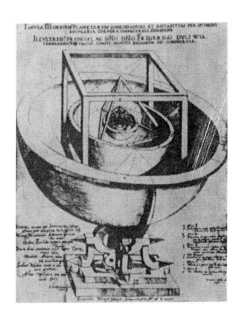

插图 5　五种正多面体
确定的行星轨道

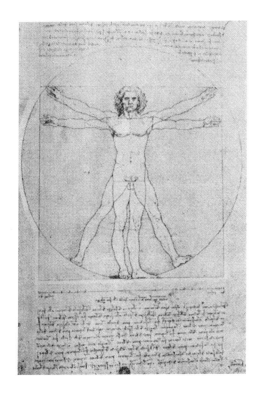

插图 6　列奥纳多·
达·芬奇:人像比例

插图 7
早期基督教堂雕刻：
亚伯拉罕和天使们在
一起

插图 8　西蒙·马尔蒂尼：
圣母领报图

插图 9　杜乔：
庄严的圣母

插图 10　杜乔:最后的晚餐

插图 11　乔托:圣方济之死

插图 12　乔托：
莎乐美之舞

插图 13　安布罗焦·洛伦采蒂：
圣母领报图

插图 14

马萨乔：纳税钱

插图 15　乌切洛：
　　被玷污的圣饼

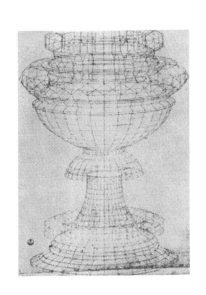

插图 16　乌切洛：
　　一个酒杯的透视研究

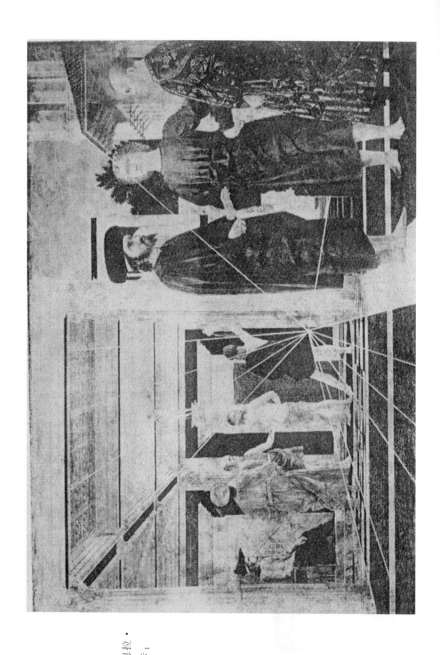

插图 17
彼埃罗·德拉·
弗朗西斯卡：
鞭挞

插图 18　彼埃罗·
德拉·弗朗西斯卡：
耶稣复活

插图 19　列奥纳多·达·芬奇：
博士来拜

插图 20　列奥纳多·达·芬奇：
　　　　　最后的晚餐

插图 21　波提切利：
寓意的诽谤

插图 22　曼特尼亚：
圣·詹姆斯之死

插图 23　拉斐尔:雅典学院

插图 24　丁托列托:
　　　　圣马可的奇迹

插图 25　丢勒：
圣·哲罗姆在研究

插图 26　贺加斯：
错误的透视

插图 27　毕加索：
三个音乐家

序　　言

　　许多世纪以来,人们一直遵循数学是文化的组成部分的传统,但在我们这个教育普及的时代,这一传统却被抛弃了。科学家们与世隔绝的研究,教师们少得可怜的热情,还有大量枯燥乏味、商业气十足的教科书和无视智力训练的教学风气,已经在教育界掀起了一股反数学的浪潮。然而,我们深信,公众依然对数学有浓厚的兴趣。

　　为了满足人们对数学的这种兴趣,最近已经做了许多尝试。H. 罗宾斯(Robbins)和我在《什么是数学?》(*What is Mathematics?*)一书中,就试图讨论数学的意义。但是,我们写作该书时假定读者已具备了一定的数学背景知识。对于大多数没有这种背景知识,但仍希望了解数学在人类文化中的重大意义的人来说,我们还是应该做一些普及性的工作。

　　长期以来,我对莫里斯·克莱因(Morris Kline)教授在这部著作中所做的工作怀有浓厚的兴趣。我相信,事实将证明这部书所具有的重大价值,而且这部书必将使还没有欣赏到数学全貌和魅力的人,进一步了解数学。

R. 柯朗

前　言

　　我认为，只有当所有这些研究①提高到彼此互相结合、互相关联的程度，并且能够对于它们的相互关系得到一个总括的、成熟的看法时，我们的研究才算是有意义的。否则，便是白费气力，毫无价值。

柏拉图（Plato）

　　本书的目的是为了阐明这样一个观点：在西方文明中，数学一直是一种主要的文化力量。几乎每个人都知道，数学在工程设计中具有极其重要的实用价值。但是却很少有人懂得数学在科学推理中的重要性，以及它在重要的物理科学理论中所起的核心作用。至于数学决定了大部分哲学思想的内容和研究方法，摧毁和构建了诸多宗教教义，为政治学说和经济理论提供了依据，塑造了众多流派的绘画、音乐、建筑和文学风格，创立了逻辑学，而且为我们必须回答的人和宇宙的基本问题提供了最好的答案，这些就更加鲜为人知了。作为理性精神的化身，数学已经渗透到以前由权威、习惯、风俗所统治的领域，而且取代它们成为思想和行动的指南。最

---

　　①　指数学、天文学等的研究。——译者注

为重要的是,作为一种宝贵的、无可比拟的人类成就,数学在使人赏心悦目和提供审美价值方面,至少可与其他任何一种文化门类媲美。

　　尽管这些绝不是对人类思想和生活无足轻重的贡献,但受过教育的人也几乎普遍拒绝将数学作为一项智力爱好。从某种意义上来说,对待数学的这种态度有其深刻的原因。在教科书和学校的课程中,都将"数学"看作是一系列毫无意义的、充满技巧性的程序。把这样的东西作为数学的特征,就如同把人体结构中每一块骨骼的名称、位置和功能当作活生生的、有思想的、富于激情的人一样。如同一个单词,如果脱离了上下文,不是失去了原来的意义,就是有了新的含义一样,在人类文明中,数学如果脱离了其丰富的文化基础,就会被简化成一系列的技巧,它的形象也就被完全歪曲了。由于外行人很少使用数学技巧及其知识,因此他们对这些通常显得枯燥无味的东西很反感。这样一来产生的结果是,对于数学这样一门基础性的、富有生命力的、崇高的学科,就连一些受过良好教育的人也持无视甚至轻蔑的态度。的确,对数学的无知已经成了一种社会风尚。

　　本书将主要考察数学思想如何影响了直到 20 世纪的人类生活和思想。我们将按照历史的顺序对数学思想进行考察,因此本书涉及的内容将从古巴比伦、古埃及开始,一直到现代的相对论。有人可能会对有关早期历史的材料提出疑问。然而,现代文化是许多早期文明的积累和综合。首先意识到数学理性力量的希腊人,他们虔敬地认为诸神在设计宇宙时利用了数学,并且极力敦促人类去揭示这种设计的图式。希腊人不仅在他们的文明中给予数学以重要的位置,而且首先创造了对人类文化有深刻影响的数学思想的榜样。当那些后续文明将古希腊人的成果传递到现代时,它们又不断赋予数学以更有意义的新功能。现在,数学的这些功能和影响已深深地嵌入我们的文化之中。即使是现代数学的成就,也可以根据先前业已存在的数学知识而给予最恰当的评价。

尽管本书采用的是历史方法,但却不是一部数学史。历史的顺序碰巧与这门学科的逻辑发展有着惊人的一致性,并且历史方法亦是考察思想如何产生、是什么激发了对这些思想的研究,以及这些思想是如何影响其他领域的最合适的方法。因此,通过阅读本书,读者将得到一份重要的额外收获:数学作为一个整体是如何发展的,数学的活跃时期和沉寂时期与相应的西方文明发展时期的关系怎样,以及文明的进程如何影响数学的内容和本质。我们希望,通过把数学作为现代文明的一个有机组成部分,将能使我们对数学与现代文化的重要特征之间的关系有全新的认识。

遗憾的是,在一部一卷本书中我们仅仅只能举例阐释这些问题。由于篇幅所限,我们必须从大量的文献中进行节选。例如,谈到数学和艺术的相互关系时,我们就只限于讨论文艺复兴时期的情况。熟悉现代科学的读者将会注意到,本书中几乎没有关于数学在原子物理、核物理发展中所起的作用的论述。一些重要的现代自然哲学,特别是像 A. N. 怀特海(Whitehead)的理论,也只能点到为止。但是,我们仍希望,所选的材料能够为本书提供充分的论据,并且能激发起读者的兴趣。

为了使数学活动中的一系列事件显得更加突出,有必要扼要地回顾一下历史。学术研究如政治活动一样,充满凝聚力的团体的力量和众多个人的贡献共同决定着事业的成就。现代科学中定量研究方法的创立,并不是伽利略(Galileo)单枪匹马完成的。微积分是牛顿(Newton)和莱布尼茨(Leibniz)创造的,同样也是欧多克索斯(Eudoxus)、阿基米德(Archimedes)和许多17世纪数学家的创造。在数学中,这一点显得特别突出:当一位数学家做出了创造性工作时,他的成功实际上是千百年来数学思想的结晶,凝聚了许多数学家的心血。

毫无疑问,在涉及艺术、哲学、宗教和社会科学等方面之后,作者已经闯入了天使——当然是数学天使——望而却步的领域。为了使人们认识到数学不是一种乏味的、机械性的工具,而是与其他文化领域紧密相连、相互依存的无价之宝,即使冒着犯错误(但希望这种错误尽可能少犯)的风险也依然值得。

也许,讨论这种人类理性的成就,在一定程度上能增强我们对文明的信心,这种文明在今天面临着被毁灭的危险。燃眉之急可能是政治上和经济上的。在这些领域中,至今还没有充分的证据表明人类的力量能克服自身的困难,进而建设一个合理的世界。通过研究人类最伟大和最富于理性的艺术——数学,则使得我们坚信,人类的力量足以解决自身的问题,而且到现在为止人类所能利用的最成功的方法是能够找到的。

在本书写作过程中,得到了许多帮助和支持,在此一并致谢。感谢纽约大学华盛顿市区的艺术和科学学院的许多同事们,他们与我进行了许多有益的讨论,布鲁克林医药学院的C. L.里斯(Chester L. Riess)教授对理性时代的文学提出了中肯的批评意见和建议,牛津大学的J.贝格(John Begg)先生对数据和插图提出了建议,在此一并致谢。B. 马克斯(Beulah Marx)小姐精心制作了精美的插图。我的妻子海伦(Helen)以挑剔的眼光阅读并帮助我准备了手稿,对我给予了极大的帮助。我特别对 C. G. 鲍恩(Carroll G. Bowen)先生和 J. A. S. 库什曼(John A. S. Cushman)先生表示感激之意,他们极力支持本书的观点,并且在牛津对书稿的整个出版工作给予了指导和管理。

我对出版商和作者允许利用下述资料表示谢意。A. N. 怀特海(Alfred North Whitehead)的资料系引自《科学与近代世界》(*Science and the Modern World*,The Macmillan Co.,N. Y.,1925)的最后一章。我被允许利用由 D. C. 米勒(Dayton C. Miller)提供的声像资料,这是通过克利夫兰(俄亥俄)技术研究所而得到的。圣文森特·米莱(Edna St Vincent Millay)的资料系引自《竖琴编织者和其他诗文》(*The Harp Weaver and Other Poems*.1920 年由 Harper & Bros.,N. Y. 出版印刷,1948 年由圣文森特·米莱重印)中的"十四行诗XXII"。B. 罗素(Bertrand Russell)的资料系引自《神秘主义与逻辑》(*Mysticism and Logic*,W. W. Norton & Co.,Inc.,N. Y. and George Alien & Unwin Ltd,London)。T. 梅尔茨(Theodore Merz)的资料则引自《十九世纪欧洲思想史》(*A History of European Thought in the Nineteenth Century*,William Blackwood & Sons Ltd,Edinburgh and London)第二卷。

M. 克莱因

1953 年 8 月于纽约城

当我最初潜心研究数学时,如饥似渴地阅读了数学家们撰写的大部分著作,并迷上了算术和几何,因为这两门科学最为简单,是通向其他所有知识的必由之路。然而无论算术还是几何方面,都没有哪位作者令我十分满意。的确,他们的著作使我学到了许多关于数的命题,而且经过计算发现这些命题是正确的;在某种意义上,几何图形也在我面前展示了大量真理,这些确定的真理又能导出各种结论。但是,他们并未使我完全清楚情况为什么会是这样,他们又是如何发现真理的。因此,下述情形丝毫也不令我惊奇:许多人,甚至于天才或饱学之士,在浏览这些科学作品之后,要么认为它们空洞、幼稚而不屑一顾;要么觉得艰涩、难懂而望而却步。……然而,直到后来我才明白,在古代,最早的哲学先驱们为什么会禁止任何不精通数学的人进行学术研究。……这更证实了我的怀疑,古典时代的数学与当代数学是多么不同。

R. 笛卡儿

第一章　导论:数学与文化[①]

——是与非的观念 [②]

你们——战争与贸易之神的子孙们，

　　快止住那粗野的脚步,别闯入

　　　　缪斯——科学与艺术之神的宫殿!

你们,及基督教军团与宗教裁判所

　　的帮凶,千万别用罪恶的双手

　　　　玷污了神圣的书卷!

你们,无知,腐朽,卑贱,狭隘,

　　在愚昧的大脑中,一切

　　　　都只觉得头晕目眩。

你们,怎会爱好任何命题,只知听从

　　上司的召唤,无论多么美妙的公理

　　　　也不能使你们阴暗的心灵燃起火焰。

你们,更没有闲情逸致

---

①　标题"数学与文化"系译者所加,副标题为原标题。——译者注

②　本章曾以《数学与文化——是与非的观念》为题。收入《数学与文化》(邓东皋、孙小礼、张祖贵编,北京大学出版社,1990年)一书中。本章承杨德教授进行过认真校订,特此致谢。——译者注

探讨圆上的切角线!

J. H. 弗里尔(John Hookham Frere),

G. 坎宁(George Canning),

G. 埃利斯(George Ellis)

数学一直是形成现代文化的主要力量,同时又是这种文化极其重要的因素,这种观点在许多人看来是难以置信的,或者充其量来说也只是一种夸张的说法。这种怀疑态度完全可以理解,它是一种普遍存在的对数学实质的错误认识所带来的结果。

由于受学校教育的影响,一般人认为数学仅仅是对科学家、工程师,或许还有金融家才有用的一系列技巧。这样的教育导致了对这门学科的厌恶和对它的忽视。当有人对这种状况提出异议时,某些饱学之士可以得到权威们的支持。圣奥古斯丁(St Augustine)不是说过吗:"好的基督徒应该提防数学家和那些空头许诺的人。这样的危险已经存在,数学家们已经与魔鬼签订了协约,要使精神进入黑暗,把人投入地狱。"古罗马法官则裁决"对于作恶者、数学家诸如此类的人"应禁止他们"学习几何技艺和参加当众运算像数学这样可恶的学问"。叔本华(Schopenhauer),一位在近代哲学史上占有重要地位的哲学家,也把算术说成是最低级的精神活动,他之所以持这种态度,是基于算术能通过机器来运算这一事实。

由于学校数学教学的影响,这些权威性的诊断和流行的看法,竟被认为是正确的!但是,一般人忽视数学的观点仍然是错误的。数学学科并不是一系列的技巧,这些技巧只不过是它微不足道的方面：它们远不能代表数学，如同调配颜色远不能当作绘画一样。技巧是将数学的激情、推理、美和深刻的内涵剥落后的产物。如果我们对数学的本质有一定的了解，将会认识到数学在形成现代生活和思想中起重要作用这一断言并不是天方夜谭。

因此，让我们看一看 20 世纪人们对这门学科的态度。首先，数学主要是一种寻求众所周知的公理思想的方法。这种方法包括明确地表述出将要讨论的概念的定义，以及准确地表述出作为推理基础的公设。具有极其严密的逻辑思维能力的人从这些定义和公设出发。推导出结论。数学的这一特征由 17 世纪一位著名的作家在论及数学和科学时，以某种不同的方式表述过："数学家们像恋人。……承认一位数学家的最初的原理，他由此将会推导出你也必须承认的一个结论，从这一结论又推导出其他的结论。"

仅仅把数学看作一种探求的方法，就如同把达·芬奇"最后的晚餐"看作是画布上颜料的组合一样。数学也是一门需要创造性的学科。在预测能被证明的内容时，和构思证明的方法一样，数学家们充分地利用了直觉和想象。例如，牛顿和开普勒（Kepler）是极富于想象力的人，这使得他们不仅打破了长期以来僵化的传统，而且建立了新的、革命性的概念。在数学中，人的创造能力运用的范围，只有通过检验这些创造本身才能决定。有些创造性成果将在后面讨论，但这里只需说一下现在这门学科已有 80 多个广泛的分支已足够了。

如果数学的确是一种创造性活动，那么驱使人们去追求它的动力是什么呢？研究数学最明显的、尽管不一定是最重要的动力，是为了解决因社会需要而直接提出的问题。商业和金融事务、航海、历法的计算、桥梁、水坝、教堂和宫殿的建造、作战武器和工事的设计，以及许多其他的人类需要，数学都能对这些问题给出最完满的解决。在我们这个工程时代，数学是一种普遍工具这一事实更是毋庸置疑。

数学的另外一个基本作用（的确，这一点在现代特别突出）是提供自然现象的合理结构。数学的概念、方法和结论是物理科学、自然科学的基础。科学各领域所取得成就的大小取决于它们与数学结合的程度。数学已经给互不关联的事实的干枯骨架注入了生命，使其成了有联系的有机体，并且还将一系列彼此脱节的观察研究纳入科学的实体之中。

智力方面的好奇心和对纯思维的强烈兴趣，激励许多数学家研究数的性质和几何图形，并且取得了富有创造性的成果。今天很受重视的概率论，起源于牌赌中的一个问题———一场赌博在结束之前被迫中止了，那么赌注如何分配才合理？另外一个与社会需要或科学没有什么联系的最突出的成就，是由古代希腊人做出的：他们把数学转变成了抽象的、演绎的和公理化的思想系统。事实上，数学学科中一些最伟大的成就——射影几何、数论、无穷量理论和非欧几何，这里我只提到我们将要讨论的内容——都是为了解决纯智力的挑战。

进行数学创造的最主要的驱策力是对美的追求。罗素，这位抽象数学思想的大师曾直言不讳地说：

　　　　数学，如果正确地看它，则具有……至高无上的美——正像雕刻的美，是一种冷而严肃的美，这种美不是投合我们天性的微弱的方面，这种美没有绘画或音乐的那些华丽的装饰，它可以纯净到崇高的地步，能够达到严格的只有最伟大的艺术才能显示的那种完美的境地。一种真实的喜悦的精神，一种精神上的亢奋，一种觉得高于人的意识——这些是至善至美的标准，能够在诗里得到，也能够在数学里得到。

除了完善的结构美以外，在证明和得出结论的过程中，运用必不可少的想象和直觉也给创造者提供了高度的美学上的满足。如果美的组成和艺术作品的特征包括洞察力和想象力，对称性和比例、简洁，以及精确地适应达到目的的手段，那么数学就是一门具有其特殊完美性的艺术。

尽管历史已清楚地表明，上述所有因素推动了数学的产生和发展，但是依然存在许多错误的观点。有这样的指责（经常是用来为对这门学科的忽视作辩解的），认为数学家们喜欢沉湎于毫无意义的臆测，或者认为数学家们是笨拙和毫无用处的梦想家。对这种指责，我们可以立刻作出使其无言以对的驳斥。事实证明，即使是纯粹的抽象研究，更不用说由于科学和工程的需要而进行的研究了，也是有极大用处的。圆锥曲线（椭圆、双曲线和抛物线）自被发现后的 2 000 多年里，曾被认为不过是"富于思辨头脑中的无利可图的娱乐"，可是最终它却在现代天文学、抛物运动理论和万有引力定律中发挥了作用。

另一方面，一些"具有社会头脑"的作家断言：数学完全或者主要是由于实际需要，如需要建筑桥梁、制造雷达和飞机而产生或发展的。这种断言也是错误的。数学已经使这些对人类方便有用的东西成为可能,但是伟大的数学家在进行思考和研究时却很少把这些放在心上。有些人对实际应用漠不关心,这可能是因为他们成果的应用在几百年后才实现。毕达哥拉斯(Pythagoras)和柏拉图(Plato)的唯心主义数学玄想,比起货栈职员采用"+"号和"—"号的实际行动来(这曾使某一作家深信"数学史上的一个转折点乃是由日常的社会活动所致"),所做的贡献要大得多。确实,几乎每一个伟大的人物所考虑的都是他那个时代的问题,流行的观点会制约和限制他的思想。如果牛顿早生 200 年,他很有可能会成为一位出色的神学家。伟大的思想家追求时代智力风尚,如同妇女在服饰上赶时髦一样。即使是把数学作为纯粹业余爱好的富有创造性的天才,也会去研究令专业数学家和科学家感到十分激动的问题。但是,那些"业余爱好者"和数学家们一般并不十分关心他们工作的实用价值。

实用的、科学的、美学的和哲学的因素,共同促进了数学的形成。把这些做出贡献、产生影响的因素除去任何一个,或抬高一个而去贬低另外一个都是不可能的,甚至不能断定这些因素中哪些具有相对的重要性。一方面,对美学和哲学因素作出反应的纯粹思维,决定性地塑造了数学的特征,并且作出了像欧氏几何和非欧几何这样不可超越的贡献。另一方面,数学家们登上纯思维的顶峰不是靠他们自己一步步攀登,而是借助于社会力量的推动。如果这些力量不能为数学家们注入活力,那么他们就立刻会精疲力竭;然后这门学科将处于孤立的境地。虽然在短时期内还有可能光芒四射,但所有这些成就会是昙花一现。

数学的另一个重要特征是它的符号语言。如同音乐利用符号来代表和传播声音一样，数学也用符号表示数量关系和空间形式。与日常讲话用的语言不同，日常语言是习俗的产物，也是社会和政治运动的产物，而数学语言则是慎重地、有意地而且经常是精心地设计的。凭借数学语言的严密性和简洁性，数学家们可以表达和研究数学思想，这些思想如果用普通语言表达出来，将会显得冗长不堪，这种简洁性有助于提高思维的效率。J. K. 杰罗姆（Jerome）曾诉诸于代数符号体系，在下面一段描写中，尽管与数学无关，却清楚地表现了数学的实用性和明了性：

> 当一个 12 世纪的青年坠入情网时，他不会后退三步，看 8 着他心爱的姑娘的眼睛，对她说她是世界上最漂亮的人儿。他说他要冷静下来，仔细考虑这件事。如果他在外面碰上一个人，并且打破了他的脑袋——我指另外一个人的脑袋——于是那就证明了他——前面那个小伙子——的姑娘是个漂亮姑娘。如果是另外一个小伙子打破了他的脑袋——你知道不是他自己的，而是另外那个人的——对第二个小伙子来说的另外一个。因为另外一个小伙子只是对他来说是另外一个，而不是对前面那个小伙子——那么，如果他打破了他的头，那么他的姑娘——不是另外一个小伙子，而是那个小伙子，他……瞧：如果 A 打破了 B 的脑袋，那么 A 的姑娘是一个漂亮的姑娘。但如果 B 打破了 A 的头，那么 A 的姑娘就不是一个漂亮的姑娘，而 B 的姑娘是一个漂亮的姑娘。

简洁的符号能够使数学家们进行复杂的思考时应付自如，但也会使门外汉听数学讨论如坠五里云雾。

数学语言中使用的符号十分重要,它们能区别日常语言中经常引起混乱的意义。例如,英语中使用"is"一词时,就有多种不同的意义。在"他在这儿"(He is here)这个句子中,"is"就表示一种物理位置。在"天使是白色的"(An angel is white)这个句子中,它表示大使的一种与位置或物理存在无关的特征。在"那个人正在跑"(The man is running)这个句子中,这个词"is"表示的是动词时态。在"二加二等于四"(Two and two are four)这个句子中,"is"的形式被用于表示数字上的相等。在"人是两足的能思维的哺乳动物"(Men are the two—legged thinking mammals)这个句子中,"is"的形式被用来断言两组之间的等同。当然,在一般日常会话中引用各种各样不同的词来解释"is"的所有这些意义,不过是画蛇添足,因为尽管有这些意义上的混乱,人们也不会因此产生什么误会。但是,数学的精确性——它与科学和哲学的精确性一样,要求数学领域的研究者们更加谨慎。

数学语言是精确的,它是如此精确,以致常常使那些不习惯于它特有形式的人觉得莫名其妙。如果一个数学家说:"今天我没看见一个人"(I did not see one person today),那么他的意思可能是,他要么一个人也没看见,要么他看见了许多人。一般人则可能简单地认为他一个人也没看见。数学的这种精确性,对于一个还没有认识到它对于精密思维的必要性的人来说,似乎显得过于呆板,过于拘泥于形式。然而任何精密的思维和精确的语言都是不可分割的。

数学风格以简洁和形式的完美作为其目标,但有时由于过分

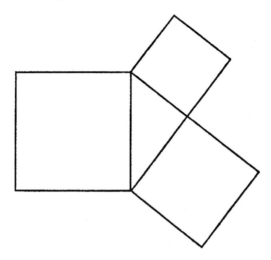

图1 毕达哥拉斯定理

地拘泥于形式上的完美、简洁和精确，以致丧失了竭尽全力要达到
的清晰。假定我们想用一般术语表述图1所示的内容，我们很有
可能说："有一个直角三角形，画两个以该三角形的直角边作为其
一边的正方形，然后再画一个以该三角形斜边作为其一边的正方
形，那么第三个正方形的面积就等于前面两个正方形面积之和。"
但是没有一个数学家会用这样的方式来表达自己的想法。他会这
样说："直角三角形直角边的平方和等于斜边的平方。"这种简洁的
用词使表述更为精练，而且这种数学表达式具有重要的意义，因为
它的确是言简意赅。还有，由于这种惜墨如金的做法，任何数学文
献的读者有时会发现自己的耐心受到了极大的考验。

　　数学不仅是一种方法、一门艺术或一种语言，数学还是一门有
着丰富内容的知识体系，其内容对自然科学家、社会科学家、哲学

家、逻辑学家和艺术家十分有用,同时影响着政治家和神学家的学说;满足了人类探索宇宙的好奇心和对美妙音乐的冥想;有时甚至可能以难以察觉到的方式但无可置疑地影响着现代历史的进程。数学是一门知识体系,但是它却不包含任何真理。与之相反的观点却认为,数学是无可辩驳的真理的汇集,数学像是信仰《圣经》的教徒们从上帝那儿获得的最后的启示录一样,这是一个难以消除的、流传甚广的谬论。直到 1850 年为止,甚至数学家们也赞同这种谬论。幸运的是,19 世纪发生的一些数学事件(这些我们随后将进行讨论)向这些数学家表明,这种看法是错误的。在这门学科中没有真理,而且在它的一些分支中的定理与另外一些分支中的定理是矛盾的。例如,上个世纪创立的几何中所确定的一些定理,与欧几里得(Euclid)在他的几何学中所证明的定理就是矛盾的。尽管没有真理,数学却一直给予了人类征服自然的神奇的力量。解决人类思想史上这个最大的悖论将是我们所关注的课题之一。

　　由于 20 世纪必须将数学知识与真理区分开,因此也必须将数学与科学区分开,因为科学的确在寻求关于物质世界的真理。然而数学却无疑地是科学的灯塔,而且还继续帮助科学获得在现代文明中所占的位置。我们甚至可以正确地宣称,正是由于有了数学,现代科学才取得了辉煌的成就。但是我们将会看到,数学与自然科学这两大领域具有各自独特的性质。

　　在最广泛的意义上说,数学是一种精神,一种理性的精神。正是这种精神,激发、促进、鼓舞和驱使人类的思维得以运用到最完善的程度,亦正是这种精神,试图决定性地影响人类的物质、道德和社会生活；试图回答有关人类自身存在提出的问题；努力去理解和控制自然；尽力去探求和确立已经获得知识的最深刻的和最完美的内涵。在本书中，我们最为关心的将是这种精神的作用。

数学的另一个更加典型的特征与我们的论述关系最为密切。数学是一棵富有生命力的树，她随着文明的兴衰而荣枯。它从史前诞生之时起，就为自己的生存而斗争，这场斗争经历了史前的几个世纪和随后有文字记载历史的几个世纪，最后终于在肥沃的希腊土壤中扎稳了生存的根基，并且在一个较短的时期里茁壮成长起来了。在这个时期，它绽出了一朵美丽的花——欧氏几何，其他的花蕾也含苞欲放。如果你仔细观察，还可以看到三角和代数学的雏形；但是这些花朵随着希腊文明的衰亡而枯萎了，这棵树也沉睡了一千年之久。

这就是数学当时的状况。后来这棵树被移植到了欧洲本土，11又一次很好地扎根在肥沃的土壤中。到公元 1600 年，她又获得了在古希腊顶峰时期曾有过的旺盛的生命力，而且准备开创史无前例的光辉灿烂的前景。如果将 17 世纪以前所知道的数学称为初等数学，那么应该说，初等数学与从那以后创造出的数学相比是微不足道的。事实上，一个人拥有牛顿处于顶峰时期所掌握的知识，在今天不会被认为是一位数学家。因为与普通的观点相反，现在应该说数学是从微积分开始的，而不是以其为结束。在我们这个世纪，这门学科已具有非常广泛的内容，以致没有任何数学家能够宣称他已精通全部数学。

数学发展的这幅素描，尽管简略，但却表明数学的生命力正是根植于养育她的文明的社会生活之中。事实上，数学一直是文明和文化的重要组成部分,因此许多历史学家通过数学这面镜子,了解了古代其他主要文化的特征。以古典时期的古希腊文化为例,它大约从公元前 600 年延续到公元前 300 年。由于古希腊数学家强调严密的推理以及由此得出的结论,因此他们所关心的并不是这些成果的实用性,而是教育人们去进行抽象的推理和激发人们对理想与美的追求。因此,看到这个时代具有后世很难超越的优美文学,极端理性化的哲学,以及理想化的建筑与雕刻,也就不足为奇了。

数学创造力的缺乏也是一种文明的文化特征的表现,这一点千真万确。看看罗马文明吧。在数学史上,罗马人在一定时期内曾做出过贡献,但后来他们就停滞不前了。阿基米德,最伟大的古希腊数学家和科学家,在公元前 221 年被突然闯入的罗马士兵杀害了,当时他正在研究画在沙盘中的几何图形。对此,A. N. 怀特海说过:

12　　　　　　阿基米德死于一个罗马士兵之手,是世界发生头等重要变化的一个标志;爱好抽象科学、擅长推理的古希腊在欧洲的霸主地位,被重实用的罗马取代了。L. 比肯斯菲尔德(Lord Beaconsfield)在他的一部小说中,曾把重实用的人称为重复其先辈错误的人。罗马是一个伟大的民族,但是他们却由于只重实用导致了创造性的缺乏而受到了人们的指责。他们没有发展其祖先的知识,他们所有的进步都局限于工程技术的细枝末节。他们并不是那种能够提出新观点的梦想家,这些新观点能给人以更好地主宰自然界的力量。没有一个罗马人因为沉湎于数学图形而丧命。

事实上,西塞罗(Cicero)夸耀自己的同胞——感谢上帝——不是像希腊人一样的梦想家,而是把他们的数学研究派上实际用场的人。

注重实用的罗马帝国,将其精力用于权术和征服外邦。为迎接军队胜利归来的拱形的凯旋门,也许是罗马帝国的最好象征,但它们不是显得优雅得体,而是显得毫无生气。罗马最突出的特征也许是麻木不仁,罗马人几乎没有真正的独创精神。简言之,罗马文化是外来的,罗马时期的大多数成就主要渊源于小亚细亚的希腊,此时小亚细亚的希腊正处于罗马政权统治之下。

这几个例子告诉我们,一个时代的总的特征在很大程度上与这个时代的数学活动密切相关。这种关系在我们这个时代尤为明显。在不抹杀历史学家、经济学家、哲学家、作家、诗人、画家和政治家功绩的前提下,我们可以这样说:其他文明在能力和成就方面旗鼓相当。另一方面,尽管欧几里得和阿基米德无疑是极其卓越的思想家,尽管我们的数学家得以达到更高的水平,这仅仅是因为像牛顿所说的那样,他们是站在巨人的肩膀上。然而,正是在我们这个时代,数学才发展到了它应该扩展的范围,而且有着不同寻常的用途。这样,由于数学已经广泛地影响着现代生活和思想,今天的西方文明与以往任何历史上的文明都有着本质的区别。也许,在这本书中,我们会看到我们所处的这个时代是如何受惠于数学的。

第二章　数学中的经验法则

> 别把数学想象得艰难晦涩,不可捉摸,它只不过是常识的
> 升华而已。
>
> L. 开尔文(Lord Kelvin)

近东[①],既是西方文化的发祥地,也是人类文明的摇篮。当那些喜欢四处迁徙的游牧民族远远离开其出生地,在欧洲平原上漫游时,与他们毗邻的近东人民却在致力于辛勤耕作,创造文明和文化。若干世纪以后,东方的贤哲们不得不担负起教育未开化的西方人的任务。这些贤哲们传授给西方人的初等数学知识,是构成完整的知识必不可少的。因此,要追溯数学对现代文化的影响,我们就必须把注意力首先集中在近东文明。

附带地,我们应该注意到,在原始文明中,已经迈出了数学上简单的几步。这样的几步无疑地纯粹由实际需要所推动。即使在最原始的人类社会,也必须对生活必需品进行以物易物的物物交换,在这一过程中必须进行计算。

由于利用手指和脚趾能使计算的过程变得容易,因此对原始

---

① 环地中海东部的国家,包括土耳其和北非,与远东、中东有区别。——译者注

人像小孩一样利用自己全部的手指和脚趾去核算所数的东西,也就不足为奇了。古代这种计数法的痕迹,已融会在今天的语言中。"digit"一词,不仅有数字 1,2,3,… 的含义,也代表手指和脚趾。手指的利用,无疑地解释了今天计数系统中采用十(位)、百(位)(十个十)、千(位)(百个十)等等的原因。

甚至原始文明也发明了表示数的特殊记号,因此,这些文明已显示出他们知道这样的事实:3 只羊、3 个苹果和 3 支箭有很大的共同性,即数量3。这样,数字被看作是一种抽象的思想,在抽象的意义上,数就与特殊的物质实体无关,这一点是思想史上重要的进步之一。我们每一个人在自己的学习过程中,都经历了这样一个将数与物质实体分离的智力过程。

原始文明也发明了算术的四则基本运算:加、减、乘、除。从对现代落后种族的一项研究中,我们可以明了,对人类来说,把握这些运算并不容易。通常,原始部落的牧民出售牲畜时,他们不是从总群中取出一小群来,而必定是一只只单独地分开卖。如果选择用羊的数目乘以每只羊的售价的方法,那么会把这些牧民弄糊涂,以致他们怀疑自己被人欺骗了。

与数系的产生一样,在原始文明中,几何无疑也是为了满足人们的需要而产生的。基本的几何概念来源于对物质实体所形成图形的观察。例如,角的概念,很可能最初来自对肘和膝所形成的角的观察。在许多语言中,包括近代德语中,表示角的边的词和表示腿的词一样。我们自己将直角三角形的两边称为两臂①。

---

① 中国古代则称为勾和股,亦与腿有关。——译者注

在孕育了现代文化和数学的近东文明中,最主要的是埃及和巴比伦文明。在这些文明最早期的记载中,我们发现了高度发达的计数系统(数系)、代数学和非常简单的几何学。对于从 1 到 9 的数字,埃及人曾利用过这样简单的记号来表示:$|$, $||$, $|||$, 等。对于 10,他们引入了特别的符号 $\cap$,另外还有特殊记号代表 100,1 000 和其他大数。对于中间的一些数字,他们就自然地采用将这些记号结合起来的方式,这样 21 就写作 $\cap\cap|$。

巴比伦人书写数字的方法,更值得我们注意。他们将 1 写作 Υ;2 用 $\Upsilon\Upsilon$ 来表示;4 被表示成 $\Upsilon\Upsilon\Upsilon$,等等,一直到 9。符号 $\blacktriangleleft$ 被用来表示 10。这样,33 就写成 $\blacktriangleleft\blacktriangleleft\blacktriangleleft\Upsilon\Upsilon\Upsilon$。数 $\Upsilon\blacktriangleleft\blacktriangleleft\Upsilon$ 具有特殊的含义。这里,第一个 Υ 不表示 1,而代表 60,因此,整个数表示 $60+10+10+1$ 即 81。这样,相同的符号随着它在一个数中所处的位置的不同,而表示不同的值。在这里所引入的法则就是位值制,而且这就正是我们今天仍在利用的位值制。在数 569 中,9 表示 9 个单位,但 6 却意味着 6 乘以 10,5 意味着 5 乘以 100,即 5 乘以 10^2。换句话说,在一个数中,一个数码的位置决定了它所代表的值,而且这个值是 10 的倍数,10 的平方的倍数,10 的立方的倍数,等等,这分别取决于数码的位置。数字 10 称为数系(计数系统)的基底。

由于巴比伦人引入了以 60 作为基底的位值制(60 进制),所以希腊人、欧洲人一直到 16 世纪都将这套系统运用于所有的数学计算和天文学计算中,而且现在这套系统仍被运用于将角度和小时转换成 60 分、60 秒的计算中。印度人发明的以 10 为基底的 10

进制(十进制),直到中世纪才传入欧洲。

位值制很重要,在此应该讨论一下。采用十进制(以 10 作为基底),这样 10 个符号足以表示无论多大的数。这种表示方法具有系统化的特点,而且与其他的如像埃及人的表示法相比较更为简洁。更为重要的是这样的事实:十进制使我们近代有效的计算方法的发展成为可能。

我们还应该注意到,并不是非采用十进制不可。在位值制中,任何一个整数都可作为基底。例如,以 5 作为基底,然后表示数正好需要 5 个符号,记为 1,2,3,4 和 0。表示数字 5 时就写成 10,1 在这里表示 1 乘以 5,就如同在以 10 作为基底时,1 表示 1×10 一样,在五进制中(以 5 作为基底),6 就写成 11,7 就写成 12,11 就写成 21,表示 25 时就写成 100,即 1 乘以 5^2(+)加上 0 乘以 5(+)再加上 0 乘以 1 个单位。当然,为了系统地利用五进制进行计算,必须记住相应的加法、乘法表。这样 $3+4$ 为 12;$13+14$,这两个数在 5 进制中表示的就分别是 8 和 9,因此相应的和写成 5 进制数就应是 32,等等。人们一直在考虑这样一个问题:到底采用哪一种进位制最好。以 12 为基底的 12 进制有许多优点。但是,鉴于人们通常使用的情况,习惯上仍倾向于采用十进制。

为了最有效地利用位值制,零是必需的。因为必须设法将 503 与 53 区别开来。巴比伦人利用了一个特殊的记号,以便将前一种情形中的 5 和 3 分开,但是他们却没有认识到,这个记号也能当作一个数来看待;也就是说,他们没有认识到,零代表一个数,能像其他数一样使用,能进行加、减运算。必须仔细小心将数零与无的概念区别开来。如果一个学生从来没有修某一门数学课程,那么他就没有这门功课的成绩;但是,如果这个学生的确选修了这门课程,而他所作的论文被判定为毫无价值,那么他的成绩是零。

对早期文明来说,分数计算可不是一件简单的事情。巴比伦人缺乏令人满意的记号。◄◄◄既用来表示 $\frac{36}{60}$,又用来表示 30;究竟表示哪一个值必须从上下文中才能明白。埃及人则强调,必须将每个分数都表示成单位分数的和。这样在计算之前,他们就将 $\frac{5}{8}$ 首先表示成 $\frac{1}{2}+\frac{1}{8}$。尽管现在处理分数的方法十分有效,但依然还是给不少成年人都带来麻烦。

在古代巴比伦和埃及的文明中,算术已经超出了利用整数和分数的范围。我们知道,他们能够解决一些含有未知量的问题,尽管他们所利用的方法比我们在中学里所学得的显得粗糙、缺少一般性。实际上,欧几里得体系中的代数知识部分地源于巴比伦文明。

如果说巴比伦人发展了卓越的算术和代数学,那么在另一方面,人们一般认为埃及人在几何学方面要胜过巴比伦人。至于为什么会出现这样的情形,人们曾有许多推测。历史学家们提出的一个理由是,埃及人从未发展出处理数字的合适方法,特别是处理分数的简便方法,因而阻碍了他们在代数学领域中更进一步的发展。相反地他们注重几何学。另一种观点认为,几何学是"尼罗河的恩赐",希罗多德(Herodotus)曾记叙,在公元前 14 世纪,塞索斯特里斯王(Sesostris)将土地分封给所有的埃及人,使他们每个人都得到一块同样大小的长方形土地,然后据此而纳税。如果一年一度的尼罗河洪水冲毁了某个人的土地,那么这个人就必须向法老报告所受的损失,然后法老派遣监工来测量所失去的土地,再按相应的比例减税。这样,从埃及的土地丈量中,几何学(geometry)——geo 意指土地,metron 表示测量——就产生并兴盛起来了。希罗多德可能正确地找出了几何学在埃及受重视的原因,但是他却忽视了这样的事实,在公元前 14 世纪以前 1 000 多年几何学就已经存在了。

埃及人和巴比伦人的几何学是经验的法则,或者说是实际技艺。直线只不过是拉紧了的一段绳子;希腊语中的"hypotenuse"(斜边、弦)实际意思是"拉紧",可以假定为将一个直角的两臂拉紧后的连线。一个平面只不过是一片平地的表面。他们求谷仓体积、土地面积的公式是经过反复试验得到的,因此许多公式难免有错。例如,埃及人求圆面积的公式是 3.16 乘以半径的平方。这是错误的,尽管这对于埃及人运用它进行计算来说已足够精确了。

埃及人和巴比伦人将数学大量地应用于实际生活中。他们的纸草、陶书上记载着期票、信用卡、抵押契约、待发款项,以及分配商业利润等事项。算术、代数被用于商业交易,几何公式则用来推算土地面积,计算储存在圆形仓或锥形包中的粮食。除此之外,巴比伦人和埃及人还是锲而不舍的建筑师,即使在今天的摩天大楼时代,在我们看来,他们的庙宇和金字塔依然是令人钦佩的伟大工程成就。巴比伦人也是心灵手巧的水利工程师,底格里斯河(Tigris)和幼发拉底河(Euphrates),沿岸人民的生命之河,两条河流的水流过精心挖掘的沟渠,使其流域的土壤变得肥沃,即使在干旱的炎热季节里,它们也能使巴比伦城和乌尔(Ur)城繁荣昌盛,呈现出人丁兴旺的景象。

但是,这一说法是错误的——不论它被重复多少次——即认为埃及和巴比伦的数学只是局限于解决实际问题。不论是在以往的任何时代,还是在我们这个时代,这种观点都是错误的。相反,通过更仔细的研究后我们发现,人类思想和激情的优秀成果,无论是艺术、宗教和科学的成果,还是哲学成果,都如同我们今天一样,与一定的数学内容相关。在巴比伦和埃及,数学与绘画、建筑、宗教以及对自然界的探究之间的联系,在密切性和重要性方面丝毫不比数学应用于商业、农业和建筑方面逊色。

那些坚信数学仅仅具有实用价值的学者,经常自以为是地认为,历史上的数学活动靠实际需要的推动,不可能存在什么来自逻辑的推动(理论的推动)。他们的论据如下,数学被应用于计算历法和航海,因此数学创造是靠大量的实际问题而激发推动的,正如计算的需要导致了数的产生一样,这种因为这样所以这样(post hoc ergo propter hoc)的论证方式,缺乏历史根据,因而很难使人相信。在大海中迷航了的水手,绝不会突然意识到观察星星可以解决他的航海问题;同样,并非直到尼罗河每年泛滥时,埃及农民才会关心起日期来,认为他应该去看看太阳的方位。

在天文学和数学用于计算历法和航海之前,人类本能的好奇心和对自然的恐惧必已有了若干世纪,那时人类受不可抑止的哲学精神的驱使,耐心地观察太阳、月亮和星星的运行。这些先知们通过对神奇的自然界的观察,克服了缺乏仪器和数学知识的重重困难,终于从他们的观察中画出了天体运行的图像。在很早的埃及文明中,已经有人知道太阳年约为 365 天,并且知道每年的季节。

他们坚持不懈的努力,取得了更为广泛的成就。他们观察到,每年当天狼星出现在黎明的天空时,就表明尼罗河的洪水到达开罗了。在为预测洪水而绘出天狼星在天空中的运动轨迹之前,这种观察必定已经进行许多年了。更为重要的是,由于以 365 天为一年的历法比真正的太阳历少 $\frac{1}{4}$ 天,这样在若干年以后,这个历法就不再能够指出天狼星将在什么时候出现在黎明的天空了。只有在 1 460 年以后,也就是在 4×365 年以后,这个历法才会与天狼星在天空中出现的位置相吻合。这个 1 460 年的周期,称为索特周期(Sothic cycle),埃及天文学家们也知道这个周期。天空中这种规律的存在,必定在任何人想运用它之前就已被人认识到了。

一旦天文学和数学的研究揭示了那些规律,巴比伦人和埃及人就学会利用它们去观察天象。按照天象所显示的时间,他们从事打猎、捕鱼、播种、收获、跳舞和举行宗教仪式。不久,对某些特殊的星座,人们按照它们出现时所对应的传统风俗活动而为其命名。对应猎人的射手座,对应渔夫的双鱼宫 ①,至今仍在天空。

万物兴衰,皆归于天。如此铁的规律,按照秩序,分秒不差地运行着。靠耕作每年洪水泛滥后尼罗河上所覆盖的肥沃土壤为生的埃及人,必须对洪水做好充分的准备。他们的房子、家产、牛畜必须暂时从居住的地方搬开,然后为随之而来的播种作好准备。因此,他们必须预测洪水到来的时间。不仅在埃及,而且在所有的地方,预先知道播种的季节、节日的时间和祭祀的日子,都十分

①　射手座(Sagittarius).黄道带第九宫,11 月 22 日—12 月 20 日,双鱼宫(Pisces).黄道带第十二宫,2 月 20 日—3 月 20 日。——译者注

必要。

但是,仅仅依据计算过去的日子而进行预测是不可能的。这是由于 365 天的历法年不久与真实的季节全然对应不上了,因为这种历法每年亏损 $\frac{1}{4}$ 天。即使提前几天预测节气和尼罗河汛期,也需要有精确的天体运行和数学方面的知识,然而只有僧侣们才具有这种知识。这些僧侣们懂得,历法对日常生活的安排和为将来的事件做准备具有重大意义,因而他们利用这种知识获得了统治那些无知民众的权利。事实上,可以肯定,埃及僧侣们知道太阳年在时间上是 $365\frac{1}{4}$ 天,但却故意不让一般民众知道这种知识。僧侣们知道洪水是按期到来的,但他们却佯称,因为他们举行了宗教仪式而带来了洪水,并使水按期退下去。这样,就迫使可怜的农民为僧侣们的仪式支付报酬。数学和科学知识在当时也和在今天一样,是某种权力。

尽管对天空的冥想导出了数学,当然,在这一过程中还借助了与它有着相当重要关系的天文学、宗教神秘主义,但是这种冥想也包括对生、死、风、雨和自然界各种奇异现象的沉思。不久,这种冥想还通过现在看来是声名狼藉的占星术与数学纠缠在一起了。当然,我们不能因为它在今天臭名昭著,而抹杀占星术在古代宗教中的重要性。几乎在所有的宗教中,天体特别是太阳,都是主宰地球上万事万物的神。通过研究这些神的活动,它们来去的行踪,还有不期而至、转瞬即逝的流星,以及偶尔出现的日食和月食,人们可能领悟到神的意志和计划。对于古代的僧侣们来说,以行星和恒星的运动为基础,发展出一套占卜术是十分自然的,如同现代科学家利用自己熟练的训练和才能,研究和把握自然界一样。

即使天体不被当作神,处于科学蒙昧时代的人们,还是有足够的理由将太阳、月亮和星星的位置,与人类的事务联系起来。一般说来,谷物的收成依赖于太阳和气候,动物在一定的季节里交配,甚至亚里士多德(Aristotle)和盖伦(Galen)相信,妇女的经期由月亮的活动控制。许多诸如此类的现象,使得人们愈发相信占星术。特别是对于埃及人来说,当天狼星于黎明时分出现在天空时,尼罗河的洪水就到来了,那么这就意味着:天狼星引来了洪水。

宗教神秘主义本身在几何上更为直接的表现是,建筑漂亮的神殿、金字塔,以及在巴比伦的每个大城市的适当地方建造一座亚述古庙塔(ziggurat)———一座塔形的神殿。这种神殿是将一幢大厦立在拾级而上的台阶的顶端,可以通过楼梯上去,而且方圆数里都清晰可见。当然,埃及人的金字塔和神殿也举世闻名。而且,金字塔的建造更是精益求精,因为它们是王陵。埃及人坚信,按照精确的数学规则去建造陵墓,对于将来死后的生活是非常重要的。这些宗教建筑的方位与天体有关,这一点可以通过卡纳克(Karnak)著名的太阳神神庙、埃及主神亚蒙神(Amon-Ra)神庙得到很好的证明。这些建筑物在夏至那天正面对着太阳,在这一天,阳光直接投射到庙宇中,甚至照亮了大殿的后墙。

宗教神秘主义也不乏对数的性质的好奇心,而且将数作为表达神秘主义思想的媒介(测字术)。其中,数字 3 和 7 引起了特别的注意。既然宇宙明显地是在有限的时间内被创造出来的,那么为什么不利用像 7 那样的数字去描述呢?在上帝的威力和复杂的自然界之间,找到一种似乎是恰当的和解办法,这应该是几天就可办到的事情。希伯来神秘主义学说解释了,宗教主义者究竟在多大范围内用数来解释宇宙的神秘性。一般认为,巴比伦祭司发明了这种有关数的神秘的、迷魔般的学说,后来又为希伯来人加以发展了。这种伪科学是以下面的思想为基础的,字母表中的每一个字母都与一个数相关联。事实上,希腊人和希伯来人曾利用字母表中的字母作为他们的数字符号。每个单词对应于一个数,这个数是所有拼成这个单词的字母所代表的数之和。两个单词表示同一个数,则可以认为两者相关,这种相关性被用来做预言。这样,人的死亡也有可能事先预测到,因为一个人计划要做的某事的名称所对应的数,与死亡一词所对应的数可能会相同。

人类的艺术兴趣与其宗教情感之间的抵触,导致了数学知识的发现和利用。当建筑师研究和利用几何学去设计、建造漂亮的公共建筑、庙宇、皇宫时,画家们却被他们所构造的几何图形的美的意境所吸收。6 000多年前,波斯苏萨(Susa)城的艺术家,曾使用了几何图形。就传统艺术的风格而言,它与现代的抽象艺术一样的深奥微妙。山羊的前后两部分分别被画成三角形,山羊角却延展成一个半圆形。鹳的身体和头部也被分别画成大三角形和小三角形,这些艺术品被用来作为波斯人陶器的装饰。几何学,并不像希罗多德所宣称的那样,仅仅是尼罗河的恩赐。艺术家也为文明奉献了这份礼物。

埃及和巴比伦文明表明,人类众多的需要和兴趣激发了人类数学活动的灵感。然而,埃及人和巴比伦人在对数学的理解,以及对这门学科的实际贡献方面却未能达到应有的水平。他们只不过积累了简单的公式、大量基本的规则和技巧。所有这些解决了在一些特殊情形下产生的问题。但是，这门学科既没有得到全面的发展，也没被清楚地表述成普遍原理。从阿梅斯（Ahmes）纸草书中，我们得到了埃及人绝大部分数学知识，但上面仅仅解决了一些特殊问题；对于所得到的运算结果，既没有解释，也没有说明理由。有人认为，巴比伦和埃及祭司可能掌握了普遍的数学原理，但他们对这些知识秘而不宣。这是一个大胆的猜测，它部分地起因于阿梅斯纸草书中的一个标题：《求知指南》（《获知一切奥秘的指南》，*Directions for Obtaining Knowledge of All Dark Things*），同时这一猜测也是因为考虑到埃及全面而强有力的神权统治，僧侣们利用口头的方式传授这方面的知识，从而进一步在人民中加剧了对统治阶级的敬畏。

没有建立起一个重要的科学知识体系，或使该体系包含具有广泛综合性的细节，这种状况在埃及和巴比伦天文学中也很明显。经过长达数千年的观察，天文学竟然没有发展出与之相适应的理论，以便对这些观察进行系统的详细阐述。

在建造金字塔和神殿过程中大量运用数学知识的事实，一直被作为古代数学具有精深内容的证据。有些学者指出，金字塔底边每条边的长度几乎完全相等，而每个基底直角都非常接近 $90°$。不过，要得到这样的结果需要的并不一定是数学家，更需要的是细心和耐心。高超的计算大师不一定是伟大的数学家，金字塔建造者同样也不一定是伟大的数学家。他们的工作令我们惊奇的是，如此大规模杰出工程的组织和管理。

从现代观点来看，埃及和巴比伦数学还有一个重要的缺陷：结论都由经验来确定。如果考察一下埃及人和巴比伦人获得公式的方法,我们就会对这一缺陷理解得更为深刻。

假定一个农民想尽可能节省地筑一道篱笆,以便将面积为
100 平方英尺[①]的土地围起来,并使这块土地呈长方形。若要使篱
笆用得尽可能的少,就应该使这块地的周长尽可能的小。现在,这
位农民选了一块 100 平方英尺的长方形土地,它的构成可能是这
样的:50 英尺[②]乘 2 英尺,20 英尺乘 5 英尺,8 英尺乘 12 $\frac{1}{2}$ 英尺,
等等。但是,这些各种各样的长方形,它们的周长是不相等的,尽
管它们的面积都是 100 平方英尺。例如,尺寸为 2 英尺乘 50 英
尺,则周长为 104 英尺;尺寸为 5 英尺乘 20 英尺,则周长仅为 50
英尺,等等。经过少许计算,很容易看出,对应于不同的尺寸,可以
有很多不同的周长。

现在这位农民陷入了困境。如果他了解一些算术知识的话,
他可能会试试面积为 100 平方英尺的地块的各种各样的尺寸,然
后从中选出具有最小周长的那一块来。但是由于所有可能的情形
是无穷的,因此他不可能全部都拿来试试;因此他不可能做出最好
的选择。一个聪敏的农民可能注意到,长、宽两者越接近相等时,
则所需要的周长越小。然后他可能假设,长、宽均为 10 英尺×10
英尺的那块地具有最小的周长。虽然他不能肯定这一点,但是,通
过反复试验,他都得出了相应的结论,即所有给定面积的长方形
中,正方形具有最小周长。

无疑,这个农民将会利用这一猜想,而且由于算术知识和接连

不断的关于长方形的经验支持了这一结论，因此这一结论将会作为一种可靠的数学知识记载下来，并传授给后代。当然，这绝不意味着这一结论被人接受了，而且任何学习数学的现代学生都不会按这种方式去"证明"它。对于这种古代获得数学知识的方法，最好的结论只能是：耐心代替了聪颖。

古代数学的另一方面也应该引起我们注意。为了利用学问达到自己的目的，祭司们垄断了所有的学问，包括数学。知识给予他们以力量，通过垄断知识，他们减少了其他任何人向他们的权力挑战的可能性。而且，无知是恐惧的根源，人们都因恐惧而求助于统治者来教育并庇护他们。这样，祭司们巩固了自己的地位，而且能够维持他们对人民的统治。巴比伦和埃及的祭司统治，与没有僧侣阶级统治的文明比较起来，显得非常不利于文化发展。我们将看到，在希腊人兴起的几百年里以及近现代的几百年时间内所获得的知识与进步，比起这两个古代文明数千年内所获得的成就，多得无法估量。

第三章　数学精神的诞生

> 无论我们希腊人接受什么东西，我们都要将其改善并使之完美无缺。
>
> 柏拉图（Plato）

有一个故事说，一次泰勒斯（Thales）在夜晚散步时，由于全神贯注地观察星星，不小心跌到水沟中成了落汤鸡。随行的一位妇女大惊失色："您连脚下的东西都看不到，又怎么能够知道天上发生的事情呢？"然而，泰勒斯的确取得了许多卓越的成就。他在一生中，不仅奠定了希腊数学的基础，观察过星星，与志趣相投者探究自然界，而且创立了希腊哲学，提出了重要的宇宙起源理论。此外，他还作过远足旅游，为天文学做出了杰出的贡献，在经商方面也取得了极大的成功。

泰勒斯，以及大多数早期希腊数学家，都曾向埃及人和巴比伦人学习过代数和几何的原理。事实上，这些学者中有许多人来自继承了巴比伦文化的小亚细亚。另外一些出生于希腊本土的学者，则去过埃及，并在那儿学习，进行过研究。希腊人的思想毫无疑问地受到了埃及和巴比伦的影响，但是他们创立的数学与前人的数学相比较，却有着本质的区别。的确，按照20世纪的观点，数学,甚至现代文明都可以说始于希腊古典时期,这个时期约从公元前 600 年持续到公元前 300 年。

希腊时代以前所存在的数学,都以经验的积累为其特征。数学公式由经验日积月累而形成,很像我们今天医学中的实验和治疗。尽管经验无疑地是一位好老师,但是在许多情况下,它对于获得知识却几乎没有什么作用。建造一座一英里①长的桥,谁会去试验一种能否支承得起这座桥的特殊钢索呢?反复试验的方法可能会一目了然,但也可能会带来危害。

经验是获取知识的唯一方法吗?经验并不给人类以推理能力。有许多种推理方法,其中普遍运用的一种是类比法。例如,埃及人相信生命不朽,所以他们在埋葬死者时,要陪葬衣服、家具、宝石和其他物品,以供死者在另一个世界(阴间)中使用。他们的论据是,由于生活在世上需要这些物品,所以死后也同样需要。

类比推理是有用的,但也有其局限性,并不是在所有情形中都能使用类比方法:我们几乎不可能通过类比方法发明飞机、无线电、潜水艇。另外,在可以进行类比推理的情形中,也存在着许多细微的差别。尽管人类和猿相似,但是,一些关于人类的结论却不能从对猿的研究中得出。

使用得更为广泛的另一种推理方法是归纳法。一个农民看到,接连几个春天,大雨过后随之而来的是好收成。因此他总结出这样的结论:大雨对农作物是有利的。看看一个例子,某人在与律师打交道时,曾有过不幸的经历,所以他得出结论:所有的律师都

---

① 1 英里＝1 609.344 米。——译者注

令人讨厌。一般说来,归纳过程的本质在于,在有限个例子的基础上概括出一些总是正确的结论。

归纳法在实验科学中是基本的推理方法。假设一个科学家将一定量的水从 40℃加热到 70℃,他看到水的体积增加了。如果他是一位优秀的科学家,就不会过早地作结论,而会多次重复试验。假定他看到在这种情况下水每次都同样地膨胀了,那么他会得出结论:当水由 40℃加热到 70℃时,体积增大。这个结论正是通过归纳推理得到的。

尽管由归纳推理得到的结论,似乎被事实证明是正确的,但是还不能说这些结论就确定无疑。从逻辑上看,这些结论并不会比通过对 4 亿中国人①的观察后,得出所有的人都是黄皮肤的一般结论更准确。换句话说,通过归纳推理得到的结论,并非确凿无疑。归纳推理的方式也还有其他的限制。我们不能采用归纳方法将一项未经试验的法律对社会的作用做出结论。我们不能像某位不负责任的观察家一样,当某次看到印度人排成单行走路时,就使用归纳法得出结论:所有的印度人走路时都排着队。

在得出结论的几种方法中,每一种无疑地都会在一定的情形中有用,但它们又都有一定的适用范围,即使经验中的事实,或作为类比、归纳推理基础的事实是完全确定的,但得到的结论依然可能不确定、不正确。在要求确定性是最为重要的推理中,这些方法几乎无用。

幸运的是,有一种推理方法的确能保证它所导出的结论具有

---

①　M. 克莱因写作本书的时间是 1950 年左右,因此说 4 亿中国人。——译者注

确定性。这种方法被称为演绎法。我们来考察一些例子。如果接受这样的事实:所有的苹果都易腐烂。此刻在我们面前的这个物体是一个苹果,那么就必然能够断定,这个物体是易腐烂的。看看另一个例子,如果所有的好人都是仁慈的,如果我是一个好人,那么我一定是仁慈的;如果我不仁慈,那么我一定不是一个好人。再看一个例子,如果坚持这样的归纳前提:所有的诗人都是聪明人,而没有一个聪明人会蔑视数学,那么无疑地有这样的结论:没有任何一位诗人会蔑视数学。

就所讨论的这种推理而论,是否同意前提无关紧要,关键在于,如果接受了前提,那么必须接受结论。不幸的是,许多人混淆了结论的可接受性、真实性与得出这个结论的推理方法的合理性之间的区别。假如所有智力发达的生物都是人,而这本书的读者是人,从这个前提出发,我们可以断定,这本书的所有读者都是智力发达的,这个结论无疑是正确的,但是所使用的这种演绎推理却不合理,因为这个结论不是根据前提得来的。思考一下就可以看出,即使所有智力发达的生物是人,但也有人智力不发达,而在前提中并没有告诉我们这本书的读者属于哪一类。

因此,演绎推理包括这样一些方法:从已认可的事实推导出新命题,承认这些事实就必须接受推导出的命题。在这里,我们不考 27察人们为什么会在心理上相信这种推理的问题。现在,重要的是,人类获得了这种推导出新结论的方法,而且如果作为出发点的事实是确定无疑的话,则结论也必定确定无疑,千真万确。

演绎法,作为一种获得结论的方法,与反复试验法、归纳法和类比推理相比,有许多优点。突出的优点我们早已提到了,即如果前提确定无疑,则结论也确定无疑。如果能够获得真理的话,那么它必定具有确定性,其结论没有丝毫可疑的或近似的推断性质。其次,与实验相反,即使不利用或缺乏昂贵的仪器,演绎也能进行下去。在建造一座桥,或用机枪进行扫射之前,利用演绎推理即能确定结局。演绎法具有的这些优点,使得它有时成了唯一有效的方法。计算天文距离不可能使用直尺。而且另一方面,试验使我们只能局限在很小的时空范围内,但是,演绎推理却可以对无限的时空进行研究。

尽管演绎法有如此多的优点,但它并不能取代实验法、归纳法或者类比推理。确实,当前提能保证百分之百的准确时,那么由演绎法推出的结论也百分之百的准确。但是这样确定无疑的前提却不一定是有用的。而且遗憾的是,没有一个人能够发现这样的前提,从该前提出发能够演绎出治疗癌症的方法。不过,从实用目的来说,完全的、确定无疑的演绎推理有时超越了现实的需要。具有较大的可能性也许足够了。埃及人数百年来都利用从经验中得到的数学公式,如果他们等待演绎证明,那么今天在吉萨(Giza)的金字塔就不会屹立在沙漠上。

因此,获得知识的各种各样方法都有其利弊。尽管如此,希腊人却仍然坚持,所有的数学结论只有通过演绎推理才能确定。由于坚持这种方法,希腊人抛弃了通过经验、归纳或其他任何非演绎的方法得到的所有规则、公式和程序步骤,而这些方法在以前数千年的文明里,一直被看作是数学整体中的有机组成部分。这样,我们将看到,与其说希腊人是在创建文明,倒不如说是在摧毁旧文明。当然,我们现在还不能过早地下结论。

为什么希腊人偏偏要坚持在数学中运用演绎证明呢？为什么他们要抛弃像归纳、试验和类比这样一些有用、富有成效的获得知识的方法呢？通过分析他们精神活动的特点，剖析希腊社会的本质，我们不难找到答案。

希腊人是天才的哲学家，他们热爱理性，爱好精神活动，这使他们与其他民族有着重大区别。受过教育的雅典人大都致力于哲学，就像今天的社会名流注重于晚间聚会一样。公元前5世纪，雅典人热衷于讨论生与死、生命不朽、精神的本质、善恶之分等问题，这也如同20世纪的美国人热衷于物质进步一样。哲学家不像科学家是在个人实验或观察的基础上进行思考。哲学家们所关注的核心问题，是抽象概念和最具普遍性的命题。为了得到有关精神的真理而对精神进行实验，毕竟是困难的。哲学家最基本的工具是演绎推理，因此希腊人着手数学研究时也就偏爱这种方法了。

而且哲学家关心的是真理，即非物质性的少数关于永恒、不朽的问题，这些问题在错综复杂的实验、观察和感觉中都被筛选掉了。确定性是真理必不可少的要素。因此，对希腊人来说，埃及人和巴比伦人所积累的数学知识乃是空中楼阁，或由沙子砌成的房子，一触即溃。希腊人寻求的，是建造一座由坚不可摧的大理石建造的、永恒的宫殿。

希腊人偏爱演绎法达到了令人吃惊的程度，而这只不过是他们钟爱美的一个方面。如同音乐爱好者将音乐视为音乐的结构、音程和旋律的组合一样，希腊人将美看作是秩序、一致、完整和明晰。美像情感经验一样，也是一种心理感受。的确，希腊人在每一种情感经验中都寻找理性的因素。在佩里克利斯(Pericles)写的著名的颂词中,他颂扬在萨摩斯(Samos)岛战役中牺牲的雅典人,不仅因为他们勇敢而富有爱国心,而且因为他们认为自己的行动合乎理性。对那些将美与理性等同起来的人来说,演绎推理自然会富有吸引力,因为演绎推理富有条理性、一致性和完整性。这足以使人相信,在结论中将会表现出真理的美。因此,希腊人认为数学是一门艺术就丝毫不足为怪了,如同建筑是一门艺术一样,尽管它的原理可能被用于建造货栈。

希腊人偏爱演绎的另外一个原因,在他们所处社会的组织中可以找到。哲学家、数学家和艺术家具有较高的社会地位,社会高阶层或者完全鄙视商业活动和手工劳动,或者认为这些都是倒霉蛋才注定要做的事情。这些工作损害身体,而且减少了智力活动和社会活动的时间,有损于公民的责任感。

希腊的著名人物清楚地阐明了他们对劳动和商业的鄙视。毕达哥拉斯学派,随后我们将要讨论的一个有影响的哲学和宗教学派,宣称他们已经将算术——商业的工具,发展成为一门艺术,已经使之超越了商人的需要。他们寻求的是知识,而不是财富。柏拉图则说,算术应该用于追求知识,而不应该用于贸易。因此他宣称,对于一个自由人来说,从事商业贸易是一种堕落,他希望把商业贸易职业作为一种犯罪行为,应该予以惩罚。亚里士多德则宣称,在一个完美的国度里,公民不应该从事任何手工操作技艺。阿基米德虽然在实用发明方面做出了巨大贡献,但他更为珍爱的依然是在纯科学方面的发现,而认为任何一种与日常生活有联系的技艺,都是可耻的和粗俗的。在一些愚钝人中间,对于劳动也依然持十分明显的鄙视态度。而那些经商者,曾受到政府部门的排挤达 10 年之久。

幸亏希腊人拥有大量奴隶,替他们完成了那些必要的生产劳动,否则这种极端轻视劳动的态度,很可能使他们对希腊文化不能做出什么贡献。奴隶们经商、管理家务,做各种杂活和手艺活,管理工业,甚至从事一些最重要的诸如医生这样的职业。以奴隶为基础的古希腊社会造成了理论与实践的分离,使数学和科学在抽象性和深度方面有了很大发展,但对实验和实际应用的轻视也随之而来了。

考虑到希腊上层阶级对商业和贸易不感兴趣——当然,这与今天上流社会将贸易和工业视为当务之急,形成了鲜明对照——因此,不难理解他们对演绎法的偏爱。如果一个人不是"生活"在他周围的世界里,那么经验对他几乎没有什么教益。同样地,为了进行归纳推理或者类比推理,他必定会愿意尽力观察现实世界。实验对那些不赞成动手的思想家肯定是不相干的。希腊人并不是闲散的懒汉,他们的本性决定了他们会去从事适合自己兴趣的研究,从而也决定了他们的社会态度。

J. 斯威夫特①(Jonathan Swift)剖析了希腊文化的独特之处,但对此持一种嘲笑的态度,他分析了希腊文化对人类抽象思维在本质方面的影响,但却认为这只不过是那个时代的一种伪科学。当格列佛被人带着,领略拉布塔(Laputa)的风光时,他看到:

---

① 《格列佛游记》作者。——译者注

他们的房子建造得十分糟糕,墙壁剥落,在任何一套房子中没有一处呈直角三角形,这些都是由于他们轻视实用几何造成的,他们把实用几何轻蔑地看作是粗俗的东西,认为属于工程方面,而这些建筑只有通过心灵手巧的工匠的智慧才会变得高雅起来,轻视实用几何是一个致命的错误。尽管他们的双手十分灵巧,能够运用自如地在纸上使用直尺、铅笔、圆规,讨论生活中的一般行为和准则,但是我从来没有看到过这样笨拙、呆板、缺少生机的人,他们几乎在所有其他方面都反应迟钝,只是在数学和音乐方面例外。

但是,希腊人坚持演绎推理是数学证明中唯一的方法,这却是最为重要的贡献。它使得数学从木匠的工具盒、农民的小棚和测量员的背包中解放出来了,使得数学成了人们头脑中的一个思想体系。在这以后,人们开始靠理性,而不是凭感官去判断什么是正确的。正是依靠这种判断,理性才为西方文明开辟了道路。因此,希腊人以一种比其他方法更为高超的方法,清楚地揭示了他们赋予了人的理性力量以至高无上的重要性。

演绎法异乎寻常的作用,一直是数学惊人力量的源泉,而且以此将数学与所有其他知识领域的各门学科区别开来。特别是使数学与科学有了最明显的区别,因为科学还要利用实验和归纳得出结论,因此,科学中的结论经常需要修正,有时甚至遭到全盘抛弃。而数学结论则数千年都成立,尽管在有些情况下,推理过程必须进行补充而使之完善。

即使希腊人没有更多地注重于数学的本质,而只将数学从经验科学中解放出来,从而形成演绎的思想体系,然而他们在历史上的影响依然是巨大的。但这只不过是他们贡献的序曲而已。

　　希腊人的第二个卓越贡献在于,他们将数学抽象化,在早期的人类文明中,人们学会了思考数字和用这些数字进行一定程度的抽象运算,但是这仅仅是一种无意识的行为,如同我们今天的小孩学会思考和进行运算一样,希腊时代以前,几何学思想几乎没有进步。例如,对埃及人来说,一条直线只不过是一段拉紧了的绳子,或者在沙地上画出的一条线,一个矩形就是将一块田地围起来的篱笆。

　　希腊人不仅自觉地认识了数的概念,而且他们还发展了算术,高等算术(数论);而同时他们称计算为 Logistica,但轻视这种几乎不涉及任何抽象思维的技艺,这就像我们今天瞧不起打字工作一样。同样地,在几何学中,点、线、角等词变成了思想方面的概念,这些概念只是源于物质实体,但又与这些物质实体不同,就如同财富的概念不同于土地、房屋和珠宝,时间的概念不同于对天空中太阳所经历的行程的测量一样。

　　希腊人将物质实体从数学概念中剔除,仅仅留下了外壳。他们赶走了柴郡(Cheshire)猫而留下了它的微笑。他们为什么这样做呢? 显然,思考抽象事物比思考具体事物困难得多,但却可以获得一个最突出的优点——获得了一般性。一个已证明了的关于抽象三角形的定理,同时适用于由 3 根木棍搭成的图形,3 块地所围成的三角形,以及由地球、太阳和月亮在任何时候所形成的三角形。

　　希腊人偏爱抽象概念,对他们来说,抽象概念是永恒的、理想的和完美的,而物质实体却是短暂的,不完善的和易腐朽的。物质世界除了能提供一个理念的模式外,没有其他意义;人(man)的概念比人们(men)的概念更重要。简要地看看希腊最伟大的哲学家的主要思想,那么,这种对抽象的强烈偏爱,将会变得更加显而易见。

柏拉图于公元前 428 年出生于雅典一个显赫、有势力的家庭,当时这个城市正处于鼎盛时期。在青年时期,他遇见了苏格拉底(Socrates)并成了他的拥护者。在政治上,苏格拉底维护雅典的贵族统治,当民主派取得政权后,他被判喝毒药。苏格拉底死后,柏拉图在雅典成了一个不受欢迎的人,这使他确信,一个有良心的人在政治上不会有立锥之地——当然,政治在那个时代是不同的——因此,柏拉图决定离开雅典。在遍游了埃及,访问了意大利南部的毕达哥拉斯学派以后,他于公元前 387 年左右回到了雅典。在雅典,他创立了从事哲学和科学研究的学院(Academy)。柏拉图活了 80 岁,在其后半生的 40 年里,他专心致志地教学、著述和培养数学家。他的学生、朋友和追随者,都是那个时代的伟大人物,他的传人在随后的好几代中仍兴盛不衰。在他们之中,可以找到公元前 4 世纪的任何一位著名数学家。

柏拉图主张,存在着一个物质世界——地球以及其上的万物,通过感官我们能够感觉到这个世界。同时,还存在着一个精神的世界,一个神所显示的世界,一个诸如美、正义、智慧、善、完美无缺和非尘世的理念世界。这种抽象的东西对于柏拉图来说,如同神对于神秘主义者,涅槃对于佛教徒,上帝对于基督徒一样。感官所能把握的,只是具体的和逝去了的东西,只有通过心灵才能达到对这些永恒理念的理解，利用自己的精神去达到这个目的，是每一个聪明人的职责，因为只有这些独特的理念，而不是人们日常生活的琐事，才值得注意。这种理念论，就是柏拉图哲学的核心，这与数学中的抽象概念无疑地属于相同的精神层次。学会如何去考虑其中的一个，那么就知道怎样去考虑另外一个了。柏拉图把握了这种关系。

柏拉图认为，为了使物质世界的知识上升到理念世界，人们必须日学不辍方可奏效。一束来自最高理念世界的光——天堂之光，对于从没有经过训练去适应这种光的人来说，依然如同虚无。用柏拉图自己最著名的比喻来说，如同长年累月住在幽深洞穴阴影中的人，突然被带到阳光中来一样。为了从黑暗过渡到光明，数学是一种理想的方法。一方面，数学属于感觉世界，数学知识与地球上的实体有关，它毕竟是物质性质的一种表示。另一方面，仅仅从理念论的角度去考虑，或仅仅作为一种智力活动，数学的确与它所描述的物质实体有区别。而且，在进行论证时，物质的含义必须剔除。因此，数学思维就为心灵做好了思考更高级思维形式的准备。通过使心灵抛弃对可感知和易逝事物的思考，而转向对永恒事物的沉思，这样数学就净化了心灵。这种超度的方式，通过数学达到了对真、善、美的理解，并进而接触到上帝。用柏拉图的话说就是："……几何学将使灵魂趋向于真理，进而创造出哲学精神……"几何学所讨论的并不是物质性的东西，而是点、线、三角形、正方形等等纯思维的对象。

关于算术，柏拉图也说："有非常重大和崇高的作用，它迫使大脑去对抽象的数进行推理，不让那些可见的和可接触的对象进入论证之中。"他建议:"我们国家的统治者要重视和精通算术,并且不应仅仅作为一种业余爱好,而必须从事研究,直到他们依靠心灵就能看到数的本质。"

柏拉图的观点总结起来就是:几何和计算中一小部分就已经为实用提供了足够的需要,但是,更高级和更主要的部分,应有助于使精神超脱于对世俗的思考,而且能够了解哲学的最终目的——善的理念。基于这一原因,柏拉图劝告未来的哲学王必须花费 10 年时间——从 20 岁到 30 岁——专攻精确科学:算术、平面几何、立体几何、天文学及和声学。他强调,数学是为哲学作准备的,他不仅对其追随者和同时代人是这样说的,而且对整个古希腊时代都提出了这样的忠告。

希腊人偏爱抽象和理想化,这在哲学和数学中充分显示出来了。在艺术中也充分展示了这一特点。古典时期希腊人的雕塑,并不注重个别的男人或女人,而是注重理想模式(插图 1 和插图 2)。这种理想化加以扩展后,就导致了身体各个部位比例的标准化。在波利克里托斯(Polyclitus)规定的比例中,任何一个手指和脚趾的比例都没有被忽略。现代选美比赛中,获奖姑娘身体各部分的比例,最接近希腊人在古代早已确定的标准,因此,这种选美比赛可以看作是希腊人对理想身材比例追求的继续。

古典时期希腊人的面部和姿态,不管是穿上衣服的还是赤身裸体的画像,至少到沮丧的"拉奥孔"(Laocoön)塑像出现之前,都没有明显的情感流露的表现。从面部表情来看,希腊的神和希腊人是既不冥想,不苟言笑,也不忧虑。看上去举止十分宁静,甚至雕刻中所描绘的戏剧场面也是如此。他们的面部十分安详,如同我们想象的正在进行抽象思考的人的面部表情。特殊情形中的激情，甚至即使是一刹那间的激情，都被雕刻家们描绘成了人们永恒的本性。这种史诗般的雕刻风格，与被发掘出来的罗马时代的军事、政治领袖们的半身像、雕像形成了鲜明的对比（插图3）。

如同将雕刻标准化一样，希腊人使他们的建筑也标准化了。他们简朴的建筑总是呈长方形，甚至长、宽、高的比例都是确定的。"雅典的废墟"（The Parthenon of Athens）（插图4）就是几乎所有希腊庙宇共有的风格和比例的典范。巧合的是，希腊人坚持理想的比例与坚持抽象的形式紧密地相关，当然，这与我们今天的原则也不矛盾。在古希腊，艺术和抽象实际上是同义语。

坚持数学中的演绎法和抽象方法，希腊人创造了我们今天所看到的这门学科，而这两个特点都由哲学家们加以传播了。尽管数学脱胎于古希腊哲学，但是，许多大数学家和某些二三流的数学家却对所有的哲学玄想都极端蔑视。当然，这种态度不过是思想狭隘的一种表现。这些数学家在自己所选择的领域中，就像流向大海的河流一样，尽管冲蚀了高山，然而在大海中它们的道路却只能局限于狭窄的海峡。他们能够在水底穿行探索，但是却被自己无法看到的峭壁、岩石阻挡。这些轻视哲学的数学家没有意识到，最深、最大的河流也是由云雾凝聚的雨水而形成的，哲学思想就像云雾一样，凝聚成丝丝细雨，注入数学的溪流之中。

希腊人对数学发展产生影响的另一个重要方面，是他们对几何学的重视。他们仔细、全面地研究了平面几何、立体几何。但是，简便的表示数量的方法，却从未得到发展，他们也没有处理数的有效方法。的确，在计算方面，他们甚至没有利用巴比伦人已经创造出的技巧。今天,代数意味着高度有效的符号系统、大量确定的解题程序,这些在当时却未曾预料到。希腊人对几何与代数厚此薄彼的态度非常明显,对此,我们必须寻找其中的原因。这其中的原因主要有以下几个方面。

我们早已提到,在古典时期,工业、商业、财政都由奴隶管理。因此,虽然受过教育的人可能曾经产生过一些处理数的新思想、新方法,但他们本人并不关心诸如此类的问题。如果一个人不进行测量,或一个人对贸易不感兴趣,他为什么非得要关心数学在测量或贸易中的应用呢?为了刻画所有矩形的性质,哲学家们甚至不需要任何一个矩形的大小。

像大多数哲学家一样,希腊哲学家是天文迷。他们研究天空,以探求宇宙的种种神秘现象。但是,对于天文学在航海和历法方面的应用,古典时期的希腊人却几乎没有关心过。形状、性质比测量、计算更符合他们的目的,因此几何学受到了青睐。在所有的形状中,希腊人通过粗略地观察太阳、月亮和行星,一致认为圆和球应该受到高度重视。因此对天文学的兴趣,也使得古典时期的希腊人偏爱几何。

20 世纪,人们通过对物质进行分解,旁证了原子理论——希腊人希望建立的物质理论。对亚里士多德和其他希腊哲学家来说,一个物体的形状是真实的,它能在物体中找到。物质本身则是简单的、没有形状的;仅仅当它有形状时才有意义。因此,关于形状研究的几何学引起希腊人的特别关注,也就不足为奇了。

最重要的一个原因,则是由于解决了一个十分重要的数学问题,从而使得希腊数学家进入了几何学领域。我们已经谈到过,和其他早期文明一样,巴比伦文明曾使用过整数和分数,他们也熟悉由于直角三角形定理(勾股定理)的应用而产生的第三类数(无理数)。

首先,让我们看看这个定理。若一个直角三角形有长度为 3 和 4 的两条直角边,那么斜边——直角的对边(图 2 中 AB)的长度则为 5。5 的平方 25 是 3 与 4 的平方和,即 $5^2 = 3^2 + 4^2$。在所有直角三角形的各边中,这种关系,即斜边长度的平方,等于其他两边长度的平方和,此乃众所周知的毕达哥拉斯定理[①]。巴比伦人和埃及人即使未能证明这一定理,但也一定知道这一事实。

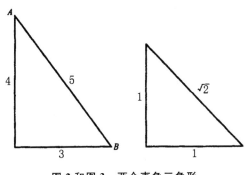

图 2 和图 3　两个直角三角形

现在,假设一个直角三角形的两条直角边的长度都是 1(图 3),那么斜边长度是多少呢? 记斜边长是 x,根据毕达哥拉斯定理,它的长度必须是

$$x^2 = 1^2 + 1^2 = 2$$

因此,斜边长度 x 必定是其平方为 2 的一个数,我们将平方是 2 的

---

① 中国人称为勾股定理或商高定理。——译者注

这个数用 $\sqrt{2}$ 表示,而且称它为 2 的平方根。但是,$\sqrt{2}$ 等于多少呢?也就是,一个什么样的数自乘等于 2?

答案是,没有任何一个整数或分数其平方为 2,毕达哥拉斯学派数学家们的这一发现,引起了他们极大的恐慌。$\sqrt{2}$ 属于一类新的数,他们称之为无理的(irrational),因为它不能精确地表示为整数之比,如 $\frac{4}{3}$ 或 $\frac{3}{2}$。相应地,整数和分数被称为有理数(rational number)。这些术语今天仍在使用。

在思想史上,无理数是被严重忽略了的一个课题,无理数是数系中令人头痛的数。我们已经看到,为了表示长度,就必须使用这样的数,而且,几乎在数学的所有分支中都或多或少地涉及这些数。现在的问题是,对这些数如何进行加、减、乘、除?例如,怎样将 2 和 $\sqrt{2}$ 相加,怎样用 $\sqrt{7}$ 除以 $\sqrt{2}$?

37　　　对这些难题,巴比伦人曾有一个权宜而实用的解决方法,他们取 $\sqrt{2}$ 的近似值。例如,由于 $\frac{14}{10}$ 即 1.4 的平方是 1.96,而 1.96 接近 2,因此 1.4 必定接近 $\sqrt{2}$。$\sqrt{2}$ 的一个更好的近似值是 1.41,因为 1.41 的平方是 1.988。

巴比伦人所取的 $\sqrt{2}$ 的近似值,并不是给出了无理数的精确处理,因为无论取多少位十进位制小数,也不能写出一个有理数,其平方精确地为 2。而且,如果数学能被称作是一门精确的科学,那么就必须发展出一套研究 $\sqrt{2}$ 本身的方法,而不是取其近似值。在希腊人看来,这些是真正的难题,对他们颇具吸引力,就像食物对于一个珊瑚礁上的遇难者一样。

希腊人不愿意利用巴比伦人缺乏严密性的方法,他们正视这个逻辑上的困难。为了精确地处理无理数,他们坚信所有的数都能用几何方法处理。于是,他们从这条思路着手,选择一段长度代表数 1。然后其他的数就依据这段长度来表示。例如,为了表示 $\sqrt{2}$,他们就使用两直角边是一个单位长度的直角三角形的斜边的长度。1 与 $\sqrt{2}$ 的和,就是在单位线段上再延长表示 $\sqrt{2}$ 的线段的长度。按照这种几何形式,一个整数与一个无理数的和,并不比想象一加一的和更困难。

同样地,两个数的乘积,例如 3 和 5 的乘积,表示成几何形式就是具有长、宽为 3 和 5 的矩形的面积。在 3 和 5 的情形下,利用面积来思考乘积的方法并没有多大优点。但是,可以把 3 和 $\sqrt{2}$ 的乘积也看作是面积。这样一来,考虑第二个矩形并不比考虑第一个矩形困难;至此,就提供了一个整数与一个无理数相乘的有效而精确的方法,就这点而论,这一方法也适用两个无理数相乘。

希腊人不仅用几何方法进行数的运算,而且尽可能地利用一系列的几何作图法来求解含有未知量的方程。这些作图法的答案就是线段,其长度为未知数的值。他们完全转变到了几何方面,这一点可以通过事实得到证明:在古希腊,4 个数的乘积是不可思议的,因为按照一般的方式,没有相应的几何图形表示 4 个数的乘积,面积、体积表示的是相应的 2 个数和 3 个数的乘积。偶尔,我们现在还说某数,比如把 25 说成是 5 的平方,27 是 3 的立方,这和希腊人的思维是一致的。

希腊人对几何学的偏爱非常明显,格列佛在他旅游拉布塔期

间,曾再次评论说:

> 我所具有的数学知识,在学习颅相学时给予了我极大的
> 帮助,颅相学主要依靠科学和音乐,对于后者我不是内行。他
> 们的观点是,将一切都转变为线段和图形。例如,如果他们称
> 赞一位妇女或其他任何动物的美丽,他们就用菱形、圆、平行
> 四边形、椭圆和其他几何术语来描绘,或者利用音乐中的艺术
> 词汇来描绘,在这里没有必要重复。在御膳房,我看到的全是
> 各种各样的数学和音乐器具,他们将大块大块的肉切成各种
> 圆形后,再送到君王的餐桌上。

由于希腊人将算术概念转变成了几何概念,而且他们终身致
力于几何学的研究,所以这门学科直到 19 世纪一直在数学中占支
配地位。到 19 世纪时,处理无理数这一棘手的问题,在精确的、纯
算术基础上最终被解决了。从实用的观点来看,考虑到算术运算
几何化的烦琐和缺乏实用价值,因而这种转换是一大不幸之事。
希腊人不仅没有发展在工业、商业、财经和科学上必须应用的数字
系统和代数,而且还妨碍了后代的进步,因为后代人受他们的影
响,不得不接受这种更加呆板的几何方法。欧洲人变得如此习惯
于希腊人的形式和风尚,以致西方文明不得不等待阿拉伯人从遥
远的印度给他们引入一套数字系统。

虽然按照我们对进步的理解,希腊人对数字系统和代数的改
变是一大不幸,但也不能对希腊人过于苛求,虽然我们经常可以听
到对希腊人的责难。希腊人的一大缺点是,他们本身太过分强调

理性化了。而且,由于他们其他的成就具有无可比拟的益处,所以这种缺点的危害就越发显得突出了。

　　大多数人描写希腊对现代文明的贡献时,他们所谈论的是艺术、哲学和文学方面的贡献。无疑,根据他们在这些领域遗留给我们的财富,希腊人应该受到高度的赞扬。希腊哲学今天依然像当时一样,充满活力、意义重大。希腊建筑和雕刻,特别是后者,对于20世纪一般受过教育的人来说,比当代的作品更加优美。希腊戏剧依然在百老汇上演。但是,希腊人最大限度地决定着今天文明本质的贡献,则是他们的数学。综上所述,他们改变了这门学科的性质,这是为人类奉献的最好的礼物。这一点我们在下面将进行考察。

第四章　欧几里得《几何原本》

欧几里得独具慧眼，

一览无余地欣赏着美。他们很幸运，

尽管只那么一次.而且还是远远地，

依然闻到了镶嵌在宝石上的檀香

散发出的浓郁的香味。

E.圣·文森特·米莱(Edna St Vincent Millay)

在一个相对短暂的时期,泰勒斯、毕达哥拉斯、欧多克索斯(Eudoxus)、欧几里得和阿波罗尼奥斯(Apollonius)等这样一批伟大学者,创立了一门内容丰富、令人惊叹不已的第一流的学科——数学。这些人的赫赫声望,传遍了地中海地区每个角落,吸引了大批学生。师生们聚集形成学派,尽管这些学派的房舍很少,也没有校园,但却是真正的学术中心。这些学派传授的知识,统治了希腊人的整个文化生活,因此我们将从几个不同的方面介绍他们。

毕达哥拉斯学派最有影响,它决定了希腊数学的本质和内容。该学派领袖、富有传奇色彩的毕达哥拉斯,约公元前569年出生于萨摩斯岛。经过在埃及、印度的广泛游历,他吸收了大量的数学知识和神秘主义学说。后来,他在南意大利的希腊殖民地克罗托内

(Grotone)，建立了一个既信仰神秘主义，也信仰理性主义的团体。在神秘主义方面，这些人吸收了希腊宗教的精神，认为必须从腐败的物质中净化人的心灵，将精神从肉体的牢狱中拯救出来。为了达到这样的目的，毕达哥拉斯门徒信守独身生活。一丝不苟地举行赎罪仪式，遵守团体礼俗。除此之外，他们坚信必须遵守一定的禁忌。不穿毛纺衣服，不吃肉和豆子，除非是在宗教祭祀时，不接触白色公鸡，不坐在容积为一夸脱的量器上，不走大路，不用铁器去拨火，不在壶上留下有灰的印记。一旦灵魂从一个肉体中解脱出来，又可以在另一个肉体中获得新生。色诺芬（Xe-nophanes）说，一天，毕达哥拉斯碰到一只狗正在挨打，连忙喝道："别打了，快住手，它是一个朋友的灵魂；我认出来了，我听到他在抱怨呢！"

这个团体主要致力于研究哲学、科学和数学。似乎预见到他们传授的某些知识可能会惹祸上身，因此他们要求新成员宣誓保守秘密，并终身不得退出。尽管其成员只限于男人，但却允许妇女听课，因为毕达哥拉斯认为女性也有其价值。这个组织的秘教性质、它的神秘主义以及秘密的仪式，激起了克罗托内人的怀疑和不满，最后，他们将毕达哥拉斯信徒们赶走，并烧毁了他们的房子。毕达哥拉斯逃到了南意大利的梅塔蓬图姆（Metapontum），据传，他在那儿惨遭杀害。但是，他的追随者却分散到希腊的其他地区，继续传播他的教义。

关于毕达哥拉斯其他神秘、玄乎的教义，将在以后的章节详细讨论。这里，我们将着眼于这样的事实：人们认为毕达哥拉斯主义者给予数学这门学科以特殊独立的地位。他们是第一次抽象地处

41

理数学概念的人,尽管泰勒斯和他的依奥尼亚(Ionians)学派已经用演绎法确立了一些定理,但是毕达哥拉斯学派却独立地、系统化地运用了这一方法。他们使得数学理论从诸如大地测量、计算这样的实践活动中分离出来,而且证明了平面几何、立体几何、算术即数论中的基本定理。他们发现并证明了 2 的平方根的无理性,这使他们惊恐不已。

比毕达哥拉斯学派更广为人知的是柏拉图学院(园)(The Academy of Plato),该学院的学生以亚里士多德最为著名,后者在柏拉图去世后离开了该学院,自己创立了吕克昂(Lyeeum)学校。我们知道,柏拉图早期的学生是他们那个时代最著名的哲学家、数学家和天文学家。在柏拉图的影响下,他们偏重纯数学,以至于忽略了所有广泛的实际应用,但却极大地丰富了各种知识体系。在数学、科学中的领先地位转移到亚历山大里亚后,该学院依然在很长一段时间里在哲学研究中起着主导作用。当这个学院在公元 6 世纪被查士丁尼(Justinian)皇帝取缔时,它已持续了 900 余年。

从小亚细亚到西西里岛、南意大利及整个地中海地区的许多学派和个人的工作,都被欧几里得总结在一本名为《几何原本》(Elements)的杰作中。这部最负盛名的著作,约在公元前 300 年形成,因为它既是几何学的逻辑表现形式,又构成了一个时代的数学史。从几条经过精心选择的公理出发,欧几里得演绎出了所有古典时期希腊大师们已掌握的最重要的结论,近 500 条定理。公理、编排顺序、表达的方式、部分先辈学者研究课题的完善,这些都是欧几里得的贡献。

通过高中阶段的学习，我们对欧几里得《几何原本》中的大部分内容已很熟悉了。不过，在继续考虑它对文化的重大意义之前，我们将评述这本在历史上最富有影响的、并且在某些人看来具有反叛性的教科书的几个特点。现在，我们关心的是欧几里得《几何原本》的结构。

我们知道，几何学研究点、线、平面、角、圆、三角形，等等。对于欧几里得和希腊人来说，在这部著作中，欧几里得当时所给出的这些术语，并不表示物质实体本身，而是从物质实体中抽象出来的概念。事实上，来源于物质实体的数学抽象，仅仅只反映了物质实体的少量性质。拉紧的绳子可看作数学上的直线，而绳子的颜色、制成绳子的材料，却不是直线的性质。为了使抽象术语的含义更精确，欧几里得首先给这些术语下了定义。他将直线定义为两端保持平直的线，很显然，这一概念是从拉紧的弦、木匠的水平尺抽象而来的。他说，点，就是不包含任何部分的东西。按类似的方法，他定义了三角形、圆、多边形，等等。

欧几里得在下定义方面，走向了不必要、不明智的极端。一个具有逻辑结构的、自足的体系，必须从某一个起点开始。不能指望对每一个使用的概念都能给出定义，因为下定义就是用其他的概念去描述一个概念，而前者又必须通过其他的概念来描述。很明显，如果要使这个过程不至于循环，人们必须从一些未经定义的术语出发，来定义其他的术语。例如，欧几里得将点定义为不包含任何部分的东西，在这个定义中，"部分"本身的定义就不明确。其他的学者试图改进欧几里得的定义，将点定义为纯位置。那么，什么是位置呢？无疑，在某些社会领域，位置是生活中最重要的东西，

43

但是,这种位置的概念并不能澄清点的意义。

另一方面,如前所述,并非所有的概念都能在一个独立的系统中得到定义。所有的概念都源于一定的物质实体,并且代表着这些物质实体。但是,物质的意义并不能给这种正式定义以任何帮助,因为它们并不是数学的内容。令人惊奇的是,几何学中的一些无法定义的概念,并没有给研究带来不便,我们马上将看到这一点。

欧几里得在对所要研究的概念给出定义后,至少他自己对此是感到满意的。接着,所要着手的最重要的工作,就是确立关于这些概念的事实或定理。为了进行这一演绎过程,他需要有前提,如同亚里士多德指出的那样:

> 并不是所有的东西都能被证明,否则证明的过程将会永无止境。证明必须从某个地方起步,用以起步的这些东西是能得到认可的,但却不是不可证明的。这些就是所有科学的第一普遍的原理,被人们称之为公理,或常识。

在公理的选择方面,欧几里得显示出了伟大的洞察力和判断力。在学派中起领袖作用的数学家们,从能够接受的公理着手进行选择。随着所选择的公理在数量上越来越多,危险性也就增加了。因为并不是所有的数学家都对其中所使用的公理的真实性确信不疑。另外,还有大量不必要的公理,从逻辑的角度看是一种浪费行为,因为最好是选择尽可能少的公理,并使得其他命题能从已被接受的公理中演绎出来。因此,欧几里得的任务就是为几何学寻求一套足够的、而且能被普遍接受的公理系统。而且,由于希腊人的几何研究是其研究真理的主要部分,因此这些公理必须是无可置疑的、绝对真实的。

欧几里得提出的公理,表述了点、线和其他几何图形的性质,而且这些性质为其相对应的实物所具有。很明显,所讨论的这些性质确实非常适用于物质实体,因此人们都愿意接受这些公理,并把它们作为进一步推理的基础。欧几里得选择的公理所具有的非凡优点,就在于尽管这些公理可被人立刻接受,但一点也不流于肤浅,因为它们导出了深刻的推论。而且,他所选择的公理非常有限,几条公理(总共才 10 条)却依然推演出了整个几何学系统的结构。

为了对欧几里得的选择的明智性加深认识,让我们来回顾一两条公理。他断言:"连接任意两点可作一条直线";"过给定点和给定的中心可以作一个圆";"整体大于其任何一个部分"。显然,这些都无懈可击,而且能被所有的人接受。

挑选出了几何学研究所涉及的概念,选择好了关于这些概念的基本公理之后,欧几里得开始着手建立定理、结论。当然,证明的方法是严格的演绎法。为了充分认识后人对欧几里得结论严密性钦佩的原因,让我们来欣赏他给出的一个证明。

欧几里得在其体系中,较早给出的一个定理是:一个等腰三角形,两底角相等。这个定理特别有趣。因为尽

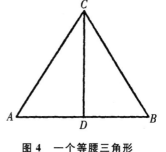

图 4 一个等腰三角形

管它在本质上属于初等问题,但却代表了中世纪大学中几何学习的水平。这定理被称作"笨蛋的难关"(ponsasinorum)或"驴桥"(bridge of asses),因为笨蛋不能理解这个证明,就像一头在桥边的驴子一样,再也不能前进了。

在欣赏证明之前,先考虑一下该定理的内容。如果 ABC(图4)是一个等腰三角形,两腰 AC 和 BC 相等,我们希望证明底角 A和 B,即两条等边所对应的角相等。

证明是从引一条角 C 的角平分线 CD 入手的。这一步的合理性如下:欧几里得先前证明了任何角都能被平分。既然 C 是一个角,因此它也能被平分。这里的演绎推理是这样的形式:所有苹果是红的;现在有一个苹果;因此这个苹果一定是红的。

45　　引入线段 CD 后,就将三角形 ABC 分成了两个三角形 ACD和 DCB。我们知道,在这两个三角形中,首先 AC 等于 CB,因为已知原来的三角形 ABC 是等腰三角形。第二,角 ACD 等于角DCB,因为 CD 是角平分线。第三,因为 CD 是两个小三角形的公共边,所以这两个三角形有一条等边。因为前面(系指在《几何原本》中)有一个定理断言,任何两个三角形,如果一个三角形的两边和这两边所夹的角,与另一个三角形的两边和这两边所夹的角相等,则这两个三角形全等。由于所讨论的两个三角形有这些相等的部分,因此这两个三角形全等。最后我们断言,角 A 和角 B 相等,因为全等三角形的定义,正是对应的部分都相等,角 A 和角 B就是这样的对应部分。

这样,这一定理通过几个演绎论证被证明了,其中每一步都利用了无可置疑的前提,从而得出了无可置疑的结论。当然,在欧几里得那里,并不是所有的证明都如此简单。但是,任何一个证明,无论第一眼看上去如何复杂,都只不过是由一系列简单的演绎论证组成的而已。

我们不必逐个重新考查欧几里得确立的定理。需要指出的是,从公理出发,一些简单的定理立刻就能得到证明,这些定理就成了那些更深奥的定理的基石,这样,一座精美的大厦就严密地建立起来了。的确,许多学生不禁感慨万分:这么多看似复杂的定理,竟能从少数几个自明的公理推导出来,真是不可思议!

下一步,看看欧几里得关于物体的大小、形状的基本性质的研究内容。他首先关注的是,在什么条件下,两个物体的大小、形状相同,也就是在什么条件下这些物体是全等的。例如,假设一位测量员测量两块地,形状为三角形,他怎么确定这两块地是否相等呢? 他必须测量每条边、每个角,甚至两块地的面积后,才能判断它们是否相等吗? 要是这样,就用不着欧几里得的定理了。例如,如果已知两个三角形中的对应边相等,那么这两个三角形就在所有各方面都相等。这一事实似乎不过是一件微不足道的小问题,但是读者会看到,如果问在什么条件下,两个四边形,即两个具有4 条边的图形全等,情形就不完全一样了。当然,这样的问题以及相关的问题,适用于所有各种几何图形。

欧几里得接着问道:如果图形不相等,那么它们之间彼此又有什么重要的关系呢? 它们之间又有哪些共同的几何性质呢? 他主要考虑的是形状关系。大小不等、但形状相同的图形,即相似形,有许多共同的几何性质。例如,对三角形来说,相似意味着,一个三角形的角与另一个三角形相对应的角相等。从这个确定的性质出发,就可以得出结论:任意两条对应边的比是常数。这样,如果 ABC 和 $A'B'C'$ 是相似三角形(图 5),则 $AB/A'B'$ 等于 $BC/B'C'$。而且,如果在这两个三角形中,两条对应边的比是 r,则两者面积之比是 r^2。

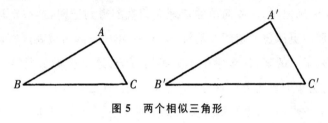

图 5　两个相似三角形

　　如果图形形状和大小都不相同,那么它们之间还存在什么关系呢?当然,它们可能有相同的面积,用几何学术语说,就是等积的。或者它们可以内接于同一个圆中。它们之间可能的关系和彼此间相关的问题不胜枚举。欧几里得选择了其中最基本的关系。

　　对于所有研究的概念,欧几里得不仅将其应用于由直线构成的图形,而且也应用于圆和球。他对于这些图形的浓厚兴趣耐人寻味。因为在希腊人看来,圆和球是最完美的图形。

　　从美学欣赏的观点出发,另一类有吸引力的图形同样使他们着迷。在三角形中,等边三角形值得引人注意,因为它的所有边在长度上都相等,所有的角的大小都相同。同理,在四边形中,正方形最富有吸引力。在具有五边、六边和多边的平面图形中,以能够作成具有相同的边和角的图形最富有吸引力。这样的图形称为正多边形,人们对它们作过详细的研究。立体图形也有类似的情况。立体封闭的表面能够由正多边形形成,任何一面只能由同一种多边形构成。例如,一个立方体的表面就由沿边相连的六个正方形组成。一个多面体,如果有像立方体这种类型的表面,则称之为正多面体。

48

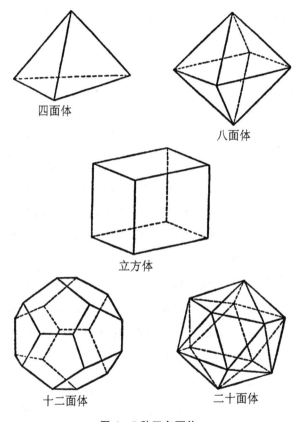

四面体

八面体

立方体

十二面体

二十面体

图6 5种正多面体

与正多面体有关的第一个问题是,有多少种不同类型的正多面体?经过严格的推理,欧几里得证明了,存在且只存在5种正多面体。证明过程在这里就不再重复了。图 6 中的 5 种图形就是这些正多面体。柏拉图非常推崇这些图形,他甚至认为,神也会运用这些图形。于是,他详细阐述了某个希腊学派的思想,该学派宣称,所有的物质都由土、气、火和水 4 种元素构成。柏拉图则更进一步认为,火元素是四面体,气元素是八面体,水元素是二十面体,土元素是立方体。第五种形状——十二面体,被神保留下来作为宇宙本身的形状。

希腊人还仔细研究了另外一类曲线。我们都熟悉圆锥状图形,例如冰激凌就呈圆锥形。如果有两个非常长的圆锥体,如图 7 所示放置,则可得到数学家称为圆锥表面的图形,或者有时简称为圆锥体。这个圆锥表面由两部分构成,它们从 O 点向两方无限延伸。如果圆锥表面被一个平面所切(仅仅是一个像桌面一样光滑、没有厚度而且可以向所有方向延伸的表面),那么相切所产生的曲线,其形状取决于平面相对于圆锥的位置。当平面完全切过圆锥的某处时,横断面的曲线是椭圆(图 7 中 DEF),或者是一个圆(图 7 中 ABC);如果切割的平面倾斜,切过圆锥的两部分,那么横断面的曲线由两部分组成,称为一组双曲线(图 7 中 RST、$R'S'T'$);最后,如果切面与圆锥的任意一条线如 POP' 平行,则横断面的曲线是一条抛物线(图 7 中 GIK)。

欧几里得以类似的方法,将有关圆锥曲线的基本事实加以归纳收集,并整理成书,但这部书失传了。在欧几里得稍后不久,另一位著名的数学家阿波罗尼奥斯,又撰写了关于圆锥曲线的一部著作,对欧几里得的学说进行了深化、扩充,他也因为该书而著称于世,就像欧几里得因为其《几何原本》流芳百世一样。在这个古

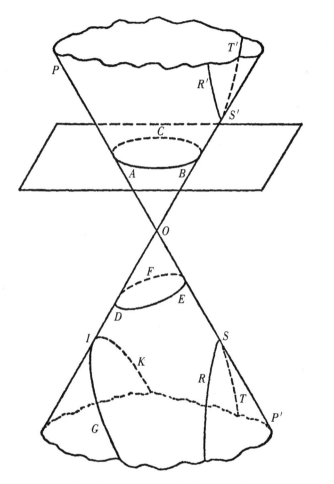

49

图 7　圆锥表面和由其相切平面所成的圆锥曲线

典时期,还有一些学者撰写了许多其他的数学著作,可惜只有少部
分幸存。根据现有的书籍和残篇来判断,完全可以断定,这个时代
是一个富有巨大创造力、对数学有着强烈兴趣的时代,是历史上无 50

与伦比的光辉灿烂的时代。

| 椭圆 | 圆 | 双曲线 | 抛物线 |

图8　圆锥曲线

在希腊数学中，无论是业已提出但尚未解决的问题，还是已经提出并获解决的问题，在这些问题中，有 3 个众所周知的著名问题。它们被称为"化圆为方"、"倍立方"和"三等分任意角"。化圆为方的问题，是做一个正方形，其面积与一个给定圆的面积相等。倍立方，就是构造一个立方体，其体积是已给定立方体体积的两倍。最后，三等分任意角，就是将任意一个角分为相等的三部分。这些作图问题，限于仅仅使用一把直尺——一根没有刻度的直尺，一支圆规，不允许使用任何其他的工具。

对作图工具的限制，表明了古希腊人对待数学的态度。直尺和圆规是直线、圆的实物对应物。总的来说，希腊人在研究几何时，都是仅仅限于直线、圆这两种图形，以及由此直接导出的图形。我们将看到，即使是圆锥曲线，也是通过一个平面切过一个圆锥而得到的，这些图形中的平面和圆锥，都能由一条移动的直线生成。这种对直线、圆的自我约束、非理性的限制，目的是为了保持几何学的简单、和谐以及由此而产生的美学上的魅力。

以柏拉图为代表的某些希腊学者，还以其他同样重要的理由来强调这种尺规作图的限制。按照他们的观点，引入更复杂的工具,来解决这些作图问题,对于进行手工绘制是可取的,但对一个思想家来说则是不足称道的。柏拉图更进一步认为,利用复杂的工具,"几何学的优点"将会荡然无存,因为这样我们又重新使几何学退到了感性世界,而不是用思想中永恒的、超越物质的思维想象力去提高、充实它。在他们看来,上帝之所以是上帝,正是因为使用了这种图形。

　　这三个作图问题在希腊非常流行。据历史上第一次有关这些问题的记载,哲学家安那克萨哥拉(Anaxagoras),在狱中曾花了相当长时间,试图解决化圆为方的问题。尽管最优秀的希腊数学家做了种种努力,仍未能解决这一问题。在这之后的 2 000 多年,这些问题依然悬而未决。在大约 70 年前,终于有人证明,在给定条件下,不可能作出这些图形 ①。尽管三大作图问题的不可能性已成为事实,但依然有人在试图解决这些问题,而且经常声称已取得成功,不需要考查他们的工作,我们就能断定他们是错误的,或者他们对这些问题的理解是错误的。

　　对这些著名问题的孜孜不倦的探求,表明了数学家们严谨的治学态度、坚忍不拔的精神。这些问题并没有实用的意义,因为只需使用比没有刻度的直尺和圆规稍微复杂一些的工具,就能轻而易举地作出这些图形。然而,正是人类这种不可抑止的迎接智力

---

　　① 1837 年.P. L. 旺策尔(Pierre Laurent Wantzel,1814—1848)给出了"三等分任意角"、"倍立方"两个问题不可能性的证明;1882 年,F. 林德曼(Ferdinand Lindemann,1852—1939)证明了圆周率 π 的超越性,从而给出了"化圆为方"问题的不可能性的证明。1895 年,F. 克莱因(Felix Kline,1849—1925)给出了三大问题不可能性的简单而清晰的证明。——译者注

挑战的激情,使得数学家们试图去解决这种理论上的作图问题。

确实,歪打正着屡见不鲜。为现代天文学开辟了道路的圆锥曲线,就是在探索解决这些著名的作图问题的方法时发现的,在这一过程中,还得出了许多其他有用的、美妙的数学结论。事实上,如果仅仅列举出那些通过解决脱离实际的、"毫无价值"的问题而得到的主要数学思想,有可能会将数学定义为日常琐事的流水账(许多"教育家",尽管对数学及其历史一无所知,但却毫不犹豫地作出了这种评价)。有关这些问题研究的历史表明,那些对"脱离实际"的希腊人的指责,很不公正。因为这些幻想家对于当今科学时代的进步所做出的贡献,比起那些所谓的注重实际的人们所做的工作而言,的确要大得多。

我们已经赞扬了希腊人,他们使得数学抽象化了。这样将有助于我们在数学的范围内,理解这种抽象的含义,至少对欧氏几何是如此。

52　　考虑一种相当简单的情形。假设选定任意给定的两点 A 和 B,一条不过 A 或 B 但是与这两点在同一个平面上的直线 L(图9)。另外,假定要在直线 L 上找一点 P,使得 $AP+PB$ 的值(距离)最小;即如果 Q 是 L 上的任意另外一点,那么 $AP+PB$ 必须小于 $AQ+QB$。这是一个纯几何问题。不难证明,如果选择这样的 P,使得 AP,BP 与直线 L 所成的角相等,则距离 $AP+PB$ 的值最小。

姑且承认这一定理的证明毫无问题,再看一看这一定理如何应用于实践中。假定 A,B 是两个城市的位置,L 是一条河。沿这条河建造一个这两座城市共同使用的码头。要使得从该码头到 A

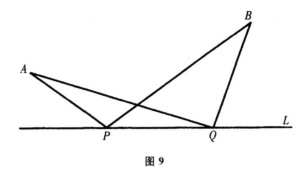

图 9

城市与到 B 城市的总路程尽可能的短,那么这个码头应该确定在沿河的哪一点?我们上述的普遍性定理给出了答案:该点就是使得 AP, BP 与河流成等角的点 P。

再考虑另一个"实用的"情形。击一个位于球桌上 A 点的桌球,使得该球从球桌的边 L 弹回时击中位于 B 点的球。桌球总是按这样的路径运动:桌球碰及桌边时的路径与桌边形成的夹角,与反弹时形成的夹角相等。即在图 10 中,角 1 等于角 2。每个击桌球的人,至少在潜意识中知道这个事实,并加以运用,直接把球对准点 P,使得 AP, BP 与桌边成相等的角。然而可以肯定,他并不知道所选择的和希望球将运行的路线,是球从 A 出发到球桌边弹回到 B 所经过的最短路线。

我们所举的例子表明,一个数学定理在两种极不相同且毫不 ₅₃相关的情形中都得到了运用。事实上,该定理还有大量其他的应用。为解决一个领域中的问题而得到的定理,经常能卓有成效地应用于另一个完全不同的领域,这样的事情在数学史上比比皆是,令人惊奇不已。当然,数学的这种应用的广泛性,是以抽象作为代

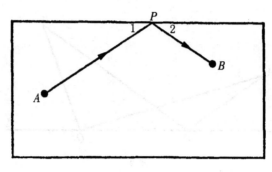

图 10

价而获得的。为了通过研究理想三角形而得到关于所有三角形的定理,数学家不得不与扑朔迷离、难以捉摸的抽象思维打交道,而不能仅仅研究用木头做成的三角形图案。

研究抽象的数学定理与其应用的关系,还应注意非常重要的一点:抽象的定理表示的是理想情况,而在实际情况中运用该定理,则有可能与理想情形相去甚远。例如,假定在地球的表面放置一个三角形,我们能够将平面几何的定理运用于该三角形吗?首先,地球是球形而非一个平面,而且地球的表面也很难是一个标准的球面,而是相当不规则的球面。于是,至少由于这两个原因,地球表面的这个三角形与平面几何中的理想三角形相去甚远。因此,在运用数学定理时,就可能产生一些误差。只有在实际三角形接近理想情形时,才可以利用数学理论。如果在实际运用时忽略了这一事实,就有可能导致严重的误差。

欧几里得几何的创立,对人类的贡献不仅仅在于产生了一些有用的、美妙的定理,更主要的是它孕育出了一种理性精神。人类任何其他的创造,都不可能像欧几里得的几百条证明那样,显示出这么多的知识都是仅仅靠推理而推导出来的。这些大量深奥的演绎结果，使得希腊人和以后的文明了解到理性的力量，从而增强了他们利用这种才能获得成功的信心。受这一成就的鼓舞，西方人把理性运用于其他领域。神学家、逻辑学家、哲学家、政治家和所有真理的追求者，都纷纷仿效欧几里得几何的形式和推演过程。

　　甚至在希腊人中间，数学也被看作是所有科学的标准，亚里士多德特别强调，每一门科学都必须像欧几里得的几何学一样，通过一些适用于这门科学的有效方法，确立几条基本原理，从这几条基本原理中，以演绎的形式推导出真理。在柏拉图学院的门口，写有这样的箴言："不懂数学者不得入内"，这典型地反映了他们对待数学的态度。

　　西方人从欧几里得的《几何原本》中，学会了怎样进行完美的推理，怎样获得在几何学方面的技巧，以及怎样区别精确的推理与仅仅只不过是进行自称为证明的夸夸其谈的那些不严格的推理。在几何学这门学科的发展过程中，希腊人认识到了一般的推理规律，其中三段论现在已是众所周知的了。他们也发现了解决问题的一般方法。例如，柏拉图被认为发明了分析方法，这种方法是从假设结论成立开始，逐步进行演绎推理，直到已知的事实。然后，将所进行的推演步骤反过来，就给出了正确的证明。读者可能能回忆起，在学习欧氏几何时自己曾用这种方法证明了某个定理。当然，这一方法的应用超出了几何学领域。希腊几何学家也发明了间接证明方法，并发现了这种方法的作用，他们对此深深地引以自豪。这种方法是，在可能的情形中，搜索出所有可能的假设，除正确的那个假设外，所有其他的假设都将导出矛盾的结论，因此就可以剔除这些错误的假设。这种方法的逻辑基础即逻辑学家熟知的矛盾律和排中律，就是由亚里士多德形成为公式的。

精确的定义，清楚明白的公设，严格的证明，在几何学研究中的必要性与日俱增，日益明确。诸如苏格拉底、柏拉图等人不仅强调这些必要性，而且他们还对数学的优雅、完整和清晰的结构做出了贡献。实际上，希腊人将几何学知识运用在逻辑方面的伟大实践，被亚里士多德结构化、系统化了，总结成了思维的规律，这些思维规律已为我们接受并被我们广泛应用。因此，希腊几何学被尊崇为逻辑科学的始祖。

从希腊时代以来，几百代人通过学习欧几里得几何学，掌握了如何进行推理的方法，然而，这一学习过程曾遭到许多人的反对，这些人争辩说，我们不学习数学也能学会逻辑。这种观点的理由和下述观点如出一辙：由于我们所有的人都能构思出伟大的油画作品，因此，油画作品的构思，也许和油画作品本身一样丰富多彩。不幸的是，油画的构思从来也没能打动人的心弦。

欧几里得几何学的重要性，远远超出了作为逻辑实践和推理模式本身的价值。以前，数学只不过是推动其他领域进步的工具，随着几何学美妙结构和精美推理的发展，数学变成了一门艺术。希腊人正是这样欣赏数学的。算术、几何、天文学对他们来说，正如音乐之于精神、思维之于艺术。

的确，在希腊思想中，很难把理性因素与美学因素、道德因素分开。我们一再看到，因为球是所有形体中最美丽的形状，所以地球一定是球形的，因而也是神圣的和完美的。由于同样的理由，柏拉图坚信，太阳、月亮、星星都各自被牢牢地固定在一个球体上，而且它们在自身的轴上绕地球旋转。另外，每个星体的轨道也一定是圆形，因为圆和球具有同样美的魅力。与在不完美的地球上所充斥的直线运动形成鲜明对照。天空中永恒不变的秩序，所呈现出的是圆形和球形的轨迹。美学原因和道德原因也决定了天体运行的速度必须一致，在相同的时间间隔内，运行的距离必须相等。这种庄严、规则、从容不迫的运动正适合于天体。事实上，毕达哥拉斯学派曾坚持认为，变速运动是行星所不能容许的；"即使在人类的社会中，这种不规则的行为也与一个绅士的风度相去甚远"。按照亚里士多德的解释，科学的真理与诗歌中的真理是一致的，或者说，自然界的目的，与其特有的规律在绝大多数情况下总是趋于一致，或呈现为另一种美妙的形式。

几何、哲学、逻辑、艺术，所反映的是一种思维方式，一种世界观。因此，像有些历史学家那样去探寻古典希腊文化在所有这些领域共同存在的特征，是十分迷人的课题。例如，清楚、明晰、简洁的欧氏几何结构，是清晰、有条理的设计在数学上的表现，这种爱好也体现在希腊人质朴、简单的庙宇的形式中。相比之下，哥特式大教堂则以其烦琐的内外结构而显得复杂无比。古典时期的希腊雕刻也是惊人的十分简练。没有多余繁杂的衣裙服饰、军功勋章、花纹褶边堆砌在塑像上，这些东西只会影响表现其基本主题。

同样，这个时期的古典文学创作具有简练、清晰、求实的风格，比喻和形容词的使用显得恰如其分。我们只要比较一下现代人对夜莺歌唱的描写，以及古希腊人对鸟儿欢唱的赞美，可以看出希腊风格的实质。现代人如此形容歌唱的夜莺："它的歌声，在那美妙孤独的地方，在那神奇的窗口，产生迷人的魅力，漂向险恶的一望无际的大海的波涛上。"古希腊悲剧作家索福克勒斯(Sophocles)笔下的鸟则是:"它深深地隐藏在绿色的长满青藤的树丛中,唱着清晰嘹亮的歌曲,它似乎要躲避阳光,还有那风声。"从中我们可以看出希腊风格的实质。清晰、简洁、谨严是美的各种因素。希腊艺术是智慧的艺术,是清晰的思想家的艺术,因而是质朴的艺术。的确,古希腊的几何学、建筑、雕刻、文学达到了一种超越其自身的简单质朴的美的境界。

　　欧氏几何经常被描绘成是封闭的(closed)和有限的。这些形容词有几层意思。这门科学本身是有限制的,如我们已经看到的那样,图形利用圆规和直尺就能作出,定理则能从一组固定的公理中推导出来。在欧氏几何中进行推理时,没有引进新的公理。欧氏几何避免了无穷,因此在这个意义上它也是有限的。例如,欧几里得并不对直线整个地进行考虑,而将直线定义为一条可以向两个方向延伸至充分远的线段,他似乎对"延伸"这一点也只是勉强同意。同样,在处理全体整数的时候,希腊人也将其看作是潜力无穷(potentially infinite),即仅仅在这样的意义上是无穷的:对于任意给定的有限集合,总是可以加进更多的数,他们并不将全体整数自身当作一个完整的集合,而对它进行研究。

　　这些封闭、有限的特征,在希腊建筑中也占据了支配地位。希腊庙宇的整个结构小巧玲珑、一览无余。给人的印象是终极、完美而明快。只需看一眼,思维立刻能抓住把握其比例和优美的结构。希腊庙宇与哥特式建筑相比,后者几乎永远也不能被想象为一个整体。它似乎在各个方向都消失,使人无法对其有一个总体的把握。它显得深邃,通过塔顶,又显示出了神圣的希望。通过向后倾斜的拱门,人们可以看到无穷无尽的远景,其内部又好像是来自远处的幽暗、高高的祭坛,从而能激起人们的想象,人们的敬畏之情油然而生。庞大的物体能使人想起那不可见的、虚无缥缈的情景。高大的建筑吞没了单个的个人,使人融入其内部,这时有限感也就消失了。

在希腊科学中,无穷的概念几乎不被人们理解,并且人们都很自然地避免使用它。对于希腊人来说,最简单的运动形式,并不是像我们今天认为的做直线运动,因为从整体上来说,直线并不是能感觉得到的,直线运动永远不会终结。希腊人偏爱圆周运动。无限过程这一概念使他们困惑,因此,他们在"宁静的无限空间"面前退缩了。

在哲学中,希腊人也回避无穷概念。无穷悖论,后面将要讨论的内容,显然对希腊哲学思想来说是不可逾越的障碍。亚里士多德说,无穷是不完美的、未完成的,因而不可想象无穷毫无形状、容易混乱。事实上,善、恶的观念是这样确立的:善是有限的、确定的,而恶是无限的、不确定的。物体的有限性、确定性,为该物体注入了个性,并使之完美。只有当一个物体是确定的、有限的时,该物体才具有本质的规定,才具有意义。索福克勒斯说:"芸芸众生,万事万物,被人诅咒后才为大众所知。"

希腊数学的另一个特征也贯穿于文明长河之中:欧氏几何是静态的。它不研究变化图形的性质。在整个图形给定之后,才进行研究。希腊庙宇的宁静气氛反映了这种特征。思想、精神在那里都处于安宁状态。同样,希腊雕刻中的图像也是静态、冷漠的,给人以一种心理上的安怡,如同等边三角形唤起的情感一样。米隆的"掷铁饼者"(插图2)中,主人公正准备发出巨大的力量,却仍如人们熟悉的正在品茶的英国绅士一样,安宁、从容不迫。

58　　　人们也经常指出希腊戏剧中的静态特征。很少或几乎没有动作。戏剧一开始,那些导致剧中人所面临的问题或困境的事件,只是简要地给观众介绍一番而已。戏剧本身所关注的是心灵上的斗争,而很少关注动作,结局也总是能为人们预先猜到。

与希腊戏剧的静态特征相关联,欧几里得几何还有另一个特征。希腊悲剧强调命运、必然性的作用。在一出戏剧中,剧中人似乎没有意志、力量独立地作出一个决定,而是都受着隐藏着的力量的支配。正因为如此,俄狄浦斯(Oedipus)被迫残忍地乱伦,杀父。命运的作用,与利用演绎推理的先天的必然性是一致的。从前提出发,数学家不能自由地选择结论,只能不得不接受必然的结论。

希腊艺术、几何、哲学还有另外一个重要的特征,这一特征虽然在这些领域的创造活动中经常可见,但却是希腊人取得卓越成就的一个因素。他们的成就反映了这样的事实:他们努力去寻求宇宙的美(他们首先努力寻求宇宙的美,其次才寻求宇宙的真)。他们追求的是最普遍和永恒的知识,而不是个别的和转瞬即逝的知识。数学领域是永恒的,因此其中的数学性质将永远有效,这个领域的知识最称心合意。水泡和五彩斑斓的彩色气球,尽管它们可能很迷人,但却是不值得重视的,因为它们很快就会破灭。古典时期的希腊艺术努力反映、描绘的不是单个的人,而是人类普遍的、基本的特征。对于任何一个人,至关重要的是他所体现的人类一般特征。个人的日常活动,人们之间的相互关系,以及服装,所有这些都只具有偶然性,是琐碎小事。在希腊人的哲学探索中,他们寻求确定和理解概念、性质的最完美的形式,因为完美本身是永恒的。最完美的状态是值得探索的;由此出发,希腊社会的民主化,是一个顺理成章、易于理解的问题。

到现在为止,我们已经考察的数学和它所反映的文化属于古典希腊时期。但这绝不意味着,"文明的摇篮"对数学、对我们人类生活和思想的贡献到此为止。从公元前 300 年延续至公元 600 年的这一重要时代依然有待我们去探讨。在结束这一章之前,让我们以现代人的眼光回顾一下这一在数学方面富有创造力的时代。坚持以演绎方法作为唯一的证明方法的,注重抽象而不注重个别事物,选择最富有成果、具有最高可接受性的公理系统,这些决定了现代数学的特征。巧妙的猜想、大量十分重要的定理的证明,在数学发展中起了很好的作用。同时,数学和来源于人类理性的卓越光辉的真正激情,第一次被希腊人激发了。他们的数学成就表明,在人类活动中,思想具有至高无上的作用,而且由此提出了文明的一个新概念。

第五章　天体测量

天色已晚；天文学家在那人烟罕至的山顶
探索茫茫宇宙，研究远处似
金光闪闪小岛般的天体。

他断言，那颗放荡不羁的星星，
"将在 10 世纪后的这样一个夜晚回归原处"。

星星将会回归，甚至不敢耽搁一小时
来嘲弄科学，或否定天文学家的计算；
人们会陆续去世，但观察塔中的学者
将会一刻也不停地勤奋思索；
纵然地球上又不复有人类了，然而
真理将代替他们看到那颗行星的准确回归。

S. 普吕多姆（Sully Prudhomme）

　　埃及文明沿袭着一种僵化不变的模式，至少长达 4 000 年之
久。在宗教、数学、哲学、商业和农业方面，他们都仿效其先辈，没
有任何外来的影响打破这种宁静的生活和固定的思考方式。直到

约公元前 325 年,亚历山大大帝(Alexander the Grear)征服了希腊和近东,也征服了这块广袤土地,并且将希腊文化带给他所征服的臣民,埃及文明才发生变化。亚历山大大帝建立了亚历山大里亚(Alexandria)城,将古代世界的中心从雅典迁到这座新城市;然而,征服者拥有的文化反过来却被征服了。从文化的融合来看,以亚历山大里亚为中心,一种新的文明出现了。这种新文明对数学和西方文明做出了巨大的、不可磨灭的贡献。

亚历山大里亚成了整个古代世界的中心,因为它正好位于亚洲、非洲和欧洲的交界之处。在这个城市的街道上,埃及本地人与希腊人、犹太人、波斯人、埃塞俄比亚人、叙利亚人、罗马人、阿拉伯人进行着各种贸易往来。贵族、平民、奴隶彼此平起平坐。世界上从来没有过任何城市,甚至现代纽约城也不例外,曾经容纳过如此众多的种族。

世界各个角落的实业家、商人都纷纷涌向这个重要的中心城市。停泊在码头上的船只,装满了意大利酒、威尔士锡、瑞典琥珀。开往外埠的船只航行到印度北部的恒河、中国的广东。亚历山大里亚的商人不仅将希腊文化传播到世界各地,而且也将在其他各国获得的知识带回亚历山大里亚。其结果是,这个城市所聚集的财富,为它在许多方面的发展提供了条件,使它成了一个名副其实的大都会。富丽堂皇的建筑、雕塑、石碑、陵墓、神殿、庙宇、犹太教教堂,随处可见。为了追求舒适的生活,亚历山大里亚人建造了市场、澡堂、公园、剧院、图书馆、竞技场、赛马场和健身房。

使亚历山大里亚城获得新世界知识中心这一荣誉的,并不是该城的创建者亚历山大大帝,他在忙于四处征战时已去世了,而是 61

极有才能的托勒密一世(Ptolemy the First),这位将军在亚历山大大帝死后统治了埃及。托勒密深知,伟大的希腊学派,诸如由毕达哥拉斯、柏拉图和亚里士多德所创立的学派,对于文化具有重要意义。因此他认为,亚历山大里亚也应该有这样的学派,并有其作为活动场所的学校,这所学校应该成为新王国的希腊文化中心。所以,他建立了一座深受学者们欢迎的缪斯神殿——博物馆。

邻近博物馆,托勒密建立了一座图书馆,该馆不仅保存着重要的手稿,而且也为一般公众阅读所用。这座著名的图书馆,据说藏书一度达 750 000 册。图书馆和博物馆加在一起,类似于一所现代的大学。即使在今天,也没有哪一所大学能够拥有那么多聚集在一起的学术精英。

托勒密邀请所有国家的学者到亚历山大里亚来,并且给予他们以极高的待遇。因此,在这座博物馆里,聚集了亚历山大里亚时代的诗人、哲学家、语言学家、天文学家、地理学家、物理学家、艺术家和最著名的数学家。这些学者中最主要的是希腊人,其他一些民族的学者也在那儿定居。在非希腊人中,最著名的是博学的埃及天文学家克劳迪斯·托勒玫(Claudius Ptolemy)。

两个因素极大地影响了这一由相互融合的民族、众多学者发展起来的文化的特征,这一特征是在更为广阔的自然界的视野上形成的。首先亚历山大里亚人的商业兴趣比雅典人更浓厚,这样就使得地理和航海问题摆到了十分突出的地位,使人们致力于材料、生产方法和改进技巧等方面的事情。第二,由于商业是由那些自由人经营的,他们在社会上与学者们有密切的联系,因而学者们了解并且研究了大多数人遇到的实际问题,这就促使了学者们将丰富的理论研究与具体的科学、工程探索联系起来了。他们的探索扩展了技术领域;他们还建立了培训学校;力学和其他科学也取得了进步。在古典时期受轻视、被人忽视的艺术,也受到了人们的青睐。

伴随着这种新的兴趣,亚历山大里亚人发明了即使按现代标准来看也是非常惊人的灵巧的机械装置。他们设计、改进了水钟、日晷,并且利用它们在法庭上方便准确地为律师们辩护计时。水泵、滑轮、尖劈、滑车、齿轮装置,以及与现代汽车中几乎一样的计程装置,都曾在当时广泛使用。所发明的这些机械,有一些仪器被用于天文观测。数学家、发明家海伦(Heron,公元前 1 世纪)设计了一种自动机器,当往里面塞入 5 个古希腊硬币时,这个机器就洒出圣水。还有按同样原理操纵的乐器,当向庙门投入金币时,森严的庙宇之门就自动打开了,使众多的信徒们越发觉得神秘莫测。

通过对气体和液体的研究,人们制造出了靠压缩空气获得动力的枪、喷火器,还制造出了提水装置。公共花园中增设了喷泉,喷泉池中带有靠水压推动的活动雕像。蒸汽动力是亚历山大里亚人的另一个新发明。在每年的宗教游行中,沿城市街道行驶的车辆就由这种动力推动。在庙宇祭坛下,燃烧加热所产生的蒸汽,使神获得了生命。虔诚的善男信女,看到神举起手来为他的信徒祝福,他们也看到了泪流满面的神,以及雕像中涌出的祭酒。利用肉眼看不见的蒸汽的作用,机械鸽可以在空中飞翔。

亚历山大里亚人也将声、光的有关知识运用到实际发明中去。[63] 最著名的要算是阿基米德的大镜子了,这面镜子将太阳光聚集在围困他家乡叙拉古(Syracuse)的罗马人的船上。在强大的热流作用下,罗马战舰被烧毁了。

与早期埃及时代谨慎封闭、口头传授知识相反,新知识通过书籍自由地四处传播。对于亚历山大里亚人来说,幸运的是,埃及纸草比羊皮便宜,所以亚历山大里亚成了古代书籍抄印、贸易中心。科学史上第一次出现了一部有关机械、冶金知识的优秀著作。水—汽驱动装置的基本原理在一篇论述压缩空气和浮力的论文中得到了解释,另外,其他的论文对地窖、弓弩、隧道的结构做了说明。这个时代最富天才的杰作,是海伦为在山下挖掘隧道而给出的数学设计,这一设计能使分别从两端挖掘的隧道在中间会合。

当然,在亚历山大里亚人的世界,数学占有最为重要的地位。但是它已经不是古典时期希腊学者所通晓的数学了。不管某些数学家怎么说他们思想的纯洁性,声称他们不关心或者高高超越于所处的环境,事实上,亚历山大里亚希腊化的文明产生的数学,几乎与希腊时代所产生的数学有着完全不同乃至对立的特征。新数学是实用性的,早期的数学则与实用毫无联系。新数学侧重于测量谷仓的体积,大地上沙粒的数目,以及地球与最遥远的星星之间的距离;经典数学对此却不屑一顾。新数学可以使人远渡重洋,游历天下,经典数学则要求人静坐不动,用心智去探究非实体的抽象哲理。亚历山大里亚的伟大数学家,埃拉托塞尼(Eratosthenes)、阿基米德、希帕霍斯(Hipparchus)、托勒玫、海伦、门纳劳斯(Menelaus)、丢番图(Diophantus)、帕波斯(Pappus),尽管他们几乎毫无例外地显示了希腊人在抽象理论方面的天才,但他们都乐意将其天才应用在实际问题上,只要这些问题在他们的文明中是足够重要的。

　　新希腊人的代表是埃拉托塞尼（公元前 275—公元前 194 年），亚历山大里亚图书馆馆长，一位全才。他在经典数学、诗歌、哲学和历史方面成绩卓著，在地理学、地质学方面也有很高的造诣。埃拉托塞尼不仅收集、整理了他可以利用的所有历史、地理学知识，而且还绘制了希腊人所能了解的整个世界的一幅全图。他还发现了测量地球半径和大块土地的简单方法。他因在天文测量、天文仪器制作方面的贡献而享有盛誉。

　　埃拉托塞尼还改进了历法。在早期大多数文明中，人们由于不知道太阳年的精确时间，因此在确定天体运行的轨迹方面遇到了困难。例如，早期的希腊历法，很有可能是巴比伦人流传下来的，该历法每年为 12 个月，每月 30 天。当要事先确定特殊的天体活动，例如春分点或秋分点的日期时，这个历法就显示出了其缺陷，它不是过早就是过晚。不言而喻，神不允许在他们的行动中出现这样的差错。对这些事情的抱怨，阿里斯托芬（Aristophanes）在他的《云》（*Clouds*）一剧中这样写道：

　　　　月亮带着问候从我身边到你那儿，
　　　　但是却对我们说，她是一个受虐待的月亮，
　　　　来去运行的时令乱七八糟，
　　　　错误百出；
　　　　上帝啊——上帝知道每个节日的精确日期，
　　　　由于你计算错了，不仅误了家中的晚餐，
　　　　而且你的失误，使她受到了人们的怒骂。

经埃拉托塞尼改进的历法,则以 365 天为一年,每 4 年再增加一天。这个历法后来为罗马人所采用,并一直流传至今。与早期希腊人自特洛伊(Troy)城陷落时使用奥林匹斯(Olympiads)的届数记载事件,其他文明利用国王年号记载事件的习俗不同,埃拉托塞尼坚持用历法记载所有事件。埃拉托塞尼一直在亚历山大里亚供职,晚年突然双目失明,随即绝食而亡。

亚历山大里亚时代的特征,在阿基米德的工作中得到了最好的体现。阿基米德是古代最伟大的智者之一。尽管他出生于西西里岛上希腊人的殖民地叙拉古,但却在亚历山大里亚接受教育。然后又回到了叙拉古,在那里度过了他的一生。他具有超人的智力,对实用、理论两方面都有浓厚的兴趣,在机械制造方面有着非凡的技巧。至于他的想象力,伏尔泰(Voltaire)认为他比荷马(Homer)还要丰富。当时,他受到了人们极大的尊敬和爱戴。

阿基米德对实用的兴趣的最明显的标志,是他那些独具匠心的发明。年轻时,他曾制作了一架演示天体运行的浑仪;发明了从河中抽水的水泵;曾利用复合滑轮启动叙拉古国王海厄罗(Hiero)的一艘战舰;当叙拉古遭到罗马人攻击时,他发明了军事器械——弹弩来保卫自己的家乡。正是在这次战争中,他利用曲光镜的聚焦性质烧毁了罗马战舰。他还尝试发展利用杠杆来移动沉重的物体。

在阿基米德的科学发现中,最著名的也许要数现在以他的名字命名的浮力定律。历史上有一个故事,讲述的就是阿基米德如何发现这一定律的。叙拉古国王命人制作了一顶金皇冠。完工后,国王怀疑里面掺了其他的金属,因此他将皇冠交给阿基米德,要他想办法测出里面的成分,当然不能毁坏皇冠。阿基米德为此绞尽了脑汁。一天洗澡时,他看到自己的身体有一部分浮在水面上,于是恍然大悟。把握了浮力定律后,他顺利地解决了这一问题。他发现,一个浸入水中的物体所受的浮力,等于所排除水的重量。由于所排除的水的重量,以及物体在空气中的重量能被称出,因此两者的重量之比是已知的。这个比值与给定的金属形状无关,而对不同的金属,两者之比也将不同。因此,阿基米德可以拿一块黄金来确定这个比值,然后再利用这个比值与相应的皇冠之比值来作比较。可惜的是,历史上没有记录他所作出的判断。阿基米德所发现的这个定律,是最早的具有普遍性的科学定律之一;他将这条定律与其他内容一起,写进了《论浮体》(*On Floating Bodies*)一书中。

阿基米德在数学理论研究方面,也受亚历山大里亚时代精神的影响,他曾花了大量的时间用于研究度量问题。证明了圆的面积是圆周长乘以半径的一半,也就是说给出了一般的公式 πr^2,然后确定了 π 值。他计算的结果——π 位于 $3\frac{1}{7}$ 与 $3\frac{10}{71}$ 之间——这 66
在他那个时代的确相当了不起了。他还证明了许多其他的计算面积和体积的公式。

由于时代精神的影响,阿基米德做了一件古典时期的希腊人不屑一顾的工作。他设计了一套表示大数的体系,最后他把这方面的研究成果汇集成册,命名为《数沙者》(*The Sand Reckoner*),阐述如何尽可能地将天地间所有沙粒的数目表示出来。

然而无论阿基米德怎样深受那个时代实用风气的影响,但是他依然具有古希腊人对基础理论的热爱之情。在他所有的成就中,他自己最引以自豪的是理论方面的成就。我们可以从下面的事实看出这一点:他要求死后在其墓碑上雕刻一个球,使它外切一个圆柱体,其体积之比值为 2∶3。这块墓碑记下了他的一个重要发现:圆柱体的内切球的体积与该圆柱体的体积之比为 2∶3,而且球的表面积与圆柱体表面积之比也是 2∶3。

　　阿基米德之死,与他的生活一样,都是那个时代的缩影。我们在前面已经讲过,当一个入侵叙拉古的罗马士兵盘问他时,由于他专心思考问题,没有听到这个士兵的问话,于是,这个士兵杀死了他,尽管罗马司令马赛勒斯(Marcellus)有令在先:不准伤害阿基米德。那时阿基米德已 75 岁高龄,但依然精力旺盛。为了表示忏悔,罗马人为阿基米德修筑了一座精致的墓,在墓碑上刻下了上述著名定理。

　　在数学领域,亚历山大里亚人创造并运用了间接测量的方法。他们在这方面最简明的贡献,是给出了特殊几何图形的面积、体积的计算公式。令人惊奇的是,这些公式在欧几里得的著作中并没有出现,尽管欧几里得生活在亚历山大里亚时代的早期,他的工作实际上是古典时期数学的积累和总结。对于阿基米德来说,他最感兴趣的是,两个相似三角形的面积之比,等于对应边之比的平方。但是,任何一个三角形的面积都能够通过其底与高的乘积之半而直接求得,这种方法却是亚历山大里亚人揭示出来的。

67　　　人们对面积、体积计算公式的成就常常并不注意。怎样求出一块地的面积呢?将一块边长为一英尺的正方形,依次放置在整块地上面,然后确定这块地的面积是 100 平方英尺,难道的确是这样确定面积吗？当然人们不会这样做。测量长度和宽度——这些量在测量中容易得到——然后,将这两个量相乘就得到了面积。这就是间接测量方法,因为面积是通过测量长度而得到的。很明显,这种求面积的方法也能推广用于求体积。因此,正是这些普通的几何公式显示出了巨大的实用成就,这些公式应归功于亚历山大里亚人;并且借助这些公式,我们可以利用容易得到的长度,而间接地求出面积和体积。

不过,对于亚历山大里亚人来说,这种间接测量的方法只不过是儿童游戏。他们利用间接测量方法,甚至可以测量地球的半径,太阳、月亮的直径,以及月亮、太阳、行星和恒星间的距离。能够测量这些不能直接观测其长度的物理量,而且能够使这些量达到所需的任何精确度,初看起来似乎令人难以置信。亚历山大里亚人不仅达到了难以置信的精确度,而且在数学思想发展中,他们利用简单而完美的方法,终于得到了这些难以预测的数据。

公元前 2 世纪,古代最伟大的天文学家希帕霍斯建立了一门数学分支学科,并将其创造性地应用于描述地球、天体运行的图像之中。希帕霍斯所创造的这种十分巧妙的方法,其基础是一条简单的几何定理。在叙述该定理之前,我们来回忆一下,如果两个直角三角形,其中一个三角形的角与另一个三角形相对应的角相等,按定义,则这两个三角形相似。证明两个三角形相似的充分条件,是证明一个三角形的两个角与相对应的另一个三角形两个角相等。道理很简单,因为三角形的内角之和是 $180°$,所以这两个三角形的第三个内角必定相等。特别地,如果研究的是直角三角形,由于两个三角形的直角是相等的,那么判别直角三角形相似的充分条件,就是其中一个的锐角与另一个的锐角相等。

希帕霍斯所利用的定理是:如果两个三角形相似,则其中一个三角形的任意(角的)两边长度之比,等于另一个三角形相对应的两边长度之比。例如,如果三角形 ABC 和 $A'B'C'$(图 11)相似,那么 $\dfrac{BC}{AB}=\dfrac{B'C'}{A'B'}$。如果三角形 ABC 和 $A'B'C'$ 是直角三角形,角 A 等于角 A',那么,按照前面得出的结论,我们就知道这两个三角形相似。因此由希帕霍斯的定理,我们得知:角 A 的对边与斜边之比在任何含有角 A 的直角三角形中都必定是相等的。BC 与 AB 之比非常重要,因此给这个比一个特殊的名称:sin,由于这个比依赖于角 A 的大小,故记作 $\sin A$。所以,由定义,

$$\sin A=\frac{BC}{AB}=\frac{\text{角 }A\text{ 的对边}}{\text{斜边}}$$

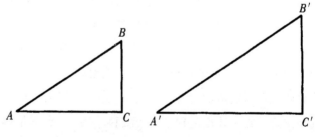

图 11　两个相似的直角三角形

由讨论得知,若在所有直角三角形中 $\sin A$ 是相同的,这也能应用于含有 A 的直角三角形的边而构成的其他比。例如,比值

$$\cos A=\frac{AC}{AB}=\frac{\text{角 }A\text{ 的邻边}}{\text{斜边}}$$

和

$$\tan A = \frac{BC}{AC} = \frac{\text{角 } A \text{ 的对边}}{\text{角 } A \text{ 的斜边}}$$

在含有 A 的所有真角三角形中,都是相同的。

现在,我们可以看看希帕霍斯是怎样利用这些比例来测量地球和天体的。首先,测出一座山的高度,为了下面讨论问题简单起见,我们假设这座山有一条垂直边,即图 12 中的 BC,点 C 是山脚。沿地面可以很容易地测量出距离 AC,比如说我们量得这个长度为 10 英里,还测出角 A,例如是 $17°$,这样,按 $\tan A$ 的定义,我们有

$$\tan 17° = \frac{BC}{AC}$$

由于 $AC=10$,因此有

$$\tan 17° = \frac{BC}{10}$$

而且,在这个等式的两边同时乘以 10,我们就有

$$BC = 10 \cdot \tan 17°$$

如果知道 $\tan 17°$,我们立刻得到 BC 之值。由于 $\tan 17°$ 在任何含有这个角的直角三角形中的值都相同,因此我们能够选择一个适当的三角形,以便确定这个量。

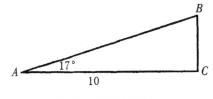

图 12 计算山的高度

一个木匠也可以轻而易举地得到这个量。他制作一个具有17°锐角的小直角三角形,测量其对边和邻边,然后计算两边之比。数学家则更加富有经验——而且会计算得更为精确。既是天文学家同时又是数学家的希帕霍斯,找出了计算这些比例的方法,将计算结果列成了一张著名的表,并且将这张表传给了后人。在今天的教科书附录中依然可以找到这张表①。

我们无须了解希帕霍斯计算过程中的详细情况。重要的是,这种方法能够将这些比值计算到我们所希望的精确度。通过计算我们得知,tan17°精确到小数点后 4 位时,其值为 0.305 7,所以 BC 是 $10 \cdot \tan17°$,为 3.057 英里。因此,不需要用皮尺去量这座山就能求出山的高度。

现在,我们来看看怎样将这个结果应用于地球大小的测量中。首先应指出的是,受过教育、有教养的希腊人坚信,地球的形状是一个完美的球形,尽管这个结论不是通过环球航行而是从美学和哲学争论中得出的,依然没有任何人对此有丝毫的怀疑。因此,需要测量的基本量是地球的半径。

70　　　　测量地球半径的过程可以概述如下。我们爬上一座山,比如说山有 3 英里高,然后向地平线望去,随即用能操纵的仪器测量视线和垂直线之间的夹角,即图 13 中角 CAB,测得这个角近似为 87°46′。利用这一测量值,依图示着手计算。此处 r 是地球的半径。图中半径 BC 垂直于视线 AC,因为 AC 与地球表面相切,根据欧氏几何中的一条定理,过切线切点的圆的半径垂直于该切线。

---

① 即三角函数表。——译者注

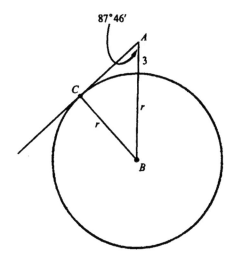

图 13　计算地球半径

现在,按照希帕霍斯的方法,来看看所测量到的角度的对边与直角三角形斜边之比。用图中的符号表示,这个比就是 $\frac{r}{r+3}$,也就是 $\sin A$,即 $\sin 87°46'$,因此

$$\sin 87°46' = \frac{r}{r+3}$$

由于希帕霍斯已经计算出了正弦(比值),知道 $\sin 87°46'$ 精确到小数点后 5 位其值是 0.999 24,因此我们有

$$0.999\,24 = \frac{r}{r+3}$$

利用我们大家在中学已经掌握的非常简单的代数知识,很容易解出这个关于 r 的方程,得出地球半径 r 为 3 944 英里。如果这个角度在测量时精确到秒,那么得出的地球半径将更加精确。

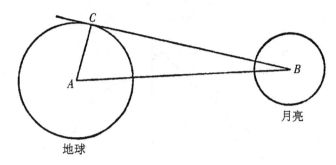

图 14　计算地球到月亮的距离

对上面几条线感到很麻烦的读者应该记住,除这里所描述的方法外,还有另一种方法可供选择,那就是,挖一条通向地球中心的隧道,然后再用一根尺子从地心一尺一尺地量到地球的表面!

现在,来看看希帕霍斯是怎样求出从地球到月亮,或者更准确地说从地球中心到月亮中心的距离的。我们的描述也许太简单了,但却包括了希帕霍斯方法的基本内容。假定计算中所取的从地球中心到月亮中心的距离为图 14 中的线段 AB,它交于地球赤道上某一点。然后,设想从 B 引一条到地球表面的直线,使这条直线正好与地球表面相切,假设切点为 C。现在,根据上面所引用的几何定理,图中的线段 AC 表示地球的半径,与球面相交于切点 C,线段 AC 在 C 点与切线成一直角。图中的角 CAB 是 C 的纬度。碰巧,希帕霍斯本人曾利用经度和纬度构造出一种系统,用来表示地球表面的方位,这种特殊的系统至今仍在广泛使用。因此希帕霍斯知道 C 点的纬度,他已知道地球的半径 CA,故他能得到

$$\cos A = \frac{AC}{AB}$$

图中<A 的准确值大约是 89°3′；而且，在希帕霍斯所列的表中，
cos89°3′＝0.016 58。AC 的距离，即地球的半径，刚才已求出大约
是 3 949 英里。于是有

$$0.016\ 58 = \frac{3\ 949}{AB}$$

等式两边同乘以 AB，然后两边同除以 0.016 58，我们就得到

$$AB = \frac{3\ 949}{0.016\ 58} = 238\ 000$$

即从地球中心到月亮中心的距离大约为 238 000 英里。

　　稍作回顾就可知道，从地面上容易测量的距离着手，我们能够
顺利地计算出山的高度、地球的半径以及地球到月亮的距离。利
用这一知识和希帕霍斯的方法，我们能够继续计算到太阳、行星和
恒星的距离。事实上，希帕霍斯的确进行过大量的天文计算。他
创立的三角学具有简洁性，但却又极具应用的广泛性，这些特点非
常明显。

　　希帕霍斯为了测量地球、天体而创立的数学分支，从他那个时
代以来一直被用来处理大量的实际问题。测绘员、航海家和地图
绘制者经常运用这些知识。的确，尽管不能在这里详细叙述希帕
霍斯的方法、其他数学方法的威力，但是亚历山大里亚的希腊人确
实使绘制地图成了一门科学。他们的地图为后来 15—16 世纪伟
大的探险时代提供了最好的关于地球的知识。对于后代们来说非
常幸运的是，天文学家托勒玫总结了古代所有的地理学知识，并且
将其汇集在他的 8 卷本著作《地理学》（*Geographia*）中。这部著
作给出了地球表面 8 000 处地方的经度和纬度，是世界上第一部
地图集和地名词典。

三角学是受到实用和智力兴趣双重推动而产生的数学分支的光辉典范——一方面,受测绘、地图绘制和航海的推动,另一方面则受探索宇宙的好奇心的驱使。借助三角学,亚历山大里亚的数学家就可用点与线描述整个宇宙,并使他们自己有关地球和天空的知识更为精确。然后,他们又在其他的研究中利用这一成就,关于这一点,我们在下一章将要谈到。

第六章　自然获得了理性

74

苏格拉底:很好！ 那么,普诺塔切斯,让我们开始讨论问题吧！

普诺塔切斯:什么问题？

苏格拉底:究竟人们所称的宇宙是受毫无理性可言、杂乱无章的偶然性的支配,还是正好相反,如我们父辈们所宣称的那样,受不可思议的理性与智慧的控制。

普诺塔切斯:这两种观点差异太大了,伟大的苏格拉底。而你刚才说的第一点,在我看来,似乎有点亵渎神灵,但是另外一种观点——理性支配着万事万物,则可称得上是关于世界本质的有价值的观点……

柏拉图:菲利布篇(Plato:PHILEBUS)

从事创造性活动的人首先必须乐于幻想。因为富有哲学头脑的希腊人经常使他们的思维坠入梦幻状态。作为报偿,他们因此获得了人类所能创造的最伟大的远见卓识。这种境界是非凡的,它激发了所有善于思考的希腊人的智慧与灵感,而且对随之而来的西方文明更是具有极其深远的意义。

这种境界部分的内容是:自然界具有理性的秩序;所有的自然现象都遵循着精确、不变的法则。这种远见还揭示了思想具有最至高无上的威力。因此人类可以通过对世事进行思考,而将自然界的模式清晰地描绘出来。

希腊人将他们的幻想变成了现实,这样他们就成了第一个大胆地、充满天才地对自然现象进行理性解释的民族。具有强烈求知欲的希腊人充满热情地去探索、追求。他们在探索过程中绘出了前进路径,如欧几里得几何,以便让其他人很快到达探索的前沿,并帮助他们探索新的知识领域。

75　　在先前的文明中,著名的如巴比伦和埃及文明,人们进行过无数次的观察,得到了许多有用的经验公式。但是,尽管他们肯定发现了自然界中某些规律的线索,他们却没有想到着手建立理论,更是做梦也没有想到过构造体系。自然界纷纭复杂,瞬息万变,掩盖了它的目的、秩序和规律。自然界似乎永远千变万化,神秘莫测,而且时常令人感到恐惧和战栗。希腊人却不这样认为,由于受对知识的渴求和对理性的热爱的鼓舞,这些崇尚思维力量的人相信,通过对自然界的考察,可以揭示出物质世界固有的秩序。

在希腊文明的发轫时期,人们主要寻求对自然的合乎理性的解释。典型的例子是泰勒斯的宇宙观,泰勒斯认为万物最终归结于水,雾霭、地球都由水组成,宇宙就是一个其中包含水泡的一团水。其中的一个水泡是我们这个世界,地球在其底部,雨则来自上端的水。天体由处于炽热状态的水组成;它们漂浮在水面,环绕着水泡。埃及人、巴比伦人认为星星是各种神灵,而对泰勒斯来说它们不过是"壶中的水蒸气"。在各种关于宇宙结构的理论中,泰勒斯提出了一种极富现代精神的观点:他认为他的解释并未严格地描述真实的实在,正好相反,他之所以提出这一理论,是由于它能将观察到的现象纳入一种理性的模式中。

与现代先进的科学理论相比,泰勒斯这种对自然现象的分析显得幼稚、浅薄。但是,泰勒斯和他的依奥尼亚学派的思想与前人思想相比,有一个很大的进步。至少,这些人敢于探讨宇宙,拒绝借助于神、精灵、鬼魅、邪恶、天使,或其他为具有理性思维的人不能接受的东西。他们唯物的、客观的解释,摒弃了神秘的、超自然的因素,而且他们的理性判断方法,使那些怪诞的、经不起推敲的诗意般的解释信誉扫地。深邃的直觉洞察到了宇宙的本质,而理性则保证了这种洞察力。

在使自然界理性化的过程中,随着毕达哥拉斯学派的兴起,数学开始发挥其作用。毕达哥拉斯学派对下述事实大为震惊:物质世界各种各样的现象,都显示出相同的数学特征。月亮、气球有相同的形状,而且具有球的所有其他性质。同样,一个垃圾罐与一个酒桶可以有相同的体积。这样,各种各样事物无不具有数学上的联系,因此数学关系必然是各种现象的本质,难道这还不明显吗?

具体地说,毕达哥拉斯学派在数、数量关系中发现了各种现象的本质。在对自然的解释方面,数是根本的要素,是宇宙的质料和形式。公元前 5 世纪一位著名的毕达哥拉斯学派的信徒菲洛劳斯(Philolaus)说:"如果没有数及其性质,那么任何存在的事物,无论是其本身还是它们之间的关系,对任何人来说都将是不清楚的。……不仅在上帝和魔鬼的行动中,而且在人类所有的行为和思想中,在手工艺制品和音乐中,人们都能看到数本身所发挥的作用。"

例如,毕达哥拉斯学派发现了两个事实:首先,一根拉紧的弦发出的声音取决于弦的长度;其次,要使弦发出和谐的声音,则必须使每根弦的长度成整数比。这样,它们就可以使音乐简化成简单的数量关系。例如,两根拉紧的弦发出和音,那么一根弦的长度必须是另一根弦长的两倍。音乐中两个音符之间的间隔现在称为音阶。另一种和音是由两根长度之比为 3∶2 的弦发出的,在这种情况下,较短的弦发出的声音,比较长的弦发出的声音高出 5 度。事实上,每一组拉紧的弦发出的声音,都能用弦长的整数比来表示。

　　毕达哥拉斯学派还将行星运动简化为数量的关系。他们认为物体在空间中运动会产生声音。运动较快的物体发出的声音,比运动较慢的物体发出的声音的音调要高。也许,这种思想是受到系在绳一端旋转的物体发出摩擦声的启示而得到的。按照毕达哥拉斯学派的天文学理论,行星与地球之间的距离越大,则行星的运行速度越快。因此,行星产生的声音随它们与地球的距离而变化,它们的声音都是和谐的。但是,这种“天体音乐”像整个和声学一样,都不过是简化了的数量关系,因此行星的运动也可以归结为这类关系。

77　　除了将数作为他们哲学中的“实体性的”要素外,毕达哥拉斯学派还赋予单个数字以十分有趣的类比和解释。他们将数“1”说成是理性,因为理性只能产生于一个连续的整体;将数“2”说成是观点;“4”代表正义,因为它是第一个两个相同数的乘积。毕达哥拉斯学派认为,从完整的意义上来讲,“1”不是一个数,因为单个是与整体相对应的;“5”是婚姻的象征,因为它是第一个奇数与偶数结合而成的;“7”表示健康,“8”则代表着爱情与友谊。因为毕达哥拉斯学派把“4”看作是排成一个正方形的 4 个点,因此就把“4”等同为正义。正方形和正义联系在一起,这种看法一直保持到今天。公正诚实的人更是行为正派的人。

所有偶数都被认为是女性的象征,奇数则被认为是男性的象征。从这种联系出发就会得出如下的结论:偶数代表邪恶,奇数代表善良。偶数的缺陷在于,它们可以被分解为多个偶数,如 2 被分为 1 加 1[①],4 分为 2 加 2,8 分为 4 加 4,等等。继续这样分解,就意味着会导致无穷问题的出现,"无穷"对喜欢有限和有穷的希腊人来说,是一个十分可怕的概念。另一方面,奇数阻碍了偶数的无穷分解,是奇数使得偶数免予支离破碎。进一步说,奇数本身无法分解,因为若分解奇数,那样将会导致出现可约分数(即假分数)。

如果一个数等于它的约数之和,如 6＝1＋2＋3,则这个数就被称为完全数。如果一个数是另一个数的约数之和,那么这两个数则称为"亲和数"。这样,220 和 284 就是一对亲和数,通过检验约数可以看到这一点。毕达哥拉斯学派认为,写上这种数的药丸可以当作春药来使用。数 10 是一个非常理想、完美的数,因为它是连续 4 个整数 1,2,3,4 的和。由于 10 是理想的,那么在天空中运行的天体在数量上也应该是 10。毕达哥拉斯学派很容易地对只有 9 个天体这件事作出了解释,因为已经知道,地球、太阳、月亮、星球和其他 5 个在当时已为人们认识的行星是围绕着一个固定的中心火球旋转的。因此,他们断定存在着第 10 个天体,他们称之为对地。这个天体总是处于中心火球与地球相对的一边,因

---

① 毕达哥拉斯学派不认为"1"是奇数。——译者注

此人们总是看不到它。理想化的 10 还要求世界上每个物体都能用 10 对范畴描述出来，如奇和偶、有限和无限、左和右、一和多、雄和雌、善和恶。

毕达哥拉斯学派这些纯理论的奇想，在很大程度上是无根据的、不科学的和毫无用处的。由于他们沉溺于数的重要性之中，因此他们的自然哲学当然几乎与自然毫无关系。不幸的是，这种哲学的某些内容流传到欧洲的中世纪以后，被宗教神秘主义者奉为金科玉律。但是，毕达哥拉斯学派的核心理论，即自然界能够用数和数的关系进行解释，数是实在的本质等等这些观念支配着近代科学。毕达哥拉斯学派的观念在哥白尼、开普勒、伽利略、牛顿和他们的后继者的研究中，得到了再现和发展。而且在今天则表现为这样的信念：必须对自然界进行定量研究。这些一脉相承的近代科学家还继承了毕达哥拉斯学派的其他几条信念：宇宙的完美秩序是由数学定律确定的，神圣的理性是自然的组织者，人类利用理性探索自然界为的是揭示神所赋予的宇宙图形。我们将看到，近代科学的成功，应归功于这种哲学观念，而且数量关系最终完全取代了备受希腊人青睐的几何学。

毕达哥拉斯学派的重要人物柏拉图——其影响仅次于毕达哥拉斯——认为，只有通过数学才能理解实在的理念和现实的世界，因为"上帝永远是按几何学原理工作的"。柏拉图比大多数毕达哥拉斯门徒走得更远。他不仅希望通过数学去理解自然，而且希望超越自然去理解他认为真正实在的、理想化的、用数学方式组织起来的世界。感观可见的、暂时的、不完美的世界必须被抽象的、永恒的、完美的世界取代。他希望，对物质世界的敏锐的洞察能够提供基本的真理,然后理性在不需要借助进一步观察的前提下去研究这种真理。从这种观点出发,自然界就应当完全能为数学所刻画。的确,他对毕达哥拉斯学派颇有微辞,因为他们是通过听声音而考察和音的数目,而没有利用和谐的数字本身。他认为,像这样仅仅研究声音是毫无意义的,但如果是出于美和善的考虑而追求这些和谐数字,那么将具有最高的价值。

柏拉图对天文学的态度表明了他对所有自然科学的态度。在柏拉图看来,真正的天文学与可见的天文运动无关,天空中星球的排列和其显而易见的运动,看起来的确神奇美妙,但是仅仅只对运动进行观察和解释,则与真正的天文学相去甚远。在我们能够专注于后者之前,我们"无须理会天空",因为真正的天文学是研究数学天空中真实星体的运动定律,可见的天空不过是一种不完美的表现形式罢了。他力主用思想而不是用眼睛从事理论天文学的研究。航海、历法和时间的测量,与柏拉图的天文学显然是不相关的。

柏拉图不愿进行观察和实验,这无疑地阻碍了希腊科学的发展,同时他过分地依赖于思维的力量去获得基本的真理,以及利用演绎方法得到逻辑的真理。但是,来源于柏拉图自然科学观念的成就依然具有不可估量的价值,它描述出了柏拉图不屑一顾的人类共有的天空的第一个最有意义的图景。

这一时期的希腊人应该观察到了任何热心于描绘行星运动的人所能看到的一切。从地球上看,这些行星在天空中的运行显得毫无秩序,杂乱无章。的确,这些天空中的流浪汉〔行星(planet)一词在希腊语中的意思是流浪汉〕似乎放荡不羁。

　　观察和仔细描绘行星的运动是一回事,像埃及人和巴比伦人在长达几个世纪中所做的那样,他们仅仅是观察者,而探求天体运动的统一理论,从而揭示出表面上毫无规则的现象背后的图景,却是完全不同的另外一回事,而且这的确是一大进步。柏拉图向他的学院提出了这样的问题:设计一套数学系统,既适合于行星有系统的运动,同时也能解释所观察到的不规则的运动。现在,他用一句著名的话"拯救表象"来描述所面临的这些问题。

　　对柏拉图的问题给出答案的,是他的学生欧多克索斯。他凭借自己的努力成了一位学术大师,并成了希腊最卓越的数学家之一。欧多克索斯所给出的答案是历史上第一个重要的天文学理论,而且这是在自然界理性化的过程中走出的决定性的一步。

　　欧多克索斯的系统利用了一系列的同心球,其中心是不动的地球。为了解释任何一个天体的复杂的运动,他首先假设,这个天体依附于一个球,而这个球以恒速绕地球的某一轴旋转。这样行星 P(图 15)依附于一个所切过部分是 AMB 的球,这个球绕轴 AB 旋转。下一步,欧多克索斯设想轴 AB 能从 A 点和 B 点延伸到第二个球面上,即在图 15 中的 C 点和 D 点,此处可以看作这个天体完全依附于一个球。假设第二个球绕自身的一根轴旋转。图 15 中的 GF,而且带动第一根轴绕球旋转。由于两个球还不足以描述任何天体的运动,欧多克索斯假定第二个球的轴延伸到第三个球面上,第三个球依次绕自身的一根轴旋转。为了解释行星的运动,欧多克索斯对每一个行星使用了四个这样的球。这些球的旋转速度和半径都由欧多克索斯根据所观察的行星运动而确定。

　　当然,要想象任何天体在两个或三个球的复合运动中所走过

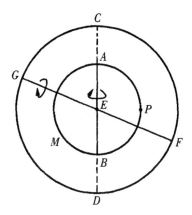

图 15　欧多克索斯体系的结构

的路径是困难的。但是,这一非常复杂的运动,却恰恰是欧多克索斯需要描绘的从地球上可以看到的五大行星、太阳、月亮和恒星的轨迹,整个体系利用 27 个球足矣。

当然,欧多克索斯体系对于描述和预测那些表面上看来踪影不定的天体运动是十分精巧的,而且这个体系给希腊人留下了强烈的印象。这个体系建立了自然界的数学秩序,与此同时这个体系还证明了人类思维建立这种秩序的能力。值得注意的还有一点,那就是欧多克索斯认为,他的体系是纯数学性的。他对那些球体没有附加任何物理意义。它们是虚构的,而整个体系则仅仅是对已观察到的运动的一种理论解释。

欧多克索斯的理论并非希腊天文学的终曲。不久我们将看到它被一个更好的理论取代了。但是,在结束希腊文化的古典时期之前,我们将提到这个时代的人为完成自然界的理性化而收集的其他有力的证据。古典时期的希腊人并不需要在观察天空后才断定自然是按数学设计的。希腊人所需考虑的仅仅是欧氏几何的意义。

欧几里得以 10 条公理作为其几何学的出发点。有一些公理，诸如等量加等量其和相等，是不言而喻、易于马上接受的。其他一些公理，诸如过两点有且只有一条直线，则是通过观察物质世界后而得出的。一旦这些公理被选定以后，那些定理则仅仅通过思维活动就可推导出来。《几何原本》中的数百条定理，都是由欧几里得坐在象牙塔中推导出来的。但是，当任何一条定理被用于实际情形时，人们发现，它们都能极其准确地描述现实状况。这些定理所提供的知识是如此精确、可靠，就好像它们是直接从现实中推导出来的一样。经过数百次连续演绎推理而得出的一个定理，在应用中竟被证明是完全正确的，面对这样的事实，希腊人应该得出什么样的结论呢？难道这不证明了自然界是按照一个合乎理性的计划设计出来的吗？难道自然界不是与一个经过推理而得到的知识体系相一致的吗？难道不是这种设计最有力的证明吗？

希腊人研究了大量其他的自然现象，从中找出了自然界的数学结构与设计的证据。一个光学方面的例子阐明了这种成果。欧几里得发现，光线进入一个镜面时所形成的角，等于它反射时所形成的角；也就是在图 16 中∠1 等于∠2。这个事实经常被叙述成这样的命题：入射角等于反射角。它揭示出了自然现象中的规律以及自然界的数学设计。

在这个光学现象中还涉及第二个数学定律。从另一方面，我们注意到，如果 A, B 是一条直线的一边的任意两点，那么所有从点 A 到该直线然后再到点 B 的路径中，最短的路径是通过点 P，

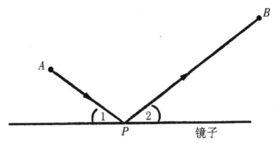

图 16　入射角等于反射角

使得两条线段 AP, PB 与该直线所成的夹角相等的路线。这条最短的路线就正是光线所走的路径。很明显,自然界通晓几何学,并且充分地利用了它。

如果古典时期的希腊人对自然界的数学设计给了极好的证明,那么亚历山大里亚时期的希腊人就可以理直气壮地宣称,他们对此给出了毋庸置疑的证明。这些人最突出的成就是创立了古代最精确、最有影响的天文学理论。这项工作中的核心人物是希帕霍斯,他向世人说明了如何利用间接测量法计算天体的大小和它们之间的距离。在他的天文学研究生涯中,他改进了观测仪器,发现了岁差,测定了黄道角,测算了月球的不规则运动,修正了早期制定的一年的长度(希帕霍斯确立了一个太阳年的长度是 365 天 5 小时 55 分,比精确值约多 $6\frac{1}{2}$ 分),而且编制了 1 000 多颗恒星星表。这些相对来说次要的成就,由于一个完整的天文学体系的创立而达到了其顶峰。

希帕霍斯认识到,欧多克索斯体系中天体依赖于以地球为其中心的旋转球的假设,并不能解释许多其他希腊人和希帕霍斯本人所观察到的事实。欧多克索斯体系有严重的错误,特别是在描述火星和金星的运动方面。与欧多克索斯体系不同,希帕霍斯假定行星 P(图 17)以匀速做圆周运动,而这个圆的中心 Q,又以匀速在另外一个圆周上运动,这个圆的中心就是地球。只要适当选择两个圆的半径和 P,Q 的速度,他就能准确地描述许多行星的运动。按照这个理论,行星的运动就像现代天文学中月亮的运动:月亮绕地球旋转,同时地球又绕太阳旋转。月亮绕太阳的运动,如同希帕霍斯体系中行星绕地球运动一样。

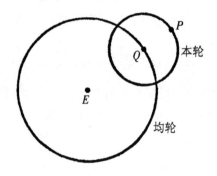

图 17　希帕霍斯体系的结构

希帕霍斯发现,对于有些天体,必须使用三四个圆,其中每一个都在另一个上面运动,即行星 P 在绕数学点 Q 的圆周上运动,而 Q 在绕点 E 的圆周上运动,E 绕地球运动;同样,每个天体或点均以自己恒定的速度运动。在其他情况下,希帕霍斯不得不假定最里面或最靠近地球的那个圆的圆心不位于地球的中心,而是靠近地球的中心。按照后面一种几何结构的运动称为偏心圆运动,而当本圆的圆心在地球上时,则称为本轮(epicyclic)运动。利用这两种类型的运动,再适当地选择所涉及圆的半径和运动速度,希帕霍斯得以十分顺利地描述月亮、太阳和行星的运动。利用这一理论,能够将月食的预测精确至一二小时之内,不过,日食的预测还不够精确。

值得一提的是,从现代观点来看,希帕霍斯的理论是一大倒退,因为在距他那个时代的一个世纪以前,另一位著名的亚历山大里亚人阿利斯塔克(Aristarchus),就已经提出了所有的行星都绕太阳运行的理论。但是,如我们今天所知道的那样,亚历山大里亚天文台所进行的长达150年以上的观察,以及古巴比伦人的记录,使得希帕霍斯确信,行星绕太阳做圆周运动的日心学说是不能成立的。

希帕霍斯并没有对阿利斯塔克的学说加以改进或作某种讨论,却认为它是玄想而抛弃了它。其他人也反对阿利斯塔克的思想,因为他们认为,将地球看作一颗行星,就把可腐化的地球上的物质与圣洁的天体等量齐观了,这在他们看来是大逆不道。地球与其他天体之间的这种差别,在希腊人的思想中根深蒂固,甚至亚里士多德也为之辩护,尽管他不是从宗教教义出发。这种区别甚至成了基督教神学的一条"科学"教义,此后,消除这种谬论成了现代数学和科学的光辉业绩之一。

希腊天文学理论的发展在克劳迪斯·托勒玫的工作中达到了登峰造极的程度,尽管托勒玫不是埃及的政治统治者,但他却作为数学家而成了宫廷成员。的确,我们之所以熟悉希帕霍斯的工作,是因为他的成果被保存在托勒玫的《大汇编》(*Almagest*)一书中,这部著作几乎与欧几里得《几何原本》具有同等的影响力。在数学方面,《大汇编》确立了希腊三角学学说,其影响延续了 1 000 多年。在天文学方面,它对本轮、均转等做了详细完整的阐释,故这一理论被后人称为托勒玫理论。这个理论在定量方面非常准确,在相当长的时间内一直被人们接受,以至于人们把它当作绝对真理。

这一理论是希腊人对柏拉图将天体现象理性化问题的最后答案,同时,它也是第一次真正伟大的科学综合。随着托勒玫使希帕霍斯的工作臻于完善,宇宙设计的证明达到了十分完善的程度。世界是合乎理性的,决定其运动的原理是数学性的。这种天文学理论,在文艺复兴时期得到了哥白尼和开普勒的改进,并由牛顿重建和完善,它为现代科学最重要的信念——自然界的一致性和不变性提供了决定性的证明。

立即运用这一理论的却是一类完全不同的思想家。由于在托勒玫体系中地球是宇宙的中心,因此很自然地,基督教神学就提出了这样的命题:人是上帝最重要的创造物,人类的幸福是上帝最为关注的事情。最重要的是,在做出了这一宗教结论后,它所依据的数学证据却退居到了次要地位。但是,正如基督教教徒们所清楚地认识到的,人是世界上最重要的,这一基督教教义实质上是指世界是为人类而特殊设计的,这一教义在很大程度上依赖于托勒玫的理论。

希腊人并没有完全使自然界理性化。我们今天依然在从事这件工作。但是,他们在天文学、力学①、空间研究、空间图形的探索方面留下了大量宝贵的遗产。在每一项成就中,数学或者是其核

_____

① 见第十三章。——原注

心,或者是必不可少的工具。

不幸的是,希腊人的智力活动,由于数学家、哲学家无法左右的政治事件而中断了。在亚历山大里亚繁荣时期,罗马人的势力席卷了整个意大利半岛,随后他们开始侵犯地中海沿岸的其他国家。后来,由于托勒密王朝最后一位君主克拉欧佩特拉(Cleopa-tra)与她兄弟之间的内讧,恺撒(Caesar)设法在埃及获得了插足之地。后来,恺撒用火攻法摧毁了停泊在港口的埃及船队,结果导致了在漫长的人类反对残暴战争的历史中一场最具悲剧性的大破坏。从海上蔓延上岸的大火,烧毁了亚历山大里亚的博物馆。两个半世纪收集起来的,代表着古代文化光辉灿烂成就的藏书,以及50万册手稿被付之一炬。罗马人直到克拉欧佩特拉死去的公元前31年才进驻,从那时起,他们管理并控制着亚历山大里亚的博物馆,给当地文化带来了无比严重的摧残和破坏。

亚历山大里亚大火是罗马人轻视抽象知识的征兆。罗马史与 86 希腊史同时共存,但是我们从来不会从阅读综合性的数学史中看到罗马人的存在。罗马人是讲求实用的民族,而且每每对此自以为是。他们实施、完成了许多工程项目,如高架引水渠道,今天仍能见其痕迹的宽广大道、桥梁、公共建筑以及大地测量,但是除了在具体应用方面所需要思考的问题外,他们拒绝考虑任何别的思想。从他们的教科书中抽出一个例子,就足以反映出他们的一般态度。这个问题是:当敌人已经在河对岸驻扎时,有什么方法可求出这条河的宽度。西塞罗(Cicero)承认,因为"希腊人给予几何学家以最高的荣誉,因此在他们那儿就没有什么比数学发展得更快的了"。但是他却自诩道:"我们已经确定了这门技艺的范围,即它只用于测量和计算方面。"

如同显而易见的希腊人的数学与他们的艺术理想相关一样，罗马人在实用方面的兴趣也在他们具体、世俗的技艺中表露无遗。罗马艺术都是有目的的，例如，用于说教的或用于纪念的东西，美也沦为装点、修饰的层次。雕刻、肖像画总是赋予个人目的，被用来赞誉某人或纪念死者。例如，奥古斯都被雕塑成一位身披盔甲、佩戴勋章的士兵（插图 3），他身边的小孩则象征着罗马的人丁兴旺。对理想的凝思，以及对具有完美比例的诸神、人物形象的专注，已经一去不复返了。在建筑方面，最好的代表是罗马的公共建筑，诸如浴室，而所有这些，都是为了实用的目的。

罗马人目光短浅，产生出了一种畸形的、模仿性的、二流水平的文化。在几个世纪里，依靠希腊人，他们才弥补了灵感和创新思想的缺乏。当奥古斯都着手建造帝国检阅台时，他下令召来亚历山大里亚的专家，而当尤利叶斯·恺撒准备修订历法时，他也只能去请亚历山大里亚人。当智慧之泉几乎枯竭时，罗马人才意识到，只增加喷泉中的雕塑而忽视水源是错误的。可惜为时晚矣！

87　　罗马人在数学、科学、哲学和艺术的众多领域里都成就甚微，这对那些指责由非功利主义所激发产生的抽象思维的"讲求实效"的人来说，给出了一个极好的反例。当然，罗马历史给我们的教训是，蔑视数学家、科学家高度抽象的理论工作，认为他们是毫无用处的人，正表明他们对于取得真正重要进步的方法一无所知。的确，当代许多大公司都知道，为了产生新思想和新技术，必须花费数以百万计的金钱和若干年的时间，进行不能立刻产生实际效用的研究。

罗马人的统治方式是希腊文化毁灭的另外一个原因。在罗马人的统治下，数百万人沦为奴隶，还有数百万人处于受奴役的状态。罗马官员禁止所有社会、经济改良，并使教育保持在最低限度。与此同时，他们靠苛捐杂税从被征服国家搜刮大量财富，运回罗马。广大人民痛苦不堪。正是在这些命运悲惨的人中间，出现了强调道德伦理、友爱之情和死后升天堂的基督教，而且很快为人们接受了。最终，成千上万人抛弃了希腊文化。"异教徒"和基督徒之间发生了战争，血流成河已是司空见惯。不幸的是，所有希腊知识都被等同于异端邪说，受到了最严厉的攻击。亚历山大里亚博物馆的学者们惨遭迫害，被赶出了该城。

希帕蒂娅（Hypatia）——亚历山大里亚学派最后一位数学家之死，戏剧性地结束了这个时代。由于她拒绝放弃希腊宗教，受到一群狂热的基督暴徒的追击，最后，他们在亚历山大里亚大街上将她活活地肢解了。希帕蒂娅之死，意味着希腊思想的终结。

亚历山大里亚博物馆蒙受的最后的浩劫，摧毁了古希腊文明这一伟大著作的封面。至于这一巨著的正文，则在公元 640 年穆斯林入侵该城时被化为灰烬，随风而逝。整座博物馆，连同那些从希腊文明的其他敌人手中抢救出来而保存下来的手稿，都被焚毁了。因为穆斯林认为，如果这些古籍包含任何与穆罕默德（Mohammed）的著作（《古兰经》）相对立的东西，那么它们就是错误的；如果没有对立的内容，则它们就是多余的。

尽管博物馆遭到摧毁，学者们也被驱散，但是希腊文化却依然顽强地生存着，而且最终得以重见天日，帮助塑造西方文明。欧洲人不仅学习了希腊一些最好的成果，而且最主要的是向希腊人学习了人类的推理方法。欧洲人还继承了自然界具有数学设计的思想，相信理性可以应用于人类的所有活动。一旦人们掌握了理性精神，西方文明从而诞生了。西方文明的兴衰与理性精神的强弱紧密地互相联系着。

第七章　停滞时期

千万别窥探大自然的奥秘，

让它们归于上帝吧！永远恭顺而谦卑。

J. 弥尔顿(John Milton)

公元 6 世纪时，亚历山大里亚一位游历甚广的商人，曾把地球描绘成是平坦的，人们所居住的区域呈长方形，其长为宽的两倍。在其周围是一片汪洋，水域又为更大的陆地所环绕。北部是圆锥形的高山，太阳、月亮绕其旋转。白天，太阳出现在山前，夜幕降临后，太阳就隐藏在山后了。天空被固定在环绕汪洋大海的陆地的边缘上。天空之上是天堂。天堂分为两层，上面一层居住着上帝及其圣徒们，下面一层则居住着拯救人类的天使。

作这种描写的人，与欧几里得、阿基米德、希帕霍斯和托勒玫生活在同一时代。这位名叫科思马斯(Cosmas)的商人，后来成了一名僧侣。他并不是通过旅游才获得关于世界的上述事实的。他声称，关于世界的地形学是由伟大的《圣经》启示而建立的，而《圣经》对于基督徒来说无疑具有法律效力。直到 12 世纪，科思马斯的这部《基督教地形学》(*Topographia Christiana*)在受过教育的人乃至文盲中都非常流行，在这部著作中，他建立了其宇宙图说：

既然《圣经》告诉我们,人类居住在"地球的表面",那么就不可能有其背面。事实上,如果有背面的话,那么天空就必须环绕着地球,而《圣经》上说,地球牢固地固定在其地基上。

　　后来的思想家对科思马斯的宇宙学说做了非常重要的改进。当然,宇宙的中心还是固定不动的地球。地球的上面是月亮、行星和太阳,它们每个都依附于一个球。8个球绕地球做圆周运动,对天体来说,只能存在这一种运动形式。这些球和天体都由有形的、但不可毁坏的物质构成,这些物质并不遵循地球上物质的运动规律。而且,这些天体都与地球保持着固定的距离,因为组成这些天体的物质与其所在的位置总是保持一致。但是,在8个球上方还有两个球。第9个球不携带任何行星或恒星,它是其自身和其他8个球的原推动者。在每24小时绕地球一周的运行中,第9个球比其他球运转得快,因为推动它运行的精灵靠近天堂——第10个球,因此他们比推动其他8个球运动的精灵们更加卖力。第10个球是静止不动的,在它上面居住着科思马斯所提到的那些圣人。

　　人们谈得更多的是地球本身。大陆一直延伸到约莫现在的欧洲和中东以外,人类居住的世界中心是耶路撒冷。地球内部是地狱,形状似漏斗,一队队罪人沿着斜面不停地奔跑,撒旦(Satan)住在最底层。地球上还有一块繁花似锦的伊甸园,这个地方不幸为一堵火墙所围住,因而对人类来说可望而不可即。除人之外。地球上还生存着令人赞叹或令人恐怖的生灵。最为重要的是天使和有魔鬼作为帮凶的恶魔。在这些与人相似的、有一定寿命的生灵中,有半人半兽的森林之神,它们长着弯钩鼻子,额上长着角,脚像山羊蹄。有各种各样的森林之神,这一点很容易得到证实。它们中有些无头,有些只有一只眼,有些则长着许多耳朵,还有些是独脚生灵。大海中生灵也神奇古怪,丝毫不比陆地上逊色,这些生灵时常为龙所袭扰,而这些龙甚至习惯于与大象争斗。

的确,自然界看起来神奇而美妙。当然,没有人真正观察过自然界,因为没有这个必要。圣·奥古斯丁不是说过吗:"人们从《圣经》之外获得的任何知识,如果它是有害的,就应该被抛弃;如果它是有益的,它就包含在《圣经》里了。"因此,人们为了获得应该掌握的所有知识,就只需读《圣经》和基督教早期创始者的著作。《圣经》上的结论,对物质世界、动物、植物为什么存在等基本问题都给出了相似的回答。物质世界被创造出来是为人类服务的,植物和动物为人提供食物,就如同雨水滋润庄稼一样。人类不仅仅在地理学意义上是宇宙的中心,而且在终极目的和宇宙设计方面也同样如此。尽管自然界的存在是为人类服务的,但是必须严厉禁止对自然界的研究,甚至连自然界本身也是极为可怕的,因为撒旦统治着地球,他手下的恶魔无处不在。科学实际上是有罪的,因此获取科学知识是以永远受到诅咒为代价的。

整个自然界都为人类服务,但是人类的存在却仅仅是为了死后复归于上帝。地球尘世生活并不真正重要,只有死后的灵魂才是至关紧要的。因此人们必须逃脱这个罪恶的尘世而进入神圣的天堂。必须摆脱自己所有尘世的欲念和情感,从而使灵魂从犯有深重原罪的肉体中解放出来。享受自然界的恩赐、食物、衣服和男女之欢,都必须严格地加以限制,因为所有这些会玷污灵魂。尽管中世纪一般人都相信自己的原罪,但又怀疑自己是否能得到拯救。因此他们通过一些手段为来世做准备,也许这样一来就能获得神的恩赐。要从人的思想、感觉中消除自然尘世的污垢，从而净化人的精神，就需要引入一种新的对立矛盾：肉体与精神，尘世与上帝之间永无休止的争斗。

对人的本质和人所在的世界的这种解释，是当时亚历山大里亚时代末期和随后中世纪盛世中广为流传的理论的缩影。由于在上一章提到的原因，亚历山大里亚的希腊文明已经迅速退化了。后期亚历山大里亚的思想家们毁坏而不是改进了他们所继承的知识遗产。他们忽视科学和数学，但却十分热衷于有关形而上学方面的问题，为此争论不休。而且在哲学家们认为无关紧要的理论方面，试图使柏拉图和亚里士多德的观点协调一致。由于基督教的影响与日俱增，亚历山大里亚人认为，最重要的是去探索灵魂的永恒生命世界，寻求使精神从肉体中解脱出来的办法，他们大肆谈论魔鬼和精神。他们的成功之处是，使哲学变成了魔术。

希腊和罗马学术的衰落，由于基督教反对异教徒的战争而进一步加剧了，在希腊和拉丁文名著中，包含必须从人们思想中清除掉的神话，以及与基督教伦理道德相悖的理论。那些强调尘世生活的希腊人、罗马人被人认为的确误入了歧途。物质生活、身强体健、科学、文学和哲学统统加在一起，与拯救灵魂相比，又算得了什么呢？为什么在应当学习《新约》戒律的时候，要去阅读诗歌呢？尘世生活只不过是永恒生命的一个毫无意义的序曲，为什么要去追求尘世生活的愉快和安逸呢？当上帝的本质，以及人类精神与上帝的关系还依然有待探索和理解时，为什么要寻求回答有关自然现象的问题呢？正是从以上所说的这些问题中，才不得不得出这样的结论：所有希腊和罗马知识都是邪恶的异端学说。因此，基督教的理想,以及基督教与异教的对立,使得整个信奉基督教的地区滋长了一种反对古典知识的风气,而且使得所有的人把兴趣和精力都花费在神学问题的研究上。

在地中海沿岸国家,这些地区的知识和学问都曾经达到了辉煌的顶峰,后来却跌到了最低点。我们注意到,在更远的欧洲中部和北部没有发挥什么作用。英国、法国、德国和其他国家的情况又如何呢?他们是如何承接希腊和罗马文明,又是如何继承希腊思想的丰富遗产的呢?

在我们这一时代的早期,居住在欧洲的日耳曼部落依然是未开化的野蛮人,他们是大多数美国人的祖先。他们生活在贫穷无知的状态,有时我们委婉地称之为善良淳朴。他们没有工业,靠以物易物进行贸易,靠抢劫其他部落和较为文明的地区而增强实力。每个部落的政治组织都处于原始状态,由英勇善战者指挥和领导。政治上的联合则通过宗教联合而得到加强。所有这些部落都崇拜太阳、月亮、火、地球,以及特殊的统治人民日常生活的神。像大多数原始人一样,日耳曼部落相信占卜,也认为应拿人去祭祀神。

列出日耳曼部落的知识、艺术和科学十分容易:他们什么也没有,甚至根本不知道如何使用文字。因为没有学会书写,所以任何一代人想把他们的发现、创造和经验完全记录下来,以传给他们的后人,都是不可能办到的。口头传播知识可以将微不足道的事情夸大到荒诞传奇的地步,同时也会给幻想和迷信披上真理的面纱。只是,这样一来怎么也不能孕育出艺术和科学。

野蛮人是逐步开化的。第一个重要的影响是由罗马人施加的,他们侵占了欧洲的一部分领土,并且把他们的风俗强加给被征服的地区。当帝国崩溃时，唯一剩下的力量强大的组织——教会开始掌握权力。为了使异教徒信奉基督教，教会资助兴办学校，建立起教区组织，而且派遣强有力的组织者、统治者。通过这些措施，那些野蛮人掌握了书写，建立了政治机构、法律、道德准则，当然也熟谙了基督教。这样，欧洲接受了罗马的遗产。

由于野蛮人连基本的算术都不了解，因此完全不能指望他们会将数学推向前进。事实上，在这种情况下，我们从历史中得不到什么意想不到的东西。在对我们现代文明做出过贡献的诸多文明中，任何一种文明对现存的数学理论的促进都比中世纪欧洲文明大。从500年到1400年，整个基督教世界里，没有任何有影响的数学家。

这个时期数学所取得的进步，是由印度人和阿拉伯人作出的。我们已经看到，印度人利用巴比伦人的位值制原则建立起了以10为底的记数体系（10进制体系），他们还将巴比伦人的分隔符号转变成了意义完整的零。就有证可寻的历史事实而言，印度人完全独立地提出了一个全新的概念，后来证明这一概念是极其重要的：即负数的概念。与每一个数（比如5）相对应，他们引入一个新数：－5。为了与新引入的负数区别，他们称原来的数为正数。印度人通过利用负数表示债务向人们表明，这些新数就像正数一样有用。事实上，在这一运用中，他们已经明确地表述出了关于负数的算术运算。

印度人的这些成就，以及其他的成就，被阿拉伯人所接受并传给了欧洲人。但是，直到进入17世纪后，这些概念才被吸收到数学理论中。中世纪欧洲的大学，仅仅开设算术、几何和主要是包括

简单计算和迷信色彩十分浓厚的术数（理论算术）。几何学差不多
仅限于欧几里得的前 3 卷,连硕士学位考试所需要的知识也不过如
此。在某些大学,所能达到的最高水平也就是非常初等的等腰三角
形底角相等定理。在四艺的另外两门高等课程音乐和天文学中,也
有少量的数学内容。总的来说,1 000 多年前一位学识渊博的欧洲
数学家所拥有的知识,比今天任何一名中学毕业生要少得多。

　　即使在这样低水平的文明中,数学仍发挥了其作用。尽管数
学不总是为教会所欣赏,但它的作用之一却是用来作星象占卜。
事实上,在中世纪早期,数学这个词有别于几何学,它意指占星术,
占星术大师被称为数学先生(Mathematicii)①。那时,占星术也为
罗马皇帝所厌恶,因为一些法律,如《罗马数学法规》(*Roman Code
of Mathematics*)和《刑法》(*Evil Deeds*),都严厉禁止数学技艺。
后来的罗马和基督教皇帝尽管从他们的王国中驱逐占星术士,但
是他们在自己的宫廷中却雇用占星家充当重要的幕僚。只要占
卜、算卦行当中有什么可取之处,那么统治者则不会忽视它,他们
也不会让任何其他人掌握这种知识。

　　尽管占星术受到了道德、法律方面的责难,但它仍然蓬勃地发
展起来了。因为从亚历山大里亚时代开始,杰出的医生——其中
包括加伦(Galen)——都相信,通过观察星星,能确定合适的医方。
在真假混珠的亚里士多德著作的阿拉伯译本基础上,人们相信,行
星规则的圆周运动控制着自然界的秩序,如季节、昼夜、生死,另一

---

　　①　这一点与中国古代类似。中国古代用"数学"一词来指称"内算",其内容是阴
阳八卦、舆地风水等。——译者注

方面,从地球上看,行星杂乱无章的运动,主宰着人们变幻莫测的命运。每个行星都影响着身体的一个特定器官;火星主管胆、血和肾;水星主管肝;而金星则控制着生殖器官。每条黄道带控制着身体的某一部分,如头、颈、肩、臂。在恒星群中出现的行星控制着人类的命运。所以,数学家和医生都热衷于研究恒星和行星的运动,试图找出它们在天空中的位置与人体生理现象、人类活动的联系。

　　为达到这一目的,需要用到大量的数学知识,因此医生不得不精通数学。事实上,与其说他们是研究人体的学者,倒不如说他们是占星术家、数学家。在长达数百年的时间里,医生和代数学家实际上是同义词。例如,当《堂·吉诃德》(*Don Quixote*)中的萨姆森·卡雷斯科(Samson Carrasco)从马背上摔下来后,人们请来代数学家(algebrista)为他包扎伤口。中世纪大学实际上给医科学生传授的是在占星术中应用的数学知识,在这方面最著名的当属博洛尼亚(Bologna),早在公元 12 世纪,这里就有一所数学和医学学院。甚至连伽利略都给医科学生讲授过天文学,以便学生们能将天文学应用于占星术。

　　很清楚,在中世纪,占星术并不被认为是只有傻瓜和幼稚的人才深信不疑的迷信。占星术被人认为是一门科学,其原理就如同哥白尼的天文学原理和万有引力定律在 19 世纪一样,为人们心悦诚服地接受。罗吉尔·培根(Roger Bacon)、J. 卡当(Cardan)和开普勒都相信占星术,并且利用他们的科学和数学知识为其服务。有关占星术的学问,在今天已经沦为报纸上的"碰运气"栏目,和只有在小摊上才能见到的生辰八字之类的小册子,以及在市场旁边的小道上的那些只要投入少许硬币就能显示体重、将来运气的台秤。昔日的科学在今天已成了地地道道的迷信。

对现代人来说，很容易理解基督教会对数学的兴趣。首先，他们需要天文学、几何、算术去制定历法，尤其重要的是需要知道复活节的日期。在欧洲的每个修道院，至少有一名修士从事这项工作。

对基督教来说，数学作为学习神学的基础准备课程，同样是有价值的。在古典时期，柏拉图和其他的希腊人都已经发现，数学是为哲学做准备的，基督教接受了这一观点，只是仅仅将神学取代了哲学。应当郑重声明的是，为了这种目的，并不需要太多的数学知识，仅仅需要对心灵、灵魂有用的数学，其他就不需要了。对神学家来说，他们在通过数学而激发的推理方面的兴趣，使他们获得了更强有力的信心，而且他们力主将《圣经》和基督教神父作为业已证明了的颠扑不破真理的代言人。

希腊有众多的神，但却没有神学。中世纪只有一个神，神学却博大精深。在中世纪早期，信仰的确几乎是神学的唯一支柱。圣·奥古斯丁说："为求知而信仰。"但是，随着基督教神父们提出的教义越来越多，那些试图理解这些教义的学者们就面临着这样的问题：调和教义中相反或对立的观点。为了进行有效地调和，运用理性就是十分必要的了。借助于正确的争论、辩解和解释、推理，也使得基督徒们的信念增强了。同样，推理也论证了哲学体系和基督教教义、观察到的事实和基督教解释之间的一致性。

中世纪后期，理性开始取代信仰成为基督教神学的主要支柱。这一进步是受大量的从阿拉伯文翻译成拉丁文的希腊手稿的激发而产生的。特别地，亚里士多德博大精深的思想，以及他的逻辑学，也为人所了解了。由于基督教神学已经与某些亚里士多德学说结合起来了,基督教学者现在已不能忽视这一庞大的、现在仍有用的知识体系。因此,基督教就面临着调和亚里士多德学说和基督教神学、调和形而上学与启示录的艰巨任务。为基督教作完全合乎理性的辩护的重任,落在了经院学者的肩上。其中最引人注目的是圣托马斯·阿奎那(Saint Thomas Aquinas)。阿奎那着手为神学提供坚实的逻辑结构,将基督教教义与亚里士多德哲学糅合在一个理性的体系中。他努力的结果,是他那本《神学大全》(*Summa Theologiae*)的问世。这部著作对基督教神学给出了自创建以来最透彻、最全面的解释。而这本书中材料的组织安排,使他这部著作赢得了"神学中的欧几里得"的美誉。

通过对基督教神学在推理方面兴趣的粗略考察,尽管没有证实他们的工作达到了很高的水平,但却清楚地揭示了中世纪基督教至少使少量的数学保持有一定活力的原因。但是,数学与中世纪神学还有一个更为密切的关系。我们早已指出,教会制定了一种自然哲学。首先,这种哲学宣称,自然界是由上帝设计的,实际上是用来为人类服务的。每一件事,每一个生物,都是为某个目的而服务的。这种哲学的第二条原则是,自然界对于人来说是易于领悟的。如果人尽自己的努力去探求,那么他就能够理解上帝的行为和意图。理解并非来自对自然界的观察,而是来自对代表上帝的声音《圣经》的正确学习。而且,教会极力主张它的任务就是去寻求这种对上帝意图的领悟。真正能了解人类的是上帝。一般人不能达到大彻大悟的境界——上帝的行为对某些人来说玄不可测——但是,关于上帝的推理、意义和目的还是能为人们所认识的。"上帝的方法是正确的,人们可以证明其正确性。"

因此,中世纪晚期的学者,特别是经院哲学家,不仅为近代数学和科学的诞生提供了理性环境,而且给文艺复兴时期的大思想家传授了这样的观点:自然界是上帝创造的,上帝的方法能为人们所领悟。正是这种十分重要的信念,支配着文艺复兴时期的数学家、科学家,并且激发了他们的灵感。也正是这种信念支撑着哥白尼、布拉赫(Brahe)(第谷)、开普勒、伽利略、惠更斯(Huygens)和牛顿以极大的耐心、坚持不懈地进行艰巨而困难的研究。确实,这些人抛弃了《圣经》,使他们研究的前提条件又回归于欧几里得的《几何原本》,这些人为了纯粹科学上的问题而考察自然界,但是,他们的主要追求依然是领悟上帝的不可思议的奇妙的设计。他们依然是正统而虔诚的基督教徒。这段历史颇富讽刺意味,这些虔诚的基督徒们研究出的定律与基督教教义相冲突,而且这些研究成果最终动摇了基督教的思想统治。

为什么数学发展至少在后来一段时期停滞了呢?这是在结束中世纪这一章之前必须弄清楚的问题。在回答这个问题时,我们不可避免地需将中世纪的文化与同样毫无成果的罗马时代联系起来进行比较。不难看到,罗马文明是产生不出数学的,因为罗马人太注重实际效用,所以目光短浅。另一方面,中世纪在数学方面也是毫无成果的,则是因为中世纪文明不关注尘世(civitas mundi),而是关心死后的世界(civitas dei),为来世做准备。一种文明是为尘世所束缚,另一种文明则只信天国,为天国所吸引。罗马人的实用主义结出的是不育之果,而基督教的神秘主义坚持要完全无视自然界,实际效果是阻碍了知识的进步,扼杀了创新精神。大量的历史事实表明,在这两种情形中,数学都不能蓬勃发展。数学只有

在这样一种文化环境中才能结出累累硕果：在这种文化环境中，人们既能自觉自愿地探讨与自然界有关联的问题，与此同时，又允许
98 思想毫无限制地自由发展，而不必去考虑是否能立刻解决人类及其世界所面临的现实问题。希腊时期的数学发展证明了这一点。不久我们将看到，这一点将继续得到证明。

第八章　数学精神的复兴

> 如果你不立足于大自然这个很好的基础,那么你的劳动
> 将无裨于人,无益于己。
>
> L. 达·芬奇(Leonardo da Vinci)

J. 卡当(Terome Cardan),这位文艺复兴时期神秘的、富有影响的人物,差不多被人们完全遗忘了。他撰写的《我的生平》(*Book of My Life*),可与塞利亚(Cellini)的《自传》(*Autobiography*)媲美,《自传》使塞利亚成为一位圣人出现在人们面前。相比之下,卡当就只能算是一位隐士了。在《我的生平》中,卡当毫无保留地披露了他的一生,以及那个时代最可信、最令人激动的详情。

根据他在自传中所说,卡当——这位声名赫赫的无赖和学者的冒险生涯,从他母亲做的那次失败的流产时就开始了。1501年,这位未得到法律承认的非婚生、多病的孩子降生在米兰(Milan)。他描写到,自打降生时起,他得到的就只有痛苦和受人蔑视。在很小的时候,他就准备着将来所要从事的大批的职业——数学家、医生、玄学家、骗子、赌徒、刺客和冒险家。尽管这个可怜的孩子体弱多病,家境贫寒,但最终还是在帕维亚(Pavia)大学医科毕业了。在前半生的 40 年中,贫病继续困扰着他;虚弱的身体

使他长时间无法满足对爱的欢悦的强烈渴望；病痛不断地侵蚀他的智力。好像是为了发泄在与命运搏斗的一生中所受的屈辱和愤懑，他的书中字里行间都流露出强烈的复仇意识和极端的冷漠、残酷，并且自我吹嘘说，他超过同时代所有其他人。

卡当一生的大部分时间里，既四处行医又到处寻欢作乐。不过，他在业余时间里却为文艺复兴时期的数学做出了卓越的贡献。在学术活动中，他同样也表现出了可恶的流氓习气。例如，他最杰出的数学著作《大术》(Ars Magna)中最著名的成果，就是另一位数学家得到的，但卡当未得到这位数学家的许可就将此书出版了[①]。一生中，他占据意大利几所大学的数学、医学教授席位多年。他的晚年是作为一名占星术家在罗马宫廷中度过的。临死前，他满意地看到，尽管一生厚颜无耻，但却获得了荣誉、财富、学识，有一个外孙，拥有不少有权势的朋友，并且笃信上帝，他还将口中仍完好的 15 颗牙归功于上帝的仁慈保佑。据说，他曾对自己的归天之日作过预测，为了保持作为一名占星术家的荣誉，他在自己预测的末日的那一天自杀了。

卡当在中世纪与近代的大裂谷之间架起了一座桥梁。在他的玄学中，他依然紧紧地将中世纪的精神与其幻想结合起来。他对手相术、鬼神、吉凶之兆和占星术这些玄妙的玩意儿，总会设法找

---

① 这位数学家是 N. 塔尔塔利亚(Nicolo Tartaglia, 1499? —1557)，经过潜心研究他得到了一元三次方程的一般解法(1541 年)，卡当一再乞求他将三次方程解法告诉自己，并发誓决不泄密。塔尔塔利亚受其"至诚"所感，告诉了他。但卡当背信弃义，在1545 年出版的《大术》中介绍了三次方程，后人于是将三次方程的求根公式称为"卡当公式"。——译者注

出理由来为之辩护。他也是一位自然魔法的坚定信仰者,相信这一"科学"的前途比占星术大,认为通过对自然魔法的研究,人们可以明察人的本质,了解自然界的方法和目的。学会占卜算卦的知识,则能了解不朽的天体是如何影响日常生活和人的命运的,以及掌握延年益寿的技巧。

与他研究数学、物理学和医学一样,卡当在他的放荡生活和反对极权主义教义方面,也表现出了对千百年来理智奴役状况的厌恶,而力图复兴对物质世界的兴趣。严格地说,他的科学研究确实具有地道的现代精神,彻底地摆脱了神秘主义和玄学理论。尽管他大量地剽窃了其他人的创造成果,但卡当在代数和算术方面的杰出成就,却是对现代数学的第一个重要贡献,而且无疑地是 16 世纪最优秀的成就。

卡当的《大术》,哥白尼的《天体运行论》(*On the Revolutions ofthe Heavenly Spheres*)和维萨里(Vesalius)的《人体结构》(*On the Structure of the Human Body*),这些出版于 1543 年至 1545 年间的著作,清楚地在中世纪和近代思潮的分界线上留下了烙印。这些著作具有非常重要的革命意义,它们使得自然界获得了一种摧毁中世纪文化的力量,并进而形成了建设一种新文化的力量。

最早对中世纪欧洲思想和生活的转变产生影响的,是希腊著作的引入和介绍。第一次与这些著作的富有重大意义的接触,通过阿拉伯人才得以实现。中世纪晚期,居住在君士坦丁堡(Constantinople)——拜占庭(Byzantine)即东罗马帝国中心的部分希腊学者,由于贫困所迫,不得不十分沮丧地迁往意大利。那些依然在君士坦丁堡定居的学者,当土耳其人攻陷了这座城市后,他们也离家出走,逃往意大利避难。到 15 世纪,直接从希腊原稿译成拉丁文已经完全可能了,这些原稿是希腊学者从君士坦丁堡带来的。从这个时候开始,希腊思想就对欧洲思想产生了不可估量的影响。文艺复兴时期的所有伟大科学家,都感谢希腊人的精神所给予他们的激励,信仰希腊人博大精深的思想。波兰人哥白尼、德国人开普勒、意大利人伽利略、法国人笛卡儿和英国人牛顿,都吸收了希腊这颗太阳所发出的光和热。

在近代文明的形成中,城市、集镇以及商人阶层的兴起,也具有同样的重要性。矿业、制造业、大规模的畜牧业、规模巨大的农场,以及今天大型商业的雏形,在当时已成了欧洲人生活中的重要组成部分。资产带来了富裕和功名、地位。商人们挥霍他们手中的物质财富,并且要求有一个维护他们利益的政府机构,以便能自由地从事贸易,但另一方面,基督教会却对唯利是图横加指责,推崇清贫简朴的生活,极力鼓吹为了死后得以受到拯救必须摒弃今世的享乐。因此不可避免地,市民们对基督教强加的这种束缚十分愤恨并奋起反击。

由于商人们一心想扩大贸易范围,因此在 15、16 世纪,他们掀起了地理大探险热潮。美洲的发现,以及绕非洲直达中国的航线的开辟,扩大了人们的眼界,而且为欧洲带来了大量的知识,使他们了解了陌生的大陆,以及有关这些异地的信仰、宗教和生活方式。这些知识对中世纪的教条提出了挑战,并且激发了人们的想象力。

与埃及、希腊和罗马的奴隶阶级以及中世纪封建主义的农奴阶级截然不同,新社会拥有不断扩大的自由劳动者阶级和自由手工业者阶级。由于渴望在劳动中获利,使得这些人去思考与他们工作有关的问题。劳动者为了提高工作效率,与支付工资的雇主们一起,积极开展寻求节省劳动的办法。结果提高了人们对机械、原料和大自然的兴趣。这样的社会、经济运动,使得欧洲文化从封建主义和对自然现象漠不关心的状态,转变到了工业主义和对物质世界进行积极研究的方面来了。来源于手工业者操作中的重大实用发明,其数量之多超出了人们的想象。用棉花制成的以及后来用破布头制作的纸,取代了昂贵的羊皮纸;活版印刷取代了手工抄写。这些发明为思想插上了翅膀,使之能飞出种族和宗教的桎梏。

文艺复兴时期的另外一个事件,是 14 世纪火药的传入,由此引出了一系列科学问题。火药使得制造枪弹、炮弹成为可能,它们能从很远的距离、以极高的速度准确地发射。为了发展这些武器,以及学会如何更加有效地使用它们,各国君主花费了大量的金钱,这些投入超过了所有科学研究中重要课题所需要的投资。当然,战争的需要总是能使国家投入和平时期难以想象的金钱和精力、人力、物力。

对基督教"科学"和宇宙学说可靠性的怀疑,对教会压制实验和压制思考经济新秩序所产生的问题的反抗,宗教裁判所在道德上的堕落——通常基督教会将之斥之为异教徒,以及并非最不重要的——掌握知识的教会内部的严重分裂,所有这些最终导致了新教革命。反叛者得到了商人阶层的支持,商人们渴望摧毁教会的势力。世俗君主也支持反叛者,他们想摆脱教会对其统治的干涉。

　　宗教改革本身并没有解放人们的思想,但是,它间接地促使人们进行自由思考。当宗教领袖路德(Luther)、加尔文(Calvin)和茨温利(Zwingli)敢于向宗教权威和《圣经》教义挑战时,普通人也受到了鼓舞并去仿效。作为反叛者的新教徒,必须具有更多的宽容精神,所以他们不得不为受天主教迫害的思想家进行辩护。新教徒还不得不对《圣经》作出合乎理性的解释,用以对抗天主教教义,尽管对路德来说,理性是"魔鬼的娼妓"。事实上,新教在当时被迫支持这种信仰的转变,是自由探讨的必然结果。最后,当要求人们在天主教与新教中进行选择时,独立思考的精神无形中受到了极大的鼓励。随着人们喊出"你们双方都见鬼去吧!"的声音,许多人抛弃了这两种教义而转向其他的知识源泉,诸如自然界和古代经典著作。

　　这种正在欧洲崛起的新力量的雏形,已经明显地显示出欧洲文化即将发生根本性的变化。尽管在划定究竟哪一个世纪标志着从中世纪到近代的转折点的问题上,可能有一些争论,但毫无疑问,15世纪末欧洲已经成了一个轰轰烈烈的战场:在思想上对宗教信仰展开了顽强的斗争,倡导理性反对经院哲学的专横独断和不合时宜的权威,以希腊的此岸物质世界对抗天主教的彼岸精神世界。新一代学者不再为少数概念、为有限的知识作无休止的考据与争辩,开始摆脱独断主义。不愿受奴役的人,很容易对亘古不变的《圣经》提出批判,而自己则醉心于古代人所拥有的自由之中。他们声明反对令人厌恶的权威。由于这种智力方面的冲击,思想界渴望了解和消化比人们所反对的天主教有更稳固基础的新思想,并试图在此基础上建立寻求解决人、自然和社会秩序问题的新方法。

建立这种新方法的材料很容易找到。从近千年来无人问津的、丰富的希腊学术宝库中，欧洲人获得了新的精神、新的思想和新的世界观。希腊人的著作，使人们恢复了对人类理性至高无上威力的信赖，鼓舞着文艺复兴时期的人们利用这种力量去解决那个时代所面临的问题。不带偏见地探求真理的热情复苏了，而且这种探求本身是直接探索自然界的规律，而不是从《圣经》中支离破碎地寻找教义。人们研究上帝创造的天地万物，而不是研究上帝本身。如同从漫长的昏睡中醒过来一样，欧洲人发现了一个生机勃勃、令人惊奇的"美丽的新世界"。在这个世界中，人本身作为一种生物，一种物质现象，最值得进行观察和研究。人们怀着极大的好奇心凝视天空，津津有味地听着那些外出航海和到新大陆探险者们所讲的新鲜事。长期以来，美一直被视为是异教徒地狱里的东西而受到谴责，现在，人体美又在文学艺术和物质世界中重新发现了，原罪、死亡和惩罚，被人们以寻求美丽、欢乐和享受取代了。人不应该作为一个原罪者，因而人的尊严又重新得到了肯定。最重要的是，人的精神得到了解放，可以自由自在地在世界里尽情遨游。

文艺复兴时期一个重要的积极思想是"回归自然"。所有的科学家都抛弃了在教义学原理和与实验无关的基础上进行无休止推理的做法，而转向把大自然本身作为知识的真正源泉。诉诸自然和观察，很早以前已由罗吉尔·培根提出，继而得到了 15 世纪早期几个著名的、富有创新意识的思想家的推崇。我们可以举出他们中间的威廉·奥卡姆（William of Ockham）、尼古拉·奥斯曼

(Nicholas of Oresme)、约翰·布尔丹（John Buridan）等作为代表。然而这些人都说得太早，以致未被人们听见，他们那个时代到处只闻神学辩论中喋喋不休的争吵声。但是，涓涓细流汇聚成大江大河，最终形成了强大的力量。

当热心回归自然的科学家将这一口号转变为一种更为革命的思想时，便开始了一场"回归自然（back to nature）运动"。希腊人和文艺复兴时期早期的科学家寻求大自然的知识，而弗兰西斯·培根（Francis Bacon）和勒内·笛卡儿（René Descartes）却敢于提出人类征服和控制整个大自然的梦想。对弗兰西斯·培根来说，科学的目的并不只是为了满足玄想的好奇心，而是确立人类对大自然的统治，增加人们的舒适和幸福。笛卡儿写道：

> 获得对生活非常有用的知识是可能的，和学校里所教的纯思辨哲学不同，我们能够发现一个实用的哲学。通过这种哲学，当我们像了解手工艺人的各种工艺一样清楚地了解了水、火、空气、恒星、宇宙和所有围绕着我们的物体间的作用和力后，我们同样也能够把这些规律运用于它所适宜的各种用途，使得我们自己成为大自然的主人和占有者。

由弗兰西斯·培根和笛卡儿发出的挑战很快就被接受了，科学家们积极乐观地投入了以主宰大自然为己任的运动。300年后的今天，文艺复兴时期思想家、科学家的后继者依然在为这一目标而工作，弗兰西斯·培根、笛卡儿的思想在他们头脑中仍坚定不移，并促使他们继续前进。

利用理性重建所有知识,以及到大自然中寻求真理之源的运动,自然地把过去曾做出突出贡献的学科也用于这两方面。思维敏捷的学者寻求在确定无疑的知识基础上建立新的思想体系,数学的真实性正好符合这种要求。数学真理,尽管在中世纪被严重地忽视了,但却从未遇到过真正的挑战,也未遭到过真正的学者的丝毫怀疑。而且,数学所表现出来的力量使人们不得不相信,这门学科与科学、哲学或宗教不同,笛卡儿说:

> 由于数学推理确定无疑、明了清晰,我特别喜爱数学:……我为它的基础如此稳固坚实而惊奇,在知识结构中,数学应该是最高的。

列奥纳多(Leonardo,即达·芬奇)也说,只有紧紧地依靠数学,才能穿透那不可捉摸的思想迷魂阵。

对于文艺复兴时期的科学家来说,数学,就像希腊人的观点一样,更多的是一种获得知识的可靠方法;也是了解自然之谜的钥匙。相信自然是数学化的,每一种自然现象都遵从数学定律,这种信念是欧洲人 12 世纪从阿拉伯人那里第一次了解的,而阿拉伯人的思想又源于希腊人。例如,罗吉尔·培根坚信,大自然是用几何语言写成的。当时这种信念有时以一种不寻常的形式出现。例如,人们相信上帝之灵光是所有现象的原因和所有物体的形式,因此,光学的数学定律是自然界的真实定律。

开普勒也宣称,世界的实在性由其数学关系构成。数学定律是现象的真正起因,伽利略说,数学原理是上帝描绘整个世界的字母,没有数学原理的帮助,人们就不可能了解任何一个现象,人们只能徒劳地在黑暗的迷宫中徘徊。事实上,物理世界的性质只有用数学表示出来才是真正可知的。世界的结构和行为是数学的,自然界按照亘古不变的定律而运行。

现代思想之父笛卡儿对于他怎样想到用数学方法揭开自然之谜的发现,讲述了一段富有神秘色彩的经历。他说,他能清楚地回忆起在 1619 年 11 月 10 日梦中所发生的事情,在梦中他获得了真理的启示:数学是"一把金钥匙"。醒来后,他即刻深信整个自然界就是一个巨大的几何体系。以后他"既不承认也不希望物理学中有任何原理,不同于几何学和抽象数学中的原理,因为后者能对所有的自然现象给出解释,而且能对其中某些给出证明"。

因此,自然界都能够由数学定律进行分析和演绎。但是,这个过程应该如何开始呢? 在研究中应该选择哪些现象呢? 哪些概念是最根本的,同时又能用数学表达出来呢? 对于这些问题,文艺复兴时期的自然哲学家给出了自己的答案。

对于希腊人来说,物体和它们的形状是最根本的,空间仅仅被当作一个物体的范围或边界。新一代科学家与希腊人不同,他们选择空间本身作为所有现象的一个基本概念,在空间中物体存在着或者具有广延性和运动(尽管笛卡儿坚持认为,某些不可感知的物质存在于某些可感知物体不存在的地方)。物体或物质的本质是空间,物体在本质上占据一定的空间,空间是实体,即具有几何学的结构。承认这条原理,物质就可以通过空间几何学进行数学描述。时间作为另一个基本概念而被引入。与在空间中一样,物体也在时间中存在、运动着。伽利略后来指出,时间能够给出数学表示，因为时间的时刻只不过是数，因为数前后相继，时刻在时间上也前后相继。

就物体本身来说，其基本性质是广延和运动；就不同的物体而言，形状、密度以及组成物体微粒的运动也不同，这些性质都是真实存在的，而且可用数学术语予以描述。另一方面，诸如颜色、气味、热度、音质却不是实在的，但它们是思维对实在的、主要的性质的反应。这些第二位的特征，在对真实世界的分析中可能会被忽视，因为它们不过是感觉或仅仅是表象。

这样，空间中的广延或形状和时空中的运动就是所有性质的源泉，因为它们具有本质的实在性。用笛卡儿的话来说："给我运动和广延，我将构造出宇宙。"通过几何和数字，数学能表示出物体的本质。笛卡儿继续指出，物体的运动，归根结底是力的机械作用，而这些力则遵从确定而精确的定律。生命本身、人、动物和植物都服从这些定律，在笛卡儿看来，只有上帝和人类精神不受这些定律约束。简言之，真实的世界就是一个可以用数学表达出在时空中运动的整体。整个宇宙是一架庞大的、和谐的、用数学设计而成的机器。

因果关系的概念，即在两个互相关联的事件之间，其中一个似乎一定可从另一个推出的看法，也有了新的系统的阐释。在时间上，原因似乎先于结果，这乃是由于人的感性认识的局限所致，原因不过是推理的前提罢了。这一观点，最好是用类推法来解释。给出欧几里得几何公理后，那么，圆的性质，诸如圆的周长、面积、外切角，所有这些都立刻可以作为必然的逻辑结论而确定。事实上，牛顿就曾提出过这样的问题：既然欧氏几何中的定理都明显地由公理暗示出来了,那么为什么还要不厌其烦地将它们写出来呢?要知道,为了发现这些性质中的每一个,很多人都得花费相当多的时间。但是,将公理与定理之间的这种关系,看作同一时间序列中的因果关系的发现,其实是一种误解。对于物理现象也同样如此。准确的理解应是,所有的现象都是共存的,而且都包罗在一个数学结构之中。但是,感官认识的是单个的事件,因此就把某些事件当作是其他事件的原因。笛卡儿说,我们现在能够理解了,为什么用数学预言未来是可能的。这是因为数学关系是预先存在着的。物理解释的终极是数学关系。在 1650 年,自然界的数学解释已经风行全欧洲,并成为一种时尚,以至于印有笛卡儿名字的精美、昂贵的书籍,成了贵妇们梳妆台上的装饰品。

在文艺复兴时期的思想中,另外一个非常重要的关键因素也需提及。这一时期的科学家生长、受教育的环境是一个宗教世界,这一宗教世界此时也有了一种自然哲学。我们知道,这种哲学宣称,整个宇宙是由上帝创造的,是上帝亲手劳动的产物;世界的基本原理对于人来说,也是能够理解的。天主教强调自然界的合乎理性的原则以及十分重要的上帝的存在,这些给 15、16 世纪的每一位学者都留下了深刻的印象。因此,文艺复兴时期科学家所面临的任务,就是调和与融会天主教教义与希腊人的数学自然观。他们的解决办法也许是明了的。宇宙是被设计而成的;它是合乎理性的;它能为人们所理解。这些的确是两种哲学中共同的内容。再需要加上的就是,上帝按照和谐的数学定律设计、创造了整个世界。换句话说:通过使上帝成为一名杰出的、优秀的数学家,使得把对自然界的数学定律的研究当作一种宗教追求成为可能。对自然界的研究,成了对上帝语言、方法和意志的研究。笛卡儿补充道,世界的和谐就是上帝的数学安排,自然定律是永恒不变的,因为上帝的意志永远无法改变。

上帝将严格的数学秩序注入世界,人们只有通过艰苦的努力才能理解、领悟这种秩序。数学知识是绝对真理,如同《圣经》中的戒律神圣不可侵犯,事实上,对《圣经》有许多不同的意见,而对数学的真理,则不会有不同的意见。伽利略说:"上帝在自然界万千变幻中向我们展示的令人赞叹的东西,并不比《圣经》字句中的少。"

这样,天主教强调宇宙是上帝合乎理性的设计,毕达哥拉斯—柏拉图主义坚持数学是物质世界的本质属性,这两种观点就在一个科学纲领中调和了,这个纲领的本质可以归结为:科学的目的是为了发现所有自然现象的数学关系,并以此去解释所有自然现象,从而揭示上帝所进行的创造的伟大与光荣。

我们看到,近代科学从坚信自然界的数学设计这种哲学中获取灵感,并开始了自己的历程。科学的目的,与数学的目的一样,就是为了揭示这种设计。正如兰德尔(Randall)在《现代思想的形成》[①](*Making of the Modern Mind*)中所说的那样:"科学起源于用数学解释自然界这种信念,而且在很久以前这个信念就为经验证实了。"

文艺复兴时期的思想家所设想的科学活动的本质,经常未被人们正确理解。许多人把现代科学的兴起归功于大规模地引入实

---

① 　London:George Allen & Unwin Ltd.——原注

验,而且认为数学只不过是一种偶尔有用的工具。像上面所描述的真实情况,实际上被他们完全颠倒了。文艺复兴时期的科学家,是作为数学家而从事对大自然的研究的。也就是说,他们希望通过直觉或感官,去发现具有广泛性的、基础牢固的、不可改变的、合乎理性的原理,在很大程度上就像欧几里得找出的公理一样。在这里,几乎没有借助于实验的帮助。然后,再从这些原理中演绎出新的定律。文艺复兴时期的科学家是这样的神学家,他们把自然界而不是把上帝作为自己的研究对象。对伽利略、笛卡儿、惠更斯、牛顿来说,演绎方法,这一科学研究中的数学方法,总是比实验方法所起的作用大得多。伽利略推崇科学原理,甚至当科学原理是由实验方法得出的也是如此,因为从这条原理中推导出来的大量定理,远远超过这条原理本身所提供的知识。而且他说,他很少做实验,即使做也主要是为了反驳那些不相信数学的人。

的确,某些实验由学者做过,然而大部分都是工匠和技师完成的,他们没有找出更深的内容和规律性的东西,只是获得了一些普通的、实用性的知识。而且,直到17世纪中叶,所做的实验都不是判决性的。在现代科学的形成时期,不仅数学理论高于实验、支配实验,而且尤其特别的是,实验方法在当时被认为是反科学的。转向实验方法是一场反理性主义运动,这场运动清除了正在走向衰落的至今毫无结果而又经常为人重复的具有宗教精神的玄想,清除了经常被证明是错误的宗教神学教条主义。文艺复兴时期以后不久,实验主义者和唯理论者认识到,他们所追求的目标是相同的,因此他们最终联合起来了。

文艺复兴时期的伟大思想家所设计的正确的科学方法,后来被证明的确是非常有意义的。在牛顿那个时代,在精细的观察和实验知识的基础上,对自然定律的理性研究产生了非常有价值的成果。16、17 世纪的伟大成就主要表现在天文学、力学方面,当时天文学观察所能提供的新资料很少,而力学领域和数学理论在非常有限的实验基础上,达到了包罗万象、尽善尽美的程度。通常给人印象十分深刻的是,科学家被描绘成置身于实验室的仪器、各种装置中的学者;实际上,文艺复兴时期的大多数科学家是“耍笔杆子的”。

第九章　世界的和谐

……构建、拆毁、规划设计，
整理外观，那围绕在天空的
既呈同心圆又呈偏心圆状，它们都在
其轨道和本轮之上，星球连着星球。

J. 弥尔顿(John Milton)

　　哥白尼的《天体运行论》巨著，在这位伟人去世的 1543 年出版了。该书的扉页，题写着相传刻在柏拉图学院入口处的名言："不懂几何者不得入内"。文艺复兴结出了它的第一批硕果。

　　也许，意大利富有创新精神的商人在促进希腊文化复兴的进程中，所获得的收益比他们期望得到的要多得多。他们开始所追求的仅仅是需要一个宽松自由的环境，但没想到却酿成了一场风暴。他们发现，自己并不是在一个静止不动的牢固的地球上繁衍生息，而是紧紧地依附于一个不稳定的、高速旋转的球体，这个球体还以难以想象的速度绕太阳飞速运动。正是这同一个理论，既使得地球自由地旋转，又使得人们的思想冲破束缚、自由地思考，得到这一结果作为回报对于那些商人们来说未免显得有些遗憾。

　　重新焕发活力的意大利大学是孕育新思想的肥沃土壤。正是在这里,尼古拉·哥白尼(Nicolaus Copernicus)接受了希腊人认为自然界是包含着数学定律的和谐整体的观点,而且他也深信这一假说——它也起源于希腊人——行星围绕着静止不动的太阳运动。在哥白尼的头脑中,这两种思想结合在一起了。宇宙的和谐就要求一种日心学说的理论,为了建立这一理论,他宁愿让天体和地球运动。

哥白尼出生于波兰,在克拉科夫(Cracow)大学学习数学和科学,后来他决定前往博洛尼亚(Bologna),在那里可以进行更加广泛深入的学习。在博洛尼亚,他在极有影响的教授、著名的毕达哥拉斯主义者诺瓦拉(Novara)指导下学习天文学。1512 年,他被派往普鲁士以东波兰的弗龙堡(Frauenburg)大教堂担任牧师,负责管理教会的财产和治安。但是,在他生命的最后 31 年里,他大部分时间是在教堂顶部的小塔楼里度过的,他用肉眼观察行星,还利用粗糙的手工器械制造了大量的仪器。闲暇时间,他就专心致力于改进其天体运动新理论。

经过多年的观察和数学思考,哥白尼最终公布了有关这一天文学新理论及他的相关研究的手稿。教皇克里门六世(Clement Ⅵ)赞同这一研究,并且批准出版这部手稿。但是哥白尼却犹豫了。文艺复兴时期教皇的任期较短,这时是一个开明的教皇,但很可能继任者就是一个反动的家伙。10 年后,哥白尼的朋友雷蒂库斯(Rheticus)力劝哥白尼出版该手稿,并且雷蒂库斯开始承担出版工作。当哥白尼由于中风瘫痪而躺在床上时,他接到了刚刚出版的自己的著作。但是已经不大可能阅读这部著作了,因为他已处于弥留之际。不久,他就去世了,其时是 1543 年。

　　哥白尼研究天文学的时候，当时这一学科状况大致与托勒玫时代差不多。但是，在托勒玫天体理论体系中，要把接连几个世纪主要由阿拉伯人所积累的地球和天体的知识以及观察都归纳在一起，却成了一件更加困难的事情。在哥白尼时代，按照第六章所讨论的本轮体系，为了计算月亮、太阳和五大行星的运动，总共必须引进 77 个数学上的圆。因此，哥白尼抓住希腊人有关行星绕静止不动的太阳运动的思想中的可取之处，就一点也不奇怪了。

　　哥白尼采纳了托勒玫理论中的其他一些希腊学术思想。哥白尼也坚信，圆周运动是天体的自然运动，因此他用圆作为建立自己理论的基本曲线。他假设每个天体，无论是月亮还是行星，都在一个圆周上运动，这个圆的圆心又在另一个圆周上运动。对于某些天体，他假定后一个圆的圆心又在第三个圆周上运动。如果有必要的话，他甚至引进了第四个圆。最后一个圆的圆心，他假设就是太阳，而希帕霍斯和托勒玫则将其取为地球。由于与希腊人所持的神秘思想相同，他依然坚持这样的观点：尽管天体的运动显然不是恒速，但每个物体（天体）或质点都以恒速做圆周运动。哥白尼的理由是，速度的变化只有靠改变动力才会引起，由于上帝是运动的原因，而上帝是恒定不变的，因此速度是恒定的，即其结果不可能是其他的。

　　然后，哥白尼从事希腊人没有进行过的工作。在日心学说的假设前提下，他进行了一系列的数学分析。希帕霍斯和托勒玫曾以地球为世界的中心，哥白尼发现，如果改为以太阳为中心，仅这一改变就可以使复杂的圆周的总数从 77 个减少到 31 个。后来，根据更加可靠的观察，他把所有圆的中心确定为处于稍微偏离太阳的位置上,而不是正好在太阳上,从而完善了自己的理论。

当哥白尼根据日心学假说对以往的天文学理论进行大刀阔斧的数学简化时,他满怀欣喜,干劲十足。他已经找到了天体运动的一种更简单的数学描述。因而也是一种最受钟爱的描述,像文艺复兴时期的所有科学家一样,哥白尼信奉"自然界爱好简单性,不偏好繁文缛节"。哥白尼自己也因此而感到自豪,因为事实上他敢于思考其他人包括阿基米德也认为是荒谬而拒绝的那些观点。

哥白尼并没有完成由他自己开创的工作。尽管一个静止不动太阳的假说极大地简化了天文学理论和天文计算,但是行星的本轮轨道并不完全符合观察到的事实,哥白尼努力地修改过自己的理论,但由于总是以圆周运动作为基础,因此没有成功。

一直等到50年以后,才由德国人约翰·开普勒(Johann Kepler)完善、扩充了哥白尼的工作。像那个时代大多数年轻人一样,开普勒也显示出了对学问的浓厚兴趣,他向往成为一名牧师。当他在蒂宾根(Tübingen)大学学习时,他从一位老师那儿私下里了解了关于哥白尼理论的内容,后来这位老师成了他的朋友。这个理论的简洁性深深地打动了开普勒。可能是他对哥白尼理论的兴趣,引起了路德教派校长们的疑心,他们对开普勒的宗教虔诚产生了疑问,于是不让他去当牧师,而派他去格拉茨(Grätz)大学任数学、伦理学教授。这项工作需要占星术知识,因此他决心掌握这门"艺术"的技巧。在实际生活中,他验证了他所作出的关于自己未来前途的预言。

将数学应用于天文学研究,是开普勒的业余消遣活动。在格拉茨,他与一位富有的女继承人结了婚。当妻子去世后,他曾将所

113

有适于做继室的年轻女士的一系列素质列成一个表,然后综合评分。但是,由于女人们天性就更为缺少理性,因此那位最有希望、得分最高的候选女士"居然"拒不接受按数学规则行事,她谢绝了做开普勒夫人的荣誉。于是,只得换了一位得分较少的女士,以便能满足开普勒的婚姻方程。

开普勒依旧对天文学感兴趣,后来他离开格拉茨,成了著名的天文观察家第谷·布拉赫(Tycho Brahe)的助手。第谷·布拉赫去世后,开普勒作为他的接班人,成了一名宫廷天文学家。他的一部分工作是作为一名占星术家,因为他被指定为皇帝鲁道夫二世(Rudolph Ⅱ)及其宫廷中的显贵们占卦算命。对于他的这一工作,开普勒用自然界为所有动物都提供了一种生存方式的哲学观点来聊以自慰。他更喜欢把占星术当作天文学的女儿,她将赡养自己的母亲。

在作为鲁道夫二世大帝天文学家的那些年,开普勒做了一系列重要的工作。十分有趣的一件事是,无论是他还是哥白尼,甚至都没有使自己成功地摆脱那个时代的经院哲学。特别是开普勒,在他的天文学研究中,他将科学、数学与神学和神秘主义混在一起,就如同他将令人惊奇的想象力与仔细精确、小心谨慎和巨大的耐心结合在一起一样。

由于受哥白尼体系中美与和谐关系的影响,开普勒决定自己献身于天文学研究。他利用第谷·布拉赫所提供的观察数据,使这个体系在几何方面也和谐完美,然后再由此找出隐藏在每一自然现象背后的所有数学关系。由于他为宇宙事先注入了一种先入为主的数学图景,因而使得他一连花费数年时间的研究都失败了。

在《神秘的宇宙》(*Mystery of the Cosmas*,1596)一书的序言中,我们找到了他的自述:

　　　　我企图去证明:上帝创造宇宙并且调节宇宙的次序时,考虑了从毕达哥拉斯和柏拉图时代起就为人们熟知的5种正多面体,上帝按照这些数据安排了行星的数目、它们的比例和它们运动间的关系。

　　于是,他假定6个行星的轨道半径是5种正多面体的球面半径,这些球和5种正多面体按以下方式联系起来:最大的半径是土星的轨道半径,他假设在这一半径的球里有一个内接正立方体,在这个立方体里有一个内接球,这球的半径就是木星的轨道半径。然后,他假设在这个球里面有一个内接正四面体,对它又有一个内接球,它的半径是火星轨道半径,如此继续下去,遍历5个正多面体(插图5)。这个体系要求有6个球,正好和当时知道的行星数目一样。这个体系的优美和简洁,使他完全陶醉于其中了,在相当长的时间内他坚持认为,正好只存在6个行星,因为决定行星间的距离的仅仅是5个正多面体。

　　这一"科学"假说公布于世后,给开普勒带来了荣誉,而且甚至今天的读者也会被其吸引,但遗憾的是,由这一假设所导出的结论,却与观察结果不符。开普勒不得不抛弃这个想法,但在这以前,他异常努力地以改进了的形式去运用它。

　　如果说开普勒试图利用5个正多面体去揭示自然界奥秘的想法失败了,那么,他随后为了发现和谐的数学关系所作的努力却取得了巨大的成功。他最著名、最重要的成果，是今天众所周知的开普勒行星运动三定律。这些定律在科学上非常著名，对科学有着不可估量的价值，开普勒也因此赢得了"天空立法者"的美称。

第一定律阐述的是，每个行星运行的轨道不是一个圆，而是一个椭圆，太阳不是处于圆形轨道的中心，而是位于众所周知的椭圆的一个焦点上(图18)。用椭圆取代圆，就取消了本轮理论中用来描述行星运动时所需要附加的若干个圆周运动。(值得注意的是，开普勒所利用的数学知识是由2 000多年前的希腊人[①]提出的。)通过引入椭圆而获得的这种简单性使他相信，他必须放弃圆周运动。

开普勒第二定律阐述的是行星运动速度。我们看到，哥白尼坚持恒速原理，即每个行星以恒速在其圆周上运动；这个圆的圆心又以恒速在另外一个圆周上运动，等等。开普勒起初也坚持这种信念：每一行星以恒速绕其椭圆运动，但是，观察结果最终迫使他放弃了这一他珍爱的观点。当他发现他能利用具有同样魅力的定律取代这一信念时，他高兴极了，因为他坚信自然界数学化的这一信念再次得到了肯定。

如果 MM' 和 NN' (图18)是一颗行星在同样长的时间间隔中所通过的距离，那么，按照恒速原理，MM' 和 NN' 必须是相等的距离。但是，根据开普勒第二定律，一般来说 MM' 和 NN' 并不相等。如果 O 是太阳的位置，那么面积 OMM' 和 ONN' 是相等的。这样，开普勒用等面积代替了等距离，因此宇宙的数学设计依然未动摇。揭示出天空中这一奥秘的确是一项伟大的胜利，因为我们

所描绘的这种关系,并不是像在纸上谈兵那样容易为人发现。1609 年,开普勒出版了名为《论火星的运动》(*On the Motions of the Planet Mars*)一书。其中阐述了这个定律和椭圆运动定律。

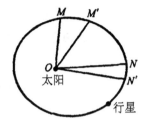

图 18　行星运动的椭圆定律和等面积定律

开普勒第三定律和他前两个定律一样著名。开普勒第三定律是:任何行星公转的时间的平方,与该行星到太阳的平均距离的立方成正比;也就是说,对于所有行星,这两个量之比是相等的。利用这一公式,在知道了任意一颗行星与太阳的平均距离后,可以计算出该行星的公转周期,或者在知道了公转周期后,我们就能计算出任意行星与太阳的平均距离。

很明显,数学概念、数学定律是新天文学理论的实质。但是,更富有重要意义的,正是新天文学在数学方面的长处,使得哥白尼和开普勒钟爱他们的新天文学,尽管当时有许多非常重要的论据于新天文学不利。的确,如果哥白尼或开普勒不是数学家,而更多地像普通的科学家,或者是盲目的宗教信徒,或者甚至是人们所称的那种明智的聪明人,那么他们将绝不会坚持自己的观点。科学界反驳地球是运动的理由很多。没有任何人能解释,这么笨重的一个地球,它的运动是如何开始的,然后又是如何保持运动状态

116

的,一个更大的问题是由这样一些人提出的,这些人认为,只有天体轻又薄时,才能很容易地运动。对此,哥白尼所能给出的最好的回答是,对任何球体来说,运动是其本性。同样一个棘手的反对意见是,为什么地球旋转不会使在它上面的物体飞向宇宙空间呢?就像一个系在旋转的绳上的物体有脱落的可能性一样。特别地,为什么地球不会分崩离析成为碎片呢?对第一个问题,他始终完全没能给出什么回答。对后一个问题,哥白尼回答说,既然运动是其本性,很显然,就不会产生毁灭地球的结果。他也针锋相对地反驳道,根据地球中心假说,在运动状态中,为什么天空不会塌下来呢?对于下述异议,他完全没能给出回答。与第一个问题有关的异议是,如果地球由西向东旋转,那么将一个物体抛向空气中,则该物体将会落在它原来位置的西边。再者,如果按照实际上自古希腊时代以来所有科学家信奉的那样,一个物体的运动与其重量成正比例,那么,为什么地球在绕太阳的运动中,其他较轻的物体不落在地球的后边呢?甚至环绕地球周围的空气也应该落在地球的后边。尽管哥白尼不能解释地球上所有物体随地球一起运转的事实,但他还是"处理"了空气的运动,他争论说,空气依附于地球,所以随同地球一起运转。上面给出的所有对新的日心学说的科学上的反驳都是真实的,而且这些都源于这样的事实:那个时代人们依然接受亚里士多德的物理学。这些异议直到牛顿物理学创立后才得到满意的回答。

　　实验科学之父弗兰西斯·培根在对新天文学提出诘难方面,丝毫不亚于其他人,1662 年他总结了反对哥白尼学说的"科学"论据:

在哥白尼体系中,发现了许多重要的不能使人信服的东西;例如,使地球具有三重运动是多么复杂,以及使太阳从行星系中分离出来,而这些行星对太阳都是如此地依恋,这同样也问题成堆。还有,通过让太阳和恒星静止不动,从而就在自然界引入了大量的静止……所有这些都只是某个人的臆测,他根本不顾所引入到自然界的虚拟事物,而只关注提供计算结果。

尽管培根所提出的"科学"论据的可靠性可以放在一边,但是像他那样具有极高声誉和才华横溢的人的反对意见却不能置若罔闻。培根的保守倾向恰巧与他无法正确评价精确测量的重要性相吻合。其实这些正是他一向在倡导观察时所信奉的。

如果哥白尼和开普勒更多的是"清醒明智的"、"注重实际的"人,那么他们就不会无视自己的感觉意识。尽管哥白尼理论已经揭示出地球以每秒约$\frac{3}{10}$英里的速度自转,以每秒约 18 英里的速度绕太阳公转的事实。但我们既感觉不到它的自转,也感觉不到它的公转。另一方面,我们明白无误地确确实实看到了太阳的运动。对于著名的天文观察家第谷·布拉赫而言,这些争论以及其他的争论都明白无误地论证了地球必须是固定不动的。按汉瑞·摩尔(Henry More)的话说就是:"感官支持着托勒玫。"

如果哥白尼和开普勒是正统的宗教教徒,那么他们甚至就不会斗胆去考究日心假说的真实性。以托勒玫体系为基础的中世纪神学,宣称人居于宇宙的中心,人是上帝眼中的金苹果,上帝特别为人而创造了太阳、月亮和星星。日心学说将太阳置于宇宙的中心,就违背了这一慰藉人心的教义。这种学说使得人可能成为许多行星上一大群漂泊于寒冷天空中的流浪者,而且这些行星又在寒冷的天空中游弋。人类只不过是旋转的星球上的一些毫无意义的尘埃,而不是居于主宰地位的重要活动者。因此,人类很不像是生来为了光宗耀祖地生存繁衍,死后灵魂升入天堂,人类也不再是上帝拯救的唯一对象。基督的牺牲对于人类的生存也就显得毫无意义。天空,作为上帝的住所、圣人和神超脱尘世后的极乐世界,以及品行优良的人向往的天堂,受到了地动说的冲击。简而言之,托勒玫宇宙秩序学说的崩溃,摧垮了基督教大厦的基石,使整个神学体系面临灭顶之灾。

118　　　哥白尼试图摧毁宗教思想的愿望,可以通过他给保罗三世(Pope Paul Ⅲ)写的一封信中的一段话得到最好的证实:

> 如果也许有些好事之徒,尽管他们全然不懂数学,但是他们却喜欢对数学问题发表意见,摘引《圣经》的章句加以曲解后,来对我的体系进行非难、攻击,吹毛求疵,求全责备,我鄙视他们,把他们的议论视同痴人说梦,加以摒弃。

宗教、物理科学、常识,甚至天文学都须在哥白尼、开普勒的训谕下遵从数学定律。哥白尼、开普勒必须与托勒玫理论,或经过中世纪改头换面的亚里士多德理论中所确立的许多天文学教条作斗争。例如,行星、太阳和月亮被认为是完美的、不可变更的和不可毁坏的,而地球的特性则正好相反。新理论把地球与其他行星归于同一类。进一步地，地动说使星星对地球也有了相对运动。但是，世纪人们所得到的观察结果却没能发现这种相对运动。科学理论哪怕是与一件事实不一致，那么这个理论就会站不住脚。但是，哥白尼、开普勒却仍坚持日心学说观点，这些对数学极迷恋的走火入魔者，构造了一个十分漂亮的理论。如果这个理论对所有的事实都不适用，那么它对这些事实而言则显得太糟糕了。

尽管哥白尼在地球相对于恒星运动的问题上含糊不清，但他在开始处理这个问题时，却申明恒星位于无穷远处。显然，他自己也不满意这种做法，所以他将这个问题交给了哲学家。事实上，真实的解释是，行星与地球相距非常遥远，当时还不可能描述它们之间的相对运动，但这一真正的解释却无法为文艺复兴时期的"希腊人"接受。他们依然相信宇宙是封闭的、有限的。的确，所涉及的真实距离完全超出了当时他们所能想象的任何合理的数字。事实上，计算恒星相对于地球运动的问题，直到 1838 年才解决。数学家贝塞尔（Bassel）终于测量出了最近一个恒星的视差，其结果是 0.76″ [1]。

既然考虑到了所有这些辩论的观点，以及看到了反对新理论的强大力量，那么，为什么哥白尼、开普勒还要坚持这种理论呢？了解到他们那个时代的伟大探险活动中需要精确的天文学知识后，人们曾试图将他们的工作的动力归结为当时需要更加精确的地理学知识，需要改进航海中的技术。但是哥白尼、开普勒毕竟并

[1] 应为 0.31″。M. 克莱因在《古今数学思想》（*Mathematical Thought from Ancient to Modern Times*，1972）中改正了这个数字（见该书 p. 246）。——译者注

不关心这些亟待解决的问题。他们所做出的成就应归功于他们那个时代提供了与希腊思想相接触的机会,这个机会是由在意大利的文艺复兴而提供的。我们看到,哥白尼就在这里学习过,而开普勒则得益于哥白尼的著作。他们两人也肯定得益于他们的时代风气,这种风气使得他们那个时代比两个世纪以前更有利于接受新观念。地理大探险、新教革命和许多其他激动人心的运动,冲击着保守主义和自满情绪,以至于一种新理论不必承受来自大变动时期惯有的反对意见的压力。

实际上,哥白尼、开普勒发展了他们最富有革命性的理论,以满足哲学、宗教方面的兴趣。由于他们虔诚地信奉毕达哥拉斯学派的思想,认为宇宙是一个系统的、和谐的结构,其本质是数学定律,于是他们着手寻求这种本质。哥白尼在其出版的著作中,明白无误地(尽管是间接地)表明了他自己献身天文学的原因。他评价他的行星运动理论的价值时认为,并不是因为这一理论促进了航海事业,而是因为这一理论揭示了上帝所创造的世界中真实的和谐、对称和设计。这是上帝存在的极其美妙、最具有说服力的证明。哥白尼在总结自己的成就时(这些成就的取得花费了 30 年时间),表达出了自己的喜悦之情:

因此我们发现,在这种有秩序的安排之下,宇宙有一种奇异的对称性,天体的运动及轨道的大小都有确定的和谐关系,而这是不可能按其他方法获得的。

在他的主要著作《天体运行论》前言中,他的确提到了罗马的拉特兰枢密院（Lateran Council）请他帮助修改历法，当时的历法由于使用了许多世纪已是漏洞百出。尽管他自己写到，他将这个问题记挂在心上，但很明显，对这个问题他绝没有费神考虑过。

开普勒也清楚地表述过他的最浓厚的兴趣所在。他出版的著作，辛勤劳动的果实，都证明了他对神力创造的和谐与定律的虔诚。在《宇宙的秘密》（*Mystery of the Cosmas*）一书的前言中，他说：

> 献身天文学研究的人是多么幸福啊！他们淡漠世人庸俗的乐趣，上帝的杰作对他们来说是超乎一切的，而他们的研究将为自己带来最高尚的快乐。

开普勒于 1619 年出版的主要著作题为《世界的和谐》（*The Harmony of the World*），实际上阐述了一个和谐的天体系统，是一部新的"天体交响曲"，它利用了 6 个行星的各种速度。这一和谐为太阳所享有，尤其为了这一目的，开普勒赋予太阳以一种灵魂。为了避免出现将这部著作归入神秘主义之作的误会，我们应该看到，这部著作给出了著名的行星运动第三定律。

哥白尼、开普勒的工作，是人类探索宇宙和谐事业中的一部分，他们基于宗教和科学信仰，坚信这种和谐必定存在，而且以完美的数学形式存在。托勒玫理论也提供了宇宙的数学定律，这是确定无疑的，而且哥白尼、开普勒的确承认，既然天文学就是几何学，而几何学是真理，所以这两种理论都可以被认为是正确的，因为两者都是优秀的几何学。然而新理论在数学上更简单、更和谐。

对于相信全能的上帝设计了一个数学的宇宙，而且上帝的这一特征，比起那些众多的特征性质来肯定要好些的人来说，新理论必定是对的。的确，只有那些坚持认为宇宙合乎理性、并且具有简单秩序的数学家，才有坚忍不拔的刚毅精神，而决然地超乎流行的哲学、宗教和科学信念，坚持创立出这样一种革命性的天文学数学。也只有那种坚定不移地相信数学在宇宙设计中的重要性的人，才敢于与任何强有力的反动势力作斗争，而坚持新理论，历史的事实正是这样，哥白尼的确强调自己仅仅是一位数学家，他希望后世的人们能理解他。他的希望实现了。

121　　姑且承认，正是新理论中优美的数学激励了哥白尼、开普勒，而后来又使得伽利略抛弃了宗教信仰、科学上的反对意见、一般人的感觉和习以为常的传统思想，那么这种理论对现代又有何贡献呢？

　　首先，哥白尼理论在确立现代科学内容方面所做出的贡献，比人们通常认可的要多。最富有力量、最有用的科学定律是牛顿万有引力定律。在这里我们不打算详细讨论，在本书另外一个更合适的地方，我们能看到这个定律的最漂亮的实验证明，确定这个定律的证明完全依靠日心说。

　　其次，这个理论在科学和人类思想方面开创了一个新的方向。尽管在当时几乎察觉不出，但在今天却已显出了其极端的重要性。由于我们的眼睛看不到，我们自身也感觉不到地球的自转和公转，因此新理论就抛弃了感官的证实。事物本身并非仅仅是其表象。感觉可能使人误入歧途，理性才是可靠的指导。哥白尼、开普勒开创了这种指导现代科学发展的先例，也就是说，理性和数学在理解、阐释宇宙方面比感官的证实更为重要。如果科学家不是通过哥白尼理论的第一个榜样接受了对理性的信赖,那么,电子和原子理论中的绝大部分内容以及整个相对论就绝不会为人们所信服。除了完成作为一位科学家、数学家应尽的基本职责外,从某种非常重大的意义上来说,哥白尼、开普勒开创了一个理性的时代,就是说,为宇宙给出了一个理性的说明。

由于削弱了人类唯我独尊的思想根基,哥白尼理论对西方文化的卫道士们教条地为基督教神学基础所做的辩解再一次提出了挑战。从前,对任何问题只有一种答案,而现在对诸如这样基本的问题却有了一二十种回答:人为什么渴望生存? 人为什么活着? 人为什么应该讲道德和讲原则? 为什么寻求种族的延续? 回答这些涉及信仰的问题,是任何人也回避不了的事情,在人们深信自己是在慷慨大方、无所不能、深谋远虑的上帝庇护下的臣民时,回答这些问题是一回事;人们觉得自己只不过是一阵旋风中的一颗尘埃时,回答这些问题又是另外一回事了。

哥白尼理论使这些问题严峻地摆在了所有喜爱思考的男男女女面前,而且,作为一种理性动物,人们也不能逃避这种挑战。他们努力斗争,试图恢复精神上的平衡。由于哥白尼、开普勒的数学、科学工作,进一步将这种平衡打破了,这就是近几个世纪思想史的真谛所在。

这种全新的、激动人心的思想所带来的促使人类心灵苏醒的变化,从开普勒时代以来,就可以在许多文学作品中找到例证。玄学家约翰·多恩(John Donne),尽管他接受的教育是百科全书式的和经院主义的,而且他本人对此也十分满意,但他却还是显露出对托勒玫理论复杂性无可奈何的神情:

我们想,上苍欣赏球样状的形式,

它们按规则环绕着,包络得天衣无缝;

但却变化多端,令人困惑不已,

经过多年观察,

人们发现了许多千奇百怪的东西,

有的笔直如细线,另一些却弯弯曲曲,

纯粹形式上就多么不协调。

尽管有关于哥白尼学说的争论,对此多恩是非常清楚的,但他也仅仅只能对这样的事实表示悲哀:太阳和恒星再也不围绕地球做圆周运动了。

弥尔顿,也思考过托勒玫理论面临的挑战,但他没有做出明确的选择。他在《失乐园》(*Paradise Lost*)中对两种理论都做了描述。由于新数学在自身的基础方面还无法自圆其说,因此,他就转向攻击新数学的创立者。他认为,对于上帝的工作,人类只应该顶礼膜拜,而不应说三道四:

对人或天使,博大的造物主

都将其智慧深藏不露,永不泄密,

造物主的秘密只能欣赏,

更确切地说,只有赞美……

千万别窥探大自然的奥秘

让它们归于上帝吧……

……卑贱的仆人的智慧

只适于想想你自己及你的存在。

甚至弥尔顿也无意识地接受了比已被人们承认的、如完全为人们认可的但丁(Dante)的空间(由天堂、人世、地狱组成)更神秘、更大的空间。

诗人们善良温和的劝告,本·琼森(Ben Jonson)的讽刺诗,培根从科学角度的诘难,以及学者们的妒忌、嘲笑,卓越的卡当提出的数学上的反对意见,害怕丢掉饭碗的占星家的怨恨,蒙田(Montaigne)的怀疑主义,莎士比亚不屑一顾的态度,约翰·弥尔顿的怜悯,使得哥白尼被人称作新的邓·司各特(Dun Scotus),获得了博学的疯子的名声。1597 年,伽利略在写给开普勒的信中,描写哥白尼是这样一个人:"尽管他已经在少数人心目中博得了流芳百世、不朽的名声,但却为许多大傻瓜们嘲笑、戏弄。"

但是,少数人的观点却为越来越多的人接受了。人类文化中的变革也由此获得了巨大的力量;人们被迫思考已有的教义,并对这些教义发难,重新审视长期接受的信念。而且从这一批判和重新思考中,出现了现代在西方文明中为人们毫不迟疑地接受的哲学、宗教和伦理原则。

日心学说对现代最伟大的意义,是它在为思想和意志获取自由的战斗中所做出的贡献。对在开始时日心学说所遭遇的经历的描述,论证了一条普遍的规律:对变革的反动就是反动!由于人类具有保守性,是习惯势力的产儿,而且推崇人类自身的重要性,因此就决定了新理论是不受欢迎的。思想意识极端保守的学者和宗教领袖鼓动人们反对这种新理论。在历史上为人类思想获得自由的规模最大的战争，就是维护日心学说正确性的战争，在这其中，反对哥白尼学说最积极的是新教徒，尽管他们自己在近代也是反对传统学说的。

　　自称是上帝代表的那些人，开始了对日心学说的恶毒攻击。马丁·路德称哥白尼是"占星术暴发户"、"一个试图反对整个天文学的傻瓜"，加尔文则喝道："看谁胆敢把哥白尼的权威置于神的精神的权威之上。"《圣经》上难道不是说，耶和华（上帝）命令太阳而不是命令地球处于静止吗？太阳从天空的一端向另一端运转吗？难道地球的基底不是固定的，而是运动的吗？让我们学习如何上天堂去，而别研究天堂的行动吧！一位红衣主教提议说，宗教裁判所宣布，新理论是"全然背叛《圣经》的虚假的毕达哥拉斯学说"。在 1616 年的《禁书目录》中，禁止所有的出版物讨论哥白尼学说。的确，如果反动派的淫威和高压能正确地标示出一种思想的重要性，那么，任何有价值的思想甚至都不可能出现了。

　　在那个时代，探索精神被深深地束缚了，以至于当伽利略用自己磨制的小望远镜发现了木星的 4 个卫星后，有些科学家和教会的牧师竟拒绝利用伽利略的仪器自己去亲自观察这些星体。许多作过观察的人甚至鬼使神差地不肯相信自己的眼睛。正是这种顽固不化的态度，使得倡导新理论十分危险。冒着生命危险倡导新理论的焦尔达诺·布鲁诺（Giordano Bruno），就被宗教裁判所"尽可能仁慈、不流血"地置于死地，十分残忍地将他判处极刑，活活烧死。

　　尽管早期教会禁止有关哥白尼学说的著作，但乌尔班八世

(Pope Urban Ⅷ)的确曾经允许伽利略出版有关这种内容的书,因为乌尔班八世相信,任何人都能证明这一新理论必定是正确的,因而没有什么害处。因此 1632 年,伽利略出版了《关于两大世界体系的对话》(*Dialogue on the Two Chief Systems of the World*),在这部著作中,他比较了地心学说和日心学说的优劣。为了使教会中意,不再出差错以便能通过检查,他写了一篇序言,大意是,后一个理论(日心说)仅仅是一种假想的东西。不幸的是,伽利略写得太好了,乌尔班八世开始对哥白尼学说的观点害怕了,担心它成为一颗埋在身边随时会爆炸的炸弹,对基督教徒的信仰产生巨大的损害。教会再次起来反对这种"比加尔文、路德和所有其他异端邪说的书加在一起所包含的任何东西还对基督教更有诽谤性、更具破坏性、更有害"的"错误理论"。伽利略再次被罗马宗教裁判所传讯,在恐吓、折磨后他被迫宣称:"哥白尼学说的错误是千真万确的,尤其是对于我们基督徒……"

熊熊燃烧的烈火、车轮、烤刑台、绞架的恐吓,以及其他温文尔雅的淫威,当然更有利于正统学说,而不利于科学进步。笛卡儿,当他听到伽利略遭受迫害的消息时,变得神经紧张,谨小慎微,将自己已经发现的新理论秘而不宣。这样实际上就扼杀了他自己在这方面的工作。

但是,日心学说仍变成了与摧残自由思想的行径作斗争的锐利武器。新理论的正确性(至少在 17、18 世纪是如此)和它的无可比拟的简洁性,吸引了越来越多的支持者,他们逐渐认识到,宗教领袖们的训诫常常是胡说八道。很快,宗教领袖们再也不可能维持他们在全欧洲的权威了,全球都在为自由思想的传播开辟道路。

当然,科学从神学中解放出来得益于这场斗争。

这场战斗的重要性和由此带来的有利结局,我们是不应该忘却的。仍在享受自由和曾经失去自由但最近在西方文明中获得自由的人,都不得不惊叹,在发展日心学说时是多么惊险,而我们对这场战斗中那些智慧超群、胆识过人的英雄们所欠的实在太多了。非常幸运的是,追求自由的殉道者的熊熊烈火驱散了中世纪的黑暗。确立日心学说的斗争,削弱了僧侣主义对人们思想的束缚,证明了数学论证比神学论证更具有说服力,为获得思想自由、言论自由、出版自由的战斗最终胜利了。科学的《独立宣言》乃是一本数学定理的汇编。

第十章 绘画与透视

大自然这部书,在永恒的意识中

记录了大自然的思想;在无所不在的圣殿中

绘出了大自然的真实形象,大自然美丽

的画卷充斥着巨大的全宇宙。

T. 康帕内拉(T. Campanella)

　　中世纪的绘画多半是为教堂画装饰物,主要通过描绘的图像来表现基督教教义和思想。中世纪末期,画家们也和欧洲其他思想家一样,开始对自然界感兴趣。受强调人、围绕着人的宇宙新观念的鼓舞,文艺复兴时期的艺术家们敢于面对自然界,敢于深刻地研究、探索和真实地描绘自然界。画家们复兴了生机盎然的世界中壮丽、令人愉悦的本质,重新描绘出美丽的画卷,这种美丽的画卷被证明是物质世界的幸福之所在,是满足自然需要的不可剥夺的权利,是由大地、空气、河流、海洋所带来的欢乐。

　　在描绘现实世界的问题中,由于几方面的原因使得文艺复兴时期的画家们对数学产生了兴趣。第一个原因在任何时期都起作用:艺术家们追求逼真的绘画创造。除去颜色和创作意图,那么画家在画布上所画的东西就是位于一定空间的几何形体了。处理这些理想化物体所使用的语言,它们所拥有的理想的比例,描绘它们位于空间中相互位置的关系,都需要利用欧氏几何,只有这样才能使这几方面有机地结合起来。艺术家需要的也仅仅是利用这一知识。

　　文艺复兴时期的艺术家们转向数学,不仅是因为他们试图逼真地再现自然界,而且因为他们受复兴的希腊哲学的影响。他们完全熟悉而且满脑子都充满了这样的信念:数学是真实的现实世界的本质,宇宙是有秩序的,而且能按照几何方式明确地理性化。因此,像希腊哲学家一样,他们认为要透过现象认识本质,即他们需要在画布上真实地展示其题材的现实性,他们最后所要解决的问题就必定归结到与一定的数学内容相关。艺术家试图发现其作品中数学本质的最有趣的论据,可以在达·芬奇对比例的研究中找到。在这一研究中,他试图使理想人物的结构适应理想的图形——正方形和圆(插图6)。

　　全然为了精确的绘画而利用数学,与数学是现实的本质这种哲学观念,仅仅是文艺复兴时期的艺术家寻求利用数学的两个原因。除此还有另外的原因。中世纪晚期和文艺复兴时期的艺术家,也是他们那个时代的建筑师和工程师,因此他们必然地爱好数学。商人、世俗王侯、教会人士把所有的建筑问题都交给艺术家。艺术家设计、建造教堂、医院、皇宫、修道院、桥梁、堡垒、水闸、运河、城墙、战争器械,在达·芬奇的笔记中,可以找到大量的诸如此类设计的图纸,他自己曾服务于米兰城的统治者拉多瓦·斯福尔扎(Lodovico Sforza),不仅作为一位建筑师、雕刻家、画家,而且还作为一名工程师、军事工程建造技师和战争武器专家为其服务。

艺术家甚至还被人邀请去解决炮兵部队中炮弹运行的问题,在那个时期,解决这类问题需要有高深的数学知识。文艺复兴时期的艺术家是最优秀的实用数学家,而且在15世纪,他们也是最博学、多才多艺的理论数学家,这样说一点也不夸张。

激发文艺复兴时期艺术家数学天才的那些特殊问题,与我们将在这里讨论的问题,就是如何在二维的画布上描绘现实中的三维景物。通过创立一整套全新的数学透视理论体系,艺术家们解决了这一问题,随之他们创立了一种全新的绘画风格。

在整个绘画史上,为了在石膏模板和画布上绘制图案所利用的各种方案——即各种透视体系,可以划分为两大类:概念体系和光学体系。概念体系就是按照某种观念或原则去绘制人物和物体,但是与实际的景物本身却几乎没有什么关系。例如,埃及的绘画的浮雕作品大都遵从概念体系,人物的大小经常是依据他们在政治—宗教阶层中的重要性而定。法老经常是最重要的人物,所以尺寸就最大,他的妻子则比他小一些,仆人就小得可怜了。同一个人的不同部分,正面、侧面甚至同时出现。为了表示成群结队的一系列人或动物,采用的方法甚至是,稍稍慢慢地移动同一个图像的位置,使其重复出现。不仅大多数日本画和中国画,甚至现代绘画(插图27)也遵从概念体系而进行创作。

另一方面,光学透视体系则试图表达出图像本身在两只眼睛中尽可能相同的映象。尽管希腊和罗马绘画主要遵从光学体系,但基督教神秘主义的影响却使艺术家们回到了概念透视体系,而且这种风格在整个中世纪都很流行。早期基督教艺术家和中世纪的艺术家都满足于描绘象征性的内容,也就是说,他们所画的背景和主题倾向于表现宗教题材,并由此导出宗教情感而不是去表现现实中真实的人和现实世界。人、物的绘画风格是高度统一的,而且是通过一个平坦的二维空间表现出来的。应该是参差错落的图像,经常被分开置放在同一旁或排成上下关系。呆板僵硬、毫无生气是当时绘画风格的特征。画的背景全是用同一种颜色,通常是金黄色,目的是强调宗教主题与现实世界截然不同、毫无关联。

早期基督教精心雕就的"亚伯拉罕和天使们在一起"(Abraham with Angels)(插图7),就是受拜占庭影响的一个典型实例,它表现了古代透视的风格。背景基本上是非彩色的,大地、树、杂草都呈矫揉造作状,显得毫无生气,为了顾及画面的边缘,树的形状显得千奇百怪。画面上的物体没有任何前景或立足的基底。图像彼此间互不关联,当然,空间关系也被忽略了,因为尺寸和大小在当时都被认为是无关紧要的。画面上,所存的只是金色背景和物体的颜色所提供的松散的结构。

尽管罗马人使用光学体系的余味有时会在中世纪绘画中出现,但拜占庭风格依然居于统治地位。一个最典型的例子,而且确实被认为是中世纪绘画的精华,是由西蒙·马尔蒂尼(Simone Martini,1285—1344)创作的"圣母领报图"(The Annunciation)(插图8)。背景是金黄色的,没有任何视觉的迹象。画面上表现的内容是从天使到圣母,然后再回到天使。尽管有很美的颜色和外观,以及丰富多彩、变化多端的线条,但画面本身却毫无生气,而且也不能唤起欣赏者的任何灵感。整体的效果像是经过精雕细刻的。也许,这种作品在有一点上向现实主义迈进了,那就是利用了地面、楼板,从而使这些物体与其他景物、金黄色的背景得以区别开来。

　　文艺复兴影响的典型特征是,使得艺术家朝写实主义方向前进,而且在 13 世纪末数学也开始进入艺术领域。到 13 世纪时,通过翻译阿拉伯和希腊著作,亚里士多德学说已经广泛地为人知晓了。画家们意识到,中世纪绘画脱离了现实和生活,应该有意识地修正、克服这一倾向。朝自然主义努力的结果是,利用现实中的人作为宗教题材的主题,慎重地利用直线、多重平面和简单的几何形式,尝试利用非传统图形的位置,试图使画面富有生机,在描绘帷幔的降落、身体重叠的各部分时,是按实际构图的,而不是采用中世纪的传统风格。

　　中世纪与文艺复兴时期艺术的本质区别,是引入了第三维,也就是,在绘画中处理了空间、距离、体积、质量和视觉印象。三维空间的画面,只有通过一种光学系统的表达方法才能得到,这方面的成就,是在 14 世纪初叶,由 D. B. 杜乔(Duccio,1255—1319)和乔托(Giotto,1276—1336)取得的。在他们的作品中,出现了几种方法,至少这些方法作为一种数学体系发展过程中的一个步骤,也是值得注意的。杜乔的"庄严的圣母"(Madonna in Majesty)(插图9)有几个有趣的特征。首先,作品非常简单对称,圣母御座的轮廓线条成对地敛聚收缩,因而使人有一种深度感,御座每一边的景物都大致位于同一个水平面上,但这些景物又都画在另外其他几层景物之上。这种描绘景深的方式,就是众所周知的梯形透视,这种方法在 14 世纪非常普遍。帷幔飘拂在圣母的膝前,可以看作一种自然主义画法的例证。对坚固的墙体和空间也赋予了一种情感,而且从表面上看也不乏激情。从整体上看,画面风格依然以拜占

130

庭传统为主。背景大量利用金黄色,而且在细节上也是如此。画面依然是精雕细刻的。御座被不适当地按照透视法缩小以暗示景深,圣母并没有以坐的姿态出现在画面上。

　　更加值得注意的作品是杜乔的"最后的晚餐"(The Last supper)(插图10)。布景是一个部分封闭的房间,背景采用的是14世纪非常流行的方式,这种方式标志着从内景向外景的转变。后景墙和后景天花板线条,也有些缩短了,以暗示衬托出景深。房间的各个部分安排得很恰当。在处理天花板的一些细节上下了很大工夫。中部的线条都聚集在一个区域,这个区域称为没影区域(vanishing area),随后我们将会明白这种称呼的原因。这一技巧被同时期的许多画家有意识地用来作为描绘景深的方法。第二,从天花板两端中每一部分引出的线端,是关于中心对称的,这两束线段相交于垂直线上的一点。这种方法也就是众所周知的垂直透视或轴向透视法,被广泛地用于刻画景深。这两种方法杜乔都没有系统地使用过,但是后来14世纪的画家们利用和发展了这两种方法,现实世界景物的出现,诸如画在左边的灌木丛,应该引起注意。

　　不过,杜乔并没有用一种统一的观点处理"最后的晚餐"这幅画的整个画面。桌子边缘的线条面向观察者,而相反的方向观察者也能看到。桌子后面似乎比前面更高些,而且桌子上的物体似乎不是平放着。事实上,作品朝画面的前景方向投射得太长了。然而,它们依然代表着写实主义风格,在整个画面的主体特征上,这一点尤其显得突出。

　　可以说,杜乔的作品中明显地出现了三维的表现方式。画面的景物有一定的质量和体积,而且彼此相关,整幅画面构成一个整体。按照某些特殊的方法运用线条,平面被缩小了,光线和阴影也被用来暗示体积。

乔托被称为近代绘画之父。他在创作过程中直接利用了视觉印象的空间关系,因此他的作品近似于照相机。他的画中的景物具有厚度感、空间感和生命力。他选择田园般的风景,将各种景物均衡地分配在画面上,以眼观愉悦为原则进行构图。

乔托最著名的作品之一,"圣方济之死"(The Death of St Francis)(插图11),类似杜乔的"最后的晚餐",也利用了流行的变换方法——一个部分封闭的房间。对应于插图11的二维画面,房间的确暗示了一个位于三维空间中的景物。构图时物体和景物安排得非常均衡,从而使人一眼看去就觉得和谐、清晰。景物与各部分的关系十分明显,尽管各部分与背景没有关系。在这幅画以及乔托其他的作品中,房间或建筑物看上去似乎是立于地面上的。缩距法(foreshortening)被用来表示景深。

乔托并没有始终一贯地保持自己的风格。在他的"莎乐美之舞"(Salome's Dance)(插图12)中,右边壁龛的两堵墙并不完全一致,桌子和餐厅的天花板也不一致。但是,这幅画所表现的三维空间的立体感却再也不能被人忽视了。最有意义、最令人感兴趣的是左边建筑的切断面。真实的现实世界甚至是以漫不经心的方式引入的。

乔托是光学透视发展中的关键人物。尽管他的画在视角上并不正确,他也没有引入新的概念,但从整体上来看,他的作品却显示了他那个时代最伟大的成就。他自己也意识到了自己所做出的

贡献，因为他经常在画面上留出一些不必要的部分来展示他的才
能。几乎可以肯定，这就是在他的"莎乐美之舞"中为什么会有水
塔的原因。

技巧和观念方面的进步，则应归功于安布罗焦·洛伦采蒂
（Ambrogio Lorenzetti，活动时期：1323—1348）。他之所以值得引
起注意，是因为他所选择的题材具有现实性和地方特色；他的线条
充满生机，画面健康活泼而富有人情味。在"圣母领报图"（An-
nunciation）（插图 13）中，明显的有这些优点。画面上景物所占据
的地面给人以明确的现实感，而且与后墙明显地分开了。地面既
作为对物体大小的度量，又暗示出空间向后延伸到后墙。第二个
进步是，从观察者角度看楼板线条都向后收缩并交于一点。最后，
房屋伸向远处时越来越缩小了，以至于最后消融在背景中。在处
理空间和三维度量的问题方面，总的说来，洛伦采蒂使用的是 14
世纪人们常用的方法。与杜乔和乔托类似，他也没有在其作品中
将所有这些因素结合起来。在"圣母领报图"中，墙和楼板并不相
关。但是，尽管不是从数学方面，然而他却以一种直觉的方式把握
了空间和景深。

在洛伦采蒂身上，我们已经看到了文艺复兴时期的艺术家在
引入数学透视体系以前所能达到的最高水平。朝着建立一个令人
满意的光学系统的方向每前进一步，都显示了艺术家们是如何力
图解决这个问题的。很明显，这些革新者们为了获得一个有效的
方法，在黑暗中进行了艰苦的探索。

15 世纪时艺术家们终于认识到，必须从科学上对透视问题进
行研究，而几何就是解决这一问题的关键。这种认识通过研究古

代透视方面的著作而得到了强化,古代透视学与希腊和罗马艺术紧密相连。当然,新方法更为主要的是受到了渴望描述真实世界这一愿望的刺激。最为根本的目的,则是把握空间结构和发现自然界的奥秘。这是文艺复兴时期哲学的一种信念,数学是探索自然界的最有效的方法,而且终极真理的表达方式就是数学的形式。这些艺术家们在他们的创作中,运用独特的技艺去展示自然界,他们具有与那些借助于数学、实验方法而建立起现代科学的研究者们十分相似的精神气质和研究态度。事实上,文艺复兴时期的艺术,被认为是一种知识和一门科学。它包括 4 种柏拉图式的"艺术"形式:算术、几何、声学(音乐)以及天文学。人们希望将几何应用于具有较高层次的知识领域。在科学的透视体系的发展过程中,一个同样吸引人的目标就是建立绘画艺术的统一性。

绘画科学是由布鲁内莱斯基(Brunelleschi)创立的,1425 年他建立了一个透视体系。多那太罗(Donatello)、马萨乔(Masaccio)、弗拉·菲利普(Fra Filippo)等曾是他的学生。L. B. 阿尔贝蒂(Leone Battista Alberti)的第一本著作《论绘画》(*della Pittura*)于 1435 年出版。阿尔贝蒂在这篇关于绘画的论著中说,做一个合格的画家,首先要精通几何学,学习这门艺术要借助于推理、掌握条理秩序,并且只有通过实践才能把握它们。就绘画所关注的问题来说,阿尔贝蒂坚持认为,借助数学的帮助,自然界将变得更加迷人。为了实现这个目的,他主张利用数学透视体系,也就是众所周知的聚集体系。

最重要的透视学家,碰巧也可被认为是 15 世纪最伟大的数学家之一,是彼埃罗·德拉·弗朗西斯卡(Piero della Francesca)。

在《透视绘画论》(*De Prospettiva Pingendi*)中,尽管他采用的方法与阿尔贝蒂的稍微有些不同,但却极大地丰富了阿尔贝蒂的学说。在这本书中,他开始利用透视法来绘画。在其后半生的 20 年时间,他写下了 3 篇论文,试图证明利用透视学和立体几何原理,可见的现实世界就能够从数学秩序中推演出来。

　　对透视学做出贡献最大的艺术家是列奥纳多·达·芬奇(Leonardo da Vinci)。通过广泛而深入地研究解剖学、透视学、几何学、物理学和化学,他为从事绘画做好了充分的准备,使他那扣人心弦的作品中的人物,具有难以置信的形体魅力和无可比拟的聪明才智。他对待透视学的态度可以在他的艺术哲学中看出来。他用一句话揭示了他的《绘画专论》(*Trattato della Pittura*)中的思想:"欣赏我的作品的人,没有一个人不是数学家。"他坚持认为,绘画的目的是再现自然界,而绘画的价值就在于精确地再现,甚至纯粹抽象的创造物,如果能在自然中存在,那么它也必定会出现。因此,绘画是一门科学,它就像所有其他科学一样,以数学为基础,"任何人类的探究活动也不能称为科学,除非这种活动通过数学表达方式和经过数学证明来开辟自己的道路"。再者,"一个人如果怀疑数学的极端可靠性,就会陷入混乱,他永远不可能平息科学中的诡辩,只会导致空谈和毫无结果的争论"。达·芬奇藐视那些轻视理论而声称仅仅依靠实践也能进行艺术创造的人,认为正确的信念是"实践总是建立在正确的理论之上"。他将透视学看作绘画的"舵轮与准绳"。

　　在透视学方面最有影响的艺术家是 A. 丢勒(Albrecht Dürer)。丢勒从意大利大师们那里学到了透视学原理,然后回到德国继续进行研究。他最通俗、流传甚广的文章是《直尺圆规测量法》(*Underweysung der Messung mit dem Zyrkel und Rychtscheyd*,1528)。他认为,创作一幅画的透视基础不应该是信手涂画,而应该依据数学原理构图。实际上,文艺复兴时期的画家们并没有能完全自觉地应用透视学原理。稍晚一些时间后,著名的数学家 B. 泰勒(Brook Taylor)和 J. H. 兰伯特(Lambert)撰写了一些关于透视学的权威性著作。

公正地说,15 世纪和 16 世纪早期几乎所有的绘画大师,都试图将他们绘画中的数学原理与数学和谐、实用透视学的特殊性质和主要目的结合起来。西纽雷利(Signorelli)、布拉曼特(Bramante)、米开朗琪罗(Michelangelo)、拉斐尔(Raphael),以及许多其他人对数学都有着浓厚的兴趣,而且力图将数学应用于艺术。他们精心创作了难度极大、风格迥异的艺术品,利用高超而惊人的技巧发展、掌握了缩距法,甚至将这些技法的处理置于情感和激情的表现之上。所有这些,都是为了在他们的作品中展示科学因素。这些大师们意识到,艺术创作尽管利用的是独特的想象,但也应受规律制约。

这些艺术家们所发展的数学体系的基本原理,可以通过阿尔贝蒂、达·芬奇、丢勒所使用的术语得到解释。这些人把艺术家的画布想象为一块玻璃屏板,通过它,艺术家能看到所要画的景物,就如同我们能够通过窗户看见户外的景物一样。从一只认为是固定不动的眼睛出发,设想光线能投射到景物中的每一点。这样的一束光线称为射影(projection)线。在这些光线穿过玻璃屏板(画面)之处都标出一个点子。这样的点集称为一个截景(或称截面,

134

section)。这一截景给眼睛的印象,与景物自身产生的效果是一样的。然后,艺术家们断言,写实主义绘画——作画逼真的问题,就是将眼睛看景物时投射在插入其间的玻璃屏板上物体的大小、位置及其相互关系,在画布上表现出来。事实上,阿尔贝蒂就曾明确地宣称,一幅画就是投射线的一个截景。

图 19　丢勒:为坐着的男人画像

这条原则可以通过丢勒的几幅木刻作品而得到说明。前两幅木刻(图 19 和图 20)显示了艺术家在一块刻有小方格的玻璃屏板或纸上绘画时,将一只眼睛固定地看着某处,而从眼睛射向景物的

光线则交于屏板(或纸)上的某些点。第三幅木刻(图 21)显示了，
艺术家在即使眼睛与屏板严重偏离的情况下，也能准确地画出图
像。在这幅木刻中，眼睛牢牢地盯住景物中的一个点，在该点上有 135
一根系在墙上的细绳子。第四幅木刻(图 22)显示的是如何在屏
板之外绘画。

图 20　丢勒：为躺着的妇人画像

图 21　丢勒：画罐

　　由于画布不透明和不可穿透，因此对于一位希望描绘出仅仅 136
在他的想象中才能存在的景物的艺术家来说，他就不能简单地通
过描点的方式来画出丢勒的"截景"。他必须有指导自己绘画的规

图 22　丢勒:画琵琶

则。这样,那些专注于研究透视的学者,就从投影线和截景原理中
获得了一系列定理,其中包括聚焦透视体系的大部分内容。这个
137 体系被自文艺复兴以来的几乎所有艺术家采用。

　　数学透视学的基本定理和规则是什么呢? 假设画布处于通常
的垂直位置。从眼睛到画布的所有垂线,或者到画布的延长部分
的垂线,都相交于画布上的一点,该点称为主没影点(principal
vanishing point)(这就是不久将出现这个术语的原因)。经过主
没影点的水平线称为地平线,这是因为如果观察者通过画布看外
面的空间,这条地平线将对应于真正的地平线。这些概念在图 23
中可以看到。这幅图显示的是一个人所观察到的大厅过道。这个

人的眼睛位于点 O(没画出),处于与本页纸垂直且通过点 P 的垂线上。P 点就是主没影点,而线段 D_2PD_1 就是水平线。

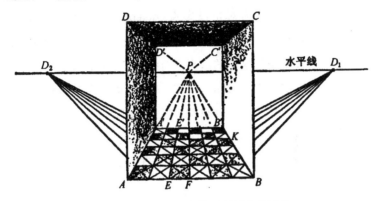

图 23 按照聚焦透视体系所画出的过道

第一条基本定理是,景物中所有与画布所在平面垂直的水平线,在画布上画出时都必须相交于主没影点。这样,诸如像 AA'、EE'、DD' 和其他线段(图 23)都相交于 P。所有实际上平行的线,应该画作相交,这看起来似乎是不对的。但是,这却是人眼观看平行线的实际情况,如大家所熟知的两条无限伸长的铁轨看起来相交在一起的情况就是一例。也许,现在我们理解了为什么将 P 点称为没影点。在现实的景物中没有一个与之相对应的点,因为现实中平行线自身绝不会相交。

一幅画应该是投影线的一个截景,从这条一般的原理出发,可以推导出另一条定理:任何与画布所在平面不垂直的平行线束,画出来时应该与其垂直的平行线相交成一定的角度,以便收敛于地平线上的一点,收敛的点取决于这些平行线与画布所在平面的角

度。在这些水平平行线中，有两条非常重要。如图 23 中的 AB' 和
EK，在实际景象中，它们是平行的，而且与画布所在平面成 45°，
相交于点 D_1，该点称为对角没影点（diagonal vanishing point）。
PD_1 的长度必须等于 OP 的长度——从眼睛到主没影点的距离。
类似地，如 BA' 和 FL 这样的水平平行线，在实际景象中与画布成
135°角，那么画出来也必须相交于图 23 中的第二个对角点 D_2，而
且，PD_2 必须等于 OP。随着观察者后退，实际景物中上升或下降
的平行线被画出来时，也必须相交于相应的地平线的上方或下方
的点。这个点将位于从眼睛发出的平行于所讨论的穿过画布的那
条线上。

从投影线和截景的一般原理出发，可以推导出第三条定理：景
物中与画布所占平面平行的平行水平线，画出来时也将是水平平
行的，而那些与画布所在平面垂直的平行线画出来也应是垂直平
行的。用眼睛观看，所有的平行线都是收敛的，所以这个第三条定
理初看起来就与视觉不协调了。随后我们将讨论这种不一致性。

在创立聚焦透视体系很久以前，艺术家们就已经认识到，远处
的物体画出来时应该缩小。但是，在确定缩小的比例方面，他们面
临着巨大的困难。新体系提供了所需要的定理，这些定理也可以
从绘画是投影线的截景的一般原理中推导出来。在图 23 所画出
的正方形楼板的情形中，适当地处理对角线如 AB'、BA'、EK 和
FL，就得到了正确的缩小方法。

对于训练有素的艺术家来说，如果希望达到聚焦体系的写实
主义境地，那么他们可以利用许多其他的定理。但是，进一步追求
这些特殊的结果将会使我们离题太远。有一点在讨论中已经暗示

过了,而且这一点对于外行看一幅根据聚焦体系而创造的画,也是十分重要的。那就是,艺术家眼睛的位置与画的创作密不可分。当观察者的眼睛位于主没影点的水平线上,而且位于从主没影点到两个对角没影点的等距离点的正前方时,从这样的位置观察画面,则可达到最佳效果。实际上,如果画能挂在适合于观察者的高度而又能上下移动的位置上,效果也是很好的。

在我们考察一些按照聚焦透视体系创作出的伟大的绘画作品之前,应该指出的是,这个体系并不是将眼睛所看到的一切都再现出来。正如所说过的那样,绘画就是投影线的截景,这条原理要求,与画布所在平面平行的水平平行线束,以及与画布所在平面平行的垂直平行线束,画出来时都应该平行。但是当用眼睛观察这些线束时就会发现,它们看起来似乎要相交,就如同另外一些平行线束一样。因此,至少在这一点上,聚焦体系似乎是不对的。一个更重要的批评意见认为,存在着这样的事实:眼睛看一条直线不能总是直的。读者可能自己也会相信这样的事实,如果想象一下,从一架飞机上俯瞰两条完全平行、沿水平方向延伸的铁轨。在每一个方向,铁轨看起来在远处的水平线上都相交了。但是,两条直线仅仅只能在一点相交。因此,明显地,既然铁轨相交于水平线上的两点,因此用眼睛去观看它们就必定是曲线。希腊人和罗马人已经认识到,直线,当用眼睛去观看时就是弯曲的。在欧几里得的《光学》(*Optics*)中的确也有这样的论述。但是,聚焦透视体系忽略了这一显而易见的事实:这个体系没有考虑到,我们实际上是用两只眼睛去观察,而且每只眼睛看到的东西会稍微有些不同。当观察者看一幅画时,眼睛并不是固定的而是在移动。聚焦体系同样也忽略了这样的事实:光线射在视网膜上呈曲面形状。视网膜并不是一个摄影底板,观看景物主要靠大脑反应,而这种反应纯粹是一生理过程。

既然指出这个体系有如此多的缺点,那么为什么艺术家们又采用它呢? 当然,相对于14世纪时那个不成熟的体系来说,这个体系还是大大改进了。对15—16世纪的艺术家们来说,更重要的是这样的事实:这是一个完全数学化的体系。在探索自然界的过程中,数学的重要性已经给人们留下了深刻的印象,一个完整的数学体系的成就已经使他们心满意足了,以至于他们对所有这些缺点都熟视无睹。事实上,艺术家们认为这个体系与欧氏几何一样真实。

现在,让我们看看这种几何与绘画结合的产物。第一次开始运用由布鲁内莱斯基引入的透视学的画家是马萨乔(Masaccio,1401—1428?)。尽管后来的绘画受这门新学科的影响更为明显,但他的"纳税钱"(迪纳里的奇迹)①(插图14)却比任何早期的作品更具有写实主义气息。G. 瓦萨里(Vasari)说,马萨乔是第一个达到了完全真实地描绘事物的艺术家。这幅特殊的画寓意深刻,内容广泛,富有自然主义特色。人物形象厚实魁伟,每个人都占据着一定的空间,每个人的形体都比乔托的作品更为真实,画中的人物站立着。马萨乔也是第一个利用几何的辅助方法即透视技术的艺术家。通过颜色的浓淡以及背景物体大小的变化,这样就表示出了距离。事实上,马萨乔是一位处理光线和暗影的高手。

———————————

① 这幅画(The Tribute Money)又被译作"迪纳里的奇迹"。——译者注

　　乌切洛(Uccello,1397—1475)也是对透视学做出过重大贡献的人物之一,他对这门学科有着十分浓厚的兴趣。瓦萨里曾说,乌切洛"为了解决透视学中的没影点,他曾通宵达旦地进行研究"。他常常是在妻子的再三催促下,才不得不上床休息。他说:"透视学真是一门十分可爱的学问。"他热衷于探索难题,而且十分热衷于精确的透视学,以至于他没将全部精力投入绘画。绘画成了他解决问题和施展其在透视学方面造诣的机会。实际上,他并没有完全成功。他的作品只能算一般水平,他在绘画方面的造诣并不能令人满意,在把握深度方面也非尽善尽美。

　　遗憾的是,乌切洛在透视学方面创造出的最好的作品,随着时间的流逝而被严重毁坏了,今天已不可能再复原。他的创造特征,我们可以从标有"被玷污的圣饼"(Desecration of the Host)(插图15)的作品残骸中窥见一斑。他的"一个酒杯的透视研究"(Perspective Study of a Chalice)(插图 16)显示了在精确的透视绘画中所涉及的景物的表面、线条和曲线的复杂性。

　　使透视学走向成熟的艺术家是彼埃罗·德拉·弗朗西斯卡(1416—1492)。这位造诣极深的画家对几何学抱有极大的热情,而且试图使他的作品彻底地数学化。每个图形的位置都事先安排得非常准确,以便保持与其他图形的正确比例关系,并且使得整个绘画作品构成一个整体。他甚至对身体的各个部位及其所穿衣服的各个部分都运用了几何形式,他喜欢光滑弯曲的曲面和完整性。

　　彼埃罗的"鞭挞"(The Flagellation)(插图17)是透视学的一幅珍品。主没影点的选择和聚焦透视体系的精确运用,与院子前后的人物素描紧密地结合在一起,使得景物全都容纳在一个清晰有限的空间内。大理石楼板中黑色镶体的减少，也经过了精确的计算。彼埃罗在他的论透视学的著作中说，他在绘画方面下过极大的工夫。同样，在其他的绘画中，他也利用空间透视以增强立体感、深度感。整个绘画设计得精确入微，以至于任何一点小的改动都会破坏整个画面的效果。

彼埃罗的"耶稣复活"（Resurrection）（插图 18）被评论家们认为是世界绘画史上的杰作之一。这幅画几乎像建筑师设计的一样。在透视学方面具有异乎寻常的意义：有两个视点，因此就有两个主没影点。我们可以明显地从下面看到躺着的两个士兵的脖子，因此一个主没影点就一定在石棺的中部。随后，我们的眼睛会不由自主地移向第二个主没影点，这个主没影点在基督的脸上。两幅画，也就是上、下两部分，为一种自然的边界——石棺的上部边缘分开了，所以视觉上的变化一点也没有引起混乱。通过一座陡然升起的山丘，他在利用上半部自然出现的背景时，同时也将上下两部分合二为一了。有时人们说，彼埃罗太过分地沉溺于透视学之中了，以致他的画太数学化了，并且基调冷峻，缺乏人情味。但是，看看基督那忧虑、心事重重、慈祥的面容，就足以表明，彼埃罗能够表现细腻的情感。

达·芬奇（1452—1519）创作了许多精美的透视学作品，这位真正富有科学思想和精巧美术才能的天才，对他的每幅作品都进行过大量精确的研究（插图 19）。他最优秀的杰作和最著名的绘画，同时也是精密的透视学的极好典范。"最后的晚餐"（The Last Supper）（插图 20），描绘出了真情实感，一眼看去如在真实生活中一样。观众似乎觉得达·芬奇就在画中的房子里。墙、楼板和天花板上后退的光线不仅清晰地衬托出了景深,而且经仔细选择的光线集中在基督的头上,从而使人将注意力集中于基督。附带地,还应注意到12门徒每3人一组分成4组,对称地分布在基督的两边。基督本身被画成一等边三角形;这样的描绘是试图表达其感情、思考和身体处于一种平衡状态。达·芬奇的这幅画可与杜乔的"最后的晚餐"相媲美。

　　众多的绘画与精密的透视学结合的实例,表明这门新学科得到了广泛普及和应用。尽管 S.波提切利(Botticelli,1444—1510)是因为他的许多绘画如"春"、"维纳斯的诞生"而举世闻名,在这些作品中,艺术家在图案、线条和曲线中表达自己的情感,写实主义并不是目的,但他依然很好地把握了精确的透视学。他大量绘画中最优秀的作品之一"寓意的诽谤"(The Calumny of Apelles)(插图21)已经表明他精通这门科学,每个物体都清晰地画出来了。御座和建筑的每个部分都恰如其分,而且所有物体缩小得也恰到好处。

　　在透视学方面显示出卓越才能的画家是 A.曼特尼亚(Mantegna,1431—1506)。他将解剖学与透视学看作绘画中的理想技艺。他选择困难的问题进行研究,而且利用透视学以实现自己严格的写实主义风格和强烈的进取心。在他的"圣·詹姆斯之死"(St James Led to Execution)(插图22)中,他有意选择了一个偏心点。主没影点就正好位于画的底端,中心的右边。由于选择了这一不同寻常的视点,因此整个画面处理得极为成功。

　　16世纪显示出了现实主义绘画在伟大的文艺复兴时期以来所发展的顶峰。这些作品展示了精密的透视学及其表现方式的作用，注重空间和色彩。完美的表现方式受到人们的钟爱，以至于艺术家对具体内容表现得漠不关心。达·芬奇的杰出学生和米开朗琪罗、拉斐尔，创作出了许多若干世纪以前人们一直梦寐以求的理想、标准和成功的光辉典范。拉斐尔的"雅典学院"（School of Athens)（插图23），以和谐的安排、巧妙的透视、清晰精确的比例描绘了一座神圣庄严的建筑物。这幅画的意义，并不仅仅因为它巧夺天工地处理了空间和景深，而且因为这幅画表达了文艺复兴的有识之士对希腊先圣们的崇敬之情。柏拉图和亚里士多德，一

143 左一右，处于画的中心。柏拉图左边是苏格拉底。而在左边地上，是正在著书立说的毕达哥拉斯。右边地上，则是欧几里得或阿基米德蹲在那儿在证明定理。画的右边，托勒玫手中托着一个球。整幅画中，有音乐家、数学家、文法家，群英荟萃。

16世纪威尼斯名画家们则使线条依附于颜色、光线和阴影。但是，他们也都掌握了透视方法。空间的表示完全是三维的，可以明显地感觉到画面富有条理，而且使用了透视方法。J.丁托列托（Tintoretto,1518—1594)是这个画派的代表。他的"圣马可的奇迹"（Transfer of the Body of St Mark)（插图24）对景深的处理十分得体；前景中图像的前缩法显然引人注目。

我们再看一个实例。我们已经注意到，丢勒作为论述透视学的学者之一，对阿尔卑斯山北部的画家们产生了极为深远的影响，他的铜雕刻"圣·哲罗姆在研究"（St Jerome in His Study)（插图25），表现了丢勒自己对透视学身体力行。画中的主没影点位于画面的右中心，画面的效果使欣赏者感觉到，他当时就在房间里，离圣·哲罗姆只有几步之遥。

　　通过观摩、揣测威廉·贺加斯（William Hogarth）的题为"错误的透视"（插图 26）的铁板雕刻，读者会发现其中许多东西是多么地荒谬。由此，读者现在能估量一下自己在透视学方面的知识水平了。

　　像上面这些利用聚焦透视体系的实例不胜枚举。但是，这些例子已经能够充分说明，人们是如何利用数学透视方法使绘画从中世纪绘画的金黄色背景中解放出来，而自由自在地描绘现实世界的大街小巷、山川河流。这些例子也表明，利用聚焦透视方法的第二个价值，即绘画风格的统一性问题。我们所着重论述的这一体系的发展状况也显示出一些适当的数学定理，以及建立在数学基础之上的自然哲学，怎样强有力地决定着西方绘画的进程。尽管现代绘画已经明显地摆脱了对自然界的直接描写，但是艺术学校依然讲授聚焦体系，并且绘画中仍在广泛运用。无论何时，透视体系对于达到真实的表达效果来说，仍然十分重要。

第十一章　从艺术中诞生的科学：
　　　　射影几何

数学发明的动力不是理性，而是想象。

A. 德·摩根（A. de Morgan）

17 世纪最富独创性的数学成果，来自受绘画艺术的激发而产生的灵感。在这一世纪中，科学为数学研究提供了主要的动力。画家们在发展聚焦透视体系的过程中，引入了新的几何思想，而且提出了一系列导致这一研究进入全新方向的问题。通过这一方式，艺术家们"偿还"了他们利用数学方法、思想而"拖欠"数学的"债务"。

在透视学研究中产生的第一个思想是，人所触觉到的世界与人所看到的世界，这两者有一定的区别。相应地，应该有两种几何学，一种是触觉几何学，一种是视觉几何学。欧氏几何是触觉几何学，因为它与我们的触觉一致，但与我们的视觉却并非总是一致。例如，欧几里得对恒不相交的直线（诸如平行线）的研究。这样的直线只有用手接触才会存在，而用眼去看却绝不存在。我们绝不可能看到平行线。笔直的铁轨延伸到远处后，我们会看到它们的确相交了。

　　有许多其他的理由表明,欧氏几何是一门触觉几何。例如,欧氏几何研究全等图形,即两个上下叠合的图形。叠合是一种用手完成的动作。欧氏几何的定理中也常常涉及测量,这是另一种由手完成的行动。欧几里得的几何世界是有限的,这个世界实际上就是进入我们感官的世界。这样,人们所考虑的就不是整条直线,而是一条能够向两个方向充分延长的线段。因此,从一个给定的图形出发人们无需试图去考虑无穷远处的情形。

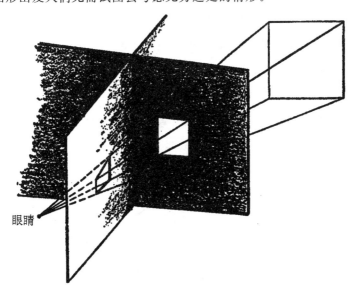

图24　同一个投影的两个不同截景

　　由于欧几里得几何能够被十分合理地认为它所研究的是由触觉产生的问题,所以这门几何就为视觉几何留下了广阔的研究余地。以此为目的,在透视学的研究中提出了第二个重要的思想。聚焦透视体系中的基本思想,是投影和截景体系。投影线就是一束从眼睛出发,到一个物体或景物各点形成的一束光线;截景就是用一块放置于眼睛与被观察物体之间的玻璃屏板与投影相截所形成的图形。尽管玻璃屏板上截景的大小、形状,会随着屏板放置的位置、角度的变化而变化,但是每一个截景对眼睛产生的视觉印象(图 24),与物体本身对眼睛产生的视觉印象,则是一样的。

　　这一事实导致了几个重大的数学问题。假设我们考虑同一个投影的两个不同截景。既然它们在眼睛中产生的视觉印象相同,那么它们就应该有相同的几何性质。这样一来,截景的相同性质是什么呢? 还有,物体原形和由该原形所确定的截景有什么共同的性质? 最后,如果两个不同的观察者观察同一个景物,那么就会形成两个不同的投影(图 25)。如果每个投影形成一个截景,那么就应该有两个截景,考虑到这些截景是由同一个景物所产生的,那么这些截景就应该有相同的几何性质。这些相同的几何性质是什么呢?

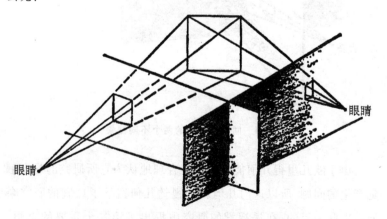

图 25　同一景物的两个不同投影的截景

通过透视学的研究，数学家们还开辟了另一个研究方向。我们知道，艺术家不能画出与物体本身一模一样的作品。取而代之的是，他们必须将平行线在画布上画成收敛于一点；为了考虑眼睛的确有视觉假象的存在，他们必须引入前缩法和其他技术。为了实现这一表现手法，艺术家们需要那些能帮助他们确定线段的位置、其他哪些线段必须与已知的任意线段相交的一系列定理。因此，数学家以此为动机去研究直线、曲线相交的定理。

第一个探索由艺术家在透视学研究中提出的这些问题的大数学家，是自学成才而闻名于世的建筑师、工程师吉拉德·德扎格（Girard Desargues，1593—1662）。他从事这一领域研究的动力，是为了帮助他那些在工程、绘画和建筑方面的同事。"我坦率地承认"。他写道："我绝不对物理或几何的学习或研究抱有兴趣，除非能通过它们获得有助于目前需要的某种知识……能增加生活的幸福与便利，能有助于健康和施展某种技艺……我看到好大一部分艺术根植于几何，其他还有如建筑上切割石块，制作日晷，特别是透视法。"他第一步工作是收集、编辑整理许多有用的定理，通过书信和传单传播他所获得的成果。后来，他写了一本论透视的小册子，但几乎没引起人们的注意。

德扎格从他的初步工作开始，向高深的富有创造性的数学研究迈进。他在射影几何基础方面做出的主要贡献，囊括于他 1639年的著作中[1]，但像他为艺术家们所做出的贡献一样，他的这部著

147

----

① 这部著作是《试论锥面截一平面所得结果的初稿》（*Brouillon project d'une atteinte aux événemens des rencontres du cóne avec un plan*），论述了射影法。——译者注

作也没有引起人们的注意。这部书所有的复制本都失传了。尽管当时有人欣赏他的著作,但大多数人持轻视和嘲弄的态度。在探索了多年建筑学、工程方面的问题以后,德扎格又回到了他原先所涉猎的学术领域。他的两位同时代人,P. de 拉伊尔(Philippe de la Hire)和 B. 帕斯卡(Blaise Pascal),在这门学科快要被长时间埋没之前,研究了德扎格的工作,并且将德扎格的初步工作大大向前推进了。幸运的是,拉伊尔将德扎格的著作抄录了一份复本。200年后,一个偶然的机会人们发现了这一手抄本,这个手抄本告诉了我们德扎格所做出的贡献。

德扎格的新几何使人最惊奇的事实——尽管这不是最重要的——那就是,这种新几何中不包括平行线。就如同平行线在画布上必须相交于一点一样,空间(欧几里得意义上)中的平行线,德扎格也要求它们相交于一点,该点位于无穷远处,但却被假定存在着。该点对应于真实空间中画在画布上的平行线相交的那一点。增加了"无穷远点"这一概念,表明与欧氏几何不矛盾,但却是对欧氏几何的重大扩充,它符合人们的眼睛所看到的内容。

射影几何中的基本定理——这条定理现在在所有数学中都很重要——是由德扎格提出的,并以他的名字命名。这表明了数学家如何对由透视学提出的问题所作的回报。

假设眼睛位于点 O,从 O 点看一个三角形 ABC(图 26)。我们知道,从 O 点到三角形边上各点的线形成一个射影。这一射影的一个截景含有一个三角形 $A'B'C'$,其中 A 对应于 A',B' 对应于 B,C' 对应于 C。三角形 ABC 和三角形 $A'B'C'$ 称为从 O 点看去的透视图。德扎格定理断言:

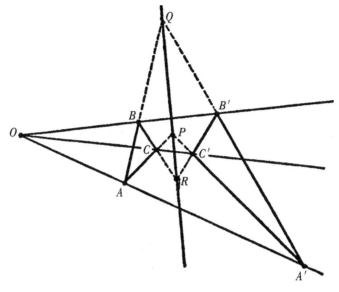

图26 德扎格定理

对于从一点透视出来的两个三角形,它们之间的对应边
AB 与 $A'B'$、BC 与 $B'C'$,以及 AC 与 $A'C'$(或它们的延长线)
相交的 3 个交点,必定在同一条直线上。

特别针对我们所讨论的图形,这个定理告诉我们:如果延长
AC 边与 $A'C'$ 边,它们将相交于 P 点;延长 AB 与 $A'B'$ 边,它们将
相交于 Q 点;延长 BC 与 $B'C'$ 边,它们将相交于 R 点。那么,P、
Q、R 将在同一直线上。这定理对两个三角形在同一平面或不在
同一平面上的两种情形都成立。

　　在射影几何中具有同样典型意义的又一定理,由法国著名的早慧思想家帕斯卡在他 16 岁时给出了证明,关于帕斯卡,随后我们将详细论述。帕斯卡将这一定理附在一篇关于圆锥曲线的论文中,这篇论文非常出色,以致笛卡儿不相信它出自一位如此年轻的人之手。帕斯卡定理,像德扎格定理一样,论述的是一个几何图形的任何射影的截景所共有的性质。用更精确的数学化语言来说,这个定理论述的是一个几何图形在射影和截面取景下的不变性。

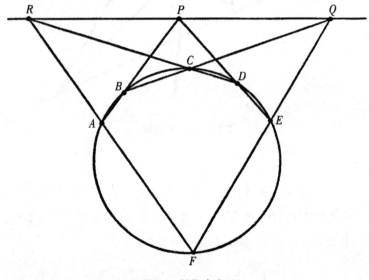

图 27　帕斯卡定理

　　帕斯卡描述道:画任意内接于一个圆的六边形,内接点分别为 *A*、*B*、*C*、*D*、*E*、*F*(图 27)。将一对对应边延长,例如将 *AB* 和 *DE* 延长,使它们相交于 *P* 点。延长另一对对应边使它们相交于 *Q* 点。最后,延长第三对对应边使它们相交于 *R* 点。然后,帕斯卡

149

指出,P、Q、R 将总是位于同一条直线上。换句话说:

　　　　若一六边形内接于一圆,则每两条对应边相交而得的 3
点在同一直线上。

　　甚至人们熟悉的数学内容也受到了射影几何概念的启发。就
像我们在第四章中看到的那样,希腊人已经知道圆、椭圆、抛物线
和双曲线是锥面的截面(截景)(第四章图 7)。如果我们想象眼睛
位于 O 点,即锥面的顶点,再设想截面(截景)表面的直线,如 OA
是从 O 到圆 ABC 的光线,那么这些直线就形成了一个投影,而且
用各种不同的平面与这一投影相截所形成的截面(截景),就会形
成圆、抛物线、椭圆和双曲线。通过把一个闪光信号灯的光线聚集
在一个由金属丝绕成的圆圈上,然后观察金属圈在一块纸板上所
形成的斜影,读者就可以检验上述结论的正确性。当纸板转动时,
截面(截景)将发生变化,从而给出各种圆锥曲线截面(截景)。由
于 4 种圆锥曲线都能由一个圆锥的截面(截景)而得到,而且由于
帕斯卡定理论述的是关于圆在投射和截面取景下的不变性,因此,
显而易见帕斯卡定理对所有圆锥曲线都适用。
　　我们将考虑另一个射影几何定理。帕斯卡定理告诉我们的是
有关内接于一个圆内的六边形的内容。C. J. 布里昂雄(Brian-
chon),他在 19 世纪早期为射影几何的复兴做出了贡献,发现了一
个著名的定理,该定理描述的是外接于一个圆的六边形的性质。
该定理(图 28)叙述如下:

如果一个六边形外接于一个圆,则对应顶点的连线(3条)相交于一点。

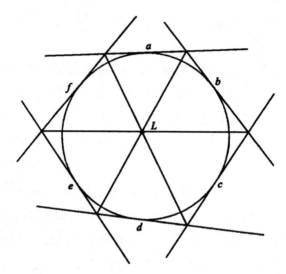

图 28　布里昂雄定理

如我们所期望的那样,布里昂雄定理不仅对圆适用,而且对任何圆锥曲线也都适用。

德扎格定理、帕斯卡定理和布里昂雄定理是射影几何中业已证明了的一类定理的代表,作为例证,已足够了。我们可以这样来刻画射影几何中所有这些定理的特征:它们集中表现了投影和截面取景(射影和截景)的思想,论述了同一个物体的相同射影或不同射影的截景所形成的几何图形的性质。

另一方面,艺术家们由于受到皇室、民众和教会的资助,从而

151

使大规模的绘画成为可能,随之而来的是导致了射影几何的研究。正是由于这一时期迅速上升的中产阶级日益增长的需要,才激发起了人们对绘制地图的兴趣。16世纪随着大规模的地理大探险,人们开始了贸易航线的研究,在大探险中人们需要地图,以满足地理大发现的需要。

由此并不能推断出,早期文明没有绘制地图。的确,希腊人、罗马人和阿拉伯人绘制了地图,并为人们使用了若干世纪。但是,15世纪和16世纪的大探险已经暴露出现存的地图不精确、不适用,因此需要绘制更好、更新的地图。而且,地球是一个球体的思想的复兴,要求地图必须在这一思想基础上绘制。由此,提出了这样一些问题,比如应该如何在平面地图上绘制一条路径,才能使它对应于球面上最短的距离。绘制地图开始于15世纪后半叶。规模巨大的贸易中心安特卫普、阿姆斯特丹,不久就成了地图绘制中心。

尽管地图绘制者的实际利益与画家们的美学兴趣相距甚远,但这两方面的活动却通过数学产生了密切的关系。从数学观点看,绘制地图就是如何把一个球面上的图形投影到一块平面上去,而后者只不过是投影的截景。因此,在这里所涉及的原理就与透视学和射影几何学的原理相同。16世纪,地图绘制者们都利用了这些思想以及与此相关的概念去发展新方法,在这一发展过程中,最著名的有佛兰芝(Flemish)地图绘制者 G. 墨卡托(Gerard Mercator,1512—1594)和至今仍众所周知的墨卡托投影法。在随后一个世纪,拉伊尔及许多其他人,都利用了德扎格的思想去解决绘制地图的问题。

地图绘制中产生的最主要的困难,起因于这样的事实:如果不将其表面严重扭曲,一个球体是无法打开并平坦地铺开的。读者可以通过下面的例子自己去检验这个结论:将一个蜜橘不拉长、不剥开而使其平铺开,是否是有点困难。为了绘制一幅平面地图,距离,或方向,或面积必定会破坏。球面上所存在的关系,没有哪一方面会得到精确地再现。为了利用地图去表示有关距离的情况,比如说测量地球上两地的相对距离,那么就必须知道地球上的相应距离。因此,在制造地图的方法中,就必须系统化地利用地球与平坦平面的相互关系,从而使关于地球的知识能通过观察平面地图而推导出来。

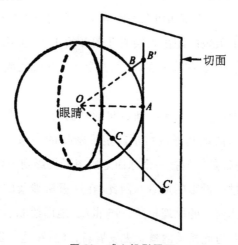

图 29　球心投影原理

我们将谈到制作地图的一些较为简单的方法。应该指出的是,下面所给出的解释仅仅是这些方法所涉及的几何原理。为了说明在一个特殊的地图上所进行的测量如何转化为相应的关于地球的情况,我们需要介绍更多的数学知识。

绘制地图的一个简单的方法,是众所周知的球心(gnomic)投影法。我们想象眼睛位于地球的中心,而且正面向西半球观看。每一条视线都一直穿过地球,直到与地球表面相切的平面上的一点,此时地球表面与这一平面相切于西半球附近的某点(图29)。如果这一点位于赤道上,则我们就得到一幅如图30所显示的地图。

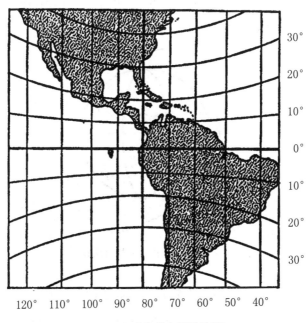

图30　西半球的球心投影地图

我们将注意到,经度子午线是以直线出现的。事实上,按照这 153
种方法,地球上的任何大圆,也就是任何圆心在地球中心的圆,诸如赤道或经度圆,将会投射成一条直线。这一性质十分重要。地球表面两点之间的最短距离,由连接这两点的大圆的弧长所决定。这一圆弧将被投影成连接两点的一条直线线段。由于船只、飞机一般的航线都是沿大圆的路径,因此这些路径也很容易被画成地图上的直线。除此之外,地图上所有的点都有从中心出发的正方向和各点之间彼此的正方向。这种投影地图的一个不好的方面是,被画出的半球边缘的地区在地图上被投射得非常远,相关的距离、角度和面积都弄得面目全非了。由于这一原因,图 30 所示的地图不能显示出整个半球。

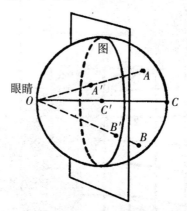

图 31　球极平面投影原理

以不同的方式利用投影和截面取景的第二种绘制地图的方法,是众所周知的球极平面投影(极线)(stereographic polar projection)法。假设眼睛位于东半球中部的赤道上,而且盯着西半球上的点(图 31)。让一架飞机在两个半球之间切穿过地球,由飞机所获得的光线的截景,就为我们绘出了一幅西半球的球极平面地图(图32)。

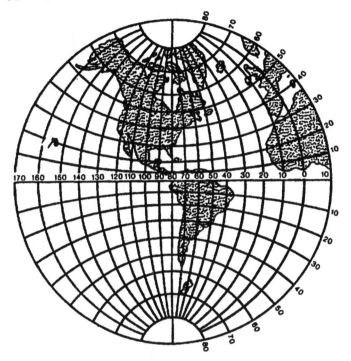

图32 西半球球极平面投影地图

　　球极平面投影法有其作用,因为它保持角度不变。也就是说,如果两条曲线在球面上相交成∠C,那么,这两条曲线在地图上的投影相交所成的∠C'就等于∠C。例如,纬度圆穿过子午线在地球上成直角,这些曲线的投影在地图上也相交成直角。不足的是,球极平面投影不能保持面积不变。靠近地图中心地区的面积,比在地球上的实际面积大约变小四分之一。但是,地图边缘的地区面积则基本上正确。

　　最为人们熟悉的绘制地图的方法,是墨卡托投影法。这个方
155　法所涉及的原理,不能用投影和截面取景的术语来表达,但是这个
方法也可以通过一种相关的投影法而近似地描述,这种相关的方
法,即被称为透视柱面投影(perspective cylindrical projection)法。
这种方法利用一个包含地球的圆柱(想象的),这个圆柱与地球相
切于某个大圆。图 33 中,这个大圆就是赤道。从地面中心,即图
33 中的 O 点,引出的构成投影的直线,一直延伸到圆柱体上。这
样地球表面上的 P 点,就被投影到圆柱体上的 P' 点。现在将圆柱
体沿一垂直线切开,然后将其平铺开。在平铺开的地图上,平行的
纬线成了水平线,赤道成了垂直线。地图上没有对应于南极和北
极的点。

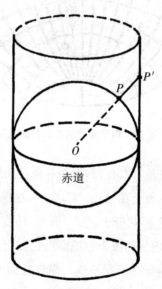

图 33　透视柱面投影原理

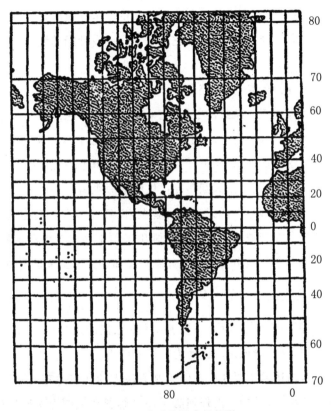

图34　西半球的墨卡托投影

　　圆柱投影与墨卡托投影在透视方面的本质区别,就在于对平行的纬线的分割方面,尤其是在最南端和最北端。图34展示的是墨卡托投影地图。这一方法具有双重的重要性。首先,作为球极平面投影来说,它将保持面积不变。其次,在驾船航行时,它适合于经常利用指南针导航的路径;这就意味着,在地球上连续穿过赤道时的行程中将保持相同的角度。这样的路径,就是众所周知的一条等角航线，即恒向线。作为相对应的墨卡托投影，这条路径在地图上就是一条直线。因此，它特别适宜于设计船的航线，而且可以按地图行驶。

应该注意的是，大圆路径并不意味着总是能指引方向，除非这个大圆是赤道或一条经度子午线。因此，在墨卡托地图上，大圆路径是以一条曲线出现的。在航海实践中，一般通过几条短的恒向线来逼近这条曲线，这样就使得船只能够沿恒向线保持正确的方向。同时，又能利用由大圆路径提供的最短距离。

157　　地图投影的墨卡托方法非常普及，以致大多数人没能认识到这种方法存在着缺陷。格陵兰岛画出来差不多有南美洲那样大，尽管实际上它只是南美洲的九分之一。加拿大画出来是美国的两倍；实际上它是美国的一又六分之一（$1\frac{1}{6}$）倍。尽管有如此严重的失真，但由于上述原因，按墨卡托方法绘制的地图在航海方面仍十分有用，因此它还是广泛地为人们所使用。

这里描述的主要几种地图绘制方法中的几何原理，并没有穷尽各种方法，也没能给出任何必须用来解释在地图上按照地球上的实际情况所作出测量的数学特征。但是，应该清楚，对于绘制地图来说，数学是其核心，而且特别地，投影和截面取景在与绘制地图有关的研究中应用得非常广泛。如同在透视学中应用投影和截面取景产生出了数学问题一样，在地图绘制中也产生出了一系列数学问题。与绘制地图相关联，由于实用的原因，知晓地球上的一个地区与对应的地图上的该地区所具有的共同性质，这是十分重要的一个问题。例如，在一种特殊的地图投影中，保持角度大小不变的事实就非常重要。因此像透视学一样，绘制地图也一直是许多数学新问题的来源。

本章所讨论的思想的要点，主要是关于投影（射影）和截面取景（截景）的概念。画家们把主要精力集中于这一方面，从而构造了一个令人满意的光学透视体系。数学家们从这一思想出发，得到了一个全新的研究领域——射影几何。而地图绘制者利用这一思想设计了新的地图投影。所以三个领域通过一个基本的数学概念而密切联系起来了。

射影几何能够适当地被用于解决一些实际问题。但是，这门学科却由于人们已经在其本身发现了潜在的乐趣，由于它的美，由于它的优雅，由于它在发现定理中带来的直觉的自由，以及为了它所需要的证明而作出的严密演绎推理，所有这些，给这门学科提供了充足的养料。由于偏爱应用数学，射影几何曾在短时间里遭到过冷遇，但在19世纪它却又再度兴旺起来了，后来证明这门学科是许多新几何学的"母亲"。也许正是由于绘画，使这门学科的思想变得丰富多彩，五彩纷呈，因而由德扎格创造的这门"诞生于艺术的科学"，成了今天最美的数学分支之一。

第十二章 方法论

只要代数同几何分道扬镳,它们的进展就缓慢,它们的应用就狭窄。

但是,当这两门科学结合成伴侣时,它们就互相吸取对方的新鲜活力,并迅速地趋于完善。

J. L. 拉格朗日(Joseph Louis Lagrange)

现代意义下的应用数学并不是工程师或关心工程技术的数学家的创造。两位伟大的思想家创立了应用数学,一位是思想深刻的哲学家,另一位则是思想界的斗士。前者把自己的一生用于批判地深入思考真理的本质、上帝的存在、世界的物质结构诸方面的问题。后者则以律师和公务员的身份过着普通人的生活,入夜,他则在精神思维的领域尽情地遨游。通过创造性的劳动,他慷慨地向世界奉献出了价值连城的定理,他们两人在许多领域的工作都将流芳千古。

思想深刻的哲学家 R. 笛卡儿(René Descartes,1596—1650),出生于法国拉艾(La Haye)的中产阶级家庭。8 岁那年,被送进拉弗里舍(La Fléche)地方的一所耶稣会学校接受教育,在这里他对数学产生了兴趣。17 岁那年,在完成了正规学校的学业后,他决心从直接的切身体验中来更多地了解自身以及世界。他开始在繁华的巴黎生活、从事研究,随后,又隐居在这座城市一个安静的地方进行了一个时期的沉思。接下来,他时而在军队中服役,时而四处旅行,时而在巴黎寻欢作乐,时而参加战斗,最后,他终于做出了定居安定下来的决定。

也许是因为笛卡儿幻想在荷兰能完全隐居下来,所以他在阿姆斯特丹想法弄到了一栋房子,除了他的情妇和一个孩子与他做伴外,他基本上闭门不出。在接下来的 20 年里,大部分时间他都在从事著述。在那儿,他写出了自己最优秀的著作,几乎在第一部书刚一出版时,他就赢得了巨大的名声。随着著述的继续进行,读者甚至包括他本人,都越来越被其著作中伟大的思想深深吸引了。他在经典著作中提出的深刻思想,以及清晰、精确、动人的法语文笔,使笛卡儿本人及其哲学学说广为人知。

在 20 年的隐居生活以后,他被邀请去担任瑞典女王克里斯蒂娜(Christina)的家庭教师,因此他移居到斯德哥尔摩。女王喜欢每天清晨 5 点钟在一间像冰窖的书房里开始学习,所以笛卡儿也必须在这个时候去面见她。但是,这一要求对笛卡儿虚弱的身体造成了极大的伤害。他的身体越来越虚弱,而且精神上也很受压抑。于是患上了肺病[①],于 1650 年去世。

当笛卡儿还在拉艾的学校时,他已开始怀疑,人们为何要声称自己知道如此多的真理。这部分地是因为他富于批判的思想,部分地由于他生活在统治欧洲长达 1 000 余年的世界观正面临着严

160

[①]　原文为伤风感冒。——译者注

重挑战的时代。因此,笛卡儿对老师和教会长老们提出的、不属于他自己的、强迫人接受的、武断的教条极为不满。当意识到自己在学校念书时并不是一个劣等生时,他觉得自己的所有怀疑更加有理由了。在从学校毕业时,他就断然宣称,世界上根本不存在确定无疑的知识。他所受的全部教育只不过是使他更进一步发现了人类的无知。

当然,他的确也认识到了通常一类研究中的某些价值。他承认,"雄辩术有无可比拟的力量和美感;诗则有其令人陶醉的优雅和情趣"。但是他断定,这些只不过是大自然赐给人类的礼物,而不是人类研究的成果。他崇敬神学,因为神学指出了通往天堂的道路,他自己也激动地向往入天堂,但是"我曾听到人们言之凿凿地告诉我,天堂之门对于最无知的人,和对于最富有学问的人同样地敞开着,而且引人步入天堂的天启真理超出了我们人类的智力"。因此,他就不敢擅自将神学作为弥补人们知识的缺陷、进行推理的重要工具了。对于哲学,他承认这门学术"提供了一个从表面上看来到处为真的讨论工具,而且赢得了一些廉价的赞美"。但是,它什么结果也没有产生出来,而是处于普遍的争辩与怀疑之中,尽管它已经经过了若干年最杰出的智者们的研究。因此他不指望自己能在传统哲学方面取得比他人更大的成功。"法学、医学和其他的科学,由于其研究者的荣耀和富有而获得了保证……"。但是,由于它们都从哲学中获得其基本原理,所以他断定,在这样不稳固的基础上不可能建立起任何坚实的东西来。感谢上帝,他由于幸运而没有被迫成为科学的牺牲品。"谈到逻辑,它的三段论和其他大部分概念,与其说是用来探索未知的东西,不如说是用来交流已知的东西……甚至是在无判断地谈论我们所不知道的东西，而不能用来得到这些东西，……"。大量的"非常有用的观念和美好的劝告都保存在道德学论文中"。但是古代道德学家的宏论，都发自象牙塔或金碧辉煌的王宫之中，其理论的基础甚至比泥沙还要软弱。显而易见，在所有领域中都缺乏真实的、能够得到确证的真理。

在从军、旅行和在巴黎生活的那段时期，他已开始思考，一个人如何才能获得真理。慢慢地，获取真理的一种方案在他面前清晰地出现了。他从抛弃那些到当时为止所获得的所有观点、偏见和所谓的知识开始着手。除此之外，他摒弃那些所有建立在权威基础上的知识。这样，他放弃了自己所有的先入之见。

抛弃了错误的观念，但是真理并不会由此而自动地产生出来。因此，他自己接着提出的问题是，找出确定新真理的方法。他说，他是在一次梦中得到答案的，当时他正在参与一次军队中的军事行动。

"几何学家惯于在最困难的证明中，利用一长串简单而容易的推理来得出最后的结论"。这使他坚信"所有人们能够了解、知道的东西，也同样是互相联系着的……"。然后，他断定，一个坚实的哲学体系，只有利用几何学家的方法才能推导出来，因为只有他们使用的清晰的、无可怀疑的推理，才能得出无可怀疑的真理。他得出结论，数学"是一个知识工具，比任何其他人为的工具更为有利"。然后，他希望从这门学科的研究中发展出一些基本原理，这些基本原理将为在所有领域得到精确知识提供方法，或者，如他自己所称呼的那样，成为一种"万能的数学"（universal mathematics)。也就是,他打算普及和推广数学家们使用的方法,以便使这些方法应用在所有的研究之中。实质上,这种方法将对所有的思想建立一个合理的、演绎的结构。结论将是由公理推导出来的定理。

受几何学家方法的启发,笛卡儿谨慎地构造寻求真理的规则。他决定,首先绝不把任何他没有明确认识其为真的东西当作真的加以接受。由此,他抛弃感觉的证明,相应地,所有物质的性质,如气味、颜色,它们都可能是人们个人的感觉反应,而不是物质本身的内在本质属性。这个方法的第二条原则是,把大问题分解成一些小的难点。第三条原则说的是,他将采取由简到繁的方法。第四条原则是,列举并翻查推理的步骤,以真正做到彻底、毫无遗漏。这些原则是其方法的核心。

但是,他必须找出那些简单、清楚、确定无误的真理,使它们在哲学中的作用,如同公理在数学中发挥的作用一样,他在这方面的研究成果非常著名。从一些明白到他立刻可以接受的原理出发——他自己这样认为——他建立了其哲学体系的基础:(a)我思故我在;(b)每一现象必有原因;(c)结果不能大于它的原因;(d)人心中本来就有完美、空间、时间和运动的观念。

既然一个人疑心重重而又所知甚少,所以不可能是一个完美的存在体。然而,按照公理(d),人的确在思想中拥有完美的观念,特别是一个全知、全能、永恒的存在的观念。那么,这些观念是如何产生的呢? 考虑到公理(c),完美的观念不能从不完美的人的心中推导或创造出来。因此,它只能来自一个完美的存在体。这就是上帝。所以,上帝存在。

一个完美的上帝不会欺骗我们，因此可以肯定，我们的直觉可以保证能提供一些真理。例如，凭我们最清晰的直觉就可以断定，数学上的公理必定是真理。但是，数学中的定理并不具有公理的简明性。我们怎么能肯定它们是真理呢？在某种意义上，笛卡儿坚信人们在进行推理思考时绝对不会出错，但是又有什么东西保证人们所使用的推理方法将必定会推出真理呢？笛卡儿再次回到不会欺骗人的上帝那里，坚持认为这些结论必定也是真理，因此必定是对物质世界的正确判断，即上帝一定是按照数学定律建立自然界的。从这些基本观点出发，笛卡儿着手建造他关于人和宇宙的哲学。

他对方法的研究，以及将这些方法应用于哲学问题的研究，都写在那本著名的《方法论》（*Discourse on Method*）一书中。这本书详尽地论述了人类至高无上的理性，自然定律的永恒不变性，作为物质本性的广延和运动，肉体与思想的本质区别，以及物质本身所固有的真实、内在的特性，与仅仅是由现象表现出来但却是思维对感官印象的反应特性这两者之间的本质区别。这部著作对近代思想的形成产生了深远的影响。

我们的目的，并不是为了详细描述笛卡儿的哲学创造历程，当然，这种历程在哲学史上极有研究价值。我们所关心的是，数学真理和数学方法作为一盏航标灯，如何指引着一位伟大思想家在17世纪知识界的暴风雨中探索自己前进的道路。他的哲学的确具有数学化特征。这种哲学比起中世纪和文艺复兴时期的先哲们的哲学来，在神秘性、形而上学和神学等方面的内容少得多了，而具有更多的理性精神。他仔细检查所有相关步骤的含义和推理；告诫人们要依靠自己去发现真理；他解除了人们对古人和权威的依附。由于笛卡儿的工作，神学与哲学的联盟土崩瓦解了。

笛卡儿从数学中抽象出的方法在经过一般化的推广后，他又将其再运用于数学之中；由此成功地创造出了一种表示和分析曲线的全新方法。这一创造性成就，即现在众所周知的坐标几何，已成为所有现代应用数学的基础。在人类历史长河中，它的价值无可比拟。而笛卡儿哲学，像大多数哲学一样，则与一特定的时期密切相关。在考察笛卡儿的数学思想之前，我们必须暂停下来，以便了解一下笛卡儿的一位同样值得尊敬的、独立做出贡献的同乡和坐标几何的共同发现者，P. 费马（Pierre Fermat，1601—1665）。

与笛卡儿充满冒险、罗曼蒂克和有目的生活不一样，费马的生活单调、循规蹈矩而又实实在在。1601 年，他出生于法国一皮货商家庭，在图卢兹（Towlouse）学习法律以后，他一生中绝大部分时间是当一名公务员。费马的家庭生活也极其平常。30 岁时结婚，随后养活着妻子和 5 个孩子，过着十分平静的生活。他不关心上帝、人和宇宙的本质之类的问题，晚上，则以数学作为自己十分喜爱的业余消遣。对笛卡儿来说，数学被用来为解决哲学、科学问题以及为把握自然服务，而对费马来说，则是因为这门学问显示出了美妙、和谐和沉思的喜悦。尽管他在这门学问上所花的时间很少，而且以寻找乐趣的态度来进行研究，但在他一生中的 64 年里，他已经使自己成了历史上真正最伟大的数学家之一。

他对微积分做出的贡献是第一流的，尽管费马在其中的某些工作，被牛顿、莱布尼茨的巨大光辉遮住了。他与帕斯卡分享了创造概率的数学理论的荣誉,又与笛卡儿分享创造坐标几何的荣誉。他独自一人创立了一个重要的数学分支——数论。在所有这些领域,这位"业余爱好者"所创造的辉煌成就,使他对数学产生了深远的影响。尽管与哲学上的最普遍的方法无关,但费马的确找到了处理曲线的一般方法。在这方面,他的思想与笛卡儿的思想紧密相连。

为了弄清楚为什么这个时期的数学家都如此关心曲线的研究,其中有如上所述的伟大数学家,我们必须简要地附带说明一下背景。在 17 世纪早期,数学实质上依然只是一个几何体系,代数则居于附庸的地位,这个体系的核心是欧氏几何,而欧氏几何本身则局限于由直线和圆所组成的图形。但是到 17 世纪以后,科学技术的进步产生了许多新的奇形怪状的图形需要处理。椭圆、抛物线和双曲线,由于能描绘行星、彗星的轨道,变得日益重要起来。抛物线也是诸如炮弹一类抛射物的轨迹。为了帮助确定船在海上的位置,人们对月亮的运动进行了深入的研究。通过大气层的光线的弯曲路径,引起了天文学家、艺术家们的兴趣。透镜的曲度则因为在眼镜、望远镜和显微镜方面的作用,以及为了理解人眼的功能而为人们研究。事实上,笛卡儿和费马都对光学非常感兴趣。笛卡儿曾发表过一篇论文,讨论光通过透镜的路程,而费马则提出了几个基本定理,其中有一条定律我们将在下一章讨论。可惜的是,欧几里得没能为这些问题以及其他实际问题所涉及的曲线提供任何知识,现存的希腊人在圆锥曲线方面的著作也不充分。

不仅希腊人的著作没能提供关于这些重要曲线所需要的知

识,而且他们也没能提供获得这些知识所能够广泛运用的数学方法。欧几里得几何中的每一个证明,总是要求某种新的、往往是奇巧的方法。希腊数学家大量的时间用在处理这些问题上面,而不关心眼前的实用问题,这就不能不使这种做法缺乏一般性。但是,17世纪各种各样实际的、科学的需要,却迫使数学家们要在短时期内解决许多困难的问题。

正在这时,笛卡儿和费马应运出现了。他们明确地对欧氏几何中所运用的那套有局限的方法表示不满。笛卡儿直截了当地批评古代的几何过于抽象,而且过多地依赖于图形,"以致它只能使人在想象力十分疲乏的情况下,去练习运用理解力"。他对代数也提出了批评,因为它完全受法则和公式的约束,"以至于成了一门充满混乱和晦涩、有意用来阻碍思想的技艺,而不是一门有益于思想发展的艺术"。另一方面,他们两人都认识到几何学提供了有关真实世界的知识和真理。他们也对这样的事实十分欣赏:代数能用来对抽象的未知量进行推理,而且代数能用来把推理程序机械化和减少解题的工作量。代数是一门普遍的潜在的方法科学。笛卡儿和费马因此而主张,把几何和代数中一切精华的东西结合起来,互相取长补短。

按照笛卡儿的推理方法,我们可以完全弄清数学大师们如何解决了当时所提出的问题,尽管我们的解释可能在细节上会有些出入。我们已经看到,在笛卡儿的一般方法研究中,他决定解决所有的问题都采取由简到繁的方法。几何中最简单的图形是直线。所以他就设法通过直线对曲线进行研究,然后再找到研究曲线的方法,他因而发现了解决这一问题的途径。

笛卡儿说,给定一条如图 35 所示的任意曲线。这条曲线可以想象由位于一条垂线 PQ 上的 P 点而形成。当这条线向右移动时,P 点本身随着曲线的形状或上或下地移动。因此,我们可以通过研究一条直线上 P 点的上下运动来研究任何曲线,而这条直线本身的运动则平行于它先前的位置。这样一来,问题就好办了。但是,应该如何刻画由 P 点的运动所形成的任意曲线的特征呢?

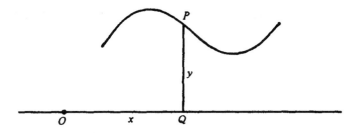

图 35 由具有可变长度的直线段所形成的一条曲线

为了达到这个目的,笛卡儿利用了代数,因为他知道代数语言是一种帮助记忆的简单方法。而且它能用较少的形式包含丰富的内容。当垂线向右移动时(图 35),它与一固定位置,比如说 O 点的距离,就可以用来表示该垂线的位置。这一距离用 x 表示,运动直线上 P 点的位置,可以通过 P 点与一条固定的水平线 OQ 的距离来表示。这段距离可用 y 来表示。这样,P 点的每一个位置都将有一个 x 值和一个 y 值。对于同一个 x,两条不同的曲线将有两个不同的 y 值。因此,一条曲线的特征就是,在这条曲线上的 P 点具有 x 与 y 之间的某种关系,而且对于不同的曲线,这种关系也不同。

让我们来看看如何把这一思想应用于一条简单的曲线,比如

说一条过 O 点且与水平线成 45°角的直线(图 36)。如果运动的直
线 QP 向右移动任意距离 x,P 点为了仍在此直线上,则必须上移
一个与 x 等值的距离 y,欧氏几何告诉我们△OQP 是一个等腰直
角三角形,所以 OQ 必定等于 QP。因此

$$y = x \qquad\qquad (1)$$

是所考虑的直线上的点所具有的特征关系。如果 OQ 的距离是
3,PQ 的距离是 3,则这样的 P 点是在这一直线上的点,因为 P 点
的 x 值是 3,y 值是 3,满足方程 $y=x$。

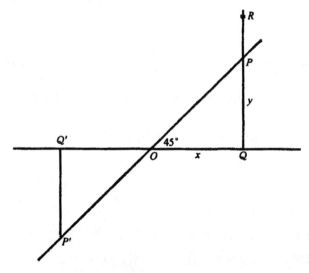

图 36　与水平线成 45°角的一条直线

　　为了使得直线上包含如 P' 点,同时又使 P' 区别于 P,因此人
们同意利用负数,以表示 PQ 向 O 点左边移动的距离和在水平线
OQ 下的距离。这样,P' 的 x 值和 y 值都是负值且相等,而且 $y=$

x 也依然为真。另一方面,对于不在直线 $P'OP$ 上的点 R 来说,R 点的 y 值即 QR 的距离不等于 x;所以不在直线上的点,关系 $y=x$ 就不成立。

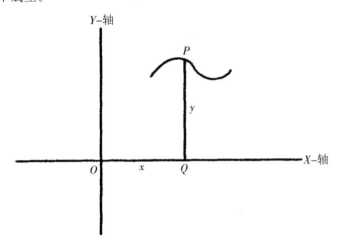

图 37 直角坐标系

我们可以把上述讨论中的思想系统地描述如下:为了讨论一条曲线的方程,我们引入一条水平直线,将其称为 X 轴(图 37),该直线上的 O 点称为原点,过 O 点的垂线称为 Y 轴。如果 P 是一条曲线上的任意一点,则有两个描述其位置的数。第一个数是从 O 点到垂足 Q 的距离,Q 是从 P 点到 X 轴的垂线的垂足。这个数称为 x 值或 P 点的横坐标。第二个数是 PQ 的距离,称为 y 值或 P 点的纵坐标。这两个数就被称为 P 点的坐标,一般写成 (x, y)。人们约定,如果 P 位于 Y 轴的右边,则它的 x 值取正值,如果位于左边,则取负值。同理,如果 P 位于 X 轴上方,则它的 y 值取正值,而当它位于 X 轴下方时,则 y 值取负值。因此,曲线本身就可以通过该曲线上的点而得到表述,且只有这些点的 x 值和 y 值被描述为代数的表达形式。

为了更进一步说明笛卡儿的思想,我们将其方法运用于如图 38 所示的圆。假设该圆的半径为 5。设 P 是曲线上的任意一点,x 和 y 是其坐标。再根据欧氏几何中的毕达哥拉斯定理:一个直角三角形中,两直角边的平方和等于其斜边的平方,这就告诉我们有

$$x^2 + y^2 = 25 \qquad\qquad (2)$$

169

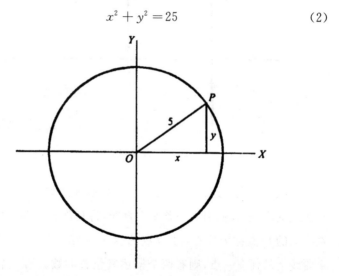

图 38   位于一个直角坐标系中的圆

这个关系适用于圆上的每一个点;也就是,每一个点的 x 和 y 都满足 $x^2 + y^2 = 25$。例如,坐标为 $(3,4)$ 的点,因为 $3^2 + 4^2 = 25$,所以该点位于圆上。但是 $(3,2)$ 就不是圆上的点的坐标,因为 $3^2 + 2^2$ 不等于 25。如果将一个点的横坐标值 x 和纵坐标值 y 代入 (2)

式,使其左边等于右边,则我们就说该点的坐标满足方程(2)。圆上的点的坐标满足这个方程;不在圆上的点的坐标不满足这个方程。

到目前为止,我们已经说明了一条曲线是如何通过一个方程唯一地表示出其特征的。笛卡儿的思想,也使得我们可以思考上述过程的逆过程。假定存在一个方程,如

$$y = x^2 \tag{3}$$

我们从这一方程着手,看看什么样的曲线可能与这个方程联系在一起呢?让我们再考虑一下有关 P 点在移动的直线 PQ 上的运动情况。当 PQ 移到 O 的右边时,距离 OQ 是 P 的 x 值,并且是正值。现在方程(3)表明,P 的 y 值,也就是距离 PQ,必须总是等于 x^2。当 x 是正值时,x^2 也是正值。因此 P 点必定位于 X 轴的上方。而且当 x 的值小时,x^2 的值也小,而当 x 变大时,x^2 也迅速地增加。因此,我们至少粗略地知道,正值 x 看起来适应这条曲线(图 39)。现在当 PQ 移到 O 的左边时,P 的 x 值是负值。但是 x^2 依然是正值,因为一个负数的平方为正。因此 P 点将位于 X 轴的上方。而且对于一个给定的 x 的负值,就如同相应的 x 的正值一样,x^2 的值相同。例如,当 $x = -3$ 与当 $x = 3$ 时,x^2 都是 9。因此 P 点向 Y 轴左边移动与向 Y 轴右边移动的方式一样。完整的曲线如图 39 所示,在这里应该明白,曲线可以继续向左、向右无限延伸。我们对方程 $y = x^2$ 的分析显示出,曲线关于 Y 轴对称。可以证明,该曲线是一条抛物线。

如果我们希望得到一条更加准确的曲线图形,可以选择 x 的值,将它们代入方程 $y = x^2$,再计算相应的 y 值。这样,当 $x = 1$

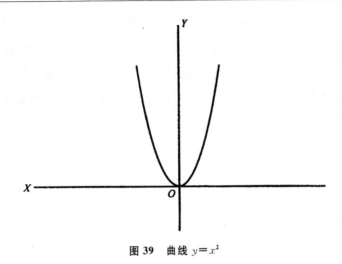

图 39   曲线 $y=x^2$

时, $y=1$；当 $x=2$ 时, $y=4$；当 $x=2\dfrac{1}{2}$ 时, $y=\dfrac{25}{4}$，等等。由于每一对坐标，例如$(2,4)$，代表曲线上的一个点，这样我们就能够给出这些点，然后再将这些点连成一条光滑的曲线。计算的坐标越多，则描出的点越多，因而画出的曲线就越准确。

笛卡儿、费马思想的核心，现在已呈现在我们面前了。对于属于一个方程的曲线，可以唯一地画出曲线上的点，而不会有其他的点。反过来，对于每一个包含 x 和 y 的方程，能够通过给出的点的坐标 x 和 y，而将其画成一条曲线。这一关系正式表述如下：任何曲线的方程，都是一个满足该曲线上所有点的坐标的代数等式。任何其他点的坐标都不满足该代数等式。这样，这一方程和曲线的结合是全新的思想。通过将代数中的精华与几何中的精华结合起来，笛卡儿和费马有了一个新的、价值极大的研究几何图形的方法。这就是笛卡儿在其《方法论》一书的附录中所包含的思想的实质。而且,他把这作为其哲学上的一般方法能用于数学方面的证明。的确,仅仅在两三个月时间内,笛卡儿成功地利用他的方法解决了许多困难问题。

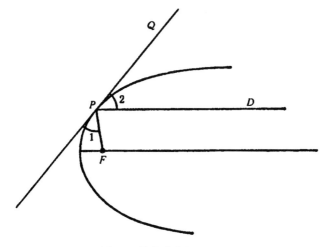

图 40 抛物线的聚焦特性

在分析了单个曲线的性质以后,方程和曲线的结合就使得在 171
科学上大规模运用数学成为可能。在这种结合中,我们将考察抛物线的应用。在这方面,这个曲线方程被证明具有不可估量的价值。抛物线总是关于一条直线对称的,该直线称为抛物线的对称轴。在图 39 中,这条对称轴是 Y 轴。在图 40 中,对称轴是画出的那条水平线。在这条轴上有一点 F,称为焦点;对于焦点而言,如果 P 是抛物线上任意一点,那么线段 PF 和图 40 中所示通过 P 点、平行于对称轴的线段 PD,与过 P 点的切线 PQ 分别形成的角相等,即∠1 等于∠2。

假设抛物线是一个反射面的横截面,在 F 点放置一个小光源。从 F 点发出的光线将射在抛物线上,而且对我们来说非常凑巧的是,光线将沿着与对称轴平行的方向反射。因此,从 F 点发出的这一束光线将通过的路径为 FPD。结果是,所有的光线将集中在对称轴的方向,并且将产生一个非常强的光柱。在实际运用这个原理时,我们是将抛物线绕轴旋转而得到一个抛物面。大家熟悉的一个例子是汽车的前灯(也可参看图 44)。

抛物线的这一性质也可以反过来利用。如果抛物线的对称轴指向远处的一颗星,那么这颗星发出的光线就以几乎与对称轴平行的方式射向抛物线,然后光线照在抛物线上,经抛物线再反射到 F 点。因此在 F 点就将有一个巨大的聚光点,从而使科学家能更清楚地看到远处的星。因此,一些望远镜就做成抛物面状。如果不是看星星,而是对着太阳,则聚集在 F 点的光线将产生很大的热量,从而使位于该处的易燃物着火。这个效应就是使用聚焦(focus)一词的来历,在拉丁文中,这个词是指“炉床”或“燃烧的地方”。

由于数学的实际应用并不是我们这本书主要关心的内容,所以我们只顺便提一下,所有的二次曲线都具有与刚才所描述的抛物线相似的性质。因此,这些曲线被有效地用于透镜、望远镜、显微镜、X—射线机、音乐厅、无线电天线、探照灯和其他几百种重要的装置。当开普勒将圆锥曲线引入天文学时,圆锥曲线已成为了所有天文计算的基础,其中包括日食、月食和彗星的轨道。圆锥曲线也还用于桥梁、索道和道路的设计中,在所有这些应用中,这些曲线的方程使计算成为可能,或者至少是加速了计算速度。在欧氏几何中需要精心巧妙、复杂的作图,而且只能通过近似的测量才能求出长度,而笛卡儿的代数方程却非常简单,而且给出的答案能达到任何要求所需的精度。坐标几何没有能够完全像笛卡儿所希望的那样——解决全部的几何问题,但是它解决的问题比笛卡儿在 17 世纪所能想象的要多得多。

真正重要的思想,是通常在该思想还处于萌芽状态时,它本身又提出了人们未曾猜想到的观念和关系。笛卡儿有关方程和曲线相联系的思想,自然而然地揭示出了一个新的曲线世界。对每一个含有 x 和 y 的代数方程,都存在一条由该方程所描绘的曲线。由于能够写出的数值和方程的种类无限多,所以曲线的范围也是无限的。如此众多的曲线,仅仅通过方程就能发现,而这些曲线本身又在许多新的应用方面被证明十分有用。

方程和曲线的联系,的确不仅仅只是打开了一个新的曲线世界;它还带来了认识新空间的需要。扩充到三维空间的思想,立刻本身就显示出来了。在这以后,扩充到更高维空间的思想不断地向人们提出了挑战。我们必须考察最近的坐标几何新分支,因为这些扩充的新分支,是最尖端、最难懂的现代科学发展的基础,其中包括相对论。

我们将首先考察坐标几何向三维空间的扩充。前面我们已经看到,平面上一个点的位置,能够通过一对数即坐标来描述。很明显地,我们立刻就可以知道,三维空间中的点能够通过一个三元数组表示出来。A 是任意一个平面,就像这一页纸一样的平面,我们将其水平放置。假设在这个平面上,被测量的 x 值的正方向由

OX 表示(图 41),被测得的 *y* 值的正方向由 *OY* 表示。

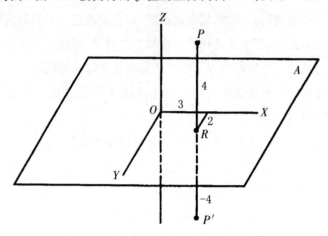

图 41　三维直角坐标系

现在,空间中每一点 *P* 都位于平面 *A* 的上方或下方,这个距离我们用 *z* 来表示;对于平面 *A* 上方的点来说,*z* 是正值,而位于平面 *A* 下方的点,则 *z* 是负值。例如,如果 *P* 在 *A* 上方是 4 个单位,则 *P* 的 *z* 值是 4。空间中 *P* 点的位置,通过在水平平面上 *R* 点的正上方的开始所说的表示法,可以完全确定下来。*R* 有 *x* 和 *y* 的坐标,因为它在平面 *A* 上。假设 *R* 的坐标是(3,2)。这样,数字 3,2 和 4 就完全决定了 *P* 的位置,而且在空间中不再会有其他的点对应于这个位置。因此我们就称 3,2 和 4 是 *P* 的坐标,把它们记作(3,2,4)的形式。对于平面 *A* 上的一点,如 *R*,则第三个坐标是 0,所以 *R* 在三维坐标系中的坐标,我们现在就记作(3,2,0)。

具有坐标(3,2,-4)的 *P'* 点也在图 41 中画出来了。3 根轴 *OX*,*OY*,*OZ* 的交点 *O* 称为三维坐标系的原点,坐标是(0,0,0)。

174

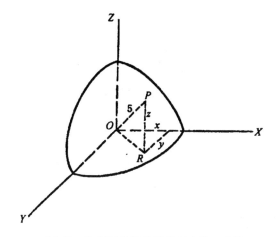

图 42 位于三维直角坐标系中的一个球

通过三维坐标系,可以在空间中把代数方程和几何图形联系起来。为了说明这一关系,我们来考虑一个球。根据定义,球是空间中到一个给定的称为球心的点的距离是一个固定长度的所有点的集合。假定球上所有的点到球心的距离是 5 个单位,再假设球是固定的,并使得其球心就是三维坐标系中的原点(图 42)。设球面上任意 P 点的坐标是 (x, y, z)。这样 x 和 y 就是一个直角三角形(位于水平平面上)的两直角边,该直角三角形的斜边是 OR,由毕达哥拉斯定理,有

$$x^2 + y^2 = OR^2$$

而 OR 和 z 是直角三角形 OPR 的直角边,该直角三角形的斜边是 OP,也就是 5 个单位。所以,

$$OR^2 + z^2 = 25$$

但是据前一个方程,OR^2 可得一表达式,如果我们代入这个

表达式,就得到方程

$$x^2 + y^2 + z^2 = 25$$

这就是一个球的方程,其含义是,当且仅当球面上一点的坐标用 x,y 和 z 代入时,左边等于右边。例如,点 $(0,3,4)$ 满足该方程,因为

$$0^2 + 3^2 + 4^2 = 25$$

因此该点位于球面上。这个球的方程与 $x^2 + y^2 = 25$ 圆的方程相似,随后,我们将讨论这种相似性。

球的情形揭示了一个重要的新的事实。一个含有 x,y 和 z 的方程代表一个曲面,每个曲面都可以由一个方程表示出来。在这里就不详细描述了。我们将考察一些方程及其所对应的曲面,因为这将有助于帮助读者理解我们对四维几何的讨论。

下面,一个形如

$$3x + 4y + 5z = 6$$

的方程(数字是任意的),表示一个平面上的点集(图 43)。这个方程与二维坐标系中的一条直线方程,例如 $3x + 4y = 6$ 相似,这一点十分明显。

然而,形如

$$x^2 + y^2 = z$$

的方程则表示一个抛物面(图 44)。这里所示的抛物面有点像一个搅拌用的碗或汽车前灯。这个方程非常类似表示一条抛物线的方程 $y = x^2$。

球、平面和抛物面,是圆、直线和抛物线在三维空间中的类似物,对它们的方程所作的比较也可以揭示这种关系。如果我们能

176

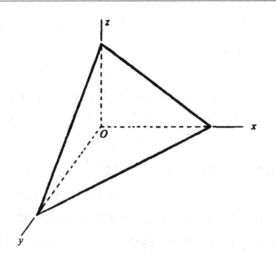

图 43　对应于 $3x+4y+5z=6$ 的平面

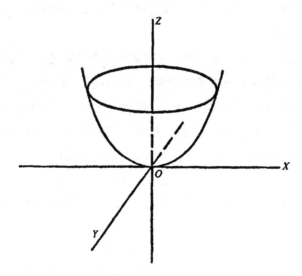

图 44　对应于 $x^2+y^2=z$ 的抛物面

再花点时间考察其他的曲面方程,我们将会发现,它们可由具有相似几何性质的曲线方程自然推广而得到。

语言表达思想;一种丰富的语言也能揭示新的思想。至少这在数学中是如此,数学语言经常被证明,它比发明这种语言的人更灵巧更具创造性。坐标几何中的代数语言就已经被证明具有意想不到的作用,因为它不需要从几何角度思考也行。考虑方程 $x^2 + y^2 = 25$,我们知道它表示一个圆。圆的图形,熟知的无终点的轨迹,以及完美的形状,这些都存在在哪儿呢?这一切都在公式中!代数已经取代了几何;思想代替了"眼睛"!在这个方程的代数性质中,我们能够找出几何中圆的所有性质。这个事实使得数学家们通过几何图形的代数表示,能够探索出一个更深层次的概念,这个概念甚至在笛卡儿、费马时代之前是完全不可想象的——那就是,四维几何。

什么是四维几何呢?用画图的表示法来揭示这一概念全然没有意义。但是我们可以考虑四条互相垂直的直线,即这 4 条线中每一条都与其他 3 条垂直。四维空间中的一个点也可以认为能由 4 个数即 4 个坐标来表示,这些数就是我们必须给出的沿 4 根轴到达该点的距离。因此,任意点的坐标能记作 (x, y, z, w);下一步,就可以思考四维空间中特殊的几何图形了。引入和研究这些图形的最可靠的方法,是通过坐标几何语言。例如,我们能建立诸如

$$x + y + z - w = 5$$

这样的方程。这个方程为 x, y, z 和 w 值的许多集合所满足。例如 $x=1, y=6, x=2$ 和 $w=4$ 的值满足这个方程,$x=1, y=5, z=$

$3, w = 4$ 也满足这个方程。每一组满足该方程的值对应一个点，由该方程所代表的几何图形，就是每一个满足该方程的点的集合。因为该方程是由直线和平面方程扩充为 4 个字母而得到的，所以我们可以称这个图形为一个超平面（hyperplane）。类似地，我们可以称对应于方程

$$x^2 + y^2 + z^2 + w^2 = 25$$

的图形是一个超球面，因为这个方程是由圆和球的方程扩充为 4 个字母而获得的。含有 4 个字母的方程，就是四维空间中图形的代数表示。

　　四维几何图形，与二维和三维几何图形在意义上同样存在。超球面像圆和球一样"真实"。而且可以同样应用于所有其他高维几何分支。绝大多数人在接受四维几何和相应方程过程中所遇到的困难，起因于这样的事实：他们混淆了思想结构与形象化。所有的几何，如柏拉图所强调的那样，研究的是仅仅存在于思想中的理念。幸亏通过在纸上作图，我们能够观察到或画出二维和三维的理念，而且这些图能帮助我们去记忆和组织我们的思想。但是图形并不是几何中的主体，而且我们也不允许从图形出发进行推理。这是千真万确的。绝大多数人包括数学家，都依赖这些图形，将其作为一种支柱，而且一旦当这些图形移去时，他们本身就无法进行思考了。但是，对于更高维几何领域的研究来说，这种支柱就不复存在了。无论什么人，哪怕他是最富于天才的数学家，都不可能观察到四维结构；他必须仅仅依靠他的思想，然后利用方程来讨论四维结构。

　　事实上，观察四维空间图形的截面是可能的。参考三维空间

的一种情形,就能够解释这句话的含义。假定我们要详细研究椭
球面(例如,一个橄榄球的表面)。为了避免观察整个图形的困
难——其实在这种情况下困难还不算太大,一个最为常用的数学
方法是取这个椭球面的截面,然后进行研究。从这些截面——如
图 45 中的椭圆 A 和 B——我们能够得到整个椭球的知识。这
样,三维空间中一个图形的研究问题,就被简化为对二维空间中图
形的研究问题。

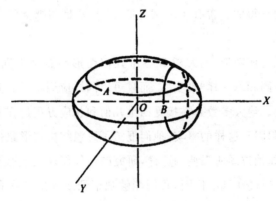

图 45　椭球的二维截面

按照类似的方法,我们能够考察四维几何图形的二维和三维
截面,从这些截面的研究中推导出四维几何图形的知识。"但是",
读者可能会反对:"我们知道椭球的平面截面是因为我们能够观察
整个图形,在四维世界中我们如何能做到这些呢?"答案是:通过代
数方程。首先,我们找出截面方程,然后利用二维和三维坐标几何
的一般知识得出截面的形状。

我们还能够利用另一种方法观察四维空间中的图形。为了研

究椭球的一个椭圆截面,我们可以把自己限制在椭圆所在的平面上,也就是,我们需要考虑的仅仅是一个二维世界。现在让我们来考虑四维世界中的一条曲线。如果这条曲线正好位于一个平面上,那么这条曲线就能被完全观察到,尽管实际上它是四维世界中的组成部分。

如果我们能够通过二维和三维空间研究四维图形,那么为什么首先要承认四维世界呢?答案是:各种截面彼此间的适当的关系,仅仅在某一些世界中才能存在,如同图 45 中椭球的截面 A 和截面 B 的合适的关系,只有在三维空间中才存在一样。

四维几何的概念,实际上在研究物理现象时非常有用。有一种观点,从这种观点出发,物理世界能够被认为是,而且应该被认为是四维的。任何事件都在一定的地点和一定的时间发生。为了描述这个事件与其他事件的区别,我们就应该给出该事件发生的地点和时间。它在空间中的位置能够由 3 个数来表示,也就是它在三维坐标系中的坐标,该事件发生的时间则能由第四个数来表示。x, y, z 和 t 4 个数,不能再少了,这样才能准确无误地表示事件。这 4 个数,就是四维时—空世界中的一个点的坐标。因此自然地,人们把关于事件的世界想象为一个四维世界,而且按照这种方式研究物理事件。

作为一个特殊的例子,让我们来考虑行星的运动。为了适当地确定一颗行星,我们不仅要指明它的位置,而且要指出这颗行星出现在这个位置的时间。因此,描述行星的位置,实际上需要 4 个数,这样的 4 个数可以被认为是四维几何中的一个点。行星连续变动的位置,也可以描述为是四维世界中的一些点的点集,因此行

星在时—空中的整个运动可以由一条超曲线来描述。虽然我们不
能观察到或画出这样的一条曲线,但是我们能通过一个方程,或者
更精确地说是通过含有 4 个字母的方程来表示它。如果方程选择
得恰当,那么这些方程就可以具体表现出行星运动的完整情形,就
如同 $x^2 + y^2 = 25$ 完整地描述圆一样。正像我们能够通过研究圆
的方程而推导出关于圆的事实一样,我们也能通过研究代表行星
运动的方程,而推导出关于一颗行星运动的情形。

181

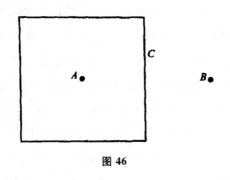

图 46

　　趁此机会,我们也许应该指出,现在有不少关于如果我们生活
在一个四维空间中,将发生这样那样事情的胡言乱语。许多作者
宣称,在一个四维空间中,不打破蛋壳,人们就能吃鸡蛋,不用穿过
墙、楼顶或天花板,人们就能不经门、窗而离开房间。这些作者所
进行的推理,是与低维情形作类比。如果从一个正方形内的一点
A,到达正方形外的一点 B(图 46),同时又保持在这张纸所在的平
面,那么就必定要穿过封闭的围线 C,但是,如果我们利用三维空
间,从而离开这张纸所在的平面,那么就可以不必穿过 C。类似
地,从一个立方体内的一点 A 到立方体外的一点 B(图 47),那么

就必须穿过立方体的表面——只要我们限于三维空间中。但是，若与平面情形类比，即如果我们能利用一下第四维，那么就可以不必穿过立方体表面了。

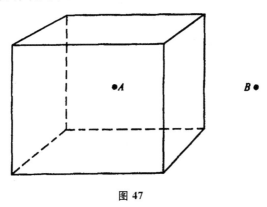

图 47

上面那些臆语并没有什么危害，如果那些臆测没有让人们产生下述观念：数学家们实际上相信四维空间的真实性，而且希望有一天将能训练我们的感官以感触到这一世界。上述观念是不会存在的，按照这种观念（其实是臆测）所构造出的思想也不会存在。

维数和高维几何的概念，是十分诱人的数学内容。但是这些内容已经远远地超出了笛卡儿、费马的工作。他们的工作，以及从他们的工作所得出的教益，正是我们这一章中所讨论的内容。那么，这种教益是什么呢？首先，在笛卡儿的哲学思维中，数学是一种灵感的产物和一盏指路灯。其次，对方法论的一种哲学上的兴趣，和对数学活动的一种智力上的爱好，产生了坐标几何，在此基础上，又在实际中把所有数学都应用于与此相关的物理世界。从笛卡儿开始，经过牛顿到爱因斯坦（Einstein）的发展线索，与任何能构想出的数学的理想化一样富有条理性。

通过笛卡儿的工作,数学的重要性大大提高了,因为他是第一流富有影响的思想家;他第一次向全世界证明了,数学方法在人们对真理的探索中所具有的力量和作用。他提出的处理陷于一片混乱的世界所面临问题的计划,标志着一个时代的结束。由于笛卡儿对数学方法的皈依而使世界获得的巨大收益,将在随后的几章里显现出来。

第十三章　研究自然的定量方法

> 我们可以说,现在首次打开了通往崭新方法的大门;在未来的岁月里,这一拥有无数美妙神奇结果的新方法将赢得更多心灵的重视。
>
> 伽利略(Galileo)

一天,一位在比萨(Pisa)大学就读的青年学生,去参观著名的比萨城大教堂。礼拜仪式令人感到十分乏味,使人生厌,因此他没有认真听牧师的布道讲演,而是注视着一盏悬挂着的来回摆动的大吊灯。他很快就注意到,当吊灯摆动经过一段大弧时,它完成这一摆动所花的时间,似乎与它经过一段小弧所花的时间一样多。他没有伸手从口袋中掏出表来核实这一观察结果,原因很简单,当时还没有发明这种计时器呢;但是,他的确想到了利用自己脉搏的跳动来核实自己的判断。这一观察结论被证明是正确的。这样,这位很年轻的学生,已经发现了一条支配所有摆运动的科学定律:一个单摆完成一次摆动所需的时间,与摆的振幅无关。不久,这条定律就被用于设计当时这位年轻人正需要的、具有广泛用途的钟表。更为重要的是,这一发现揭示出了科学活动中的一个新观念,这一观念勾画出了近现代科学的特色,同时也使得科学具有了"神奇的"力量。下面,我们就要准备考查这一观念。

　　这位在教堂里遐想的年轻人,就是 G. 伽利略(Galileo Galilei),一位音乐家的儿子,于 1564 年即莎士比亚出生的那年,出生于佛罗伦萨(Florence)。17 岁那年进入比萨大学学医,而这时,他却私下师从一位富有实践经验的工程师学习数学。通过阅读欧几里得和阿基米德的著作,唤起了他在数学和科学方面的天赋才智。征得父亲的同意后,伽利略将自己的注意力转向了数学和科学。

　　伽利略的兴趣和活动范围,即使是对于一个天才时代的伟大智者来说,也是难以置信的广泛。他始终对机械仪器有着浓厚的兴趣,而且在这方面心灵手巧。在家里,他拥有一间实验室,在此度过了大量的时间。伽利略制作了大量新奇、非常灵巧又用途极大的仪器,因此人们称赞他是现代发明之父。望远镜——被桂冠诗人本·琼森(Ben Jonson)称之为"迷惑镜"——就是由伽利略发明的。他利用自己发明的望远镜发现了木星和土星的卫星、银河系恒星的组成、金星的盈亏,以及月球上的环形山。这些观察的结果,明显地表明了天体具有与地球同样的性质,从而为日心学说提供了十分有力的证据。伽利略的另一个发明是听诊器,利用他自己发现的单摆运动规律,他发明了这一仪器,并将它用来记录脉搏跳动的频率。

　　尽管他的科学研究业绩的光辉遮盖了其他活动,但值得指出的是他还是一位文学大师。人们认为,他写出了 17 世纪最优美的意大利文散文。他曾用各种文学形式进行诗歌创作,发表评论文章,而且还曾一度讲授过有关诗人但丁的专题课,甚至他的科学著作之所以著名,也不仅仅因为这些著作介绍了他在天文、物理方面的研究成果,而且因为它们同时也是文学经典名著。伽利略在文学艺术方面的兴趣,导致了对绘画的酷爱和娴熟的音乐才能,在他遭受痛苦的岁月里,绘画、音乐给他带来了安慰。

雄心勃勃的伽利略最富有艺术性、最富有成果的创造,是他阅读大自然这部书的宏大规划。在本质上,这个规划提出了关于科学目标的一整套新观念,以及在实现科学研究目标的过程中数学所起的作用。尽管人们早些时候在这方面不够广泛又不够成熟的努力应该得到承认,但是伽利略清晰地构造出了这一规划,并且通过建立一些基本定律将其付诸实际应用。伽利略誉满寿高,当他于 1642 年去世时,已经获得了巨大的声誉。从那时起,现代科学已经信心十足地在他那极富成果的道路上起程了,这一成就必须归功于伽利略几乎是单枪匹马的奋斗。我们在这一章所着力讨论的,正是伽利略研究和把握大自然的规划。

毫无疑问,几乎每一个 20 世纪的人都意识到,大约在 1600 年,在科学中发生了革命性的变化。为什么在 17 世纪开始的科学活动会被证明具有如此大的作用呢? 是否笛卡儿、伽利略、牛顿、惠更斯、莱布尼茨这些献身科学的勇士们,比早期文明中的勇士们更聪明呢? 未必! 思想深刻、博学多才的亚里士多德和卓越的阿基米德,都具有 17 世纪任何一位科学家所具有的那样杰出的才智。是不是因为增加使用了由罗吉尔·培根和弗兰西斯·培根所提出的观察、实验和归纳的方法呢? 显然不是。求助于观察法和实验法,可能是文艺复兴的一大发明,但作为一种研究方法,至少希腊科学家对此也很熟悉。把近代科学巨大的、令人惊奇的成果,仅仅解释为是在科学研究中利用了数学,这也不对。因为尽管 17

世纪的科学家们知道,他们工作的目标,是为了找出隐藏在各种现象后面的数学关系,但对自然界的这种关系的寻求在科学中并不是什么新东西。自然界具有数学设计的观点,甚至在希腊时代就已经受过考验了。

近代科学成功的秘密,就在于在科学活动中选择了一个新的目标。这个由伽利略提出的、并为他的后继者们继续追求的新的目标,就是寻求对科学现象进行独立于任何物理解释的定量的描述。如果把近代科学与以前的科学活动进行比较,那么我们将会更加懂得科学中这一新观念的革命意义。

希腊科学家们主要致力于解释现象为什么会发生的原因。例如,亚里士多德花费了大量时间,试图解释为什么扔向空中的物体会落到地球上。希腊数学家和工程师海伦,利用自然界厌恶真空的原理去解释其他现象。同样地,对没有明显的力引起天体地圆周运动这一问题,希腊物理学家所作的说明是:圆周运动是自然的运动,因此就不必需要产生或保持这种运动的力。其他的"解释"似乎也不能清楚地阐释他们所研究的现象。例如,按照柏拉图的说法,地球在宇宙的中心保持着自己的固定位置,是"因为处于恒定不变的本体中平衡的物体,无须担心它会向某一方向作或多或少的偏离"。

185　　　中世纪欧洲同样也关心事情为什么会发生的原因,只不过总是按照现象的目的来作解释罢了。为什么下雨的"解释",就是在于雨浇灌人类的庄稼。庄稼成熟后给人以食物,而人活着则是为了服务于上帝,崇敬上帝。圣·托马斯(St Thomas),继承亚里士多德的思路,从事物为什么发生的观点讨论运动,说之所以产生运动就在于,物体自身有一种企图实现自己运动的潜能。无论这些解释是否能令我们满意,这些的确是早期科学活动中对所提出的问题给出的答案。

伽利略第一个认识到,这些关于事件原因和结果的玄想,远远不能增进科学知识,丝毫不能给人们以任何揭示和控制自然界运动的力量。有鉴于此,他提出要以一种关于现象的定量描述来取代那些玄想。

我们通过一个例子来说明他的想法。一个球从某人手中掉下,对于这一简单的情形,我们可以没完没了地猜想球为什么落下的原因。但伽利略却建议我们另辟蹊径。球从起点下落的距离,随着从它落下的那一瞬间开始所经历的时间而增加。因为球下落的距离和它下落所经历的时间,这两者都是变化的,所以用数学语言来说,这两者都称之为变量。伽利略提议,让我们来看看这些变量间的数学关系。伽利略所给出的答案,用今天的科学表示法写出来,就是众所周知的公式;对于刚才所讨论的情形,这个公式就是 $d=16t^2$。这个公式表明,球在 t 秒内所下落的英尺数,是这一时间的平方的 16 倍。例如,在 3 秒钟内,球下落 16 乘以 3^2 即 144 英尺;在 4 秒钟内,球下落 16 乘以 4^2 即 256 英尺,等等。

首先,应注意到,这个公式是严密、精确、完全定量的。对于一个变量的每一个值,在这种情形中的时间,以及对应的另一个值距离,都能进行精确的计算。这可以对成百万次的时间变最值进行计算,实际上可以对无穷多个值进行演算,所以这个简单的公式 $d=16t^2$ 包含无穷多种情况。

公式是表示变量间某种关系的一种方法。物理现象中存在的

已知关系式本身,在今天被称之为一个函数或函数关系。这样的
关系在每一种实际情形中都存在。由于大气压随地球表面上空的
高度而变化,所以在气压和高度之间有一种函数关系。类似的,一
件生产出来的商品的价格,依赖于原材料价格、劳动力价格和行政
管理费用,也就是说是它们的一个函数。在最后一种情形中,牵涉
到 4 个变量,其中的一个,即商品的价格,依赖于其他 3 个。

　　数学公式是对于所发生事件的一种描述,而不是对引起这种
事件因果关系的一种解释,认识到这一点非常重要。公式 $d = 16t^2$,对于球为什么下落,以及球在过去或将来是否继续下落等问
题没作任何说明。它仅仅给出了关于一个球如何落下的定量描
述。尽管这样的公式被用于描述科学家所发现的因果相关的变
量,但科学家无须研究或理解这些因果关系,也能成功地处理变量
间的数量关系。正是如此,伽利略已经清楚地看到,当他强调数学
描述时,就是反对把很少获得成功的定性研究和因果研究纳入自
然界。

　　然后,伽利略决心寻求描述自然行为的数学公式,这种思想,
像大多数天才思想一样,当第一次接触到时,可能不会给读者以太
深的印象。在这些单纯的数学公式中,似乎没有什么真正的价值。
它们解释不了什么东西。只是以一种精确的语言来对事情作描
述。但是,这些公式却被证明是人类所获得的关于自然界最有价
值的知识。我们将发现,近代科学在实用方面和理论方面最激动
人心的成就,主要是通过熟练地运用日积月累的定量的、描述的知
识才获得的,而不是通过关于现象原因的形而上学的、神学的甚至
是机械论的解释。近代科学的历史,就是逐渐摒弃上帝和恶魔,从

而将关于光、声、力、化学过程以及其他概念的模糊思想转变为数量关系的历史。

寻找描述现象的公式的规划和决策,紧接着又引出了这样的问题:公式中应该涉及什么量? 一个公式涉及整个物理变化中大量的数值,如压力、温度。因此,这些性质应该可测量。伽利略接下来所要遵循的一个原理,是划分哪些是可测量的量,哪些是不可测量的量。这样,他所研究的问题就转变为,使关于自然现象的诸方面,基本性质的内容与能够被测量的内容彼此分开。

为了实现这个目标。伽利略必须开辟新的道路。中世纪的先 187 辈们——那些亚里士多德的追随者们,利用一些诸如像起源、本质、形式、性质、因果性、目的之类的概念研究自然界。但这些范畴本身并不能定量化。因此,伽利略必须着手利用由他自己和笛卡儿共同创立的自然哲学。笛卡儿已经把物体在空间和时间中的运动,当作一条固定的自然界基本现象。一切活动都可以利用这些运动的机械现象予以解释。事实上,物质本身是原子的集合体,原子的运动不仅确立了该物体的行为,而且也确定了由该物体所产生的感觉。

因此,伽利略着手将运动中能够测量的物质的特性分离出来,然后将它们与数学定律联系上。通过分析和思考自然现象,他决定将注意力集中在这样一些概念上,如空间、时间、重量、速度、加速度、惯性、力和动量。后来的科学家又补充了能、能量和其他概念。在这些特殊的性质和概念的选择中,伽利略再度显示出了其天才,因为他选择的概念并非一眼就能看出其重要性,而且也不是很容易被测量。有些概念如惯性,甚至并不明显地为物质所具有;

它们的存在必须从观察中才能推断出。其他一些概念如动量，则必须归功于他的独创。这些概念在征服自然界、使自然界理性化的过程中，的确被证明具有伟大的意义。

在伽利略研究科学的方法中，还有另一个基本要素，后来这一要素被证明也十分重要。这一要素是，应该为科学建立数学模型。伽利略和他忠实的信徒们相信，他们肯定能找出物理世界的一些定律，这些定律将无可置疑地必定是真理，就如同欧几里得的经过任意两点只能画出一条直线的公理一样。也许冥思苦想、实验或观察也能揭示出这些物理学公理；至少它们一旦被发现，那么它们的真理性凭直觉就可断定为真。利用这些十分重要的直觉，17世纪的科学家们希望能推导出大量其他精确的真理，就如同从欧氏几何的公理中推导出定理一样。

188　　　为了正确评价伽利略规划的重大意义，我们必须认识到，科学并不是一系列实验，无论这些实验做得多么巧妙，怎么有水平；同样，科学也不是一系列由实验或理论推导出来的事实。一门科学的真正内容，就是一个理论体系，这个体系以首尾连贯一致的形式包含、组织、叙述、阐明一系列看起来似乎互不相关的事实，而且这个理论体系能够推导出关于物理世界的新结论。单个的事实或实验本身几乎没有价值。价值就在于把它们联系起来的理论。从太阳到行星的距离是些枝节问题，日心学说理论则是第一个庞大的知识体系。所以伽利略的另一个重大变革，就是使科学理论将大量的事实联系在一起，从而形成了能从一系列公理中进行演绎的数学定律体系。

因此，伽利略的规划包含3个主要的特征。第一，找出物理现

象的定量描述,并使它们能包含在数学公式中;第二,分离出并且
测量最基本的现象的性质,这些在公式中就是变量;第三,在基本
的物理原理基础上,建立起演绎科学。

为了使这个规划得以实施,伽利略必须找出基本定律。我们
可以得到泰国的结婚数目逐年变化的数学公式关系,或者纽约城
马蹄铁价格逐年变化的数学公式。但是,这样的公式在科学中没
有什么价值,因为它没有包含——无论是直接还是间接——任何
有用的知识。研究基本定律是另一项巨大的任务,因为伽利略必
须再一次打破陈规。在关于物体运动的研究中,他的方法就必须
要考虑到地球在空间中的运动,以及地球的自转运动,这些事实本
身就足以使文艺复兴时期世界所有庞大的力学体系——亚里士多
德体系失去效力。

在讨论地球上物体的运动时,亚里士多德这位古希腊圣人教
导说,每一个物体都有一个自然位置,物体的自然状态就是处于静
止中的自然位置。重物体的自然位置位于地球的中心,当然它就
是宇宙的中心。轻物体,如气体,它们的自然位置则在天空。对于
不在自然位置的物体,在没有其他外力作用的情况下,将趋向自然
位置。这样就产生了自然运动。例如,从手中落下的一个物体将
趋向地球中心并且向地球中心运动。但当上抛或提起一个物体
时,产生的运动则偏离自然状态。

既然静止是自然状态,那么自然运动和偏离运动都必须归结
为某种力的连续作用,否则运动将会停止。所有的运动也都会受
到连续不断的阻力,在任何情况下,运动的速度都能由公式(利用

现代符号标记)$V=\dfrac{F}{R}$ 表示;用语言来表述,即:速度与力成正比而与阻力成反比。在自然运动状态,力就是物体的重力,阻力则来自物体运动中的媒介质。因此在同一种给定的媒介质中,较重的物体必然下落得较快,因为在公式 $V=\dfrac{F}{R}$ 中,F 较大,所以 V 也必定较大。在偏离自然状态的运动中,力由人的手或某种人造机器施加,而阻力则来源于重量。这样,较轻的物体则阻力 R 较小,所以速度 V 就较大。因此,当施加一给定的力时,较轻的物体运动得较快。

　　解释某种特殊的现象,需要特殊的理论。例如,下落的物体,速度总是很快。在这种自然运动中,由于力由重力提供,那么这个力的值就与介质中的阻力一样,是个常数。因此,由公式 $V=\dfrac{F}{R}$,速度也应该是个常数。加速度,即速度的增加量,通过物体从前一个位置到后一个位置的空气推力可以计算出。这样,空气就被设想为在物体后面施加了一个力,从而使物质加快了速度。没有什么科学思想的人竟然解释说,正像一个思亲心情急迫的人返回故里一样,物质越临近自然状态即快到家(地心)时,其速度就越快了。

　　亚里士多德的上述定律,系由二份观察加上八份美学、哲学原理得到。但是,在许多世纪里,这些却被当作宗教、哲学和科学著作的金科玉律般的基础。我们可以肯定,伽利略揭示自然界的基本规律,就像哥白尼提出日心学说一样,阻力极大。因为他必须打破 2 000 多年来根深蒂固的传统思想。

按照亚里士多德的理论,使一个物体保持运动就需要一个力。因此为了使一辆汽车或一个球,哪怕是在非常光滑的地面上运动,也应该给予一个力。但是,伽利略对这个现象的观察,却比亚里士多德深刻得多。事实上,一个滚动的球或运动的汽车,只受空气的轻微阻碍和受它们与运动表面之间的摩擦力的阻碍。如果这一类的阻碍不存在的话,那么维持自然运动就不必需要推动力了。它 190 将继续无限地保持相同的速度;而且,沿一条直线运动。这条基本运动规律,一个不受外力作用的物体,将无限地以匀速继续在一条直线上运动,是由伽利略发现的,现在就是众所周知的牛顿第一运动定律。明显地,对同一种情况,伽利略所发现的这条定律,比亚里士多德的理论所揭示的要深刻得多。这条定律表明,一个物体只有受到一个力的作用时,才会改变其速度。这样,物体具有抵抗速度变化的特性。物质的这种特性,即抵抗速度变化的性质,称之为物体的惯性质量,或简称为质量。

在我们进一步讨论伽利略的思想之前,应该指出的是,正是他的第一条原理就与亚里士多德的理论相矛盾。这是否意味着亚里士多德犯了明显的错误,或者是他所做的观察太粗浅或太少了,因而不能得出正确的原理呢?完全不是这样!仅仅依靠观察,几乎不可能使亚里士多德改进自己的理论,或启发其他人改进他的学说。亚里士多德是一位持有现实主义观点的大学者,而且他一再教导说,要通过实际观察后再做出结论。但是,伽利略的方法更加精细,更有可能获得成功。伽利略研究问题时是作为一位数学家。通过忽略一些因素而突出其他事实,这样就将现象理想化了,就如同数学家们通过除去某些东西,突出个别性质而将绷紧的线和直尺的边缘理想化一样。通过忽略摩擦力和空气阻力，而且想象物体是在一纯欧氏空间中运动，伽利略就发现了这条正确的基本原理。他的技巧是，将问题用几何方法进行处理，然后再得出定律。

但是，我们会问，没有摩擦力和空气阻力是真实情况吗？难道它们不会使得物体速度减小，最后完全停止吗？有时会这样；而且当这种情况发生时，应该考虑摩擦力和空气阻力。但是，它们是附加在基本现象中的作用，不会影响结论，也就是说，一个物体的运动将继续无限地以匀速进行。有时，摩擦力和空气阻力实际上也可以忽略不计，如当一个一磅重的铅片从 100 英尺的高空落向地面时。同时也要认识到这样的事实，这些附加力的存在也有可能减少它们的作用，油、滚珠轴承和光滑表面，就能减少机械运动时的摩擦。而当这种效应不能减少时，就应该承认它的存在，从而使我们能明确地进行考虑，选择正确的运动方式。伽利略在这里的观点，是标准的数学家处理理想图形的观点。真实地测量三角形时，量得的内角角度之和也许在 160°到 200°之间变化。基本的事实是，一个理想三角形的内角之和是 180°，因此，只要一个三角形近似地是理想三角形，则它的内角之和将近似地为 180°。现代科学成就产生的一个悖论是，科学家或者数学家通过理想化，似乎故意使一个问题变得面目全非，以致使他有意采取与一般观点不同的方法，然而他们在后来竟能使问题获得正确的解决。伽利略的这一套方法被证明极其成功和有效，这一点我们马上会看到。

一个运动着的物体，如果给它施加一个力，将会出现什么样的情况呢？在这里，伽利略做出了第二个重要的发现。连续不断地施加一个力，将会使物体的速度增大或减小。我们称单位时间内增加或减少的速度为物体的加速度。这样,如果一个物体以每秒钟增加每秒 30 英尺的速度,那么它的加速度就是 30 英尺每二次方秒,或者采用缩写的形式为 $\dfrac{30 \text{ ft}}{\text{sec}^2}$(30 英尺/秒²)。第二运动定律所描述的是:如果一个力使得一个物体的速度增大或减小,那么用适当的单位来表示,这个力就等于物体的质量与它的加速度的乘积,这个定律用一个公式表示就是

$$F = ma \qquad\qquad (1)$$

这个公式具有非常重要的意义。它表明,一个不变的力,在一个质量不变的物体上将产生一个不变的加速度,因为如果 F 和 m 都是常数,则 a 也必定是常数。例如,恒定的空气阻力,速度的减小也是恒定的,它也可以同样说明一个在光滑表面上滚动或滑动的物体,其速度将会逐渐减小,直到速度为零时为止这一事实的原因。

反过来,如果一个运动物体的确具有加速度,也就是如果公式(1)中的 a 不为零,那么力 F 也不能为零。从一定高度落到地面的物体的确具有加速度。因此必定有某种力作用在这个物体上。这个力必定就是地球的引力。在伽利略时代,这个观念就已经为某些人接受了。但是,伽利略没有在这个观念上花太多的时间去进行思考,他已经开始把精力花在对下落物体进行定量化研究上了。

他发现,如果空气阻力忽略不计,那么所有下落到地球表面的物体都具有相同的加速度,也就是,所有物体都将以 32 英尺每二次方秒的相同速率获得速度。如果物体落下,也就是说,仅仅是让

其从手上下落,那么它的初始速度为零。因此,在第一秒钟终时,其速度则为每秒 32 英尺;第二秒钟终时其速度为 32 乘以 2 即每秒 64 英尺,等等。在 t 秒钟终时,其速度为每秒 $32t$ 英尺;用符号表示为:

$$v = 32t \tag{2}$$

这个公式准确地告诉了我们下落物体的速度是如何随时间而增加的。该公式也表明,物体下落的时间越长,则所获得的速度就越大。这是一个众所周知的事实,大多数人都观察到过,从高处落下的一个物体击地时的速度,比从低处落下的物体击地时的速度要大。

为了求出一个下落物体在给定时间内所落下的距离,我们不能采用速度乘以时间的方法,这样给出的仅仅是当速度为常数时的正确距离。不过,伽利略证明了,物体在 t 秒内所下落的距离的正确公式是

$$d = 16t^2 \tag{3}$$

d 是物体在 t 秒内所下落的英尺数。例如,在 3 秒钟内,物体下落 16×3^2 即 144 英尺。

将公式(3)的两边同除以 16,然后再同时取平方根,我们就得到了一个物体下落一段给定距离 d 时所需要的时间,它由公式 $t = \sqrt{\dfrac{d}{16}}$ 给出。应该注意的是,下落物体的质量在该公式中没有出现。这一结论,伽利略通过从比萨斜塔上往下扔物体而进行过检验[①]。

---

① 即著名的比萨斜塔实验。——译者注

但是,今天人们依然发现这一点的确难以置信:在真空中从一定高度同时抛下一块铅片和一根羽毛,它们也将同时落到底部。

联系公式(2)和(3),可以推导出另一个有用的公式。在公式(2)的两边同时除以 32,我们得到

$$t = \frac{v}{32}$$

如果将这个 t 值代入公式(3),我们得到

$$d = 16 \left(\frac{v}{32}\right)^2 = 16 \left(\frac{v}{32}\right) \left(\frac{v}{32}\right)$$

即

$$d = \frac{v^2}{64} \tag{4}$$

公式(4)告诉我们,如果我们知道了一个自由落体的速度,那么就能计算出它达到这个速度时所下落的距离。

在这个公式的两边同乘以 64,就给出

$$v^2 = 64d$$

即

$$v = \sqrt{64d} \tag{5}$$

公式(5)给出了一个自由落体下落到距离 d 时所获得的速度。

现在让我们举一个例子,来看看如何利用运动定律推导出一个重要的公式。我们考虑垂直地向空中抛掷一个球的现象。当然,球离地面的距离(高度)随球上升的时间不断变化。设 t 是球上抛所用去的时间(秒),从它开始作上抛运动时的瞬间起计时,h 是球在 t 秒内离地面的高度。在这样的情况下,我们将获得关于变量 h 和变量 t 的一个有用的关系式。

假设用足够大的力将球抛向空中,使它脱手时的速度达到每秒 100 英尺。如果没有其他力作用在该球上,那么按照牛顿第一运动定律,球将始终保持这个速度。在 t 秒内这个球向上运动的距离,等于它的速度乘以它运行所用去的时间。但是,在这个球向上运动的同时,它受到来自地球的吸引力,就像一个做自由落体运动的球一样。按照公式(3),在 t 秒钟内这个球被吸引向下的距离是 $16t^2$ 英尺。因此,球的运动就是同时发生的两种独立运动的合成,在 t 秒钟内上升 $100t$ 英尺,和在相同的 t 秒钟内下落 $16t^2$ 英尺,因此在 t 秒钟内球离地面的高度 h 就是

194

$$h = 100t - 16t^2 \tag{6}$$

简单地推导出像(4)、(5)、(6)这样的公式,显示了伽利略如何希望从少数基本的定律出发,实现他推导出自然界重要定律的方案。我们看到,利用物理学原理,数学推理能够演绎地推导出定理。这些例子,以及我们将要考察的其他例子也表明,数学家如何躺在安乐椅中而得到了许多富有重要意义的自然界定律。他的工具,除了纸和笔之外,就是数学公理、定理以及像运动定律这样的物理学原理。数学演绎——这是他的工作的实质——产生了关于物理世界的知识。

从这些证明出发,伽利略又开始进行观察,并且从中获得了另一个运动定律。如果一个物体携带着另一个物体,如飞机装载乘客,则乘客首先应遵从飞机的运动。这似乎毋庸置疑。但是,如果乘客突然从飞机中紧急跳伞,那么他仍将有飞机的水平方向的运动。事实上,如果没有空气阻力和向下的地球吸引力,乘客将完全与飞机一道飞行。这条定律解释了,为什么当地球自转和绕太阳

公转时,地球上的物体不会被抛出去的原因。

　　这条定律对抛物运动的潜在价值非常明显,而且伽利略不久就利用了它。在研究抛物运动时,他注意观察到,一个物体的运动可以归结为两个同时独立的运动。这一发现的意义可以通过一个例子得到证实。一个从一架水平飞行的飞机上扔下的物体具有两种运动。按照刚才所描述的定律,一个是与飞机运行同方向的直线运动,这一运动是由飞机的速度产生的。另一个运动垂直向下。这两种同时存在的运动的合成,就导致物体沿一条曲线向下运动,如伽利略所指出的那样,是抛物线的一部分。但是,下落物体的水平运动和垂直运动彼此独立。如果飞机飞得较快,则该物体的水平运动也将较快,而向下的运动将保持不变。因此,物体将与飞机飞得较慢时落地花相同的时间,尽管在着地以前它在水平方向将飞行得更远。因此,如图 48 所示,一个物体在 O 点离开飞机,当飞机速度较大时,它在 Q 点着地,而飞机速度较小时,它在 P 点着地,但到达 P 或 Q 所需的时间将是一样的。

　　伽利略将这个同时独立运动原理应用于炮弹运动的研究,证明了炮弹的运动也是抛物线的一部分,当与地面成 $45°$ 角发射炮弹时,将得到最大的射程。

　　所有这些成果和许多其他的成果,伽利略在其《关于两门新科学的谈话和数学证明》(*Discourses and Mathematical Demonstrations Concerning Two New Science*)中给出了详细的阐述,这是一部耗费了他 30 多年心血的杰作。在这部著作中,伽利略开创了近代物理科学数学化的历程,建立了力学科学,设计和树立了近代科学思维的模式。不幸的是,就在准备出版他的手稿时,伽利略

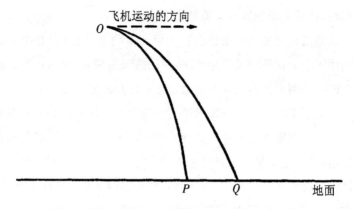

图 48   具有不同水平速度的两个自由落体同时着地

被人以不信仰基督教为由,而禁止出版他的任何著作。这样,他不得不将手稿秘密地转运到荷兰出版,而且还得装着他与印刷出版毫无关系的样子。他强调说,自己的这份手稿不小心在一个偶然的机会中落到了荷兰出版商手里,这位出版商未经他的许可就出版了他的著作。1638 年该书出版后,没几年伽利略就逝世了。随着他的去世,意大利思想的独立精神也凋零了。

第十四章　宇宙定律的演绎推理

> 我希望,年迈的哥白尼能看见
>
> 他那被认为是梦想而遭拒绝的真理,如何
>
> 砸碎了天空中虚假的顶天柱,摧毁了
>
> 宇宙中所有中心论观念,
>
> 似乎人类变得渺小了,然而,人类精神
>
> 却把握了定律……
>
> 而且慢慢地逐渐地,却是确定无疑地,
>
> 进入了自由王国,获取了巨大的力量①。
>
> A. 诺伊斯(Alfred Noyes)

对于科学和数学来说幸运的是,在一个比意大利具有更为自由的学术环境的国家,诞生了一位伽利略杰出的接班人。1642年,正是伽利略逝世的那一年,在一个僻静的英国小村庄农场里,不久前寡居的主妇生下了一个弱不禁风的早产儿。他的出身如此卑微,身体又是如此虚弱,因此人们认为这个孩子即使能活下来,

---

① 选自 A. 诺伊斯《天空的观察者》(*Watchers of the Sky*),1922 年再版本。感谢 A. 诺伊斯先生及出版者(J. B. Lippincott Company, N. Y. Wm Blackwood & Sons Ltd, Edinburgh and London)。——原注

一生都将极其不幸。但这位孩子——依萨克·牛顿(Isaac New-ton)活了 85 岁,而且赢得了一个人所能获得的最高声誉。

除了在机械设计方面有着强烈的兴趣外,像许多天才一样,牛顿在年轻时并没有显示出特殊的才华。因为他对农活不感兴趣,所以妈妈将他送到剑桥大学去念书。尽管也有一些相宜的条件,如有机会研读哥白尼、开普勒和伽利略的著作,有机会聆听著名数学家 I. 巴罗(Isaac Barrow)的讲座,但除此之外,牛顿似乎收获不大。他甚至发现自己在几何方面天资薄弱,以至于有一次几乎要改变学习方向,从研究自然哲学转向研究法律。4 年的学习生活结束后,他差不多和刚进校时一样平平常常。牛顿又回到了故乡——开始从事科学研究。

在 23—25 岁这段时间,牛顿——这位当时无声无息、名不见经传的学者——做出了三项伟大的发现,使他变得光彩照人,赢得了极大的声誉,而且极大地促进了近代科学的发展。第一项发现是,通过分解自然太阳光,揭开了光的颜色的秘密;第二项发现是创立了微积分,这一发现我们随后将进行讨论;第三项发现是,有关万有引力定律及其证明。

如果他向科学界公布这些成就中的任何一项,那么将立刻会赢得巨大的荣誉;但是牛顿却对此闭口不谈。当伦敦地区流行的鼠疫平息以后,他为了获得硕士学位又再度回到了剑桥大学,随后成了一位研究员。27 岁那一年,他的导师巴罗教授认识到,牛顿至少是一位在数学方面认真钻研、有潜力的学者,于是决定辞去教授席位,让牛顿来接替。牛顿成了教授,但他在教学方面可没有像在研究方面那样取得成功,有时甚至没有一个学生去听他的课。

他提出的许多独到见解甚至没有引起人们的注意,更不用说会受到人们的赞誉了。

他终于出版了关于自然太阳光组成的论文,附带地谈了一些自然哲学思想。但他在光学和哲学方面的工作都受到了严厉批评,有些科学家甚至对此全然否定。牛顿对此非常气愤和沮丧,决心以后再也不发表任何论文了。7年以后,他又改变了自己的决定,公布了自己进一步的科学发现。但这次,他又被卷入了一场关于发明权的争论之中,这使他再一次发誓,决心将自己的研究秘而不宣。要不是因为有天文学家 E. 哈雷(Edmond Halley)的劝说和财力上的支持,集牛顿研究成果之大成的《自然哲学的数学原理》(*Mathematical Principles of Natural Philosophy*,1687)著作将永远不会公之于世。

这部著作问世后,牛顿终于得到了人们普遍的赞誉。这部《原理》(*Principles*)一版再版,而且通过普及化而变得广为人知了。到1789年为止,英文已经出了40版,法文出了17版,拉丁文出了11版,德文出了3版,葡萄牙文和意大利文至少各出了一版。在那些普及化的读本中,一本名为《献给女士们的牛顿学说》(*Newtonianism for Ladies*)的著作也发行了许多版。事实上,《原理》需要普及化,因为这部著作太难读了,对外行人来说一点也不好懂,尽管教育家们的看法相反。最伟大的数学家们经过一个世纪的努力,才完全消化、吸收了这部著作的内容。

牛顿声名显赫,当代的爱因斯坦才可以与他相媲美。牛顿对其前辈们给予了高度评价:"如果我比其他人看得更远一些的话,那是因为我站在巨人们的肩膀上。"他并不认为自己的工作有什么了不起:"我不知道自己在世人眼里会是怎样的;但我时常觉得,自己就像一个在海边玩耍的小孩,独自在那儿嬉游,偶尔寻觅到了一块光滑的卵石,或漂亮精致的小贝壳,而前面还有我全然未发现的巨大的真理海洋呢!"

我们现在主要讨论的是牛顿青年时期的贡献:科学哲学和引力方面的工作。牛顿的自然哲学,更加明确地阐释了伽利略已经初步提出过的科学研究纲领:从可以清楚明白地被证实的现象出发,将会获得用精确的数学语言所描述的自然界行为状态的定律。对这些定律,再使用演绎的数学推理,推导出新的定律。与伽利略一样,牛顿希望知道全能的上帝是如何创造这个世界的,但他又不敢胆大妄为地寻根究底,同样他也不奢望能彻底了解诸多现象背后的结果。他说:"告诉人们每一特殊事物所具有的神秘特殊的性质,以及由此作用而产生的神奇效果,这其实并没有告诉人们什么东西。但是,从现象中推导出两三个一般的运动原理,然后告诉我们所有物质性实体的行动和性质,是如何根据这些明了的原理产生的,这就是(科学)哲学中最重要的任务,尽管这些性质的起因还没有为人发现①。所以我毫无顾忌地提出上述运动规律,它们的范围很广,而它们的原因则有待发现。"

在描述自然界这一艰苦的事业中,牛顿最著名的贡献是将天空与地球合为一体。伽利略已经观察到,天空并非像以前人们所认为的那样有人居住。但是,伽利略的后继者们在用数学化语言描述自然界时,总是将运动限制在地球表面或其附近。在伽利略

---

① 着重号为牛顿所加。——原注

时代,他的同时代人开普勒已经得到了关于天体运动的 3 个著名数学定律,并由此解决了关于日心学说的争论。这样,当一个科学家正在建立关于地球上运动的科学时,另外一位科学家则已经使天体运动理论完善化了。科学的这两个分支似乎彼此独立。找出它们两者之间关系的挑战激发了伟大的科学家们。而最伟大的科学家则使这两方面的工作融合在一起了。

有充分的理由相信,的确存在着和谐统一的原理。按照伽利略第一运动定律,物体应该永远沿一条直线运动,除非它受到外力的作用。因此,行星一旦开始运动就应该沿一条直线运动,但是按照开普勒定律,它们围绕太阳做椭圆运动。因此,必定有某种力的作用妨碍了行星做直线运动,就如同在绳子一端系着的一个重物没有沿直线飞去,是因为在它上面施加了一个力一样,可以假设,太阳本身也产生了一种作用在行星上的吸引力。牛顿时代的科学家们也了解了地球吸引物体这件事实的意义。这种吸引,就是一个从手中释放出去的物体落到地上的原因;否则,既然物体没有受到手中任何力的作用,按照第一运动定律,物体将会悬浮在空中,由于地球和太阳都吸引物体,因此,在一种理论中统一这两种作用的思想,从笛卡儿时代起就已经被提出来讨论过了。

牛顿将这一普通的思想转变成了一个数学问题,他并没有明确地阐述所涉及的力的物理本质,而是利用十分美妙的数学解决了这个问题。他能够用同一个数学公式来描述太阳对行星的作用,以及地球对它附近物体的作用。因为描述这两类现象的公式相同,所以他断定,这两种情况是同一种力在起作用。有一则故事说,牛顿看到一个苹果从树上掉下来,使他产生了地球吸引物体的力与太阳吸引地球的力是相同的这一思想。但是,数学家高斯(Gauss)说,牛顿讲这么一个故事,是为了应付那些问他如何发现万有引力定律的傻瓜。无论如何,这个苹果,并没有像在历史上发挥过重要作用的另一个金苹果那样,提高了人的地位。

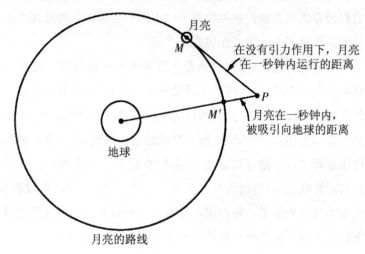

图 49 地球对月亮的万有引力作用

牛顿给出的用同一公式能应用于天空和地上物体的推理,现在已成为经典内容。我们将对此进行一下粗略的考察,从这一观察中能显示出问题的实质。月亮绕地球运动的路径是一个近似的圆。既然图 49 中的月亮 M,并不沿着一条直线如 MP 运行,所以,明显地它一定是被某种指向地球的力吸引住了。如果 $M'P$ 是在没有万有引力作用下月亮在这一秒钟内被拉向地球方向的距离。牛顿利用 PM' 作为地球对月亮引力的一种量度。相应地,在这种情况下,一个物体靠近地球表面的数值量度是 16 英尺,因为一个从手中落下的物体在第一秒内朝地球下落 16 英尺。牛顿希望证明,PM' 和 16 英尺由同一个力产生。

经过艰苦的运算,他得以断定,一个物体对另一个物体的吸引力,取决于这两个相关物体中心距离的平方,而且引力随距离的增加而减少。月亮中心与地球中心的距离大约是地球半径的 60 倍。因此,地球对月亮的作用力应该是地球对靠近其表面作用力的 $\dfrac{1}{(60)^2}$,也就是,月亮每秒钟应该靠近地球 16 的 $\dfrac{1}{(60)^2}$ 倍英尺,即 0.004 4 英尺。通过利用三角比例的方法而得到一些数据后,牛顿发现,月球每秒钟被吸引向地球的距离正好是这个数值。这样,他就得到了关于这一作用的最重要的结果:宇宙间所有物体之间的相互吸引遵循相同的规律。

经过更加周密细致的研究,牛顿证明了,任何两个物体之间的吸引力能够由精确的公式

$$F = \frac{kMm}{r^2} \tag{1}$$

给出,此处 F 是引力,M 和 m 是两个物体的质量,r 是两者之间的距离,k 对所有物体都相同。例如,M 可以是地球的质量,而 m 则是一个靠近地面或者在地球表面上物体的质量。在这种情况下,r 就是地球中心到该物体的距离。当然,公式(1)就是万有引力定律。

通过研究月亮运动而得到这个定律的正确形式以后,牛顿的下一步工作就是要证明,这个定律能应用于地球上或靠近地球的运动。按照这个定律,地球吸引每一个物体。当我们手中拿一个

物体时,我们感觉到了地球对这个物体的吸引。当 M 是地球的质量,而 m 是物体的质量时,这个公式(1)中的 F 就测量出了地球对物体的吸引力,这就是物体的重量。我们应该注意的是,重量是力,而质量则是阻碍物体运动变化的一个量。

牛顿非常注意物质的这两个相关性质,即质量与重量两者之间的区别。一个物体的质量是恒定不变的,而重量则是可变的。例如,如果物体与地球中心的距离发生改变,则物质的重量也改变。特别地,如果一个质量为 m 的物体位于地球上空 4 000 英里,它与地球中心的距离则增加了一倍。现在,如果在公式(1)中用 r 表示该物体与地心原来的距离,则它现在与地心的距离为 $2r$。为了计算处于新位置物体的重量,我们就必须用 $2r$ 代替 r。这样,公式(1)中的分母就变成了 $(2r)^2$ 即 $4r^2$。因此 F 就仅仅是原来该物体在地球表面上的四分之一。也就是说,一个质量为 m 的物体,它在离地球 4 000 英里高空上的重量只有该物体在地球表面上重量的四分之一。总起来说,我们已经证明了,尽管一个物体的质量保持不变,但它的重量则随该物体与地球中心的距离的变化而变化。

考虑公式(1)的另一个结论。设 M 是地球的质量,m 是靠近地球表面的一物体的质量。如果将公式(1)改写为

$$F = \frac{kM}{r^2} m$$

然后在这个方程两边同时除以 m,我们得到

$$\frac{F}{m} = \frac{kM}{r^2} \tag{2}$$

现在不考虑靠近地球表面的物体,而我们来考虑,在公式(2)中,右边的量是相同的,因为 r 大约为 4 000 英里,M 是地球的质量,而 k 对所有物体都相同。因此,对于任何靠近地球表面的物体,$\frac{F}{m}$ 之比,也就是重量与质量之比是常数。这样,物体两个截然不同的性质,就通过一种非常简单的方式,以量化的形式表示出来了。这种令人惊奇的关系,直到相对论创立以后才得到解释。由于我们几乎总是研究靠近地球表面的物体,以至于时常混淆了质量与重量两者之间的这种确定关系。例如,如果我们想推动一部汽车使其开始运动,就必须施加克服汽车重量所需要的力。实际上,显示汽车运动中阻力变化的是质量。

从第二运动定律和引力定律出发,我们还能推导出另一结果。第二运动定律表明,任何作用于质量为 m 的物体上的力,给予物体一个加速度。特别地,作用在物体上的地球引力应该对物体产生一个加速度。引力是

$$F = \frac{kMm}{r^2} \tag{3}$$

任何力与它产生的加速度的关系是

$$F = ma \tag{4}$$

当公式(4)中的力 F 是引力时,我们就能使公式(3)和(4)的右边 [203] 相等,因为两个公式的左边相等。也就是 $ma = \dfrac{kMm}{r^2}$。

在上述方程的两边同时除以 m,得到

$$a = \frac{kM}{r^2} \tag{5}$$

这个结果表明,作用于一个物体上的地球引力所产生的加速度总是 $\frac{kM}{r^2}$。由于 k 是一个常量,M 是地球的质量,而 r 是物体到地球中心的距离,所以对于所有靠近地球表面的物体,$\frac{kM}{r^2}$ 的数值是一样的。因此,所有自由落体(甚至所有下落的物体)都以相同的加速度下落。当然,这一结果伽利略已经根据实验得到了,而且从这个结果出发,他用数学方法证明了,所有从同一高度落下的物体,到达地面时所用的时间相同。应该指出,a 值能够很容易被测得,这个值是 32 英尺每二次方秒。

　　从运动定律和引力定律出发,能得到许多更加激动人心的结果,为了显示数学推理的力量,我们将推导出一个十分富有魅力的结论:计算地球的质量。为此,我们需要知道在公式(1)中出现的万有引力常数 k 的值。由于不论在公式(1)中出现的质量为多少,常数 k 的值恒定不变,所以已知两个物体的质量 M 和 m,两者之间的距离 r,通过实验测出两者之间的引力 F,就能够得到 k。因此,公式中唯一的未知量就能计算出来了。这种实验,许多物理学家都做过,其中最为著名的是 H. 卡文迪什[①](Henry Cavendish,1731—1810)。他得到的结果是,k 为一个非常小的量:6.67×10^{-8},即 6.67 除以 1 亿,此处的测量单位是厘米、克和秒。

　　我们现在可以利用公式(5)了,其中 k 是上面已经得到的量,M 是地球质量,r 是地球半径,a 是地球附近物体的加速度。由于

　　　① 卡文迪什,英国著名的物理学家、化学家,著名的剑桥大学卡文迪什实验室即为纪念他而修建。——译者注

除 M 之外所有的量都是已知的,因此我们能够计算出 M。结果是 $M=6\times10^{27}$ 克,也就是 6 后面添加 27 个零,或 6.6×10^{21} 吨,此即地球的质量。

经过上述计算,获得的一个十分有趣的附带的结果,是关于地球组成结构的情况。由于地球的半径已知,假设地球是一个严格的球形,那么地球的体积就可以通过球体积公式 $V=\dfrac{4}{3}\pi r^3$ 推算出来。既然一立方米水的质量能够测量出来,那么如果地球全部都由水组成的话,则地球的质量也能计算出来。而实际上,上面所给出的地球质量大约是全部由水组成的地球质量的 $5\dfrac{1}{2}$ 倍。因此,地质学家断言:地球内部必定由重矿物质组成。

至此,牛顿对引力理论的贡献可以归结如下:通过研究月亮的运动,他推导出了引力定律的正确形式。然后他证明了,这个定律和两大运动定律,足以建立有关地球上物体运动的有价值的知识。这样,他就实现了伽利略科学研究纲领中的主要目标之一,因为他已经证明了,运动定律和引力定律是基本规律。像欧几里得公理一样,它们被当作其他有价值的定律的逻辑基础。除此之外,一件的确了不起的功绩是,推导出了关于天体的运动定律。

下述辉煌的成就也注定了要归牛顿所有。由他给出的一系列十分重要的推理表明,所有开普勒三定律,可以从两个基本的运动定律和引力定律中推导出来。我们将给出这些推导过程中的要点,这样的目的是,再一次显示通过数学演绎获得关于物理世界知识的力量。我们将通过对牛顿的实际工作进行某种稍微简化的方法,显示出这一推导过程,因为我们假设每个行星的运行轨道是圆而不是椭圆。牛顿本人的确是按椭圆轨道来处理这一问题的,但我们没有必要遵从这种更为困难的证明方法。

　　开普勒第三定律揭示的是:任何行星公转的时间的平方,与它到太阳的平均距离的立方成正比例。这个定律写成一个公式,就是 $T^2 = kD^3$,此处 T 是行星年的长度即公转的时间,而 D 是行星到太阳的平均距离,k 是常数,也就是说,它对所有的行星都相同。

205　　为了推出开普勒第三定律,我们还需要一个关于运动的事实,这一点证明本身很容易,但这不是我们的重点。一个在圆周上运动的物体,受某种力的作用,使该物体偏离由牛顿第一运动定律所确立的应遵从的直线运动。这个力,经常称为向心力,其大小由公式

$$F = \frac{mv^2}{r} \tag{6}$$

给出,此处 m 是物体的质量,v 是其速度,r 是圆周半径。这种作用在行星上的力,就是太阳的引力。但是,公式(6)是关于向心力的一种正确的表达式,无论这种力是否来源于引力。

　　为了推导开普勒定律,我们首先要考虑行星的速度,假设行星是以恒速在一个圆周上运动,那么它的速度就由圆周长除以公转的时间给出,就是

$$v = \frac{2\pi r}{T} \tag{7}$$

如果将这个 v 值代入公式(6),这样就得到了作用于行星上的向心力的表达式,即

$$F = \frac{m}{r}\left(\frac{2\pi r}{T}\right)^2 = \frac{m}{r} \cdot \frac{4\pi^2 r^2}{T^2} = \frac{m4\pi^2 r}{T^2} \tag{8}$$

由于这个向心力 F 起因于太阳所施加的引力,而太阳的质量可以

记为 M。因此有

$$F = \frac{kmM}{r^2} \tag{9}$$

由于公式(8)和(9)中两边的力相等,所以得到

$$\frac{kmM}{r^2} = \frac{m4\pi^2 r}{T^2} \tag{10}$$

方程的两边同时除以 m,这样就消去了每边的公因子。如果在公式的两边同乘以 $T^2 r^2$,再除以 kM,我们得到

$$T^2 = \frac{4\pi^2}{kM} r^3 \tag{11}$$

不难看到,太阳的质量 M,引力常数 k,在推导过程中都是常量,我们考虑的行星质量 m 则没有出现。因此 $\frac{4\pi^2}{kM}$ 这个量是一个常数,将其记为 k。将 r 写作 D,我们就可以说

$$T^2 = kD^3 \tag{12}$$

这个结果就是开普勒第三定律。这样,开普勒经过多年观察、反复推敲后才得到的著名行星定律,利用牛顿定律,在几分钟内就被证明出来了。

牛顿定律有一个重要的推论。它令试图看到数学力量威力的外行们大开眼界。如我们已经看到的那样,牛顿定律的主要价值就在于这样的事实:它们可以应用于天体和地球上各种各样变化的情形。相应的定量关系,则是所有同一类关系其本质的典型代表。所以,这些公式中的知识,真正显示了该公式所包含的所有情形的知识。那些仅着眼于数学公式,而抱怨它们抽象、枯燥和无用的人,实质上是他们没能抓住数学公式的真正价值。

伽利略和牛顿的工作，并不是一个科学研究纲领的结束，而只是一个开端。牛顿自己在其《自然哲学的数学原理》的序言中，系统地阐述了这个纲领，这部经典性的著作汇集了这位卓越的年轻人的成就。序言指出：

> 我献出这一作品，作为哲学（科学）的数学原理；因为哲学的全部困难似乎在于——从运动现象研究自然界的力，然后从这些力去阐明其他现象；为了这一目的，一般性的命题定理将在第一及第二篇中给出；在第三篇中，我们将给出阐述世界体系的一个例子，因为根据在第一篇中已从数学上证明了的命题，我们在此可以从天体现象中获得关于引力的学说，物体由于引力而趋向太阳和几大行星。同时，从这些力出发，根据数学定理，我们再推导出关于行星、彗星、月亮、海洋的运动。我希望，自然界的其他现象，亦可以用同样的方法，由数学原理推导出来。许多理由使我产生了一种想法：这些现象都与某种力有关，物体之质点，以某种尚未为人知的原因，通过这种力或互相吸引，或按一定的规则形式聚合，或者互相吸引或互相排斥。

寻求基本的数学定律，并推演出它们的结果，这一科学运动来势凶猛，正如一块从陡峭的高山上滚下的石头，最终势不可当。利用本章中所给出的类似方法，太阳的质量，以及任意具有可观察卫星的行星的质量，都能计算出来。离心力的概念，即与上面所讨论的向心力相反的力，也被用来讨论地球的运动，离心力使得地球赤道有不同程度的凸起,以及导致地球表面上各处的物体产生重量变化。根据已观察到的几个行星球体间距离的变化,有可能计算出它们旋转的周期。潮汐被解释成是由太阳和月亮引力的作用而形成的。人们能够测算出彗星的轨道,因而能够精确地预测到它们回归的时间,当彗星突然扫过地球时,也可以通过椭圆轨道具有巨大的偏心率而得到解释。意想不到的是,关于彗星运动的这种数学研究,使人们得以相信,彗星是有规律可循、具有内部构造的宇宙中的遵纪守法者,而不是上帝派来将给人类带来痛苦、撞毁地球的灾星。同时,这一工作也为自然界的数学设计、定量方法的威力给出了毋庸置疑的证据。

在寻求自然规律方面所取得的成功,已经远远地超出了天文学领域。人们把声音现象当作空气中分子的运动而进行研究,获得了现在著名的数学定律。胡克(Hooke)测量了固体的弹性。波义耳(Boyle)、马略特(Mariotte)、伽利略、托里拆利(Torrieelli)和帕斯卡测出了液体、气体的压力和密度。范·海耳蒙特(Van Helmont)利用天平测量物质,迈出了近代化学中重要的一步,黑尔斯(Hales)开始利用定量的方法研究生理学,如测量体温和血压。哈维(Harvey)利用定量的方法证明了,流出心脏的血液在回到心脏前将在身体内周身流遍。定量研究也推广到了植物学,人们定量地测定了植物吸收、蒸发的水的比例。勒默(Römer)测量了光速。人们发现,冬天的寒冷,夏天的炎热,按照引力定律,也不过是互相吸引的空气分子运动的加剧或减慢而已。不久,人们发现了使各个独立的科学分支结合起来的定律。例如,化学、电学、力学和热现象,能通过能量转换定律联结为一个整体。

　　所有这些,仅仅是一场空前巨大的、席卷近代世界的科学运动的开端。这场运动的进程继续证明了牛顿的观点:所有自然现象都可以从运动定律和引力定律中推导出来。从 18 世纪取得的卓越成就中挑出一两个例子,就足以表明,牛顿提出的研究纲领涉及范围是多么的广泛①。

　　当牛顿在 1727 年逝世时,尽管关于天体具有不变的、数学秩序的证据已具有压倒性的优势,但是,人们已经观察到了天体运动中大量的不规则现象,并且束手无策。例如,尽管月亮总是出现在地球的同一面,但靠近其边缘的地域却明显地一会儿变大,一会儿变小,而且呈现出周期变化。除此之外,日益精确的观察已经揭示出,朔望月一月的平均长度每世纪减少约三十分之一秒(这是由观察和理论推演共同确立的精确度),最后,人们还观察到,行星轨道的离心率有微小的变化。

　　这些及其他一些对完美的定律和秩序构成威胁的因素加在一起,就产生了一个重大的问题:太阳系是稳定的吗? 也就是说,这些不规则因素,尽管很小,但慢慢增加后,由于天体间彼此间的复杂作用,将会导致太阳系不稳定、不平衡吗? 难道不会有一颗行星,在这些不规则因素日积月累的作用下,将会在某一天逃逸空间,或者地球在将来不会撞向太阳吗?

　　牛顿完全意识到了许多这样的不规则性,而且在他的研究中,处理过月亮的运动。月亮运行的椭圆路径,有时就像醉汉走过的直线路径一样,显得匆忙而又徘徊不定,弯弯曲曲地从一边走到另

---

　　① 　参见第十九、二十章。——原注

一边。牛顿认为,这种反常的行为应该归结为这样的事实:由于太阳和地球都对月亮有吸引作用,从而使月亮偏离了正常的椭圆路径。但是,由于他没有证据说明,所有观察到的月亮、行星运行的不规则性都是由万有引力的吸引而导致的,他也没能证明,这种累积效应最终将不会导致太阳系的紊乱,所以他觉得不得不求助于上帝的干预来保证宇宙的运行。但是,18世纪牛顿的继承者们决定不依赖于上帝的意志,而更多地依靠他们自己的数学演绎推理能力。

每颗行星绕太阳运行的路径,当且仅当在天空中只有这颗行星与太阳时,它才是一个椭圆。但是太阳系有8颗行星,有许多卫星,所有这些并不是仅仅只围绕太阳运动,而是它们彼此也按照牛顿万有引力定律相互吸引。因此,它们的运动,就不会是完全真正的椭圆形。如果能够解决任意数量的物体在引力作用下,产生的所有彼此相互吸引的运动这个一般性的问题,那么就能知道它们精确的路径。但是,这个问题超出了任何数学家的能力。然而,18世纪两个最伟大的数学家,沿着这条思路,对这些现象的研究取得了辉煌的成就。意大利出生的J.L.拉格朗日(Joseph Louis Lagrange),在年轻时就显示出了极高的天才,着手处理在太阳和地球的共同吸引下月亮运动的数学问题,并且在28岁时解决了这个难题。他证明了,可观察到的月亮中发生变化的区域,来源于地球和月亮上凸起的赤道。除此之外,太阳和月亮对地球的吸引,也被证明引起了地球转动轴的摄动,这一摄动的量能够计算出来;这样,地球转动轴的摄动以及随之出现的岁差,这一至少从古希腊时代就明显可见的事实,被证明是引力定律的一种必然的数学结论。

拉格朗日在对木星的卫星运动的数学分析中,取得了另一引人注目的成就。分析证明,观察到的那些不规则性也是引力的作用。所有这些结果,他都写进了其《分析力学》(*Méchanique analytique*)中,这部著作扩充并完善了牛顿在力学方面的工作,并使其规范化了。拉格朗日有一次曾不无嫉妒地说,牛顿太幸运了,只有一个宇宙,而牛顿却已经发现了它的数学规律。但是,拉格朗日在使全世界了解牛顿理论的完美性方面也作出了伟大贡献,并因而在历史上享有盛誉。

210　　　　法国人 P. S. 拉普拉斯(Pierre Simon Laplace)像拉格朗日一样,在年轻时就显示出了自己的天才,他把整个一生都用在将牛顿引力定律应用于太阳系的问题上。拉普拉斯的一个独创性成就是,他证明了,行星椭圆路径离心率的不规则性呈周期性。也就是说,这些不规则性将围绕一个固定值来回摆动而不会再增大,同样也不会引起天体有序运动的混乱。简单地说,宇宙是稳定的,这一结果,拉普拉斯在他划时代的著作《天体力学》(*Méchanique céleste*)中给出了证明。在 26 年的时间里,拉普拉斯的这部著作出版了 5 卷。

在拉普拉斯去世时(正好是牛顿去世后 100 年),宇宙完美的数学秩序已是十分明显的了。这一点反映在拉普拉斯和拿破仑著名的对话中,当拿破仑收到一册《天体力学》时,他责问拉普拉斯在撰写关于宇宙体系的著作时,为什么没有提到上帝。拉普拉斯回答说:"我不需要这个假设。"世界已从数学上证明是稳定的了,再也不会像牛顿那样,为了修正不规则性或防止错误的行为而需要一个上帝了。

从拉格朗日、拉普拉斯的天文学理论中,可以得出一个值得引起特别注意的十分著名的推断:海王星的存在及其所处的位置,这一结论纯粹是由理论作出的预测。由于无法解释天王星运动中的反常现象,人们推测,这种反常现象的根源,在于一颗未知行星对天王星产生的引力吸引。两位天文学家,英国的 J. C. 亚当斯(JohnCouch Adams)和法国的 U. J. J. 勒威耶(Leverrier),利用观察到的不规则性和当时的天文学理论,计算出了假设存在的这颗行星的轨道。然后,按照亚当斯和勒威耶由数学方法所确定的时间和位置,观察者们直接找到了这颗行星。在观察过程中,天文观察家们仅仅利用了当时的望远镜,从而确定了该行星的位置,而如果天文学家不在预测的方位去寻找,则这颗星几乎没被人注意到过。亚当斯和勒威耶所解决的问题非常困难,因为可以这样说,他们必须采用逆推法去进行研究。他们不是去计算一颗质量、路径(轨迹)都已知的行星的情况,而是必须从这颗行星对天王星运动产生的结果出发,去推导出这颗未知行星的质量和轨迹。因此,他们的成功被认为是理论的巨大胜利,而且人们普遍地承认,这是牛顿引力定律应用于宇宙的有效性的判决性证明。

到 18 世纪中叶,伽利略、牛顿研究自然界的定量方法的无限优越性,已经被明白无误地确立了。如果科学家们依然采用定性的研究方法,分析物质、力等一些不能解决的问题,那么他们在科学上将不会取得比中世纪哲学家更大的进步。物质结构问题十分复杂,我们知道,近代原子理论研究刚开始时,其复杂程度几乎令人难以置信。伽利略、牛顿避免讨论物质的结构,而是向人们表明,如何用加速度,即用时间和距离,去测量物质的惯性和引力性质。对于引力,他们也拒绝使用定性分析的方法。实际上,牛顿承认,这种力的本质对他来说是神秘的。关于这种力是如何能通过9 300 万英里而使地球为太阳所吸引,在他看来是难以理解的,而且他拒绝提出关于这方面的假说。他希望其他人能研究这种力的本质。人们的确尝试过利用由某些相互接触的媒介,或其他的过程所引入的压力来予以解释,但这些都被证明是不能令人满意的。后来,所有这些尝试都被抛弃了,而引力则被人们认为是"难以为人们所理解的"。但是,尽管对引力的物理本质一无所知,牛顿却的确给出了这种力如何作用的定量公式,这个公式具有重要的意义,而且十分有用。近代科学的一个悖论是,尽管它使人满意的东西似乎很少,但取得的成就却很大。

伽利略、牛顿的工作,还在其他方面有巨大的决定性的影响[1]。哥白尼理论摧毁了笼罩在天体上的神秘主义、迷信和神学,使人们得以用更加富有理性的观点来看待天体。牛顿的引力定律则彻底地清除了各个角落的污泥浊水,因为这个定律表明,行星像地球上类似的运动物体一样,遵循着同样的行为模式。这个事实为这样一个结论提供必不可少的、强有力的论据:行星由普通物质组成。天体的构成和地球上的尘埃是同一的,这一论据扫荡了关于天体本质的固有信条。特别地,现在已经更加清楚地证明了,由伟大的古希腊思想家和中世纪思想家所提出的关于完美、不可变化、永恒的天体与易毁的、不完美的地球两者之间的区别,统统不过是人们的臆想罢了。

---

① 参看第十六、十七、十八和十九章。——原注

除了地球和天体之间存在的这种同一性之外,伽利略、牛顿还确立了宇宙中存在着的数学定律。这些定律描述了最小的尘埃和最遥远的星球的行为。宇宙中没有哪一个角落不在这些定律所包含的范围内。这样,宇宙数学设计的证据就更加强有力了。而且,坚定不移地信奉这些定律所描述的自然现象,说明了自然界的一致性和不变性,这与中世纪关于上帝将维持宇宙作为一个连续整体的看法形成了鲜明对照。

17世纪发现了依附于神的意志的量的世界,并且使人们明白了,只有按照定量研究这一方式,才能理解造物主的目的以及造物主所缔造世界的运行方式。这一发现为人们勾画了一个永恒不变、具有普遍数学规律的机械宇宙世界。开始于这一时期的变化不亚于一场文化领域中的革命,随着我们研究的不断深入,这一点将会更加清楚地显示出来。

回顾一下导致这场人类知识巨大变化的主要过程,将获得一个教益。天体研究,在欧多克索斯天文理论体系中实现了第一次伟大的科学综合。紧接着是定量的、具有实用价值和广泛影响的希帕霍斯和托勒玫体系。对天体的进一步研究,产生了具有革命性的哥白尼和开普勒天文学。在日心学说的基础上,万有引力定律成了一个牢不可破的假说。这一定律的真实性,通过由它推导出开普勒定律,得到了更进一步的证明。最后,拉格朗日和拉普拉斯的天文学工作消除了所有对这一在自然界中居于统治地位的普遍数学定律的怀疑。从这段历史中获得的教益是,富有好奇心的天文学家,会比脚踏实地的"实干家"给予我们更多的关于世界的知识。关于与我们最直接相关环境中的那些自然现象行为的最好

的知识，都来自对天体的沉思，而不是由于实际问题的激发。对规

213 律的领悟，使人们爱好将所有的现象，哪怕是完全无法解释的现

象，都予以规范化，而不愿使自然界出现反常现象。这种用规律代

替超自然的神的作用的精神，是通过思考远离人们直接现实的问

题和研究最遥远的星星的运动而发展起来的。

　　哥白尼、开普勒、伽利略、牛顿的工作，使许多梦想成了可能的

现实。这里既有古代和中世纪占星家们预言自然界行为的希望与

幻想，同时也有培根、笛卡儿控制自然界以增进人类幸福的美好愿

望。人类在科学与技术这两个目标上都取得了进步。具有普遍性

的定律，确实使预测包含在定律中的现象成为可能。掌握知识仅

仅是摆脱臆想的一个步骤。因为只有在了解了自然界永无止境的

动态生命进程以后，才可能在工程设计中利用大自然。

　　在伽利略、牛顿的研究实践中，还建立了另外一个探索、理解

大自然的纲领。数字关系是宇宙的关键，通过数学可以知晓所有

事物，这种毕达哥拉斯—柏拉图哲学，在通过公式对现象进行相关

定量研究的伽利略体系中，是极其重要的本质要素。尽管毕达哥

拉斯学说本身的绝大部分内容，是关于创世以及利用数字作为所

有创造物的形式和原因的神秘理论，但在整个中世纪，这种哲学却

得以一直保存下来了。伽利略和牛顿摒弃了毕达哥拉斯学说中所

有神秘臆想的内容，而以一种在近代科学中普遍盛行的风格改造

了这种哲学。

第十五章　领悟飞逝的瞬间：微积分

当牛顿看见一个苹果落地时，他从沉思中大吃一惊，然后发现了——据说是这样（我不对在世的任何伟人的信念或论断负责）——地球按最自然方式运行的原因，并将之称为"万有引力"。这是从亚当开始，唯一一位能把握物体下落、苹果坠地原因的凡人。

L. 拜伦（Lord Byron）

推导出大量的宇宙定律，无疑地必须等待这样的时代：准备好在这方面的思想，产生诸如像笛卡儿、伽利略、牛顿这样能开创、指引近代科学活动的目的和方法的领袖。但也必须等待创立一个必不可少的工具——微积分，如果没有这一点，那么推导宇宙定律也的确不可能。对于 17 世纪的天才们开发的所有知识宝藏而言，正是这一领域被证明是最丰富的。除了在推导我们已经讨论过的许多宇宙定律方面的价值以外，微积分为创立许多新的科学领域提供了源泉。

与一般的观点——认为天才从根本上讲与其所处的时代势不两立——相反，17 世纪三位最伟大的思想家，费马、牛顿和 G. W. 莱布尼茨（Gottfried Wilhelm Leibniz），虽然彼此相互独立地从事研究,但逐渐地都被微积分的问题深深吸引了。费马在法国从事研究,牛顿在英国,而莱布尼茨则在德国。这些杰出天才中的第三位,我们才刚刚提到他,他于 1646 年出生于莱比锡,15 岁时进入莱比锡大学,明确选择的目标是学习法律,但却以无限的兴趣学习一切东西。在离开莱比锡不久,他写的一篇法律方面的论文引起了迈因茨(Mainz)选帝侯的注意,选帝侯决定聘请莱布尼茨当外交官。遗憾的是,这一时期他从事研究的时间非常有限,因为贫穷,迫使这位才华横溢的青年不得不为德国王室四处奔波。1676年,他被任命为汉诺威(Hannover)选帝侯的顾问和汉诺威图书馆馆长,尽管仍需要他为外交事务花费大量的精力,但允许他有一些空闲的时间了。这样,在空闲时间里,他写下了多达满满 25 大卷的著作、论文和信件,包括了其在法律、宗教、政治、历史、哲学、生理学、逻辑学、经济学,当然还有在科学和数学方面所做出的卓越贡献。他那无与伦比的天才和广泛的兴趣,被人们称赞道:"他本身就是一所科学院。"

许多才华横溢的数学家已经在微积分研究方面取得了一定的成就。因此,费马、牛顿、莱布尼茨的工作,就是他们先辈们一系列漫长努力的积累和继续。显然,无论每个天才的贡献多么巨大,其思想的精神都受时代的约束。天才们的贡献就是,使得特定时代的认识和丰富的思想得到激发和升华。他们使得社会思想成为资本,而随后的几个世纪都将从中获取极大的收益。

无论关于天才与其时代的关系这一问题的结论怎样,这一点却是无疑的:那就是,微积分的概念是在 17 世纪特有的氛围中,即发展到实际上是在牛顿的朋友与莱布尼茨的朋友之间,就有关是

否从英国将牛顿的思想传给了莱布尼茨的争论之中产生的。由这
场争论所引起的感情破裂如此之深，而且在这门最富有理性的学
科中研究的学者们对其领袖的尊崇如此之深，使得在牛顿、莱布尼
茨去世后的长达百余年时间里，英国数学家和欧洲大陆的数学家
们停止了思想和通信联系。每一方在评价对方的工作时，所使用
的语言并非总是严肃、理智和有礼貌。莱布尼茨倒是对这种争
论给出了一个非常宽厚的评论，他说，如果我们把有史以来直到牛
顿所生活的时代作为一个整体，来分析数学的发展，那么可以说，
其中一半以上的成果都应归功于英国人。

在费马、牛顿和莱布尼茨从事研究的时期，全欧洲的数学家都
团结一致，企图解决一系列问题，这类问题都与一种特殊的困
难——变量的瞬时变化率——有关。在考察这 3 个人的卓越贡献
之前，我们必须弄清楚他们所面临的问题的本质。

在处理变量，也就是连续变化的量时，必须将变化(change)与
变化率(rate of change)两者区分开来。当一颗子弹在空中飞行
时，子弹飞行的时间和距离都连续增加；但是，在它击中一个人之
前的那一瞬间，重要的却是子弹的速度，即距离与时间之比的变化
率，而不是子弹已经运行的时间和距离。如果速度是每小时一英
里，那么子弹将平安无事地落在那人脚下的地面上。如果速度是
每小时一千英里，那么这个人将会被击倒在地，一命呜呼了。明显
地，变量的变化率，至少与它们正在变化这一事实具有同样重要的
意义。

在变量的变化率中，我们必须将如下两类区别开来：平均变化
率和瞬时变化率。如果一个人驾驶汽车从纽约前往费城，两城相

距 90 英里,他花去了 3 个小时,那么他的平均速度,也就是距离与时间之比的平均变化率,是每小时 30 英里。但是,明显地,这个数字并不一定代表在这段旅途中他在任何一个特定的瞬间,比如说在 3 点整时的速度。现在假定在一个瞬间,精确地说是在 3 点整,驾驶员看汽车速度计,注意到指针读数是每小时 35 英里。这个量就是一个瞬时速度:也就是,它是在 3 点整的距离与时间之比的变化率,但是,它并不一定是在这以前或以后任何时刻的瞬时速度。我们可能会争辩说,在一个瞬间,没有这样一类的速度,因为在一瞬间没有消耗时间,因此不可能有运动。现在,我们将简单地用物理实验来证明这样的结论:一个正驾驶着一辆汽车旅行的人,在每个瞬间都有一个确定的速度。在任何一个这样的瞬间,汽车都可与一棵树相撞,这个实验将肯定会使持怀疑态度的人深信不疑。

在别的情况下,使用平均速度这一概念也就够了,但当物体以变速运动时,首先就产生了需要处理瞬时速度的问题。当时,变速运动正是 17 世纪科学家所面临的主要问题。例如,开普勒第二定律所描述的一颗行星的运动,就不是像希腊人和其他文艺复兴以前的科学家所认为的那样是以一恒速度运动,而是以一个连续变化的速度运动着。类似的,按照伽利略理论,靠近地球表面的物体的上升与下落,在其运行过程中的速度也连续变化。单摆运动和抛物运动,它们在那个时代被人们认真仔细地研究过,也与变速有关。在处理这些运动时,科学家们缺乏对瞬时速度的精确清楚的认识,除此之外,也缺乏计算瞬时速度的某些方法。

应该清楚地认识到,用求平均速度的方法,我们得不到瞬时速度，因为在一瞬间，物体运行的距离是 0，所花的时间也是 0，而 0 除以 0 无意义。稍微思考一下这个问题，读者们将会相信，只有利用一种非同寻常的方法，才能成功地定义和计算出瞬时速度。为了解决这一问题，费马、牛顿、莱布尼茨充分发挥了他们的天才。

首先，我们简单地描述一下他们所使用的方法。我们已经看到，如果一辆汽车在下午两点离开纽约，下午 5 点抵达费城，那么它在这段旅程中的平均速度，就是它所运行的距离 90 英里，除以它走完这段距离所花费的时间 3 小时，即平均速度是每小时 30 英里。汽车在 3 点整的速度，我们能说是多少呢？很清楚，尽管平均速度是每小时 30 英里，但在 3 点整的速度可能是每小时 40 英里，或者几乎可以是任何其他数字。我们期望，通过考虑在 3 点整前后一段较短时间内的平均速度，得以回答这个问题。这样，如果汽车在 3 点整前后 1 分钟的时间里运行了 0.6 英里，那么它在这 1 分钟内的平均速度就是 0.6 英里除以 1 分钟，即每小时 36 英里。这是在 3 点时的平均速度吗？

尽管 1 分钟是一段相当短的时间间隔，但在这 1 分钟内的平均速度仍然可能与恰恰在 3 点这一时刻的速度有很大的不同，因为汽车在这 1 分钟内仍可以加速或减速。让我们缩短在 3 点整前后时间间隔的长度，再计算出在这段时间内的平均速度。现在，我们可以计算出在 1 秒钟内的平均速度，或者 $\frac{1}{10}$ 秒，$\frac{1}{100}$ 秒内，等很小的时间间隔内的平均速度。所计算的平均速度的时间区间越短，则在这段时间内的平均速度将与在 3 点整的速度越接近。

假设当越来越靠近 3 点整的时候，所取的时间间隔也越来越小,计算出的平均速度为 $36,35\frac{1}{2},35\frac{1}{4},35\frac{1}{8}$,等等。因为当在

3 点整附近的时间间隔越来越小时,则在这些时间间隔内的平均

速度应该越来越逼近在 3 点整时速度的准确值。因此,我们定义

在 3 点整这一时刻的瞬时速度是:当时间间隔趋于 0 时,平均速度

所趋近的那个数值。在这样的平均速度的情况下——为 36,

$35\frac{1}{2},35\frac{1}{4},35\frac{1}{8}$,等——可以设想这一系列数趋近 35,所以我们取

35 为 3 点整的瞬时速度。应该注意,瞬时速度不是由距离除以时

间的商来定义的,而是我们引入了平均速度趋近一个数值的思想。

　　现在,我们可以考虑给出求瞬时速度方法的一个更精确的描

述了。我们观察一个真实存在的公式,该公式描述的是自由落体

下落的距离与其下落时间的关系,来计算一下当一个球下落第 3

秒钟末时,它的瞬时速度是多少。按照伽利略定律,以英尺为单位

的下落距离和以秒为单位所用的时间,两者的关系是

$$d = 16t^2 \tag{1}$$

到第 3 秒末时所下落的距离,用 d_3 表示,因此在这个公式中用 3

代替 t,就得到

$$d_3 = 16 \cdot 3^2 = 144$$

现在不像计算在 3 点整前后的汽车平均速度一样,我们不去计算

在第 3 秒钟末前后每一时间间隔的平均速度,而是采用下述更为

有效的方法。

　　让 h 表示任何时间间隔,这样 $3+h$ 就表示比 3 秒钟增加了一

个量 h 的更大的新的时间间隔,为了求出在 $3+h$ 秒钟内球下落的

距离,在公式(1)中替换这一时间值。我们知道,新距离不会再是

144,而是一个不同于 d_3 的值,我们记这段新距离为 d_3+k,此处 k 是在增加的 h 秒内,球下落运行增加的距离。这样

$$d_3+k=16 \cdot (3+h)^2$$

将 $(3+h)^2$ 展开,我们得到

$$d_3+k=16(9+6h+h^2)$$

现在将括号中的每项乘 16,结果是

$$d_3+k=144+96h+16h^2 \tag{2}$$ 219

在 3 秒钟末时,球下落的距离是

$$d_3=144 \tag{3}$$

为了得到 k,即在 h 秒内距离的变化量,我们将方程(2)减去方程(3)。这一运算的结果是

$$k=96h+16h^2 \tag{4}$$

现在,就如同通过由 90 英里除以 3 小时得到汽车的平均速度一样。我们可以用在 h 秒内所运行的距离 k,除以这段距离所花的秒数 h,得到在 h 秒内的平均速度。这样,如果我们在公式(4)的两边同时除以 h,我们得到

$$\frac{k}{h}=96+16h \tag{5}$$

从公式(5),我们看到在 3 秒钟后的 h 秒的间隔内,平均速度 $\frac{k}{h}$ 是 h 的函数,这个函数是 $96+16h$。当 $h^\triangle$ 变得较小时,$\frac{k}{h}$ 就表示从第 3 秒末开始测量的一个越来越小的时间间隔内的平均速度。我们在上面已经认可,取平均速度所趋近的那个数值,作为在第 3 秒末的瞬时速度。因此我们所需要的是,当 h 趋近 0 时,$\frac{k}{h}$ 所趋近的那

个值。当 h 趋近 0 时,16h 趋近 0;这样,从公式(5)的右边,我们能

够看到。$\frac{k}{h}$ 趋近 96 这个值。因此,在第 3 秒末的瞬时速度为 96

英尺/秒。这是真空中任何物体下落 3 秒钟末时的速度。

应该注意到,为了确定 96 作为瞬时速度,我们看一看当 h 趋

近 0 时,公式(5)的右边的情形。我们的推理是,当 $h^\triangle$ 变得越来越

小时,96+16$h^\triangle$ 则越来越趋近 96。这个过程与直接将 h 换为 0 的

思想过程是不同的,尽管事实上,在这个简单函数的情况下,通过

作这种代换所得到的结论是相同的。

让我们来看看为什么思想过程不同。当 h 是 0 时,k 也是 0,

因为 k 是球在时间 $h^\triangle$ 内所运行的距离。当 h 是 0 时,$\frac{k}{h} = \frac{0}{0}$,这

是一个无意义的表达式。因此,认为通过将 0 替换 $\frac{k}{h}$ 表达式中的

220 h 而得到第 3 秒钟末时的速度,这一说法是不正确的。但是,为了

求出平均速度所趋近的这个数值,而在计算平均速度时又让时间

间隔趋于 0,这样在逻辑上是严密的。而且,正是由于引入了这一

思想,才消除了瞬时速度概念中的重重困难。当然,计算平均速度

没有什么困难,因为它们总是关于不为零的时间间隔的。

现在,我们有了一个瞬时速度的概念。这是一个当时间间隔

趋近于 0 时,平均速度所趋近的数值。具有同样重要意义的是,借

助有关距离与时间的公式,我们有了一种计算瞬时速度的方法。

随便提一下,我们应该注意到,如果计算的是在 t 秒末的速度而不

是 3 秒末的速度,那么,我们所得出的速度 v 就等于 32t。这样,我

们能得到在任意时刻 t 的速度公式。

我们刚才所考察的过程具有数学的特征。为了处理瞬时速度概念，数学家们已经将空间和时间理想化，所以他们能说，在空间中任意时刻某些位置上存在某些事物。这样，他就得到了在一个瞬间的速度，初学者发现，自己的想象力和直觉被局限于瞬间、点和在某一个时刻的速度这些概念之中了，他可能宁愿说在某些非常小的时间间隔内的速度。但是，通过这种理想化，数学就不仅仅产生了一个瞬时速度的概念，而且给出了公式，这比在一个充分小的间隔内的平均速度的思想更精确，同时应用起来更简单、容易。想象力可能受到了限制，但知识却增加了。通过引入似乎困难的思想，但它却使真正复杂的难题得以简化，并且解决起来更容易，这是关于数学的一个悖论，这一点我们在其他方面已经遇到过。

定义和计算瞬时速度的方法，实际上比到现在为止所讨论的情形具有更为广泛的用途。d 代表距离，t 代表时间，但仅就数学方面来说，对 d,t 并没有作特殊的要求。这些量可以有任意的物理意义，从而我们可以利用计算在某一时刻的距离与时间变化率相同的数学程序，去计算一个变量对另一个变量的变化率。例如，如果 d 表示速度而 t 表示时间，我们就可以计算出在某一时刻的速度对时间的变化率，这个速度的瞬时变化率就是瞬时加速度。另外一个例子，大气压强随着地球表面的高度而变化；对于这个函数，我们能够计算出，在任意给定的高度，压强与高度的变化率。或者，如果变量 d 代表商品的价格，t 代表时间，这样，我们能够计算出在任何时刻价格对时间的变化率。这样，上述方法可以使我们能够定义、计算成千上万种具有重要意义、有用的一个变量相对于另一个与其数值有关的变量的变化率。偶尔，所有这些变化率

221

都被认为是瞬时变化率,尽管事实上时间并不是一个相关的变量,这是由于最早有关速度、加速度的计算问题,的确与时间有关,而且有关于时间瞬时的变化率。于是,微积分可以定义为这样一门学科,它处理的是一个变量对另一个相关变量的瞬时变化率概念,这个概念具有各种各样的应用。

一个变量对另一个变量的瞬时变化率,通常用一个特殊符号来表示。这样,如果两个变量是 y 和 x,那么一个通用的符号是 $\mathrm{d}_x y$,读作 y 对于 x 的导数(另外一个普遍采用但易使人误解的符号是 $\dfrac{\mathrm{d}y}{\mathrm{d}x}$)。这两个符号是数学语言具有的简明性的极好例证。利用很简短的一句话,这个符号描述了求出变量 y 对另一个变量 x 的瞬时变化率的整个运算结果。我们现在知道,在这里所包含的内容是多么丰富。明显地,利用这样的符号,比利用字母 x 表示一个未知数前进了一大步。高等数学不同于初等数学的地方,部分地就在于利用了这种非常有效的符号来表示复杂的概念。

到现在为止,在利用以上提到的瞬时变化率的概念时,我们能够从关于两个变量关系的公式着手,然后再求出变化率。假定给出了一个变量对另一个变量的变化率,那么反过来,求出关于这两个变量公式的逆过程又有什么价值呢? 当然,求变化率的逆问题的重要性,取决于知道在开始时某些重要的变化率。幸运的是,这些信息在自然现象和人为现象中能很容易地获得。由此出发,我们就能获得公式并求出许多问题的解。下面考察一个实际情况。

假定我们对找出两个变量之间的公式感兴趣,具体地说,是关于一个物体下落的距离和物体下落这段距离所花的时间的公式。

牛顿定律的一个逻辑上的结论,如我们在上一章所证明的那样,就是自由落体的加速度是常数。即速度对时间的变化率在每个时刻都相同。由伽利略所做的简单实验证明了,这个常数的值是 32 英尺/秒^2。用符号表示,如果 a 代表加速度,即有

$$a = 32 \qquad (6)$$

在地球地面上方的所有物体,如盘旋于落基山脉上空的飞机,从枪口射出的子弹,扔向空中的球,都有这个向下的加速度。

既然 a 是速度对时间的瞬时变化率,因此可以认为它来源于一个关于速度 v 和时间 t 的公式。如果能够找到这个公式,那么可以给出时间 t 作变量的一个速度表达式。通过求变化率的逆过程,我们可以得到这个公式。我们不难接受这样的事实,关于速度和时间的公式是

$$v = 32t \qquad (7)$$

或者我们能通过求 v 对于 t 的变化率检验这个结论,或者从这一检验中看到公式(6)。但是,公式(7)并不是我们问题的答案,因为这个公式给出的是,在任意时刻物体下落的速度与它已经下落的时间表示出来的关系式,而我们需要的是距离与时间两者之间的关系。但是,速度是距离对时间的变化率。因此,为了求出物体在 t 秒钟内下落的距离,我们必须对公式(7)所表示的瞬时变化率,找出一个新的公式。再一次利用求变化率的逆过程,我们得到了关于物体下落的距离 d 与物体下落花去的时间 t 的公式,结果是

$$d = 16t^2 \qquad (8)$$

通过证明 d 对于 t 的变化率是公式(7),我们可以相信这个结果。这样,通过两次求瞬时变化率的逆过程,就能求出自由落体所运行

的距离与时间的相关公式。

　　在最容易求得变化率的一类问题中的另一个例子,可能会更足以表明从变化率求出公式过程的重要性。牛顿第二运动定律——这个定律被用作物理学中最基本的研究基础,就是一个关于变化率的问题。其内容是:作用于一个物体上的力,等于物体的质量乘以物体运动的加速度。当力已知时,这条定律就成了关于加速度即关于速度对时间变化率的命题。这样,通过一些我们在上述从式(6)到(8)的过程,就能求出在这个力作用下,距离和时间相互关系的公式。经常一个通过变化率的逆过程得到的公式,若用其他任何方法,是不可能求出的。

　　与瞬时变化率有关的表达式,通常写成方程的形式,例如写成(6)和(7)的形式,它们被称为微分方程(differential equations)。微分方程表示的是关于一个变量对另一变量的瞬时变化率的一些情况。从微分方程中求出关于这些变量的公式的过程称为求解方程。正是通过求解一个著名的微分方程,牛顿很容易地就推导出了开普勒定律。由于微分方程已经被证明是表达和发展科学及其思想的最有效工具,所以人们认为大自然和上帝通过微分方程来"说话"。

　　如果我们想知道微积分的实际应用,那么看一看利用求瞬时变化率的逆过程,如何来求曲线的长度、曲线所围图形的面积,曲面所围图形的体积,以及解决许多大量用其他方法不可能解决的问题,将会受益匪浅。也许,至少我们应该看到,微积分如何在这些应用中发挥作用。

　　举一个简单的例子,让我们来考虑如图 50 中的面积。我们可

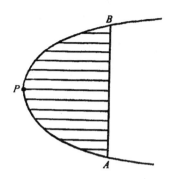

图 50 由一条可变长度的运动直线所形成图形的面积

以把这个面积想象为是由一条垂直的动直线 AB,从 P 点开始(长度为 0)向右移动而形成的。对于 AB 的任何位置向右移动时,所形成的面积都是如图所示形状的面积。于是当 AB 向右移动时,所形成的面积也以与长度 AB 变化的相同速度增加。由于 AB 从一个位置到另一个位置时其长度会发生变化,因此所形成的面积也从一点到另一点发生变化,这样,瞬时变化率的概念在对这个图形的研究中就用上了。为了解决如何求出这个图形的面积,以及其他实用图形的面积问题,我们将进一步考虑微积分的纯技术问题。一方面,是一般的变化率概念,另一方面是求出长度、面积和体积,认识到这两者之间的联系,是牛顿、莱布尼茨在微积分工作中做出的最伟大的发现之一。

当锡罐的生产效率成为现代文明中数学思想研究的强大动力时,微积分,像其他的数学分支一样,引起人们的注意当属情理之中的事情,因为它在现代文明和文化的创造中发挥了重大作用。当然,微积分方法在推导科学定律中的应用已经描述过了。而且,牛顿在研究支配着宇宙运动的定律方面的成功,激励着科学家去探索其他物理学领域的定律。因此,在诸如电学、光学、热学和声学这样一些科学领域中,人们都找出了一些基本定律,这些定律中的每一条都概括了大量的自然现象。但是,我们还没有谈及微积分创立以后最具有重大意义的发展。

像所有人一样,科学家们也是不易满足的。一旦他们获得了些许成功,他们立刻要求获得更大的成就。18世纪的科学家们因拥有微积分这个强有力的武器而信心十足,并且初步的成功刺激了他们的欲望,同时尝到了由他们的努力所创造的科学进步带来的甜头,他们甚至敢于大胆推测:物理学若干分支的基本定律能从一个单个的定律中推导出来,也许整个宇宙的设计都在这条定律的统摄之下。至少,他们希望,在一个具有广普意义的数学定律之下,将科学的若干个分支统一起来,由此出发,然后可以推导出几个独立分支的定律。胆量,再加上能力,使得这些科学家们取得了胜利。数学家和科学家们的确发现了一整套全新的原理,这些原理不仅指引了庞大的科学体系发展的道路,而且成为宇宙设计的基本信条。微积分和宇宙设计两者之间的联系需要进一步作些阐述。

假设将一个球垂直上抛,我们希望求出它所能达到的最大高度。利用微积分,可以很容易地解决这个问题。例如,假设球在地面上方的高度 h 由公式

$$h = 128t - 16t^2 \tag{9}$$

给出,此处 t 是球在被垂直上抛的瞬间开始计时的秒数。由于球在开始被抛出去时是上升的,这就表明 h 随着 t 而增加。但是,球的速度却在不断减小,因为引力与上升的速度相反。球将继续上

升直到速度为 0 时为止,所以必然会出现球不再继续上升的最高点。这一讨论就意味着,如果我们能找到速度为 0 的时刻,那么将知道,无论如何正是在这一时刻,球达到最大的高度。对公式(9),利用求 h 对 t 的瞬时变化率的过程,我们求出速度由公式

$$v = 128 - 32t \qquad (10)$$

给出,我们已经看到,当球位于最高点时,速度 v 在这一时刻等于 0。因此,在公式(10)中让 $v=0$,则找出在球处于最高点时,满足方程的时间 t 有

$$0 = 128 - 32t$$

明显地,$t=4$ 时满足这个方程,所以球在上升 4 秒钟后到达最高高度。这时球有多高呢?公式(9)给出了在任意时刻球上升的高度。在这个公式中用 4 代替 t,求出

$$h = 128 \times 4 - 16 \times 4^2 = 256$$

这样,球所达到的最高高度是在地面上方 256 英尺,这一过程表明,微积分使得我们能通过瞬时变化率的概念,找出一个变量的最大值,如上述例子中的 h。同样的过程,当用于有最小值的变量时,我们也能求出最小值。

　　到 18 世纪时,科学家们已经观察到,在多种多样自然界及其行为现象中,其结果是有些量不是最大值就是最小值。例如,一道光线,从 A 点出发到达一个镜面,然后再到点 B(图 16),可以想象得到会有许多路径。但是,如希腊人所发现的那样,光线走最短的路线。由于光线在同一种介质的大气中以恒速运动,那么最短的路线也就是需要时间最少的路线。因此在这种自然现象中,自然行为的结果是,相关的距离和时间两者都是最小值。

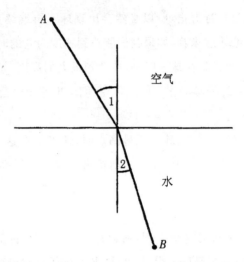

图 51　所需时间最少的折射光线所走的路线

当光线从一种介质到另一种介质时,比如说从空气到水时,不仅光速 c_1 要变化,比如变到 c_2,而且光线的方向也要变化(图 51)。再者,从第一种介质中的 A 点出发,到达第二种介质中的 B 点,光线可以走许多路线。但是,莱顿(Leiden)大学数学教授 W. 斯内尔(Willebrord Snell)和法国数学家笛卡儿发现,光线所走的是这样一条路线,它使得 c_1 除以 c_2 等于 $\sin\angle 1$ 除以 $\sin\angle 2$。随后,费马证明了,这条路线也是所需时间最少的路线。

当光线通过一种性质可变的介质,如穿过地球上空的大气层时,它所走的路线也是需要时间最少的路线。光的这种特性,几乎227 在日常生活中就能得到证实。靠近地球表面的大气的密度,比地球高空上大气的密度要大得多。但是,光在密度大的大气中的速度比在稀薄的大气中要慢。因此,射向我们的太阳光线在较稀薄的大气中停留的时间将会更长,可以推测,光线在那里的速度较大。结果是,日出以后,我们所能看到的太阳光线的路线(线条)是弯曲的,也就是说,此时太阳实际上位于几何地平线下方(图52)。

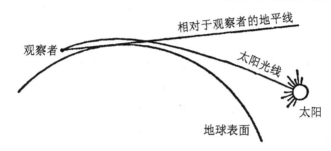

图 52 通过密度变化的大气的光线所走的是需要时间最少的路线

在这些事实的基础上,费马提出了最短时间原理:光线从一点到另一点,总是走所需时间最短的路线。由于实际中的路线是时间取最小值的那一条,而微积分能被用来确定相关变量中其中一个的最大值和最小值,所以实际上,费马原理告诉我们,如何利用微积分方法确定光线的路径。但是,费马原理仅仅只阐明了光线的路径。其他的现象又怎样呢?

不久,人们找到了其他自然现象服从极小化原理的例子。由同一种橡胶制成的气球,当给它充气使其膨胀时,呈一球形;肥皂泡也是一球形。在体积给定的情况下,所有曲面中,球的表面积最小,这正是一条数学定理(在古希腊时,为了能够证明关于球的这一事实,人们就花费过巨大的代价)。因此气球和肥皂泡,在充满一定量的空气后,所具有的形状就是所需表面积最小的。为什么 228 它们要选择服从这条数学定律呢?假定将气球橡胶和肥皂泡薄膜以球形方式展开,那么扩展的面积将最小,因此铺展开来后的面积也最小。明显地,自然界也像人一样,以尽可能小的方式扩展自己。

这些例子能被包含在一个广泛的原理中吗?大约在 18 世纪中叶,一位著名的物理学家 P. L. M. 莫佩尔蒂(Pierre L. M. de Maupertuis)提出了最小作用原理。在研究光的理论时,他发现了这一原理,该原理宣称:作用是质量、速度和所遍历的路径的乘积的总和,自然界的行为就是要使这种作用及其总和在数学上的复合量,尽可能的小。将微积分运用于作用量公式,可以推导出牛顿的前两个运动定律,以及其他一些力学、光学定律。因此,按照牛顿定律运动的物体,比如行星,可以说都服从这一最小作用原理。而且,莫佩尔蒂从这一条最小作用原理出发,成功地得到了各种力学、光学定律。

莫佩尔蒂之所以寻求和提倡这一原理,是为了坚持其神学信仰。他坚信,物质行为的各种规律,必须显示出与上帝创造物相称的完美性。而最小作用原理能满足这条标准,因为这个原理表明自然界是经济的。因此他宣称,这条原理不仅是自然界的普遍规律,而且还是上帝存在的第一个科学证明,因为这是"一条如此具有智慧的原理,它只能属于至高无上的上帝"。

18 世纪最伟大的瑞士数学家 L. 欧拉(Leonhard Euler),像莫佩尔蒂一样,坚信诸如像最小作用这样的原理的存在绝非偶然,所以他拥护莫佩尔蒂所宣称的一切。认为,这条原理是上帝有意识地设计宇宙的证明。显然,在希腊和文艺复兴时期的科学家那里,上帝先前还仅仅只是一位几何学家,而现在又成了更为博学的人物。不久,上帝就不仅是一位几何学家,而成了一位对所有领域都精通的完美的数学大师了。

事实上,费马、莫佩尔蒂、欧拉假定自然界总是按某种最小的方式行动这一信念是错误的。有些情形,例如,与其他可能走的路线所需要的时间相比,还存在着这样的情况,一条光线走过的路线需要的时间最多。因此,这些人所找出、信奉的这条原理的正确形式,应该是这样的:自然界行为的结果不是极大化就是极小化。莫佩尔蒂不应该说自然界是经济的,而应该这样讲,自然界的行为经常趋于极端,喜欢极端化。

尽管莫佩尔蒂和他的伙伴们在一两个细节上有些错误,但是19世纪和20世纪的后继者们却对他们这些人研究方向的正确性充满信心。摒弃了与神学的联系后,极大和极小原理现在统治了物理科学。上世纪(19世纪)最杰出的物理学家 W. 哈密顿(William Hamilton)爵士证明,利用他创立的极大化或极小化函数,以及作为专门术语的动力势能的时间积分(the time integral of kinetic potential),几乎所有的引力定律、光学定律、动力学定律和电学定律都能得到。哈密顿函数的价值,部分地是因为它包含如此众多的物理定律,也因为这些定律必须利用极大或极小过程才能推导出来。而且,20世纪最杰出的数学物理学家 A. 爱因斯坦(Albert Einstein),通过证明物体在时空中的自然路线是一个称之为区间(interval)的函数的最大值,从而在他最伟大的创造——相对论中取得了极大的成功。这个命题的重要性就在于,它解释了观察到的行星的路线。今天人们积极寻求的目标是,使所有的现象都包含在一个原理之中,也就是使自然界的实际行动都极小化或极大化为某些一般的数学量。爱因斯坦本人依然还在从事这样的工作[①]：通过极大或极小化过程，使所有电学和力学的知识结合成一个数学判断命题，由这个数学命题出发，推导出自然界的定律。

这样，我们看到，科学家们对极大—极小原理的偏爱与重视丝毫未减。发生的变化仅仅只是，这一原理以前是被用于对上帝存在的证明，而现在为人们接受和大受欢迎，则是由于这一原理具有美学上的吸引力和有益于科学的发展。即使如此，20世纪一些著名的科学家，如 A. S. 爱丁顿爵士（Sir Arthur Stanley Eddington）、J. H. 金斯爵士（Sir. J. H. Jeans）继续将上帝尊崇为第一位的原因。即终极原因（raison d'être）。

尽管伟大的数学家、科学家不失时机地将微积分应用于宇宙的构造，但是他们在试图为这门学科建立起正确的、合乎逻辑的基础方面，却失败了，从而阻碍了这门学科的发展。如同在"不用马拉的车"的概念与现代汽车的概念这两者之间的空白，是由100多项重大发明、数百项小发明才填补起来一样，牛顿、莱布尼茨的微积分，与现代被认为是使人满意的微积分，这两者之间的空白和鸿沟，也是由数百名伟大的数学家和名不见经传的数学家的工作才填补起来的。经过了大约150年，才产生出一门逻辑上完备的微积分。

迈出这极为关键性一步的主要困难，是由瞬时速度引起的。我们可以回忆一下，从公式 $d=16t^2$，我们得到了表示式

$$\frac{k}{h} = 96 + 16h$$

来表示在 h 秒的时间间隔内的平均速度。然后，瞬时速度就是取当 h 趋近于 0 时这个表达式所趋近的那个数值，或者如现在微积分中所称的那样，取趋近的这个数值 96 就是取极限。对这个数值 96，读者看起来似乎很明显。也许，这一事实在这个简单的例子中的确很明显。但是，极限的概念却难以捉摸，不易理解。让我们考察一下其中的困难之所在。

序列 $0, \frac{1}{4}, \frac{3}{8}, \frac{7}{16}, \frac{15}{32}, \cdots$ 是递增的，并且趋向于 1。

但是很明显，该数列每项并不接近 1，因为这个数列中甚至没有一项是 $\frac{1}{2}$。如果当 h 趋向于 0 时，用 $\frac{k}{h}$ 的值组成这个数列，那么其极限，或者说 $\frac{k}{h}$ 将趋近的数值是多少呢？显然，在大多数情况下，还必须说明是如何趋向于极限值的。可能有人会说，数列的值必须非常接近极限。但是，接近（close）一词模糊不清。火星接近地球，而它离地球尚有 5 000 万英里之遥。而另一方面，一颗子弹接近一个人，则是指它在这个人面前几英寸之内。

微积分创造者们所要解决的困难，准确地说就是这样一件事情，给出瞬时速度或者 $\frac{k}{h}$ 所趋近的那个数值所蕴涵的令人满意的定义。17 世纪早期从事微积分研究的数学家的目的是，理解他们自己零零碎碎的贡献，并使之合理化，因为他们得出的那些内容按现代标准来看太荒唐可笑了。尽管在数学研究中有严格证明的悠久传统，但是一些数学家们却准备抛弃这个标准，因为他们知道自

231

己正在发展一种非常有价值的思想,他们关注的是获得进展,而不是关注其合理性。伽利略的学生、博洛尼亚大学教授 B. 卡瓦列里(Bonaventura Cavalieri)说,严格性、严密性是哲学的事情,而不是几何的事情。帕斯卡则坚持,心灵使我们确信某些数学发展步骤是正确的。对于一件正确的事件来说,重要的是"技巧"而不是逻辑,就如同判断宗教情感时皈依高于理性一样。

尽管牛顿、莱布尼茨在微积分技术方面做出了最具有伟大意义的进展,但他们在为这门学科确立严格的基础方面却没有什么贡献。任何人,只要详细阅读他们微积分方面的著作,无不为他们所使用的方法而瞠目结舌。在这些著作中,他们围绕着实际上还没有引起人重视的极限概念的正确性互相诋毁,他们多次改变原先所使用的方法,以致经常否定自己先前的说法。在处理极限概念方面,他们两人都没有成功,仅仅只是在他们自己,他们的同时代人,甚至在他们的后继者中引起了混乱。在《原理》中有一处,牛顿的确表达出了关于瞬时变化率的正确观点,但是显然他并没有清楚认识到这一点,因为在后来的著作中,他对自己的方法给出了更加苍白无力的逻辑解释。莱布尼茨试图从哲学方面讨论量 h 和 k 的本质,以使他关于比率的工作合理化,这里 h 和 k 是在比率 $\frac{k}{h}$ 中出现的,而 h 趋向于 0;他也坚信,抛开形而上学的考虑,那么微积分将只具有近似正确性,但却依然是有用的,因为它所包含的错误很少,实际上这些错误无关紧要。在微积分的数学解释中,莱布尼茨只给出了法则而没有给出证明。为了描述当 h 趋向于 0 时,$\frac{k}{h}$ 所趋向的那个数值中的 h 和 k 的值,他说,h 是时间 t 的两个不同的值,这两个值的间隔是无限小,彼此接近;类似地,k 是距离 d 的两个不同的值。在另外的著作中,他又认为 h 和 k 的值的极限是无穷小量,或者是正在消失的量,或者是作为与普遍存在的量相反的初始量。牛顿对 $\dfrac{k}{h}$ 的极限使用"最初和最终比"这一术语。但是,所有这些术语不过是掩盖所面临的困难的遁词而已。

由于早期微积分的研究缺乏严密性,所以在整个这门学科中,争吵声连绵不断。牛顿同时代的数学家 M. 罗尔(Michel Rolle)教导说,微积分是精巧机智的谬论汇编。牛顿去世后不久,一位优秀的数学家 C. 麦克劳林(Colin Mac Laurin)决心使微积分严密化。他于 1742 年出版的著作无疑地具有重要性,但却不具可读性。18 世纪人们写下了许多想利用逻辑使微积分达到严密性这一目的的著作。他们的成就可以以伏尔泰(Voltaire)对微积分状况的描述作为总结,他认为微积分是"精确计算和测量一件事物的艺术,但本身的存在却不能使人信服"。历史上两位伟大的数学家 J. L. 拉格朗日(Joseph Louis Lagrange)和 L. 欧拉,在牛顿、莱布尼茨去世约 100 年后,为微积分做出了杰出的贡献,他们也认为,微积分的基础不稳固,而之所以能利用来得出正确的结论,仅仅是因为其中的错误互相抵消了。18 世纪末,达朗贝尔(D'Alembert)建议学生们继续从事这门学科的研究,相信它们最终会得到证明。值得庆幸的是,在牛顿时代,正是有了数学和科学紧密结合这一环境,才使得物理推理能指引数学家,使他们始终沿着正确的道路前进。因为他们得到的结果在运用时是有用的、坚实可靠的,所以他们对自己所使用的方法充满信心,而且受到鼓舞进一步前进。事实上,微积分的一套运算程序非常好,而且发挥了巨大作用,以至于那个时期的数学家们有意识地对严密性问题搁置不论。

我们知道,指引牛顿、莱布尼茨沿着一条正确道路前进的正是直觉和物理上的结论,而不是逻辑。在重要理论创造者的思想中,完全可以预料,会有不完善的东西。但先驱者们在知识领域中迈出的每一大步,却犹如灿烂的灯光照亮了人们前进的道路。如果他们瞻前顾后,犹豫不决,那么充其量,他们的成就也只能局限于如没有远见的经院学者们玩弄技巧、拙劣地进行模仿的进步中了。然而,微积分的历史最富有启示意义的地方,就在于它充分显示了数学是如何取得进步的。周密地进行思考,然后得到完美而无懈可击的结论,数学家们这种正统的观念,正好与历史上微积分创造者们的情形发生了尖锐的冲突。当然,有许多数学证明后来不得不进行修改,因为有些错误是无意之中造成的。由于数学专业上的限制,我们不能在这里过多地谈论这方面的详细情况,甚至欧几里得《几何原本》中的一些错误直到 19 世纪后半叶才被发现。但是,就微积分这门学科的状况来看,我们发现,尽管数学家、科学家和其他知识界的人士一直觉得这门学科的基础不能令人满意,甚至怀疑它的可靠性,然而数学中这门最大的学科却被用来解决科学中最深奥的问题,并且产生了 18 世纪最重要的科学定律。想一想,两个世纪来几乎所有最优秀的数学家都曾专心致力研究过微积分的严密性问题,可惜都没有成功,对此我们也应该聊以自慰了。

幸运的是,对数学和整个世界来说,这出错误的喜剧终于完满地收场了。卓越的法国数学家 A. L. 柯西(Augustin-Louis Cauchy),成功地表达出了正确的极限概念,提出了一系列关于极限的定理,用以证明微积分方法的合理性。柯西于 1821 年出版了其划时代的著作《分析教程》(*Cour d'Analyse*)。如果由此推断说,在柯西的思想被采纳的 150 多年前写下的著作都毫无意义,应该抛弃的话,那么我们就错了。在美国,在过去的 50 年里①采用的微积分教科书中,其中仍最流行的一本还是写于 1700 年的呢!

与一般的看法相反,微积分并不是所谓的"高等数学"的顶峰。事实上,它仅仅是其开始。在创立后不久,微积分就成了分析学的基础。分析学是数学的一个分支,涉及的范围比代数和几何要大得多。它在指引科学发展,作为科学的工具方面具有异乎寻常的作用。如常微分方程和偏微分方程、无穷级数、变分法、微分几何、复变函数和势理论,这些内容还仅仅只是分析学领域中的一部分。利用这些工具,科学家继续从事寻找自然界定律的工作,而且加强了他们对自然界的巨大的控制权。有些成就我们将逐一鉴赏。

当数学中的这些分支正被创立时,在 16—17 世纪数学成就的基础上,一种新的文化也正在形成。抛弃先前中世纪知识中枯萎的枝节,再供给知识之树以营养,科学、哲学、宗教、文学、艺术、美学,都从对宇宙作出的一种全新的、硕果累累的数学解释中吸取了有益的养分。对文化中这些重新获得生机的各个领域的发展方向,我们将在下面几章中进行讨论。

———————————

① 本书写于 1953 年。——译者注

第十六章　牛顿的影响:科学与哲学

> 在整个人生舞台
>
> 没完没了的赎罪、自由、赎罪……
>
> 好一座巨大的迷宫!
>
> 但终归会有一张迷宫图。
>
> A. 蒲柏(Alexander Pope)

如果在 17 世纪进行一次民意测验,评选当时最有影响的"人物",那么魔鬼一定会当选。根据由神学家们创立和鼓吹的鬼学(science of demonology),魔鬼和附在其身上的恶的精灵是饥饿、战争、瘟疫和灾难的根源。他们以恫吓小孩、阻止搅拌后的奶油凝固成黄油取乐。魔鬼的帮凶还有巫婆——从魔鬼那儿取得力量的全身涂满油彩的人。巫婆侵扰人类。他们会把人变成狼,吞食邻居们的牲畜,甚至还与魔鬼本身有着肉欲的接触。在悠闲的时候,她们骑在扫帚上,顺着烟囱上下飞舞,或者在空中飞行。

即使有全能的上帝,这些魔鬼及其帮凶仍然无恶不作,因此,消除这些人类的公敌,便成了上帝在政治、精神领域里的代言人重大而神圣的职责。在这些自诩为社会领袖的人中,有英格兰的詹姆士一世(James I)、路德、加尔文、J. 卫斯理(John Wesley)、一些主教，还有美国新英格兰的科腾·马士（Cotton Mather），他们倒是对巫术深信不疑。而许多男女老少却因此而蒙受这种"莫须有"的罪名，遭到控告。为了不使任何一个被怀疑的人漏网，匿名控告即使在教会中也受到鼓励。祷告者轮流传递木盆，却往里投入写有名字的纸片。被指控的人受到监禁，遭受严刑拷打，屈打成招，不管招供与否，酷刑仍要进行下去，直到犯人死去为止，因为拒绝招供就会被认为是顽固不化，而招供后又显然要受到严厉制裁。为了减轻法官们良心中极其微弱的不安，有些拒绝招供的人能够得到一纸证明，表明它是无辜的——不过，这只有在死后才能得到。

　　教堂的神父、世俗的法官，都对教义非常忠诚，在现代人看来这种忠诚几乎不可思议。他们冷酷地将女巫、术士们处死。从 17 世纪欧洲的一项"改革"措施中，我们不难了解当时女巫们受到的恐吓。教皇格列高利十五世（Gregory ⅩⅤ）宣布，判处女巫们终身监禁以代替死刑，因为她们会借助魔力而致使人们离婚、生病、阳痿，危害农作物和牲口。

　　虽然对女巫的迫害导致了 17 世纪数以千计的无辜者死亡，但这并不是那个动荡年代里唯一的黑暗面。人们被告知，死后将要遭受磨难，并且一直为此而惶恐不安。教士和牧师们又声称，几乎每个人死后都要下地狱，他们还向人们极其详细地描述过那些受到永世诅咒的人将遭受的可怖的、难以忍受的酷刑。受难者在沸腾的琉璜石和熊熊的烈火中煎烤，他们不会被烧化，而是要遭受永久的、丝毫也不会减轻的折磨。上帝不是以人类的救世主，而是以人类苦难制造者的面目出现。上帝创造了地狱以及其中的酷刑，并且把人送进去,以此来确认他的恩泽只施于一小部分臣民。基督徒们被迫花很多时间思考永恒的上苍的惩罚,为死后的生活做准备。有的人把宗教当作除当奴隶之外的唯一出路,他们不假思索地接受关于自己命运的貌似正确的说法。难怪有人觉得:"非证明上帝的行为是正当的不可!"

17 世纪几乎不存在宗教自由;更糟糕的是,教义战争在一个国家内、在国家与国家之间频繁发生。人们要求信仰的高度统一,以至于任何一种异端思想都必须被铲除。西班牙、罗马和墨西哥的宗教裁判所,法国的圣·巴托罗买(St Bartholomew)日大屠杀,意大利的皮埃蒙特(Piedmont)大屠杀,德国的 30 年战争,这些只不过是极少数教育人类的"天启"努力中的一些例子罢了。与天主教领袖们的言论或行为相抵触的异端邪说,在天主教国家被迅速无情地铲除了。即使在美国,教友派信徒也因贸然进入清教徒统治的波士顿而被吊死。在那时,不仅仅没有宗教自由,而且宗教使人们陷入恐怖之中:害怕惩罚,害怕天罚,害怕魔鬼,害怕上帝,还害怕死后遭受酷刑。

在这样一种反动的恐怖气氛中,毫无出版自由可言,就如同我们以上所知道的宗教自由一样。从 1543 年起,在天主教国家中,未经宗教裁判所明令许可而印刷、出售、拥有、传播或引进的文学作品是触犯刑法的。宗教裁判所为信徒们开列了一张张《禁书目录》。当时,根本不需要对文学作品的好坏作公正的评判。即使在有一定宗教自由的国家,如在腓特烈(Frederick)大帝统治下的普鲁士,出版自由也被看作会危害当局的统治。虽然腓特烈大帝确实承认,"每一个人都可以以自己的方式进入天国",但他仍然强硬地声称，对于统治世俗生活的政府，任何人不能说三道四。因此新闻和书籍要经受严格的检查。政府表面上鼓励人民追求真理，但却惩罚那些寻求真理的人。严格限制知识传播的结果是，导致了普遍的无知。那些传统的知识阶层，仍然在致力于"解决"神学问题，甚至对亚里士多德也只是进行业余研究。

民主本身也只是局限于思辨哲学中亚里士多德的概念，而不是可以在现实世界中实现的目标。那些生活在社会最底层的人，还没有意识到应该向王室的神权提出挑战。并且，芸芸众生没有任何人权，人们被以"莫须有"的罪名推进监狱，一关就是数十年，以待审判。最轻微的罪过，如偷了一只羊或一小笔钱，都被判处死刑，因无力偿还债务而被投入监狱的人更是司空见惯。在英国以及许多其他的国家，上流社会的"绅士淑女"最喜爱的娱乐，是观看残酷地拷打和处决犯人。在那些年代，五马分尸、剐刑绝非是说说而已。

幸运的是，精神、社会风气和道德上的腐败，只是正在被埋葬的旧文化的垂死挣扎。到 17 世纪，中世纪文化已四分五裂了。它在西方世界中的位置已被一种更具有启蒙性的文明所代替，这种文明正处于形成之中。在这一过程中，数学与自然科学的方法所起的作用，比起它们在现代"奇迹"如收音机、电视机发明过程中所起的作用，一点也不逊色。

文艺复兴时期宗教和社会的骤变，以及通过地理探索和数学、自然科学的研究而形成的知识积累，首先导致了思想觉醒。然而，在这一时期，有少数科学家、数学家，从哥白尼开始，包括开普勒、伽利略、笛卡儿、费马、惠更斯、牛顿和莱布尼茨，他们一直在埋头工作。而他们工作的首要成果,就是以一种新的文化秩序取代衰落的中世纪文化,然而,这些人的目标,如他们自己所述,相对来说有其局限性。根据哥白尼提出的自然科学任务的新概念,以及牛顿在《自然哲学的数学原理》一书中所描述的观点,寻求适合于物质世界的数学关系乃是当务之急。

就这个目标而言,物体运动规律和万有引力定律的发现是牛顿的两个主要贡献,这两条规律自身就包容了自然界的各种现象。虽然开普勒定律是建立在观察基础上的结果,但却被认为是牛顿数学定理的直接推论。当牛顿及其后继者研究得出,光可以看作一种粒子的运动,而声音则是空气分子的运动时,牛顿定律在这些领域的研究中也被证明十分有效。自然科学的其他领域也广泛地采用了数学公式。在热学和电学领域里,对于液体、气体中起作用的力,以及许多化学现象,人们都在其中发现了定量的规律。虽然数学在天文学、物理学中取得了极大成功,在化学领域里也有所建树,但它更为重大的意义,还在于带来了即将出现的新事物。

通过对光进行数学、物理学研究而产生、发展起来的望远镜、显微镜,立刻为生物学家们展开了一个崭新的世界。定量研究,以及用力和运动观点所进行的分析的成功,这些启发了生理学家和心理学家,使他们用机械的方法来研究生理和心理现象,而不是用占星术的征兆、灵魂、心灵、精神、幽默和其他一些模糊概念来加以解释。对导管中水流的定量研究,可以揭示出血液在人体、动脉、静脉中的流动规律。事实上,哈维关于血液在流回心脏前在体内循环的证明,增强了这一机械论观点,因为它把人体比作一个水泵系统,而心脏就是水泵。对光的研究解释了人体视觉的大部分功能，而对声音的研究则澄清了有关听觉的疑难问题。两本伟大的著作，一本是法国著名医生 J. O. de 拉美特利（Julian O. de la Mettrie）所著的《人是机器》（*Man a Machine*），另一本是由法国激进的医生 B. P: H. 霍尔巴赫（Baron Paul Heinrich d' Holbach）所写的《自然的体系》（*The System of Nature*），他们在书中试图从物质和运动的角度"解释"意识、生理过程和人类的一切思想、行为行动。在牛顿研究天体运动不久，拉美特利声称发现了人脑的微积分，法国的经济学家 F. 魁奈（Francois Quesnay）宣称，发现了经济和社会生活的数学方程。至于将自然的、社会的、思维的一切现象都归结为用数学规律解释，这一点看来也仅仅是时间问题了。

在 18 世纪的思想家看来，早已取得的成功和即将取得的成功的秘诀已是昭然若揭了。法国博物学领袖 C. de 布丰（Comte de Buffon）、法国著名的形而上学家 M. de 孔多塞（Marquis de Condorcet）侯爵曾明确地认识到定量方法引入自然科学将赋予它以主宰自然和使之理性化的新力量。事实上，I. 康德（Immanuel Kant）曾经说过，自然科学的发展，取决于其方法和内容与数学结合的程度，数学成为打开知识大门的金钥匙，成为"科学的皇后"。

数学与自然科学联盟所显示出来的令人吃惊的力量，激起了一些勤于思考者的热情，他们想对知识进行彻底的重新组织。首先，人的理性被誉为获取真理最有效的工具。其次，因为他们认为数学推理是一切思维中最纯粹、最深刻、最有效的体现，是人类心智能力的最完善的证明，所以他们极力主张用数学方法和数学本身获取知识。再次，每一个领域的研究者都应该探求相应的自然和数学规律。特别地，哲学、宗教、政治、经济、伦理和美学中的概念和结论都要重新定义,以与该领域的自然规律相适应。

　　这种关于知识的新观念有一主要特征,就是对数学方法在整个物理科学和一些规范科学中应用的合理性、确定性非常信任,这种信任还扩大到整个知识领域。然而,正如我们将要看到的,这一大胆的计划并非完全取得了成功。尽管许多伟大的人物做了很大努力并对之寄予厚望,然而,并不是一切问题都能用数学方法解决。但是,那一时期的理性主义风气长期影响着几乎所有领域的思维方式。正如18世纪崇尚理性的启蒙运动领袖们预言的那样,数学是推翻现存世界的杠杆的支点,是建造新秩序的主要工具。

　　我们甚至可以认为18世纪思想家们的主要目标,是为所有的问题寻求数学的解决办法。笛卡儿试图在一个毋庸置疑的基础上重建知识体系,他选择数学推理方法作为唯一可靠的方法。虽然,他提出了"通用数学"这一概念,但他对一些非数学问题,却没有像他为研究曲线而在几何中引进代数一样,提出行之有效的解决办法或符号表示。

　　同笛卡儿为了实现这一宏大的目标一样,数学家和哲学家莱布尼茨制订了一个更为雄心勃勃的计划。他试图创造一种包罗万象的微积分和一种普遍的技术性语言,以便使人类的一切问题都得以解决,数学不仅激起莱布尼茨这一雄心,而且数学也是这一伟大计划的起点。数学早已形成了一套适合于这一计划的语言与运算模式。莱布尼茨提出:为什么不能把数学语言和数学方法加以推广,以适用于所有的学科呢? 作为迈向他的普遍演绎科学的第一步,莱布尼茨提出把思维分成若干基本的、有区别的、互不重叠的部分,就像一个合数如24可分解成质数因子2,3一样。开始,他想用质数来代表基本概念,但后来他决定建立一套特殊的语言,这种语言类似于中国的八卦。用一些基本符号的组合,表示复杂的概念,如同用 $a(b+c)$ 来表示复杂的代数式一样。然后,他打算把思维规律编成密码,这样人们就可以将符号以及符号的组合代入密码,并且能像代数运算一样机械地、有效地推导出结论。

乍看起来,莱布尼茨的计划似乎十分荒谬。在一个现代人看来,要想解决所有领域里的所有问题是不可能的。然而,这对莱布尼茨来说则是可行的。数学发展史表明,由于引进了越来越完善的符号与运算程序,一些用陈旧的技巧无法完成的运算,已经变得易如反掌。举一个最简单的例子,数学符号中印度—阿拉伯数字和位值制的引入使小学生也能进行简便的运算,而这些运算曾使古希腊、罗马和中世纪博学的数学家们一筹莫展。然而,莱布尼茨太雄心勃勃了,不仅他本人未能最终实现这一计划,而且他那把所有的概念都分解成少数基本概念的计划也未能成为现实。

然而,他的计划在19世纪确实取得了一定的成就。逻辑学本身在一定程度上采用了他的方法,如用符号代表基本概念,在推理过程中采用一些数学运算,以及用纯符号的语言对有效的推理的本质与形式加以研究。因此,莱布尼茨是今天被称作符号逻辑的学科的创始人。本世纪(20世纪)一些著名的学者,如罗素、怀特海对这门学科都有深入的研究。

如果说用一种普遍的微积分来解决所有问题的尝试失败了,那么牛顿时代对其他学科的改进则取得了成功。自然,最突出的变化还是在自然科学方面。当笛卡儿和伽利略、牛顿断定,自然科学的使命就是揭示自然界的数学规律时,数学和自然科学这两个

241 领域就开始互相渗透。两种力量相结合所取得的成就越大,它们之间的联系也就越紧密。数学分支随着自然科学的发展而产生,而自然科学则为数学提供了重要的研究对象。实际上,人们认识到,最卓越的数学成就和最突出的科学贡献是同一个人取得的。确实,要判断牛顿、莱布尼茨、伯努利家族、达朗贝尔、拉格朗日、勒让德、拉普拉斯究竟是科学家还是数学家,是十分困难的。逐渐地,数学在这一联盟中取得了主导地位,整个 18 世纪就是这一新时期开始的见证,因为在这一时期,数学又开始包融科学了。虽然科学的宗旨仍是研究和了解自然,但它在内容、语言和方法上越来越趋向于数学化了。

　　自然科学的各个分支也变得越来越数学化了,同时它们对自然所作的解释和重构被 18 世纪的思想家们认为是完美无缺的,其中最突出和发展得最成熟的学科是力学。伽利略、笛卡儿提出的研究纲领和哲学,即世界是由运动的物质组成,科学只是用来揭示这些运动的数学规律,100 年以后,这一纲领变成了无可否认的事实。通过开创者们及其随后数十位科学巨匠们的努力,对地球上物体的运动,特别是对天体运动的研究已取得了完全精确的结论,这些结论使得启蒙运动时期的人们坚信这一科学哲学的真实性和价值。正是在 18 世纪,出现了两部划时代的科学著作:拉格朗日的《分析力学》(*Mécanique analytique*),拉普拉斯的《天体力学》(*Mécanique céleste*)。他们在著作中证明自然界受永恒精确的数学规律制约,这些规律解释了科学家们观察到的一切运动现象。

　　与此同时,这些优秀的科学家把力学简化为纯方程。力学这门科学成为数学家们自由嬉戏的乐园。在这一领域里,他们不再为悬而未决的重大问题而绞尽脑汁,自然现象不过是伸手可摘的果实罢了。17 世纪可以为其辉煌的数学创造而自豪。18 世纪则可以夸耀其在自然界的机械论哲学方面所取得的成功。将 18 世纪称之为数学机械论时代是最恰当不过了。

随着自然科学内容的变化,其术语和方法也发生了变化。这些术语越来越接近数学术语:精确、清晰、简便和普遍符号化。科学也开始大规模使用更为抽象或理想的概念。实际上,我们每个人都在不停地从自身经验中提炼出抽象的概念,只不过我们没有意识到罢了。就如同莫里哀(Molière)戏剧中的人物,终生都在说散文,自己却没有意识到。万有引力是 17 世纪产生的一个典型的抽象概念。充满空间的以太是自 18 世纪以来被广泛使用的概念,质量是另一个重要而抽象的科学概念。在自 17 世纪以来被引入的著名概念中,能与能量的概念也值得一提。

由于演绎推理的广泛运用,自然科学变得更加数学化。我们所指的是它像希腊时代的数学一样采用公理,并且连同数学公理和定理一道推导出自身的定理。也许有人问:能否举例说明除了纯数学公理以外,还有哪些公理是物理学推理的基础呢? 牛顿的运动定律和万有引力定律就是这样的公理,在前面的章节中我们已经看到过。可以称之为物理学公理的另一个例子,就是关于能量转化的论述。人们观察到,能量以一种形式被消耗,又会以另一种形式出现,由此他们得到了这一公理。在锯木过程中,肌肉消耗的能量以热的形式在锯子和木头中表现出来。潜藏在煤中的能量被用于产生电。物理学家在仔细观察和精确测量的基础上,承认以下事实为公理:在物理和化学运动中,能量只是改变了形式,永远也不会消失。

自然科学的每一个领域都被转变成基本上是数学性的学科了,科学也越来越多地使用数学术语、结论和程序,如抽象、推理等,这些被看作科学的数学化。在 18 世纪,人们都普遍认为,科学的全面数学化仅仅是一个时间问题。随着数学与各门学科的进一步融合,科学的发展进程会越来越快。

243 　　在对自然的探索过程中,文艺复兴时期的科学家们也曾追求和揭示数学真理。当然,从希腊时代以来,数学一直被推崇为真理的源泉。然而,只是在文艺复兴以后,数学才对宇宙作出了概括、确定的阐释,这使得传统哲学和宗教领域统治者们的统治岌岌可危。确实,数学正在为我们展示世界的一种新秩序、新蓝图,这足以使原来的世界图景相形见绌。数学的崇高地位以及它所取得的超乎人们想象的成就,使得当时的哲学和宗教不得不摒弃长期以来形成的思想体系,而借助于新的数学和自然科学知识重建新的思想体系。

哲学家们的重建工作,是以提出下列问题开始的:人是怎样获得真理的? 神学家也同样关心这个问题,因为新兴的数学和自然科学摧毁了很多以前作为知识流传下来的东西,至少在学者中,那种对上帝虔诚的宗教信仰已迅速瓦解。由于上帝存在的证据不大可能从数学定理或科学实验中得到,因此有人意识到,有必要建立一种新的知识理论基础。也许,神性这一概念就表明它是人天生就具有的、不容人置疑的。

人怎样发现真理呢? 人怎样获得自己深信不疑的知识呢? 人怎样解释与这些知识相关的信念呢? 哲学家们探讨这些问题,但得出了使神学家们失望的结论,当然这些结论同时反映出了那个时代新的世界观。

与通过数学和自然科学获得的知识相适应,哲学家 T. 霍布斯(Thomas Hobbes)首先在他的著作《利维坦》(*Léviathan*,1651)中肯定,在我们的外部只有运动着的物质。外物刺激我们的感觉器官。通过纯粹的机械过程,在人脑中产生了知觉。人的一切知识都来源于这些知觉。

一种知觉可以在人脑中保留,因为像一切物质一样,它也具有惯性。这时知觉就变为表象。当一种表象形成时,它能唤起人脑中已形成的表象,比如说,苹果的表象能唤起树的表象。思想就是表象的一系列链状结构,尤其是当物体以表象形式呈现时,物体的自身与其特征也就获得了名称,思想就通过陈述而把这些名称联结起来,同时寻求这些陈述之间的必然联系。知识则包括人脑在组织和联结这些陈述时所发现的规律。数学活动产生的正是这些规律,人脑借助于数学,选择、抽象出在具体事物中不能得到明显反映的必然联系。因此,只有人脑的数学活动才产生有关物质世界的真正知识。数学知识是真理。实际上,我们只有以数学的形式才能把握事物的真实性。

霍布斯维护数学对真理的绝对权威性的态度过于强硬,以至于数学家们对此也不以为然。数学家 J. 沃利斯(John Wallis)在给当时物理学领袖惠更斯的一封信中谈到霍布斯时说:

> 我们的《利维坦》正在猛烈攻击并试图摧毁我们的大学(不仅仅是我们的,而是所有的),特别是抨击主教和神父们,

甚至抨击整个宗教,好像基督教世界中没有真正的知识,存在于哲学和宗教中的知识没有任何东西不是荒谬的,好像一个人如果不懂哲学就不懂宗教,而不懂数学就不懂哲学。

霍布斯强调知觉及对人脑推理过程中的反应及纯物理特征的重要性,使许多哲学家大为震惊,对他们来说,人脑不仅仅是进行机械活动的物质,为此他们在如上帝、灵魂等宗教概念中寻求证据。在 1690 年出版的《人类理智论》(*Essay Concerning Human Understanding*)一书中,J. 洛克(John Locke)的观点与霍布斯相似,但与笛卡儿的则不相同。洛克声称,人没有内在的知识——天赋知识;人生下来头脑有如一块白板。经验通过感觉器官的作用,在上面写下一些简单的观念。其中一些完全是物体本身具有的特性的再现。这些简单的观念包括:硬度、广延、形状、运动或静止、数。这些特性存在于感观之外。其他从知觉中产生的观念是物体真正的特性在人脑中产生的效果,但这些观念与真实的特性并不一致。这些第二性的质包括:颜色、滋味、气味和声音。

245　　　虽然人脑不能产生或形成任何简单的观念,它却具有反映、比较、联结简单观念并形成复杂概念的能力。在这一点上,洛克与霍布斯有分歧。另外,人脑并不知道真实性本身,它只知道真实性的观念,并且能与这些观念打交道。知识就是关于观念间的联系,如一致性或矛盾性。真理则是符合于客观实在的知识。

依靠论证可以联结观念,并进而确定真理。在通过论证所确定的真理中,数学真理最为完美。洛克如此青睐数学,是因为首先他觉得,数学概念最清楚、最可靠。再者,数学通过展示概念间的必然联系而联结它们，这一点人的头脑最容易理解。

洛克不仅偏爱由科学产生的有关物质世界的数学知识，甚至拒绝接受直接的物理知识。他争辩说，关于物质结构的许多事实不是很清晰，比如像物体相互吸引或排斥的物理作用力。更重要的是，由于我们不能认识外部世界的真正的实体，只有一些由感觉产生的观念，所以物理知识是远不能令人满意的。然而他确信，由数学描述出其特征的物质世界确实存在，就像上帝和我们自身的存在一样。

洛克的哲学，是牛顿科学内容的最好反映。因此，洛克哲学对当时大众的思想产生了巨大的影响。这种哲学支配着 18 世纪人们的头脑，如同 17 世纪笛卡儿的哲学一样。

在霍布斯和洛克的知识理论中，他们都非常强调不依赖于人的意识的物质世界的存在。所有从这一出发点得来的学说都认为，人脑最终获得的关于这个世界的真理都可以归结为数学规律。著名的哲学家、神学家 B. G. 贝克莱（Bishop George Berkeley）主教看到，对物质和数学的强调，必然会威胁到宗教本身甚至损害上帝、灵魂等概念①。他用精致而强有力的论据攻击霍布斯和洛克，并且提出了自己的知识理论。

贝克莱的主要哲学著作《人类知识原理——关于科学中的错误和困难的主要原因，以及怀疑主义、无神论和非宗教思想基础的研究》（*A Treatise Concerning the Principles of Human Knowledge，wherein the chief causes of error and difficulty in the sciences，with the grounds of scepticism，atheism and irreligion，are*

---

① 参见下一章。——原注

inquired into），对霍布斯和洛克进行了正面攻击。霍布斯和洛克两人都认为，我们所知道的不过是观念而已，而这些观念是由外部的物质运动作用于人脑而产生的。贝克莱承认知觉或感觉印象，以及观念是由它们产生的，但他却怀疑它们来源于人感觉以外的物质。既然我们感觉的只是感觉和观念，那么就没有任何理由相信我们的外部存在着任何东西。对于洛克所断定的我们有关物体基本特性的观念是十分精确的摹本这一论点，贝克莱反驳说，一个观念就是一个观念，而不会是其他什么东西。

　　洛克无意中提供的一个观点，使贝克莱的反驳论据更强有力。洛克把物质的性质区分为第一性的质和第二性的质。前者与事物的真实性质相符，而后者只存在于人脑之中，贝克莱问道：一个人能在不包括其他感性特征，如颜色的情况下想象出它的范围和运动状态吗？广延、形状和运动本身是无法想象的。因此，如果说第二性的质只存在于人的意识里，那么那些第一性的质也同样如此。

　　简言之，贝克莱指出，既然我们所了解的只是知觉以及由知觉产生的观念，而不知外部物质自身的存在，所以完全没有必要臆想一个外部世界。外部世界已不再存在，就像我们所看到的星星一样，如果它们没有掉下来砸在我们脑袋上，它们就是不存在的。外部世界是毫无意义、无法理解的抽象观念。如果有外物，我们永远也不会知道它们的存在；同理，如果没有外物，我们也可以认为它们确实存在。意识和知觉是唯一真实的，存在就是被感知。毫无疑问，贝克莱否认物质的存在。

　　也许读者会对这一结论提出异议，也许会像 S. 约翰逊（Samuel Johnson）那样去踢一块实实在在的石头来反驳这一结论。然而，贝克莱的观点并非是一种臆想，充其量我们只能用切斯特菲尔德（Chestfield）伯爵给他儿子的信中描述的理由来反驳他：

247

> 克劳因（Cloyne）主教贝克莱博士，是一位可敬的、足智多谋而博学的人，他写了一本书证明没有一种叫物质的东西，除了观念外，其他都不存在。我们吃饭、喝水、睡觉都只不过是幻觉……严格说来，他提出的论据是无法反驳的；然而，我对他的意见实在不敢苟同，所以我照常吃饭、喝水、走路、骑马，为的是保证那一物质（我错误地想象是它组成了我的躯体）尽可能处于良好的状态。常识（说实在的，是非同寻常的）是我所知的最好见识。

必须承认，贝克莱自己也并非超然于这一他否认其存在的物质世界之外。他在最后一部著作《西利斯：关于万应药的一系列哲学反思》（*Siris：A Chain of Philosophical Refections Conceruing the Virtues of Tar-Water*）中，推荐饮用浸过沥青的水来治疗天花、肺结核、麻风、胸膜炎、气喘、消化不良，还有其他一些疾病。这一偶然的失误不足以对他的观点有什么损害。读过他那本令人愉快的著作《希勒斯与斐洛诺斯三篇对话》（*Dialogues of Hylas and Philonous*）的人会发现，他为自己的哲学做了风趣有力的辩解。不管怎样，贝克莱相信，通过摧毁唯物主义的基石——物质，他已完全否定了物质世界以及牛顿的科学。

但是，贝克莱仍然必须用数学来计算。思维是怎样获得那些描述和预示外部世界发展过程的规律的呢？他是怎样攻击18世纪稳固地建立在数学基础上的有关外部世界的真理的信念的呢？

贝克莱对数学开始进攻时显得很老练，他从数学最薄弱的地方着手。微积分的基本概念是一个函数的瞬时变化率；但是，正如我们早就指出的，这一概念并没有完全被理解，而且牛顿、莱布尼茨都没能很好地将它们表述出来。因此，贝克莱利用这一点来对微积分大肆攻击。在 1734 年的《分析学家》（*The Analyst*）一书中，他以致一位不信教的数学家的信的方式，直言不讳地指责微积分"既不是一给定的量，也不是无穷小的量，什么也不是"。这些瞬时变化率只不过是"消失了的量的灵魂，当然……我想，能消化得了第二阶或第三阶流数（fluxioh，牛顿用来指称瞬时变化率的专门名称）的人……不需要对神学中的任何一个观点提出疑问了"。然而，事实证明微积分是有用的，贝克莱把这种情况解释为，微积分中的错误有时互相抵消了。虽然贝克莱批评了当时被认为是正确的微积分，但他并没有全部否定数学所提供的有关物质世界的真理。在给对手出了一些难题后，他对数学的攻击也就戛然而止了。

从人与物质世界的关系这一点来看，贝克莱的哲学似乎是最激进的了。然而怀疑论者苏格兰人大卫·休谟（David Hume）却认为，贝克莱还不够彻底。贝克莱至少承认有一个知觉和观念存在于思维意识之中，休谟则否认精神的存在。在他的《人性论》（*Treatise of Human Nature*）一书中，他坚持说我们既不知道物质也不知道精神，两者都是虚构的，我们对两者都不能感知。我们只能感知知觉、观念（如形象、证性等），还有思维，这三者都只不过是印象产生的微弱结果。确实，存在着简单与复杂的知觉和观念，但后者仅仅是前者的综合。因此，我们可以说意识等于所有印象与观念的集合。意识只不过是这一集合简便的术语而已。

关于物质，休谟同意贝克莱的观点。谁告诉我们有一个永远存在的由三维物质组成的世界呢？我们所知道的只是我们对这样一个世界的印象，记忆通过按照一定顺序和位置复制、排列各种观念，统治着整个精神世界，就像万有引力统治整个物质世界一样。空间和时间只不过是概念在头脑中出现的方式与顺序。类似地，因果关系仅仅是观念的一种习惯的联系。空间、时间和因果关系都非客观实在。我们自己理念的力量与顽固性，诱使我们相信存在着这一真实的世界。

所谓存在一个有固定特性的外部世界，纯属无稽之谈。没有任何证据表明在既不属于也不反映任何东西的印象和观念以外，还存在着什么东西。因此，不存在关于永恒的、客观物质世界的科学规律；即使有，也只是印象的简单概括的反映。此外，由于因果关系这一概念不是建立在科学证明的基础上，而只是建立在对"事件"发生的一般顺序不断观察的基础上，因此，无从得知我们所观察到的秩序是否还会出现。

人本身只是独立感觉的集合，即印象的观念。人仅仅是以这种方式存在。就这一点来说，任何想感知自己的努力所产生的结果只是一种知觉。对任何一个人来说，其余的人和所谓的外部世界只是一些知觉的东西，没有任何证据表明它们是确实存在的。

在休谟彻底的怀疑论道路上只有一个障碍，即纯数学本身被看作普遍承认的真理。既然不可能抹杀这些真理，他就极力贬低它们的作用。他声称，纯数学的定理不过是从另一方面对同一事实累赘的陈述与毫无必要的重复。事实上，2×2 等于 4 并不是什么新的真理，2×2 只是以另一种方式说出或写出了 4。因此算术中一些类似的陈述只不过是画蛇添足。至于几何中的定理，不过是公理的另一种更为煞费苦心的形式罢了，就跟 2×2 等于 4 一样。

休谟对人怎样获得真理这一最普遍的问题的回答是：人永远也不能获得真理。数学定理，上帝的存在，外部世界的存在，因果关系，自然界，奇迹，这一切都不能构成真理。休谟通过推理推翻了推理所建立的一切，与此同时，他揭示了理性的局限性。

休谟的工作不仅贬低了科学和数学成就的价值，而且对理性本身的价值提出了挑战。有些哲学家，如卢梭（Rousseau），明显地受到了休谟的影响。他们鼓励人们抛弃理性，对生活持一种想象的、直觉的态度。对他们来说，理性是一种自欺欺人的、不幸的幻觉。有理性的人终究不过是一种病态的动物。

但是如此的结论，对人类最高才能的如此否定，令大多数 18 世纪的思想家十分反感。数学和其他人类理性的产物取得了如此大的成就，它们不会被轻易地当作谬误而遭抛弃。事实上，哲学巨匠康德曾对休谟关于洛克的知识理论的发展极其不以为然。必须恢复理性的崇高地位。康德确信人类拥有远远超出感觉经验的观念和真理。

于是，康德对人类如何获得真理这一问题，着手提出一种全新的解决方法。第一步，他把知识的陈述或判断分为两大类。第一类，他称为分析的，例如"所有的物体都占有一定空间"。这一陈述对现有知识没有什么贡献。它不过是对所有物体都具有的特性的一个说明而已，没有任何新的东西。因此从物体都占有一定空间这一陈述中，我们一无所获。不过这一陈述也许有强调作用。另一方面，"所有物体都有颜色"这一陈述却给我们的知识增加了一些新的东西，因为它告诉了我们物体基本特性之外的信息。康德称这种类型的判断为综合的。康德还将直接从经验中得来的意识和从经验以外得来的知识加以分类，他称后者为先天的（a priori）。

根据康德的理论，真理不能仅仅从经验中得来，因为经验只是感觉的聚合，缺乏概念性和组织性，因此仅仅只是依靠观察并不能形成真理。如果真理确实存在，它们就必定是先天的判断。另外，要形成真正的知识，真理还必须是综合的判断。为了与休谟和卢梭抗衡，康德首先表明人类确实拥有真理，就是说，人类的确拥有先天综合判断。

数学知识体系中蕴涵了这一独特的证据，对康德来说，几乎所有的数学公理和定理都是先天综合判断。直线是两点间最短的距离，这一陈述当然是综合的，因为它联结了两个概念：直线和最短距离，这两者本来互不相关。这一陈述也是先天的，因为康德相信这是一个放之四海皆准的真理，而任何关于直线的经验（甚至测量）都无法证实它。因此，康德坚信人确实拥有一个先天综合判断，即真正的真理。

康德做了更深一步的探索。他问道：为什么自己愿意把两点间直线距离最短这一论述作为真理来接受呢？意识是怎样获得这类真理的呢？如果我们能够回答数学是怎么产生的，那么这一问题就迎刃而解了。康德的回答是，我们的意识不依赖于经验而拥

251

有时间和空间形式。康德称这些形式为直觉。空间是一种直觉，意识必须通过它才能"观察"物质世界，以组织和理解知觉。因为空间这一形式直接源于意识，因此意识对有关空间的公理是完全可以接受的。于是通过几何学，可以更深入地探讨公理的逻辑意义。

那么，为什么作为思维结构的定理与意识之外的物质世界能相符呢？康德的回答是，意识先天就具有的空间形式是它认识世界的唯一方法。我们正是根据这一空间的形式观察、组织和理解经验；即，经验符合于这一形式就像钞票符合于印钞机的模型。由于这一原因，欧几里得几何与物理世界之间有一致性。

推而广之，康德提出，科学是意识根据内在的原则和范畴，将感观和印象加以组合而形成的。这些感觉印象确实来自物质世界，然而遗憾的是这个世界是不可知的，意识自身提供组织和理解经验的方法。只有通过由感知的意识提供的主观范畴，真实性才是可知的。

从以上对康德知识论的简单介绍中可以看出，他把数学真理的存在当作其哲学的主要支柱，特别是欧几里得几何学。由于时代的限制，他无法想象有另外类型的几何学，因此他断定欧几里得几何是唯一的。于是，欧几里得几何中的真理与先天综合判断就有了保证。

然而，19世纪数学家们创造的非欧几何摧毁了康德的论据。随之而来的对哲学思想的贡献，也未能解决人的知识来源问题。但他们至少打开了思想的闸门，任凭新的思想在人类意识的长河里尽情奔腾。

虽然 18 世纪的思想家们对知识的来源问题众说纷纭，但在真理的问题上却基本上意见一致。物质运动定律和万有引力定律，使他们能够解释越来越多的现象；行星、彗星、恒星都精确地围绕数学所描绘的轨道运行，笛卡儿和伽利略关于世界可以用物质、力、运动等术语加以解释的设想，几乎使每一位善于思考的欧洲人深信不疑。

因为运动着的物质这一概念是对自由落体和行星运动进行数学描述的核心，所以科学家试图为一些他们完全不了解其本质的现象作出数学的解释。热、光、电磁被认为是无法解释的物质，因为这些物质的密度太小，以至无法测量。比如，热运动中的物质称为卡路里（caloric），一个加热的物体吸收这些物质就像海绵吸水一样。类似地，电是一些处于流动中的物质，这些流体在电线中流动，被称作电流。

在物质、力和运动这 3 个概念中，力作用于物质，运动是物质的属性；因此物质是基础的。于是哲学家们声称，根据固定的数学定律运动的物质是唯一的实在。这就是唯物主义的原理。霍布斯以最浅显的形式将这一原理表达了出来：

　　　宇宙，即所有存在事物的整体，是物质的，也就是说是物体，具有量的大小即长、宽、高；而且物质的宇宙其每一部分都是物质，并且具有类似的量的大小，因此世界的每一部分都是物质，不是物质的东西就不在世界之中；因为世界是一个整体，不属于它的东西就是无，因此是不存在的。

　　他继续解释说,物质是占有空间、可分、可以运动的东西,而且按照数学规律运动。

　　可以说,唯物论主张,实在仅仅是一部复杂的机器;它在时空中运动,由于人类本身是物质世界的一部分,也就必然可以用物质、运动和数学来解释。用霍布斯的话来说就是,一切存在的都是物质;一切发生的都是运动;意识仅仅是附在大脑物质上的物质微粒。这一新的哲学观点,其他学者也进行了阐释。拉美特利在《人是机器》一书中直率地给出了解释。还有,霍尔巴赫男爵的著作《自然的体系》被称为唯物主义的"圣经"。他们在论述物质问题时志得意满。思维,以及运动,都被看作分子的运动。意识离不开人脑,并且随人脑的消亡而消亡。像灵魂这一类非物质性的概念必须予以否定和摒弃。人的精神状态只是其物质状态的一个特殊方面,是由物质环境及其组织所引发的一种特殊运动形式。仅仅是由于偏见,才阻止我们考虑决定人类精神活动的影响。简言之,物质是一切现象的原因和结果,是令人惊奇的上帝的替代物。

　　在我们研究唯物主义所产生的毁灭性结论以前,我们对它的力量的真正源泉应该有深入一些的了解。观察、实验等科学运动,还有科学概念如物质、力、运动等,与纯数学相结合,就为唯物主义原理提供了依据。一个主张物质基本实在性的原理,似乎更应该建立在科学的基础上,而不是建立在数学的基础上。由笛卡儿和伽利略开创、并由牛顿建立的整个科学体系,以自然界普遍存在的万有引力定律为其基础。虽然牛顿认为万有引力定律必不可少,但他承认,自己对其本质一无所知。事实上,他强调研究万有引力的物理本质和方法技巧,而不愿意对这些问题进行推测,认为它们既不成熟，又模糊不清。借助预言式的洞察，他竭力维护万有引力运动的数学公式及其由此而导出的结论。正是运用了数学，牛顿才取得了成功。

当然，牛顿及其后继者们非常希望将来有一天，万有引力运动的物理原因能被揭示出来。至少，如惠更斯、莱布尼茨、约翰·伯努利(Johann Bernoulli)都意识到，万有引力运动缺乏物理学解释，由于物理学理论方面的缺陷，他们也被迫完全以数学方式来研究万有引力现象。当时，有少数科学家称这种现象为"超距作用下的运动"。似乎这一短语提供了某些物理解释。虽然"超距作用下的运动"只是对这一问题的掩饰之辞，但久而久之，由于这一短语被多次使用，并使一些持批评态度的人也接受了它，以作为一种替代性的解释。物理意义被绑在数学殿堂的祭坛上，成了一件牺牲品。万有引力的本质及其研究方法从没有被很好解释过。

由于这个原因，在牛顿之后的几个世纪，那些大谈有形的、可触觉的、可观察的自然现象的唯物主义者们，实际上与牛顿一脉相承，他们都十分重视一种比宗教中的化体说①(transubstantiation)更为玄妙的思想。当夸耀唯物观在科学中的发展进步时，他们无意中强调了数学规律的重要地位，因为唯物主义哲学看来是从对物质的科学态度中取得的理论依据，而实际上，这些依据都来自数学——科学抽象中最抽象者。强调事物间的数量关系是最真实的毕达哥拉斯主义，然而它却在唯物主义的外衣下得到了复活。

虽然唯物主义缺乏充分的实证基础，但人们仍然深信世界完

---

① 指人们吃的圣餐面包、喝的酒由耶稣的肉、血而化成的学说。——译者注

全可以用物质、力、运动等机械观念,以及事物间的机械联系加以解释,唯物主义成为一种非常流行的观点。那些有意或无意赞同牛顿观点的忠实追随者们,今天依然持有这一信念。即使在今天,世界远不是 18 世纪具有机械论头脑的自然科学家所想的那样简单——这已是有目共睹的事实。但我们还是常常可以听到这样的观点。正是这种信念的支持,19 世纪的人们才相信科学的完善性,相信各种问题最终都会被解决,比如绝症的治疗,相信通过化学手段能够创造出新的生命。

255　　18 世纪唯物主义的世界观是决定论。数学公式为纷繁复杂的现象提供了终审性的描述方法。它们还使下述观点变得无可非议:宇宙万物都经过精心安排,而且按照数学公式运行。世界的进程完全由和谐的数学规律支配着,数学规律为每一事件安排了一个必然的结果。这一观点的主要阐释者是 18 世纪杰出的数学家拉格朗日和拉普拉斯。对拉普拉斯来说,未来就像过去一样清晰可见:

　　　　我们可以把世界的现状作为过去的结果和未来的原因。一个有才智的人在任何时候都能明了使自然及其中的构成成分之一——人类充满生机的力量,并且具有对其现象进行分析的能力,如果能够这样,那么他就可以把世界上最大的物体、最小的分子运动的情况写为一个简单的方程式、一个公式。对于这样的人来说,世界上没有什么不确定的事情;未来就像过去一样历历在目。

理性的时代已一去不复返了。用哲学语言说，从 18 世纪以来，我们取得了进步。然而，决定论仍然是最流行的观点。当时普遍认为，世界是按照数学规律塑造的，它的未来也是由数学规律决定的。有些人对这一观点仍然怀有执着的信念，这也许能从我们自身的行为中得到解释，这种行为是 18 世纪思想的极好反映。比如：现代人对日食的反应就不像原始人那样。我们不会涌到一块空地上，双膝颤抖地跪下，祈求上帝消除这一可怕现象预示着的灾难。相反，我们会手持秒表跑到户外，以检验科学家们预测日食的准确程度。在这一现象过后，我们对自然界运动的规律性更是深信不疑。

决定论的观点是如此深入人心，以至唯物主义者不假思索地把人类活动归入自然的一部分。关于人类，决定论无情地宣称：不存在自由意志。人的意志受外部物质和生理原因的支配。霍布斯对这一点更是直言不讳：自由意志不过是毫无意义的单词组合，是一堆废话。伏尔泰在他的《无知的哲学家》(*Ignorant Phicosopher*)一书中宣称：

整个自然界，所有的行星都应具有永恒的规律，然而却有一种 5 英尺高的小动物①，居然胆敢藐视这些规律，而随心所欲。

这一结论引起一片哗然，以至于有的唯物主义者也试图对此

---

①　指人。——译者注

加以修正。有的说,虽然人的肉体的行为是先天决定的,但其思想
却由后天决定。这一解释未能完全令人满意,因为它贬低了决定
人行动的思想的价值。根据这一观点,人依然还是一部机器。有
的人试图解释自由的意义,以保留其观念。伏尔泰在这一点上闪
烁其词:"自由,意味着做我们所喜欢做的,而不是决定我们喜欢做
什么。"显然,为了自由,我们就必须喜欢人类意志所给予的东西。
莱布尼茨也持有这一不尽如人意的观点。

　　我们将中断对意志行为这一问题的讨论。只有在对数学的最
新发展有所研究以后,我们才能理解由哲学家们提出的赞同或反
驳自由意志的论据。19世纪著名的物理学家 L. 开尔文(Kelvin)
爵士说过:"数学是唯一有用的形而上学。"数学在哲学领域里所取
得的成功由此可见一斑。

第十七章　牛顿的影响：宗教

很久以前，西奈之巅就传出了上帝的声音。

上帝是一。

借助于严密的科学，上帝现在告诉我们，

根本没有一！

地球受化学力而运动，

天体则遵从《天体力学》的规律！

人类的心脏、思想以及其他的一切

都如钟表一样工作。

A. 克拉夫（Arthur Clough）

G. 布鲁诺（Bruno）宣称："人在无限的时空宇宙面前，不过是一只蚂蚁。"然而在16世纪，基督教教义把人看作上帝最杰出的创造物、施恩被泽的宠儿。布鲁诺对这一教义的挑战，只能得到一种回应：上火刑柱。一个世纪后，科学界对布鲁诺给予了强大声援，可惜为时晚矣！

在这百余年的时间里，随着一个又一个自然规律被人发现，使得大自然显得越来越伟大，人类变得越来越渺小。有关广延、运动的数学力学王国代表了真正的世界，人类不过是来去匆匆的过客和毫不相干的旁观者。然而正是人的理智,揭示了各种现象的本质,并且构造出描述自然和使之理性化的数学规律,但这一事实却被人忽略了。取而代之的是强调规律的存在,以至于否定了人本身。其原因部分地在于,人有限的智力不能在短时期内全部发现这些规律。结果,人类缓慢地了解自然,但却不得不从自然中了解自己。很显然,世界对人类的目的、欲望和需求漠不关心。看来,上帝在设计和组织世界时对人类给予的仁慈,是毫无依据的神话。

258　　　人间发生的事情,天上也会发生。牛顿时代创造了天体力学,却摧毁了天国,掀翻了上帝的宝座,扫荡了享有特权的人类灵魂的永久居留地。哥白尼、开普勒、伽利略有关日心学说的著作,不仅表明天体运动遵循比托勒玫理论更为简单的数学规律,而且促使人们抛弃有关宇宙的愚昧概念,这些概念曾包含在亚里士多德和托马斯主义的哲学中,并且被基督教加以利用。后来,牛顿证明了,天体运动和地球上物体的运动遵循同样的规律。显而易见,天体和地球上的物体是由同一物质构成的。由于这一发现,人们对行星的多种神秘感、恐惧心理以及迷信思想被消除了。

　　　上帝不仅失去了住所,而且也不再享有举足轻重的地位了。对笛卡儿来说,有一点是十分清楚的:全能的上帝不能消除物体的广延性和运动规律。牛顿和笛卡儿一样,赋予上帝创造世界之功,但却限制了他在日常生活中的作用。上帝还能阻止恒星相互碰撞,纠正行星、彗星运动中的偏差。惠更斯、莱布尼茨进一步贬低了上帝的作用。他们也承认上帝的造物之功,上帝在造物时就已确定了世界的数学秩序。然而,从那以后,上帝与宇宙万物之间的联系便中断了。如果认为上帝创造的世界需要修正,那么这将被视为大逆不道的妄想。

事实上，惠更斯、莱布尼茨是对当时天文观测中无法解释的不规则现象采取视而不见的态度，而牛顿则认为这些不规则现象背离了数学定律，将会导致混乱，因而祈求上帝来指点迷津。但后来拉格朗日和拉普拉斯证明了，这些误差具有周期性，因而是世界秩序的一部分。也就是说，他们证明了宇宙的稳定性；在宇宙中，没有任何不安和偶发事件的余地。这一美妙的数学成就，使得以前对上帝采取修正手段的想法也变成是多此一举。上帝又被剥夺了一项职责。上帝已不可能再对自然界的事物进行干涉了，因而任何祈求上帝拯救人类的祷告都是徒劳的举动。

不久，上帝本身就被完全废除了。休谟抨击因果律，进而抨击世界需要一个创造者，或第一推动者的观点。世界变成了一部永恒的、永无止境的自动机器，对它来说，人类的存在只是无足轻重的一瞬间，它的存在没有任何目的。但世界这一部机器却对数学家另眼相看，因为他们虽然是缓慢地但却肯定地在揭示它的运行机制。事件之所以发生，并不是因为上帝早已有什么深思熟虑的安排，而是因为它们在发生之前就由固定的、永恒的数学规律决定了。在中世纪人们的头脑里，上帝不仅是宇宙的创造者，而且是世界上一切思想、行为、目的的终结。而到了牛顿时代，上帝的地位已大大降低，充其量，它不过是达到终极的一种手段；终极本身成了世界进程中有规律的、严谨的运动。

17、18 世纪伟大的数学、科学著作不仅在内容上，而且在精神上威胁着宗教思想。由于理性的地位得到提高，对上帝的虔诚因此被视为盲目崇拜，被称为对真理的毫无意义的保证。除此之外，在理性主义的抨击下,正统宗教的神秘感及其魅力业已消失,连感情本身也遭到了非议,并受到怀疑。唯物主义冲垮了唯灵论,摧毁了它所宣扬的灵魂、来世生活的鬼话,指出基督教所谓的为来世生活做准备的宣传,没有任何意义。决定论向自由意志提出了挑战,并为所谓的人的原罪开脱,因此打消了人们祈求上帝拯救的念头。在所有争论的焦点,牛顿主义都与宗教针锋相对。

这一思想的发展,完全脱离 17 世纪伟大的科学家的本意,因为他们都是敬畏上帝的人。他们的科学研究是宗教感情的表现,他们研究自然为的是了解上帝的旨意。用 J. 汤姆逊(James Thomson)的话来说,他们研究最简单的运动规律,以通过世界的框架来发现那上帝全能的、神秘的双手。当时,每一位伟大的研究者都具有数学或自然科学的天才,同时具有虔诚的宗教信仰。这在今天看来似乎很矛盾,只有在那一过渡时期才可能出现这样的情况。当他们意识到自己的工作对宗教信仰构成了威胁的时候,便试图调和在智力上和精神上的冲突。著名的现代化学之父玻义耳,一生中大部分时间不是花在实验室里,而是花在宗教上,甚至把自己的实验研究看作对上帝的奉献。他在遗嘱中留下了一笔基金,以反对无神论者、怀疑论者和其他异教徒。牛顿的老师巴罗辞去教授工作,转而进行神学研究。连牛顿本人也献身于神学,并且认为自己为加强宗教基础所做的工作,比在数学和自然科学中的成就更为重要,因为后者仅仅局限于揭示上帝对自然界的设计。因为这一缘故,他专门对丹尼尔(Daniel)的预言和《启示录》(Apocalypse)中的诗篇进行研究,以找出其中的微言大义,他还试图证明旧约全书中的记载与历史上发生的事件相一致。他对艰巨的、有时甚至是乏味的科学工作津津乐道，其原因就在于他认为这些工作为揭示上帝的旨意提供了线索。

牛顿对关于上帝存在的经典论据做了最为雄辩的陈述：

> 自然哲学的主要职责，是以非杜撰的假设为前提而找出各种现象发生的原因，依次类推，直到终极的原因，当然这一原因不可能是力学上的……在几乎毫无物质的地方还有什么存在呢？太阳与行星之间并没有密度很大的物质，那又是什么原因使它们相互吸引呢？为什么自然界不白白做任何事情呢？我们所看到的秩序井然的美丽世界是从哪里来的？彗星的最后归宿是什么？为什么行星以太阳为中心做同心圆周运动，而彗星则做偏心圆运动呢？是什么阻止固定的恒星互相碰撞？各种动物的每一奇异的形体是怎样形成的？它们身上的各个部位的目的何在？不用光学技巧能造出眼睛来？不用声学知识能造出耳朵吗？人的身体是怎样随着人的意志行动的？动物的本能是从哪里来的？……这一切事情都安排得井井有条，那么在这些现象的背后怎么会不存在着一个超脱尘世的、活生生的、充满智慧的、全能的上帝呢？他在无限的空间中不是对万物了如指掌；并且对任何出现在他面前的事物一目了然吗？

在牛顿《原理》第二版中，牛顿对自己提出的问题做了回答：

> 这个由太阳、行星和彗星组成的最美妙的系统，只是按照

充满智慧而强大的上帝的意图和指令而形成的,他统治着宇宙的万物,不是作为万物的灵魂,而是作为万物的主宰。

J. 艾迪生(Joseph Addison)的《赞美诗》(*Hymn*)以诗的形式表达出了牛顿的真正态度:

> 高高苍天,
>
> 蓝蓝天空,
>
> 群星灿然,
>
> 宣布它们本源所在。
>
> 太阳日复一日不知疲倦地运动
>
> 岂不是造物主力量的显现?
>
> 每一片陆地上
>
> 到处是全能的上帝的杰作……
>
> 就算全都围绕着黑暗的天球
>
> 静肃地旋转,
>
> 那又有何妨?
>
> 就算在它们的发光的天球之间,
>
> 既找不到真正的人语,也找不到声音
>
> 那又有何妨?
>
> 在理性的耳中,
>
> 它们发出光荣的声音
>
> 它们永久歌唱
>
> "我等乃造物所生"。

牛顿还深信上帝是一位优秀的数学家、物理学家，他在一封信中说：

> 创造这一（太阳）系以及其中的各种运动需要一个原因，它能从总体上把握、比较太阳、行星等天体中物质的量以及由此而产生的引力；各个主要行星与太阳间的不同距离，卫星（月亮）与土星、木星和地球间的距离，以及使这些行星围绕组成中心天体的物质运动的速率；它还能在如此繁杂的天体中对这些东西加以比较和修正，这一切说明这一原因不是盲目的、偶然的，而是精通力学和几何的。

莱布尼茨写了不少文章和著作抨击日渐泛滥的那些离经叛道的言论。他在《反驳无神论者的自然证明》（*Testimony of Nature Against Atheists*）中试图证明，用上帝存在的假设而对自然现象某些方面进行的解释，比用物质、力和运动等术语的自然科学描述更为恰当，而他在《神正论》（*Essais de Théodicée*）一书中，再一次阐述上帝创造了精确设计的世界这一古老的命题。

玻义耳、牛顿、莱布尼茨和其他一些人对宗教的辩护并非毫无影响。那些信奉宗教的人感到欢欣鼓舞。上帝，这位创造者，创造了一个比人类以前所梦想的还要广阔的天空和大地，创造了一个始终如一地按照十分精确的数学规律运行的世界。另外，这些规律揭示了"上帝的本质"这一词两个方面的新的意义。这样明白地显示上帝的崇高，能够重新增强人们对上帝的信心，同时也增加了为这种信心而欢悦的理由。

　　然而，这些人的努力注定要归于失败。虽然这些科学家、数学家肯定和维护了上帝及灵魂的存在，这些概念在我们的眼里与其说是强烈感受到的信念，不如说是智力上的抽象。要让意识接受这样的存在，就必须如同了解数学结论一样，使人们对这些存在有明白无误的认识。既然上帝不能被明白无误地认识，因此上帝就不存在。至少，历史选择了这样一种结论，而它们并不是玻义耳、牛顿、莱布尼茨在其神学著作中想要论证的那样。

　　他们的著作并不能阻止冲垮当时宗教大厦的浪潮。由笛卡儿、伽利略始创，玻义耳、牛顿、莱布尼茨加以发展的机械论哲学，开始被他们寄予殷切的期望，希望这种学说能为上帝的存在提供一个永久的证据，以维护基督教，但是他们的后来者却使这一希望化为泡影。那个时代的数学、科学著作成为在思想上讨伐正统宗教的基础，并且为所有对宗教信仰的攻击形式都提供了帮助。特别地，牛顿这个名字成了反叛宗教思想的象征。

　　废除宗教僧侣阶层在当时成为广泛的运动。例如，17 世纪法国杰出的思想家都与天主教有密切的联系，而 18 世纪的思想家则都反对天主教。这些知识分子的态度经历了连续不断的变化：从维护正统的宗教教义到使之合理化，从信仰到使基督教走向自然神论，然后经过"科学的自然神论"到怀疑论，最后走向了无神论。

　　要研究牛顿主义对宗教的影响，就应该追溯 18 世纪的时代潮流。信仰曾是宗教的主要支柱，但新的科学和数学使得理性成了当时生活的一部分。因此，宗教也必然和理性相联系。由于这一原因，有人主张，神学的目标是在理性而不是在神的启示的基础上建立基督教。这一基础将保证其真实性，由于在当时人们习惯于将理性和自然等同起来，因此它也得提供一种自然宗教。

在理性原则下重建基督教的运动，有时被称为理性化的超自然论，其中最著名的代表之一是洛克。在《基督教的合理性》（*Reasonableness of Christianity*）以及《神迹论》（*Discourse on Miracles*）中，洛克提出宗教实际上是一门科学，即从一系列合理的公理中可以推导出相应的定理，这些定理不仅是合理的而且是有用的。在这些公理中，他提出了其中的 3 个：全能的上帝的存在（我们自身的存在和自然界所显示出来的智慧，有力地支持了这一公理）；按照上帝的旨意行事；来世的存在（上帝在来世中将惩恶扬善）。这就意味着人们将在世上修行以便在天堂得到回报。

由于基督教不可能完全合理化，一些闪烁其词的解释也就在意料之中了。除了一些根据理性或一些合理的公理推导出的真理之外，洛克还承认有在神的启示下的和超理性的真理。死而复活就是这样的真理。然而，我们必须确信这些启示确实是上帝赋予的；并且任何启示都不能与我们的直觉知识相矛盾。理性必须判断。实际上，理性就是神的启示，而在我们天赋能力所及的范围内，上帝传达给我们的真理和谎言同样多。在任何情况下，理性都是最后的法官和最好的向导。不幸的是，阴险、邪恶的教士们千方百计阻止理性在宗教活动中发生作用。

在下面一些问题上洛克更加含糊其辞。宗教在本质上必然牵涉到人与超自然力量之间的关系，因此宗教必定包含一些超自然的成分，如神迹。显然，如果超自然本身不能被理性化，那么至少接受上述一些超自然的东西可以是合理的。

很显然，在洛克对正统宗教的辩护中至少有两个主要困难，即

对神的解释和对神的启示的解释。有些不满足于洛克观点的人声
称,神的启示与理性并不相悖。还有人运用反证法,他们指出自然
以及理性包含一些无法理解的现象,因此与神的启示一样同样令
人困惑。比如,两者都不能解释罪恶。还有一些人认为,上帝的启
示是为了考查人的悟性,因此而有意弄得扑朔迷离。

在以前的时代里,神迹是上帝存在的最好证据,现在人们却不
得不使神迹合理化,因为它们与自然秩序不一致。有些思想家试
图接受一些合乎理性的或者至少不与理性相悖的神迹。如死人可
以复活,但妇女不可能合乎情理地变为盐柱。对许多人来说,神迹
实际上是一些自然事物,只是在表面上看来不可理解,正像下雪对
居住在热带的人来说是不可理解的一样。

可以预料,试图以理性为正统宗教辩护并不能使所有的人都
满意。大部分受过启蒙运动影响的人要求一种完全理性化的宗
教,不管他们是不是基督徒,既然基督教在他们看来不能完全合理
化,这些人就开始定义和建立一门新的宗教——自然神论。

有时候人们这么说,对于自然神论者来说,自然就是上帝,牛
顿的《原理》就是《圣经》,伏尔泰是先知、预言者。自然神论者相信
存在着一种自然宗教,就像宇宙万物中的自然数学定律一样。不
需要借助于神的启示或者《圣经》来寻找这种宗教的教义。通过研
究天空、海洋、花草、大地和人类,它们就能被发现。研究创造物就
是对创造者最好的研究。我们从自然界而不是从《圣经》上获得这
些基本原则,而其他的原则将通过理性的展示而获得。人类理性
既然在自然科学中取得了成功,在解决这些问题时也同样会取得
成功。

自然神论者以十分详细的论证,得出了几个实证原则。上帝仍然是宇宙的设计者,他是牛顿发现的宇宙规律的源泉。存在着来世生活,每个人在那里将根据其在世间的功过而受奖掖或受罚。倡导敬奉上帝,提倡悔悟,因为这能使人们在世间生活得更美好。原罪与理性提出的原则相悖,因此自然神论者相信宗教的核心是道德。

这些教义与基督教教义并没有多大的分歧。但自然神论者坚持认为,只有那些可以由理性来辩护的教义才真正有效。那些带有迷信、反理性或神话倾向的教义都应该摒弃。由于童身胎、基督的神性,以及原罪的概念都无法用理性解释,所以它们首先遭到了摒弃。奇迹、上帝的特别恩赐、超自然的神的启示也从教义中被剔除了。对上述这些信念的反对,导致了自然神论与基督教的直接冲突,所以尽管事实上自然神论者承认上帝的存在,上帝仍然是牛顿时代宇宙的统治者,然而,正统的基督教徒还是把信奉自然神论的人称为无神论者。

18 世纪启蒙运动中的天才和精神领袖伏尔泰,是牛顿数学、物理学的忠实信徒,也是这一自然神论运动的主要倡导者。由于伏尔泰妙趣横生的著作的影响,自然神论成了当时受过教育的人们中最为流行的宗教。在美国,T. 杰斐逊(Thomas Jefferson)、B. 富兰克林(Benjamin Franklin)就皈依了自然神论。这一理性的宗教在美国的影响是如此之大,以至前 7 位总统没有一位表示说信仰基督教。当然,在政治演说中,他们中有不少人使用了基督教的上帝的说法。18 世纪以后,自然神论作为一种运动虽然在形式上消失了,但在 20 世纪受过教育的人中,自然神论依然是流行的宗教观点的核心。

　　许多希望创造一门自然宗教的思想家基本上是自然神论者，有的甚至全然不信上帝。他们提出的自然神学，实际上是科学的一个分支。作为世界运行动因存在的上帝，被作为超经验物而遭到了摒弃。另外，由于宇宙是一直存在着的，因此完全没有必要为其设想一个创造者。上帝作为第一动因的说法，被认为是推断一个"无法想象的存在在无法想象的物质上进行的无法想象的工作"。另一方面，任何可以解释的现象都不需要假设上帝的存在。

　　不管有没有上帝，自然神论都力图完全理性化。实际上，它在某种程度上迎合了人们追求神秘感和追求信仰的心理。关于这一点，有人说自然神论者是对宗教有一种怀旧感的理性主义者。由于这一点，一些持彻底怀疑论观点的思想家对它并不满意。在这些人中，有哲学家霍布斯、休谟、蒙田（Montaigne）、狄德罗（Diderot），有数学家达朗贝尔，他是狄德罗编写的《百科全书》（Encyclopédie）一书的主要助手，还有历史学家 E. 吉本（Edward Gibbon），他们把宗教看作无非是任何一个民族兴起时自然产生的历史现象，但他们认为也没有什么必要将宗教废除。霍布斯把正统宗教的产生解释为仅仅是被普遍接受的迷信而已。"对由意识杜撰的或从传说中想象出来的对无形的权威的恐惧，如果被公众接受，就成为了宗教，反之，则是迷信。"例如，在"异教徒休谟"看来，宗教仅仅是人类行为的一种模式，任何宗教中超自然的成分都是不值得相信的。很明显，他对主要由信仰逐渐产生出来的庞大神学体系很不以为然：

如果我们拿起一本神学或经院哲学的著作，让我们问一问：其中是否包含一些有关数或量的抽象推理？没有。是否包含一些有关物质实在或存在的经验推理？没有。把它扔进火堆里吧！因为它除了诡辩、错误的观念外一无所有。

怀疑主义时期在很大程度上是一个承上启下的过渡阶段。在围墙顶上保持不稳定的平衡，这不是人类的习性使然。在18世纪，法国的怀疑主义不过是无神论的前奏。18世纪初期，否认宗教是少数胆大妄为者的举动，以致人们常常诅咒那些不信教者将会不得好死，临死前讲一句戏谑之辞的无神论者在当时曾使得舆论哗然，因为这表明他死不悔改。然而到后来，无神论者有了许多信徒。法国的唯物主义者从推理中直截了当地得出了一个结论，宗教是应全然否定的，和理性的超自然论者以及自然神论者一样，他们得出这个结论，也是以牛顿的世界结构为出发点。

正是废黜了宇宙创造者的法国数学领袖拉普拉斯，从牛顿宇宙学中得到了最终的结论。众所周知，当拿破仑问拉普拉斯在其有关天体的《天体力学》(*Méchanique Céleste*)一书中，为什么将上帝束之高阁时，拉普拉斯回答说，根本没有必要使用这一"假设"。仅仅依靠数学和牛顿定律，他就能描绘出天体的运动。虽然牛顿力劝科学家们不要使用毫无必要的假设，但牛顿依然使用了"上帝"。这表明，实际上拉普拉斯比牛顿高出一筹。

牛顿以自己的数学发现为基础证明了上帝的存在，而拉普拉斯头脑中世界的数学结构比牛顿更为确定，并得出了与牛顿截然相反的结论。这在表面上看来似乎矛盾。但是帕斯卡对这一矛盾早已有精辟的解释,只有早已相信上帝存在的人,才能从自然界中证明上帝的存在。心诚则灵!

　　18世纪法国许多其他思想领袖也和拉普拉斯持有同样的观点。在达朗贝尔男爵看来,上帝这一概念与任何真实的东西都毫不相干,它起源于恐惧或灾难,是为取得假想力量的帮助而想象出来的。宗教教义体系和庞大的宗教机构,就建立在这一由无知而产生的推论之上。宗教仅仅转移了盘踞在人们头脑中的各种恶念,它对那些觉得在这个世界上痛苦的人担保来世的快乐,以此保持它们的神秘感。达朗贝尔指出,无知导致了上帝,而启蒙运动则摧毁了上帝。上帝就是自然,灵魂就是肉体。

　　霍尔巴赫所著的《自然的体系》(*System of Nature*),很大一部分就是为了否定上帝的存在。这本广泛流传的著作被称为无神论的《圣经》。医生拉美特利的观点与霍尔巴赫如出一辙,他进一步指出,宗教仅仅对牧师和政客有用。既然人能够了解自然,那么由现存的宗教提供原始的、迷信的解释就毫无用处了。虽然拉美特利愿意承认上帝的存在,但他却认为这一存在纯属假设,没有任何实际用途。实际上,它是危险的、邪恶的。它远远不能为道义担保,宗教领袖们常常以上帝的名义发动战争。18世纪法国唯物主义的顶峰,是对当时被认为是精神暴政的所有宗教的反抗。

　　在无神论运动的同时,宗教思想也达到了顶峰,对很多人来说这顶峰太高了。那些在精神上攀上顶峰的人,被周围的景象弄得头昏目眩,在寒冷、稀薄的空气中很不舒服。还有一些想登上顶峰的人找不到路径,他们希望有一支火把引导他们。丁尼生(Tennyson)曾在一首十分拙劣的诗中祈求指引:

荡荡上帝子，垂爱绵万世，

我躬无由亲，诚信通神祇，

尘凡不见处，

信德奉天旨……

吾心悦诚服，岂敢窥天机，

学识安由在，只有感触知；

我等上帝生，理应奉天旨，

黑暗中圣灵，光耀照万世。

一些困惑的人仅仅表达自己的失望之情，另外一些人则开始 ₂₆₈
了行动，卫斯理兄弟（The Wesley brothers）、纽曼（Newman）红衣
主教以及牛津运动的领袖们认为恢复正统的宗教是拯救文明的唯
一手段。对数学和科学日益增加的影响的反击，是对他们动机的
最好解释。还有，18—19 世纪的一些宗教运动也出于类似的
动机。

也许，我们中有很多人会认为 18 世纪的无神论倾向是有害
的。然而随着这一倾向而产生的宽容和自由的思想则是最有益
的。那些读过中世纪和近代早期历史的人，没有一个人不对教会
所拥有的权力感到震惊。在上帝的名义下，人们处在贫穷、肮脏和
无知的状态中；人们被蹂躏、拷打、火烧、杀害；思想和行动自由受
到禁止、破坏乃至遭受镇压。

宗教迫害的历史，绝不仅仅局限于文艺复兴时期基督徒们的
活动，这是人类历史上恐怖和可耻的一页。那些仅仅靠信念支撑
起其宗教信仰的人，敢于杀害持不同意见的人，而且使用的是最奇

特、最残忍的刑罚：夹棍、拉肢刑架、当众鞭挞、火刑、烙铁灼烫、肉
体穿钉。这些狂热的宗教信徒一定是绞尽脑汁才发明了如此"精
巧"的刑罚，以至于授权博物馆陈列这些他们喜爱的刑具。一些人
仅仅以个人判断为依据来确定他们对真理的唯一权威地位，并且
以火和剑强迫公众接受它。蒙田以极大的讽刺口吻来描述当时的
情形："对人们的思想所给予的高度评价，就是用烈火烧烤信奉这
些思想的人。"

　　宽容并非是数学的直接贡献。它在更大程度上是 17、18 世纪
理性主义精神的产物。但是，以普遍的数学规律为形式的人类理
性的胜利，构成了理性主义的根基。另外，也依赖于人类所能达到
的最严谨推理的数学——数学与权威、盲从、奇迹以及对"真理"未
加推理就接受是完全对立的。最后，科学指导我们观察自然，并对
观察得到的结论进行连续的确证。科学也教导我们接受任何与事
实相符的理论，不管它们看起来与日心学说或相对论是如何不同，
而科学在很大程度上则依赖于数学。因此，这种知识的主旨在本
质上——也许在有些方面是间接的——极其有助于一种慈善精神
的传播。

　　在哥白尼时代，自由思想已向宗教公开宣战。到这时战场上
仍然弥漫着硝烟，但我们的思想已达到一个新的高度。我们已经
认识到了信仰自由、言论自由、出版自由以及学术自由的重要性。
幸运的是，在我们这个时代，人们热烈追求的是自由而不是神学。

　　通过牛顿时代的数学成就，我们获得了一种更大的自由——
从迷信中解放出来。现在，大部分生活在西方文明中的人相信，自
然的进程不会受神秘的魔鬼、精灵或鬼魂的影响，也不受魔法或人

类偶然的失误影响。人们相信自然规律起着支配作用。这实际上破除了人的某些细小的行为能够招来好运或免除灾难的迷信思想。

一般来说，人们不会认识到也很少承认宗教会进化，但毫无疑问，理性主义的兴起对宗教本身是有益的，因为宗教不再与科学一争高低了。结果，数学家和科学家相对来说少了一些束缚，科学发现被认为是自然知识的最好源泉，宗教徒现在也认为神学和科学是兼容并包、互相促进的了。而科学的主导地位被当作理性神学玄想的基础。如今，神学家们重复由牛顿、莱布尼茨提出的证明上帝存在的论据，科学在这些过程中所提供的帮助欣然地得到了承认。自然界中的数学规律被当作设计和谐世界的论据，而上帝就是这个世界的创造者和主宰。随着越来越多的规律被人发现，科学受到了极大的欢迎，因为它被认为在越来越深的层次上揭示了上帝的存在。

18 世纪以前，一般来说道德规律都在宗教中得到了支持。随着宗教为人们所否定，宗教地位遭到削弱，这些道德规律也就成了空中楼阁。而且，唯物主义者对世俗享乐的强调与基督教正统的伦理观点也截然相反，决定论则削弱了原罪、拯救的力量，因为决定论提出，愿望与早已决定了的物质行为相联系。根据这一观点，由于人不是自由的行动者，所以不能对自己的行为负责。对宗教原罪的否认，相应地引出了另一个古老的问题：为什么世界上存在着罪恶？这一问题正好对神学家和理性主义者来说都是亟待解决的。基督教徒用人类的原罪和堕落来解释罪恶，但这一"解释"随着原罪概念的破灭而破灭了。

在理性的审视下,会发现许多伦理信条似乎肯定是毫无根据的。一旦我们对上帝的本质进行了审慎的研究,就会发现一个问题——上帝为什么喜欢善而不喜欢恶呢?博学多才的沙夫茨伯里伯爵三世(Third Earl of Shaftesbury)嘲笑那种认为善是与主持报应的超自然力量的一种交易的学说。拉美特列的观点则更加激进,他主张,快乐不是一种罪过,而是一门艺术,他特别肯定、赞赏感官的快乐。

道德信条能在宗教中保存下来吗?18世纪的思想家提出了一些尝试性的想法。理性本身被鼓励作为行动的向导。至少洛克提出,道德问题与原则能够用数学表述出来,我们头脑中的上帝必须遵从理性,以决定正确的行动。只要合理地审时度势,我们就有足够的理性来指导自己。在那些倡导运用理性的人中,有人补充说,人有一种道义感与理性协调行动,这一自然的是非观是不依赖于宗教的,敬畏上帝、寻求在天国中获得庇护都毫无必要。事实上,这一动机是非基督教的。道义感使人能弃恶扬善,就像人们的美感总是使他们对美的事物趋之若鹜一样。

根据18世纪的自然与理性同一性的原理,另一些思想家提出要研究自然状态下的人,并模仿他们的生活。因此原始人的生活方式被认为是合乎要求的,这些又可以通过欧洲人的大规模探险而获得。因为麦哲伦(Magellan)曾写到,巴西人就没有文明化所带来的罪恶,在那里,人的寿命能长达140余岁,巴西人的生活方式受到了极力赞扬。由于中国人的生活方式比欧洲人更为原始,所以理所当然的,中国人的道德因而更加高尚。他们的社会结构也更合乎标准。当探险家布干维尔(Bougainville)发表了有关位于南太平洋的塔希提岛（Tahitians）人的生活的文章时，一些欧洲人深信，模仿这些人的生活方式可以恢复伊甸园的生活。就连耶稣会士都赞扬未遭污染的自然状况下人的美德，称他们是高贵的野蛮人。

许多哲学家们断定，伦理学与宗教之间的关系应该与历史上曾有的关系相反。洛克说，《圣经》使人们更加坚信由理性发现的道德。其他人中，康德则认为道德仅仅是宗教的基础。《圣经》的价值仅仅在于它与道德信条巧合并对它加以补充，宗教的价值仅仅在于，它为人们为了成为社会高贵的一员而必须吞下裹上了一层糖衣的道德药丸。根据康德的观点，基督教不过是"治安力量的一个可敬的补充"。

M. 阿诺德（Matthew Arnold）也表达了类似的观点，他认为宗教是"染上感情色彩的道德"。

由于宗教地位的削弱，伦理信条遭到极大的毁坏，以至于要求完全重建。数学正好提供了一个计划来弥补这一损失。一种新的欧几里得即将诞生，并将为社会所有的人提供道德规范。然而，这一故事要留到稍后的章节来分解。

第十八章　牛顿的影响：文学和美学

元宰有秘机，斯人特未悟；

世事岂偶然，彼苍审措注；

乍疑乐律乖，庸知各得所；

……

A. 蒲柏（Alexander Pope）

格列佛在他的游记中记叙了这样的故事：在拉布塔岛上，他遇到了几个研究和改进那个国家语言学的教授。其中这些教授们的一项研究工作是，把多音节词变成单音节词，并且省略动词和介词，用以达到简化语言的目的。因为事实上一切可设想的东西都可以仅仅用名词来表达。另一项研究计划是，废除所有的词汇，取而代之的是人们用随身携带的实物来表达思想。后一项研究工作对语言的简化甚至会对人的健康大有裨益，因此受到了大力提倡。尽管这样，这项工作却遇到了岛上妇女们的反对，因为这样一来她们的舌头将会失去作用。

正如在其他大部分章节一样，《格列佛游记》的作者斯威夫特在此处也利用了他最擅长的武器——讽刺，以此来挖苦他那个时代深受数学影响的文学风气。就像 20 世纪美国的商人由于商业

上的成功而成为时代的权威一样,17、18 世纪的数学家也由于成功
地揭示和阐明了自然界的秩序,而成为当时文学的仲裁者,从语言、
语法形式、语言风格一直到文学内容,无一例外。当时,最杰出的大
文豪也认为自己的作品与数学、科学著作比较起来相形见绌;并且
认为只有以这些著作作为榜样,诗歌和散文的水平才有可能提高。

作家们通过使语言标准化来重建文学。某些符号原来一直是
表示固定意义的,现在则被用来表示概念,正如数学家们用 x 来
表示任意一个未知量一样。英语语言的标准化还体现在替代词的
频繁出现:nymphs 代替少女,swains 代替恋人,dewy 代替草地,
mossy 代替喷泉和小溪,limpid 代替水,等等。这些词的出现,以
及还有其他一些专有名词的使用,简直到了令人厌烦的程度。

为了模仿数学,日常会话也开始使用抽象概念。火枪成了水
平的管子,鸟成了有羽毛的带子,鱼成了带鳞的种族或有鳍的种
族,海洋成了充水的平原,天空则成了碧蓝的穹隆。诗人们更是沉
湎于抽象的术语之中,如美德、愚昧、喜悦、繁荣、忧郁、恐怖、贫穷,
等等,他们将这些词人格化,并且用大写字母表示。语言的标准化
和对抽象词汇的偏好,使语言丧失了细腻的、丰富多彩的词汇。

英语语言的一个里程碑——S. 约翰逊(Samuel Johnson)《辞
典》(Dictionary) 的问世,使得英语语言的标准化运动达到了高
潮。约翰逊承担起了整理英语语言的工作,英语语言"由于需要而
产生,由于偶然的原因而得到了扩充"。通过对单词意义或多或少
的完备解释,约翰逊把这一部辞典变成了评判用词法的权威性标
准,以及语言习惯的仲裁者。常常他对英语单词做了仔细的区别,
是通过引经据典,从而确立了它们的准确含义和正确用法。约翰

逊的用意是想固定这些词的意义和用法,正如几千年来用"三角
形"(triangle)这个词来指称三角形本身一样。

在辞书史上,这一关于辞典概念的转变看来有些偏激,但在
18世纪却被视为理所当然。约翰逊对英语语言进行了整理,而这
一类似的工作在其他领域内则早已进行了,即确立最合理、最有效
和最持久的标准。从他那个时代起,语言学家们认识到,尽管语言
有各种定义和规则,但它的变动和进化是不可避免的,在不同的时
代和不同的区域,词语的意义也不相同,现代辞典收入词语的古义
就清楚地表明了这一点。

随着语言的标准化,日常语言的有效性也受到了批评。曾因
伦理哲学、政治哲学而名噪一时的J.边沁(Jeremy Bentham)对这
一问题颇有研究。他声称,名词要比动词好,用名词表达的概念是
"建筑在岩石上的",而用动词表达的概念会"像鳝鱼一样从你的指
缝间滑过"。理想的语言应该模仿代数学;用符号来代替概念,就
如用字母代替数字一样,这样就能消除模棱两可的词语和易使人
误解的比喻。正如所有的数字都是由简单的运算——加、减、乘、
除、等于——联系起来一样,各种概念应该用尽可能少的句法关系
联系起来。比较两个判断可以和比较两个方程采取同样的方式,
如:方程的一边由另一边乘以一个常数而得到。边沁热衷于用符
号代替名词和关系词,这与莱布尼茨使语言符号化的思想有一定
联系。只不过莱布尼茨力图使推理更简便,而边沁等人所追求的
则是语言的精确性。

语言改革本身只是数学对文学影响的一个次要方面,文风的
根本性转变还要更加引人注目。在牛顿时代,人们普遍认为,数学

论文或数学演算的文章叙述得细致准确、清晰明了。许多作家们确信，数学所取得的成就几乎完全应归功于这一质朴的风格，于是作家们决心模仿这一风格。

17 世纪英国皇家学会会员决定将英语散文的改革纳入学会庞大的学术计划中。为此他们成立了一个委员会，授意包括斯普拉特(Sprat)、沃勒(Waller)、德莱顿(Dryden)和伊夫林(Evelyn)等在内的人研究语言。在研究了法国科学院（Académie Franeaise)的经验后，这个委员会建议成立一个学院，"以促进英语口语和书面语言的发展"。委员会敦促学会成员避免在实验报告中使用雄辩的华丽语言。他们要反对"冗词赘句、夸夸其谈的文风"，寻求"回到原始的淳朴和简洁，在同样的篇幅中表达尽可能多的东西"。他们要使用"一种平易、朴实、自然的表达方式，做到言简意赅；尽可能地使一切都像数学那样明了①；工匠、农夫、商人的语言，比学者和才子们的语言更受青睐"。

当时伟大的学者之一，丰特奈尔(Le Bovier de Fontenelle，1657—1757)也是当时最著名的科学普及人士，在其《论数学和物理学的用途》(*On the Utility of Mathematics and Physics*)一书中，他写道：

> 几何精神并不局限于几何学之中，它可以脱离几何学，转而在其他知识领域中发挥作用。一部有关伦理学、政治学，或者一篇批评性的，甚至有关雄辩术的著作，在其他条件相同的

---

① 着重号是我加的。——M. 克莱因（即本书作者）注

情况下,如果是出自一位几何学家之手,就会更胜一筹。现在,几何精神比以前得到了更为广泛的传播,一部好的著作中井然有序的结构、准确简洁的叙述,这些都是几何精神的结晶。

在 18 世纪,人们将我们在以前的章节中提到的著名数学家树立为文学典范。笛卡儿的文风因其简洁明快、通俗易懂而大受欢迎和颂扬,笛卡儿主义(Cartesianism)不仅是一种哲学,而且成了一种文风。帕斯卡在他的《外省人来信》(Letters Provinciales)一书中所展示的文雅而理智的风格,受到了人们极大的推崇,被看作是对文学风格的重大贡献。所有领域的作者们都在他们文章主题所允许的限度内,尽可能地模仿笛卡儿、帕斯卡、惠更斯、伽利略和牛顿的风格。

在这样的影响下,散文风格产生了极大的变化。暗喻被取消了,为的是便于用精确的语言描写客观事物。关于这一点,洛克解释说,暗喻和象征虽然是宜人的,但却是非理性的。带有大量复杂拉丁文结构的华丽的、充满学究气的文风遭到了摒弃,代之而来的是简明直率的文章。新的风格还抛弃了激动人心的奇想,充满感情和活力的表达方式,充满诗意的华而不实,激情,以及庄严含蓄的句子。蒲柏说作家的职责就是:

> 引导缪斯的坐骑,而不是去鞭策它,
> 制止它发怒,而不是让它狂奔。

作家们所关心的是,用一种与高标准的逻辑思维相一致的风格来

表达、叙述事实。这一新的文风的特点是：清晰、匀称，对形式、节
奏、对称性结构和韵律有建筑师般的本能，严格遵守固定的模式，
文章就会变得简明而清晰，准确而合乎语法。为了使文章清晰易
懂，每一短语或词组都必须浅显易懂。因此当时短句非常流行，倒
装句则招人讨厌。句子中词语的顺序由思维顺序来决定。而且，
句子与句子之间联结得很紧凑，以便于清晰地表明思维的来龙去
脉。文章风格的宗旨是："浅显易懂的思想交流。"

　　由于当时强调文体的理性因素而舍弃感情因素，这就助长了
注重修辞、推理和叙述的文风，同时贬低了那些带有强烈感情色
彩、充满激情的表达方式。然而，伟大的诗篇正需要这些情感来激
发。在这一理性时代，表达理性所用的最富特色的方式是散文，这
样就导致了那时田园诗、戏剧的发展远远不及小说、日记、书信、游
记和散文等文学形式的发展。事实上，当时小说几乎取代了诗歌，
成了文学创作的主流，田园诗则成了枯燥的"诗化的散文"。

　　在散文中，杂文最受欢迎。对理性的崇拜使得那些不合理性
的东西越发显得不合时宜。作家们也因此从中找到了新的主题。
在18世纪，由于理性和自然被等同起来，那些违背自然的东西就
受到人们的唾弃和抨击。比如，人们攫取权力、财富和地位，这些
都与自然相悖，因而受到了攻击。18世纪最伟大的讽刺作家斯威
夫特至今还拥有许多读者，他的作品在当代正切中时弊。格列佛
在那些奇异的国度中所遇到的每一件事，都是对18世纪欧洲文明
的影射。

　　小人国中的小人们初看起来十分有趣，他们衣冠楚楚，然而却
是孤立无援的弱小民族。我们不禁对之莞尔一笑，等到后来才知

276

道,我们嘲笑的正是我们自己。格列佛想对小人国中的上层社会精英们夸耀欧洲的制度、风俗,结果却嘲弄了欧洲人。

　　如上所述,理性时代人们偏爱散文,而轻视诗歌。另外,牛顿精神强调散文和诗歌之间的鲜明界限,强调我们作为理智的、有判断力的人所想的,与作为一个诗人所想的应该泾渭分明,一方面是有关自然的知识,另一方面是修辞的色彩和幻觉的工具,是寓言似的欺骗。散文与事实相连,而诗歌只给人带来愉悦和幻觉。一个人可以有诗一般的感受,但他却必须用散文的形式来思考。而且在牛顿时代,由于真理包含在清晰的关于物质的数学性质的知识中,而这些不是诗歌的真理,因此后者被视为虚幻的东西而遭到冷落。事实上,为了获得真理,必须摒弃空想,诗歌至多只能装饰抽象的数学和科学的真理,使它们更加令人愉悦。

　　当时许多杰出的人物都反对诗歌,有的甚至向诗歌宣战。洛克说诗歌所给予的只是悦目的图画和宜人的景象,但这些都与真理和理性相悖。见到理性之光的人无须诗歌,因而不应该在一首诗中白费精力寻找什么真理。事实上,如果在一首诗中注入理性,就会损害它给人带来的愉悦。另外,他还说,如果一个儿童有诗歌爱好,他的父母就应该阻止这种爱好的发展。牛顿在谈到他对诗歌的看法时,引用了他的老师巴罗的话:诗歌是天才的妄言。休谟则更为粗暴。在他看来,诗歌是职业谎言家的作品,他们在虚幻中寻找娱乐。边沁则提出了区分散文和诗歌的标准:散文除了最后一行之外,其余各行都能向边际延伸,而诗歌中有些诗行则出现了跳跃。他继续说,诗歌什么也不是,它满篇都是伤感和模糊的词汇的堆积,这些蹩脚的声音只会使野蛮人感到高兴,而有头脑的人却对此无动于衷。

诗人们也自惭形秽，承认自己地位低下。德莱顿在其《为史诗和诗歌作品辩护》（*Apology for Heroic Poetry and Poetic License*）中说，我们应该欣赏诗歌中的想象，但不要受其中虚幻东西的迷惑。艾迪生为诗歌所作的最强有力的辩护是，如果仅仅赋予物质世界确实拥有的特性，那么这个世界就成了一个毫无生气的诗歌所描绘的形象。幸运的是，仁慈的上帝赋予物质以神奇的特性，它可以在我们的头脑中产生一系列愉快的想象，这样人类就可以通过令人愉快的感受而使身心得到享乐。18世纪文学权威约翰逊在诅咒诗歌的同时，也对之稍加褒扬。他说，诗歌通过唤起想象以帮助理性，是一门将快乐与真理融为一体的艺术。

当然，诗歌仍然横遭非议。当时流行的观点是，诗歌只需要有限的场景，稍具想象再利用少数规则就能达到完美。诗人们也接受了这样的信念，认为他们的创作并非是真实的写照，只是取悦人的幻想。他们只为迎合读者而提供装饰，何况这种装饰还要借助幻想。即使对诗人来说，诗歌也不如现实有意义。

诗歌艺术每况愈下，直到沦落为一种小小的娱乐。为了证明 278
其存在的合理性，人们要求诗歌变得更为合乎语法或更加有现实意义。于是，有些诗人认为，诗歌的功能是用押韵的形式进行说教、推理和辩论。虽然诗歌不应该刺激情感，但它可以净化心灵，减少恐怖，还可以树立起美德的榜样。

当时的批评家不满足于将诗歌贬低为微不足道的小事，为了达到他们将诗歌数学化的目的，他们抑制其中所有富有人格特征的因素。他们认为，一个诗人首先应该是一位数学家。德莱顿声称:"一个人要成为一位优秀的诗人,就必须通晓几门科学,同时还必须有一个合乎理性的、合乎语法的,在某种程度上来说,合乎数学的头脑才能胜任。"年轻的美国也受到了这种新风气的影响,用爱默生(Emerson)的话来说就是:

> 如果仅仅是一位诗人吟咏诗文,或仅仅是一位代数学家讲解解题方法,对此我们都可以不屑一顾,而一个人一旦领会到事物的几何基础及其魅力,那么他的诗就将具有精确性,他的算术也将具有音乐感。

可以想象,数学家们希望诗也像科学一样,包含自然规律,通过研究自然获得这些规律。德莱顿说,事实上,那些流芳百世的佳作都是对大自然的模仿。蒲柏也表达了他对诗歌中自然规律的信念。他在其《批评论》(*Essay on Critisism*)中说:

> 首先要顺从自然,然后再判断想象,
> 依据大自然的准则,它是始终如一的。
> 丝毫不爽的大自然,时刻闪烁着上帝之灵,
> 一束清晰、永恒、亘古不变之光,
> 生命、力量、美好、洒向人间,
> ——这是艺术的源泉、目标,又是评判的标准。

令人惊奇的是,"顺从自然"并不完全具有它在物理科学中的含义,即遵守自然界的数学规律,而更多地是遵从根据历史考证的

古希腊人与自然的关系。"顺从自然"是指模仿古希腊文化的形 279
式，于是蒲柏说：

> 先贤们发现——不是发明——的那些定律，
> 依然存在于大自然中，大自然变得富于理性了，
> 它是热爱自由的，但依然遵从
> 造物主在太初时设计的定律……
> 当年轻的维吉尔（Virgil）第一次利用无拘束的思想
> 设计永久的罗马时，
> 也许，他试图挣脱批评者的金科玉律，
> 然而，大自然的源泉取之不尽，
> 在检查设计的每一部分时，
> 才发现，大自然与荷马（Homer）竟不谋而合。

然而，当蒲柏翻译荷马的《伊利亚特》（*Iliad*）时，他的译文并不具有荷马的风格，而是具有自己的特色。正如斯蒂芬（Sir Leslie Stephen）在其《18 世纪英国文学与社会》（*English Literature and Society in the Eighteenth Century*）中所指出的：当我们读到阿伽门农（Agamemnon）为号召希腊人放弃对特洛伊城的围攻所作的演说：

> 友爱、职责与安全召唤我们离去，
> 这是大自然的声音，我们顺从自然。

不用问，我们就知道这声音并非出自荷马笔下的阿伽门农，而是出自一位头戴假发的"阿伽门农"。我们也不用深究就知道，这是 18 世纪的声音，为的是阐述其时代的基本命题：理性主义的有效性和自然规律的普遍性。于是，诗歌的规则、规律就以自然、古代文化和理性这三者为源泉，遵从一个就要遵从另外两个。因此，艺术的规则就是"自然的条理化"。

蒲柏、艾迪生和约翰逊主张诗歌风格应该遵从以上所述的基本原理。通过对古代文学的研究，他们推导出了一套严格的规则，德莱顿从对拉丁文古典文学的翻译中总结出了英译诗的规律。人们认为写诗可以遵从一定的规律；田园诗、史诗、十四行诗、书信体诗、教谕诗、颂、警句，这些都可以遵循一定的规律以确定它们的形式。在诗中，秩序、明晰和平衡、和谐是应当追求的目标。讲究语法规则、句子结构的诗歌备受推崇。诗歌形式的原则类似于数学中的公理，因为公理不仅决定与之相关的定理的形式，而且决定其内容。双行史诗最受青睐，因为它具有平衡性和对称性，还因为它的形式类似于一个等比数列，这一点在我们今天看来未免太极端了。双行史诗被认为是韵律的核心。对当时的文学批评家们来说，美源于严格遵守这些诗歌的规则。

诗人们采用一种符号，这些符号的规则系由一系列数学命题组成，他们极其严格地遵守批评家们提出的规则。伟大的诗歌被简化成为正确的写作，甚至退化为对符号的遵从。诗确实变得温和了，也有条理，富于理智了。诗人们采用蒲柏倡导的整齐的结构，严密的诗体，强调新古典主义理想，如明晰、中庸、文雅、匀称、完备。他们遵从体面的形式——即主题、内容、形式的和谐一致。

由于已经规定了格调和形式,诗人们不得不压抑自己的感情,虽然他们这样做不免常常带有讽刺意味。激情遭到唾弃、感情奔放、想象活泼的诗句都被视为不合规范。理智、冷静和谨慎将想象力紧紧地束缚起来,正如德莱顿所断言的那样:"想象力是如此野性难驯,放荡不羁,就像一头野牛,只有将它拴在结实的木桩上,它才不会脱缰而去。"于是,伟大的悲剧就沦为当时注重常识的新文风的悲惨牺牲品。精神与理智的统一,思想与感情的联合,都统统遭到了破坏。

18 世纪,人们不再把诗歌视为神圣可敬的崇高之物。当时也有一些诗人坚持写带有激情的诗。但为了使作品能够进入文学界不得不费尽心机,他们或者假意轻视,或者故意以嘲笑的态度将这些诗作发表。只有少数人敢于对抗这些清规戒律,按自己的意愿进行创作。其中著名的有科林斯(Collins)、斯马特(Smart)、柯珀(Cowper)和布莱克(Blake)。可是,他们中有的竟被看作精神不正常的人。

如果说18 世纪诗歌精神衰落了,那么至少诗歌创作的题材得到了丰富。在牛顿的青年时代,许多17 世纪诗人的创作是充满热情的献身宗教的诗歌和爱情诗。他们中几乎所有的人都对数学和科学不屑一顾。少数接触到这一类主题的人,也未曾意识到时代发展的大势所趋。另外,还有一些人对数学加以嘲弄。1663 年,S. 勃特勒(Samuel Butier)在《休迪布拉斯》(*Hudibras*)中写道:

在数学家中,他比

第谷——进行错误观测之父——还要伟大,

利用几何学家之尺,他

能测算出啤酒桶的大小;

利用各种符号和正切线,他

能算出黄油、面包的重量;

利用代数知识,他能告诉人们

一天多少小时,钟敲多少下。

在牛顿的著作发表后,对数学、科学的讽刺则变成了狂热的崇拜。诗歌中充满了对新数学、新科学的赞美之辞。作家们发现,数学秩序和图案如此动人,自然界的广阔结构具有无比的魅力,他们把注意力从微不足道的人类生死离合中转移到大自然。没有人比德莱顿为这些新的奇迹更感到欢欣鼓舞了:

从和谐,天体的和谐

这是宇宙的最初设计;

从所有琴键奏出的美妙音乐,

到人类的引吭高歌,

到处都是和谐一致的⋯⋯

从上帝那儿得到了力量,

天体开始运动,

它为造物主而骄傲,而歌唱

光荣归于至高无上的主。

威斯敏斯特教堂（Westminster Abbey）中蒲柏为牛顿写的墓志铭也极为著名：

> 自然和自然规律隐藏在黑暗之中，
>
> 上帝说："让牛顿去吧！"
>
> 于是，宇宙一片光明。

遗憾的是，我们在此不能用过多的篇幅来探讨牛顿时代的伟大诗篇。不过，我们从本书中偶尔引用的诗句，或每一章前的箴言中，也许可以略窥一斑。

不管18世纪的批评家们如何竭尽全力为这种冷冰冰的、机械的、毫无人情味的文学进行辩护，他们也不能消除敏感的人们心中的温情。在19世纪，人们意识到，18世纪发展起来的诗歌风格的缺陷已到了不可救药的地步，而且诗歌的形象过于单调。描述性的几何规则只能画出建筑师的蓝图，却不能完成一座建筑。正如罗伯特·彭斯（Robert Burns）在谈到模仿古代文化时所说的那样，诗人们不能"希望通过学习希腊语而成为帕尔纳索斯山（Parnassus）的诗神"。

当时对创作精神的压抑是如此巨大，以至于19世纪早期的诗人觉得所有的美都消失了。济慈（Keats）因为笛卡儿、牛顿割断了诗歌的咽喉而憎恨他们，布莱克则诅咒他们。在1817年的一次宴会上，华兹华斯（Wordsworth）、兰姆（Lamb）和济慈当着众人的面，说出了这样的祝酒词："为牛顿的健康和数学的混乱干杯。"虽然布莱克、柯尔律治（Coleridge）、华兹华斯、拜伦（Byron）、济慈和雪莱(Shelley)这些人了解数学和科学所取得的成就,并对这些成就深感敬佩,但他们却不能容忍数学论文的文风对诗歌精髓的破坏。雪莱在谈到对想象力的限制时说:"人类征服了大自然,而自己却依然是一个奴隶。"柯尔律治把机械论的世界斥为一个死的世界。布莱克称理性为魔鬼,而牛顿和洛克则是魔鬼的最高祭司。"艺术是生命之树——而科学是死亡之树。"他认为,对自然的机械描述完全不足以表现自然:

> 虎,虎,虎视眈眈,
> 在那夜幕的森林中,
> 从令人生畏的利爪、锐利的目光中,
> 岂能使人惊叹那毛骨悚然的美?

华兹华斯则指出,仅仅凭借理性,所产生的是毫无人性的怪物。他攻击那些循规蹈矩的、将自然与心灵分开的科学家,认为他们不能领略神秘感和崇高感。

> 人类现在是统治者,
> 掌握着权力,但却虚弱得瑟瑟发抖,
> 科学在大踏步地前进,
> 可是能使整个世界充满爱心与温馨么?

反抗、叛逆、意识和无意识人们以各种方式开始对抗在 18 世纪被宣称为唯物的、无色彩的机械的自然界。被压抑长达近一个世纪之久的感情挣脱了锁链，开始反抗数学和科学对思想的统治。283
在 18 世纪被称为世界的完美秩序，到 19 世纪则被称为幻觉，因为
理性所不能解决的奥秘和矛盾依然存在。诗人们强调感觉、情感
和人的自我意识的重要性。他们说自然应该与我们共同存在，我
们不是通过科学家所给出的不充分的数学描述来了解自然的，它
是活生生的。华兹华斯说，我们应该直接欣赏自然，而不是终日沉
溺于理性的汪洋大海之中：

> 全能的上帝呀！
> 我宁愿是一个旧教哺育下的异教徒，
> 站在快活的绿野上，我才能领略到，
> 大自然的奥秘真谛，使我不致孤寂、凄凉。

　　诗歌从机械的传统中解脱出来了，感情得到了复苏和流露。
神话和象征重新显示出活力。想象被置于理性之上。更有人认为
想象是理性的最高形式，因为它提供了直觉的真理。诗人们不再
是理性的注释者了，而可以自由自在地运用自己的天才表现心目
中的女神了。通过这一联系人类灵魂与自然的纽带，死的世界被
赋予了活力，我们可以直接欣赏大自然了：

> 伊甸园，掩映在丛林中，
> 天堂，幸福之所在——为什么就只应该是，
> 悠悠逝去的往事，仅仅是历史，
> 或虚构的、绝不可能的子虚乌有？

在献身给这个可爱的宇宙，

充满智慧、富有洞察力的人看来，

洒扫应对的尘世生活中，

处处可见伟大、神圣，令人激动不已。

　　世界不再是冷冰冰的了，它具有灵性，可以通过人类内心的力量加以塑造。诗歌记录了这一崇高的行动，诗人使毫无生气的世界变得充满了活力。因此华兹华斯说：我仍然

热恋着花草、树木、高山

——在这个绿色地球上所看到的一切，

以及耳闻目睹——其中一半为它们所创造，

为它们所领悟——的全部世界。

依靠最纯洁的思想，人类的心灵，

人类道德精神的培育、指导和监护，

我们认识了大自然及其语言，

人类为此而欢呼雀跃……

我们终于知晓：

大自然从未背叛人类，

大自然依然钟情于人类热爱她的那颗心。

　　大自然仍然是诗人们的重大主题，但这里的大自然已不再是昔日为抽象的规律所羁绊的自然了，它充满了感情和活力，神秘动人，富于感情色彩。19 世纪的诗人选择自然的细微活动作为主

题,"从血液到心脏都感受到感官的甜蜜"。他们欣赏声音、光、气味和生活本身的图景。日出日落的光芒不再是用于数学分析的光线。人们对太阳神不灭之火的仰慕亦超过了他们对太阳与天体引力的关注。粗犷的西风是"秋日的气息"。脱缰的精神无处不往,唤醒了蓝色的地中海,打乱了空气分子正常的机械运动。

虽然浪漫主义诗人已开始起来反抗,可他们却不能完全从束缚他们精神的锁链中解放出来。事实上,19世纪数学和科学思想的发展,更进一步加强了18世纪狂热的理性主义者所提出的宇宙概念。当然,诗人们强烈地感受到了这一事实。当他们的感情迸发平息下来之后,他们又面临着宇宙意义的问题了。整个19世纪,他们徘徊于由数学、科学所描绘的自然与由感官所构造的自然之间。阿诺德道出了同一时代人们的心声:

> 世界像个迷梦之国
> 呈现在我们面前,
> 如此五光十色,新奇美艳;
> 却又无欢乐,无情爱,无光明,
> 无真实,无和平,无患难中的救援。
> 我们置身在黑暗神秘的荒原,
> 为厮杀奔逐、混乱嚎叫所激动。
> 黑夜里刀剑撞击,敌我难以分辨。

情感与理智的冲突依然是诗歌的重大主题:理性取得的成就越大,诗人就更加迷惘。

　　在牛顿时代,并非只有文学这一门艺术受当时繁荣的、几乎占
285 有绝对统治地位的数学精神的影响。18 世纪的绘画、建筑、园林
甚至家具的式样都遵循僵化的传统和一套严格的标准。画家雷诺
兹爵士(Sir Joshua Reynolds)的箴言表明了当时的艺术风尚。他
强调绘画应当忠实于原物,色彩应当有助于主题,为了整体应该牺
牲局部。而且,他要求画家们运用自己的头脑而不是运用眼睛去
作画。在建筑以及其他次要的艺术中,次序、平衡、对称与遵守当
时众所周知的几何图形,成了当时的艺术风尚。艺术学院是仿照
当时极为成功的科学院的形式而建立的,这些学院传播着艺术标
准,同时还对确立和保持时尚有着举足轻重的影响。遗憾的是,我
们只能对牛顿的影响稍加回顾,而不可能对艺术史进行广泛的
讨论。

　　随着文学、绘画等艺术的特征的改变,美学也发生了转变。这
种转变使新风尚变得合乎理性与情理。新的美学论文指出,艺术
和科学一样,是从对自然的研究和模仿中产生出来的,因此艺术如
大自然一样,容易用数学方式明确地展示出来。按照雷诺兹的说
法就是:

　　　　几何演示和富于创新的绘画以及和谐的音乐,它们具有
　　　同样的欣赏魅力,所有这一切在自然中都有亘古不变的基础。

这位爵士还说,美的核心就是表现出宇宙的规律。

　　正如通过观察产生了开普勒定律一样,对自然界的研究也揭
示了艺术的规律。然而,有些人却相信,不需要通过观察,可以运

用先验的几何方法推导出美学的数学规律，因为美和真理一样，只有通过理性的手段才能获得。

　　于是，人们通过研究自然或运用理性的方法，将艺术简化为一个规则系统，把美学变成了一系列公式。人们制定了获得美感的准则，并且对瑰丽雄伟事物的本质进行了分析。他们希望，通过对自然界中美的追求，不仅仅产生抽象的美，而且还能把握美的主要特征。掌握了这些知识以后，人们只要遵循所发现的美的规律，就能够随心所欲地创造出美的作品。遗憾的是，伟大的艺术作品至今仍未能按这种方式产生出来；也许这是现代没有任何一位实业家对这些 18 世纪的发现加以开发的缘故吧！

　　希望以上三章能使我们对由牛顿数学所引起的文化中的革命性变化有一个大概的了解[①]。在牛顿去世的时候，学术界已发生了翻天覆地的变化，而牛顿的影响则还只是开了一个头。牛顿数学的阐释和发展，至今仍影响着我们的思想和生活方式。实际上，作为理性时代的 18 世纪，只不过是反对早期教会封建文化的现代文化的开端。

　　总的来说，牛顿及其同时代人所取得的伟大成就，推动了人们对世界广泛的理性探索，这一探索包括社会、人类、世界的每一种生活方式、习俗。这一时期为后代留下了范围极广的、包罗万象的规律。它还使我们的文明进入了追求真正的全知全能的时代，激发了把思想建立在数学模式上的系统的愿望，而且使人们对数学和科学的力量深信不疑。17、18 世纪数学创造最伟大的历史意义

---

　　①　也可再参见第二十一章。——原注

是：它们为几乎渗透到所有文化分支中的理性精神注入了活力。

　　牛顿数学、科学在天文学和力学方面取得了辉煌的成就，以此为基础，18世纪的学者们坚信，不久人类的所有问题都会得到解决，并且形成了这样一种信念。如果这些人知道科学、数学不久以后揭示出了更多的规律，创造了更多的奇迹，那么他们对这一信念会更加坚信不疑。现在看来，他们显然是过于乐观了。不过，他们的信念至少部分是人类的福音，因为虽然数学和科学未能解决世界上所有的问题，但他们确实在继续重构世界的图景。即使在基本问题研究进展甚微的领域，理性时代的理想仍然为人们提供了追求的目标和动力。

第十九章　G 大调的正弦函数

音乐,是人类精神通过无意识计算而获得的愉悦享受。

G. 莱布尼茨(Gottfried Leibniz)

历史上,很可能曾有过这样的一幕:毕达哥拉斯坐在家乡阴凉的橄榄树下,拨动着古希腊的七弦琴,经常一坐就是几个钟头。通过弹琴,他发现,拨弄弦弹出的声音音高取决于弦的长度,当弦的长度成简单的整数比时,它就发出和谐的声音。从毕达哥拉斯时代开始,音乐研究在本质上就被认为是数学性的,与数学连成一体了。这种联系构成了中世纪教育的内容,中世纪的教学课程包括算术、几何、球面几何学(天文学)、音乐,这就是著名的四艺。相应地,这 4 门课程分别被认为是纯粹的数学、静止的数学、运动的数学以及对数学的应用,因而这些课程通过数字而进一步相互联系起来了。

从毕达哥拉斯时代到 19 世纪的若干年时间内,数学家和音乐家,其中包括希腊人、罗马人、阿拉伯人、欧洲人,都试图弄清音乐声音的本质,扩大音乐与数学两者之间的联系。音阶体系、和声学理论和旋律配合法得到了人们广泛详细的研究,并且重新建立起了完备的体系。这一系列长期研究的最高成就,从数学的观点来看,是与数学家 J. 傅立叶(B. J. B. Joseph Fourier, 1768—1830)的工作密不可分的。他证明了,所有的声音,无论是噪声还是仪器发出的声音,复杂的还是简单的声音,都可以用数学方式进行全面的描述。由于傅立叶的研究甚至涉及美妙的音乐乐章短句,因而使得音乐乐句也能表示成数学的形式。毕达哥拉斯满足于拨弄七弦琴,而傅立叶却使得整个交响音乐奏出了和谐的旋律。

288　　　　傅立叶于 1768 年出生于法国奥塞尔(Auxerre)。尽管他的确是一位在数学上出类拔萃的学生,但却一心想成为一名炮兵军官。因为他是裁缝的儿子,结果未遂心愿,这样他非常不情愿地转谋教士职位。当他以自己杰出的数学才华,终于获得了梦寐以求的一所军事学院的教授职位时,他就放弃了僧侣职业。因为如此低下的职业与其所获得的社会地位太不相称了。

　　正是在 1807 年,结束了在拿破仑麾下的政治、科学服务后,傅立叶在向法国科学院呈献的一篇论文中,提出了一条独创性的定理,这条定理对于物理学的进步至关重要,该定理提出了空气波动的数学处理方法,就如同牛顿所提出的用数学方法研究天体运动一样。明显地,19 世纪正在使 18 世纪的巨大希望成为现实。

　　现在,让我们看一看傅立叶如何使音乐声音的数学分析成为可能。假如一位小提琴师站在一个大剧场的舞台上,手拿小提琴演奏。他演奏的音乐,有些只有一秒钟,另外一些则拖得长些;有时声音响亮,有时则十分轻柔;有些有高音,有些则是低音。坐在百英尺远的人,也能清晰地听见演奏的全部声音。当小提琴师演奏时,发生了什么物理现象呢?观众是如何听见他演奏的声音的呢?

　　为了便于解释,首先,我们考虑由音叉发出的简单的声音。如果敲击音叉的一边,那么音叉将会迅速地颤动。当音叉第一次运动到右边时,它就与附近的空气分子相碰撞(图53)。这种现象称为缩聚(condensation)。由于空气压力趋向于自我平衡,因此,缩聚的空气分子进一步向右移动,直到没有那么拥挤的地方。反复重复这个过程,那么向右的缩聚将会一直进行下去。

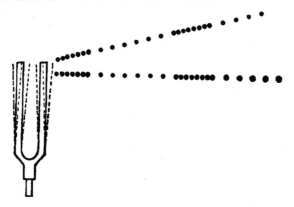

图53　一个音叉振动所导致的空气分子的运动

　　但是,与此同时,音叉已经向左运动回到它原来的位置。这样就在音叉原来的位置上留下了一个比较大的地方。位于这个地方右边的空气分子就涌向这个不那么拥挤的地方,这样,在这些空气分子先前的位置上又造成了另一个稀薄的空间。因此原先向右移动的分子现在又向左进入这个稀薄的空间。如果我们称造成一个稀薄空间是一次稀疏(rarefaction),那么我们就可以说刚才发生的是一次离开音叉向右移动的稀疏。每一次音叉的向右移动就有一次向左的缩聚和向右的稀疏。

289

我们已经考察了在音叉右边的运动。事实上，在所有方向都产生缩聚和稀疏。当这些缩聚和稀疏到达我们的耳膜时，它们所引起的振动就使耳膜产生了声音的感觉。

空气分子不会从音叉运动到耳朵，认识这一点十分重要。每个分子都在它所处位置附近的一个有限区域内运动，从而引起它前后分子的振动，所传播的是接连不断的缩聚和稀疏，因此就构成了声波。

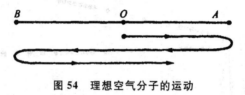

图 54　理想空气分子的运动

严格地说，在一个特定地区的所有空气分子，并不会按完全相同的方式运动。但是，我们关注和感兴趣的是分子运动的整体效应。这一点能够用典型的分子运动术语来描述。假设这个分子原先位于 O 点（图 54）。缩聚使得它向右移动到 A 点。然后随着发生的稀疏使得它向后运动通过原来的位置到达 B 点；下一次缩聚又使它回到 O 点。现在，就已经做了一次全振动。但是，在音叉所产生的连续作用下，分子不会在 O 点停住，而是不断地做这样的全振运动。因此，在分子运动时间内，从原有位置开始的分子的位移将随着时间而连续变化。

理想空气分子的运动，通过一个非常精致的称为声波显示仪的仪器能够清晰地显示出来。当发出的声音靠近这个仪器时，它就在理想空气分子位移所形成的图形上，记录下了空气分子的振动。分子沿着一条直线来回运动。但是，当图形上的水平轴表示从运动开始所经历的时间时，则图形上的垂直距离展示的就是从开始的静止位置起的位移。从 O 点到 Q 点（图 55）的曲线部分代表在一个完整的音叉振动周期内理想分子的运动；从 Q 点到 R 点，代表着另一个全振动。如果敲击音叉，使得音叉开始在它起始位置的一边运动到最大值 0.001 英寸[①]位置然后又向另一边运动，那么声波显示仪记录下具有极大值的图像，也就是具有 0.001 英寸的最大位移。如果音叉在 1 秒钟内做 200 次完全振动，那么理想分子也将如此；声波显示仪也将在一秒钟内记录下从 O 点到 Q 点 200 个同样的图形。

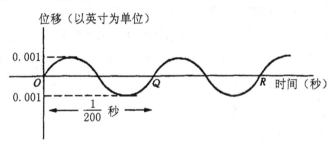

图 55　与理想分子的运动时间相对应的位移图形

291

　　随后，我们要从物理学上考虑音叉的声音是如何传到空气中的。是否有可能将这种声音用一个公式表示出来？如果可以，得到的这样的表达式是什么？

　　与噪声和仪器发出的声音相比，音叉的声音是简单的，但是，现在还是让我们自己着手完成用数学公式表示这种简单声音的任

---

①　1 英寸＝0.0254 米。——译者注

务。我们看到,这将是一个与理想分子运动的位移和时间相关的
公式。就如同一个与下落物体的距离和时间相关的公式一样。

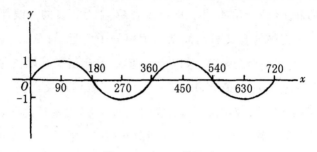

图 56　$y=\sin x$ 的图形

数学家有现成的公式。在关于变量关系的讨论中,有公式 $y
=\sin x$,该公式具有我们所需要表示图像的那些性质,对我们十分
适用。如图 56 所示,当 x 从 0 增加到 90 时,这个函数的 y 值从 0
增加到 1;当 x 再增加时,y 值减少到 0,变为负值直到 -1,然后当
x 增加至 360 时,y 值则为 0。在从 $x=360$ 到 $x=720$ 的区间内,y
值将重复出现从 $x=0$ 到 $x=360$ 时的情形。在每一个后继的 x
值的 360 个单位中,y 值都将第一个 360 个单位内的情形重复一
次。换句话说,函数是规则的或者说是周期性的,我们也可以说,
在每一个 x 值的 360 个单位间隔后,y 值就周期性变化一次。读
者可能已经注意到,此处的 sin 一词,与早期的亚历山大里亚希腊
时期的数学中所使用的符号有关。函数 $y=\sin x$,当 x 从 0 到 90
变化时的 y 值,就是三角比 $\sin x$ 当 x 从 0°变化到 90°时的精确值。
从希帕霍斯到瑞士数学家欧拉的若干世纪中,最初是直角三角形
中关于角定义的三角比,现在已经脱离了角的关系,而被认为仅仅

是两个变量间的关系。这样 $y = \sin x$ 就成了两个变量 y 和 x 之间的一种关系。几个世纪以来，这种关系已经广为人知了，因此每一个 x 值，无论它多大，y 值总是由图 56 给出。因此，公式 $y = \sin x$ 是一个换了面孔的故人，现在反而来困扰我们了。由于它原先是三角测量中引入的比，所以称 $y = \sin x$ 是一个三角函数。

292

这个函数并不完全代表一个音叉的声音，而是有些许非常简单的变化。稍微作些修改将会产生这种适当的变化。考虑一下 $y = 3\sin x$。这个公式与 $y = \sin x$ 的不同之处就在于，对于相同的 x 值，前一个的 y 值是后一个 y 值的 3 倍。图 57 显示出 $y = 3\sin x$ 与 $y = \sin x$ 相比较的情形。我们可以在描绘 $y = 3\sin x$ 的图形时说，它在形状上像原先的正弦曲线；但是，它的振幅，也就是说，它的最大 y 值是 3 个单位，而 $y = \sin x$ 的振幅是 1 个单位。类似地，$y = a\sin x$（此处 a 是一个任意的正数）的图像，具有正弦曲线的一般形状，但振幅是 a 个单位。

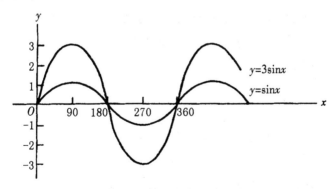

图 57　$y = \sin x$ 和 $y = 3\sin x$ 的图形

$y = \sin 2x$ 表示另外一类简单的正弦函数。我们可以假设这

个函数与 $y=2\sin x$ 相同。那么,这个函数就是刚才分析的那一类函数的另一个例子。但是,不久我们会看到,情况并非如此。在公式 $y=\sin 2x$ 中,2 的作用在图形中是最引人注目的。图 58 表示出,在从 0 到 180 这个区间中,$\sin 2x$ 是 y 值的一个完整周期,而 $\sin x$ 在 0 到 360 的区间中才是一个完整周期。当 x 达到 360 时,$y=\sin 2x$ 已完成了 y 值的两个完整周期,而 $y=\sin x$ 才仅仅完成了一个周期,因此前一个函数在 360 个 x 的单位里的频率可以说是 2。$y=\sin 2x$ 的频率是 1,因为任何正弦函数的最大值都是 1。

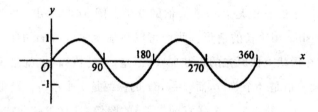

图 58 $y=\sin 2x$ 的图形

我们可以将上述结论推广到一般函数 $y=\sin bx$ 的情形,此处 b 为一个任意正数。$y=\sin 2x$ 的频率是 2。类似地,在 360 个单位的 x 的区间内,$y=\sin bx$ 的频率是 b——这就意味着,当 x 从 0 变化到 360 时,y 值重复完整的周期则需变化 b 次。与 $y=\sin 2x$ 的情形一样,$y=\sin bx$ 的振幅是 1。

有一类正弦函数,振幅与频率两者都与 $y=\sin x$ 不同,例如 $y=3\sin 2x$。对于同一个 x 值,这个函数的 y 值是从 $y=\sin 2x$ 中得到的 y 值的 3 倍。因此 $y=3\sin 2x$ 的振幅是 3,而在 x 值的 360 个单位内,它的频率是 2(图 59)。

到目前为止,我们已经得到的结果可以总结成这样的命题:对

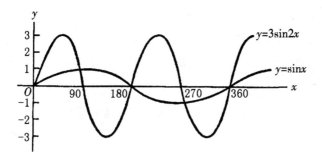

图 59　$y=\sin x$ 和 $y=3\sin 2x$ 的图形

于函数 $y=a\sin bx$（此处 a 和 b 是任意正数），它的振幅为 a，并且在 x 值的 360 个单位里，频率为 b。

现在，我们准备对音叉的声音从数学上进行描述。刚才就音叉声音的实际图形所进行的讨论表明，理论上的推理能够得到证实。与理想空气分子振动的位移和时间相关的函数形式为 $y=a\sin bx$。我们只要确定适合于音叉情形的 a 和 b 就行了。

如果受音叉作用的理想空气分子运动的振幅是 0.001，那么这个数就应该是公式 $y=a\sin bx$ 中的 a 值。如果音叉因此而使得理想空气分子每秒钟振动 200 次，那么这个分子运动的图像就有每秒 200 次的频率。但是 $y=a\sin bx$ 的频率是在 360 个单位中为 b，即一个单位中频率为 $\dfrac{b}{360}$[①]。因此，$\dfrac{b}{360}$ 应该等于 200。这样 $b=360\times200$ 即 72 000。所以，描述音叉声音的公式是

$$y=0.001\sin 72\,000t$$

此处将 x 写作 t,是为了使我们记住这个值表示时间。

当然,像音叉发出的这样简单的乐音很少。从长笛中发出的声音的确近似于音叉发出的简单声音,但是长笛只是一种例外,而不能将其作为一种标准。对那些更为复杂的声音,怎样从数学上说明呢? 有些声音悦耳动听,有些则叫人无法忍受,这又如何解释呢? 同一个音符,为什么小提琴和钢琴发出的声音传到耳朵,会有不同的效果呢?

观察各种声音的图像,可以得到这些问题的部分答案。所有乐音的图像——人的声音也包括在内——表现出某种规则性。也就是说,每一个位移相对于时间的图像在一秒内都准确地重复若干次。这种周期性,可以用小提琴和单簧管的声音图像加以证实,也可以用"父亲"(father)一词中"a"的声音的图像来证实(图60)。

具有如图60所示的这种规则性的声音,在整体上来说是悦耳的,而且能与街上传来的敲击铁罐的声音区别开来,因为后者具有高度不规则性的图像。所有具有这样的图形上的规则性或具有周期性的声音,在技术意义上,称为音乐声音,而不管这些声音是如何产生的。

这样,通过"图形",我们已经区别了悦耳的声音和使人厌烦的声音,一般意义上的音乐声音与噪声以及区分它们的特征。不过,对具有这种规则特征的各种令人眼花缭乱的音乐声音,作进一步的分析,找出其特征,这种工作直到19世纪才有可能进行。这时,傅立叶应运而生了,他消除了混乱。

将傅立叶的贡献表述为一个纯粹的数学定理,就能使人对此有再清楚不过的了解了。这个定理仅仅是说,代表任何周期性声

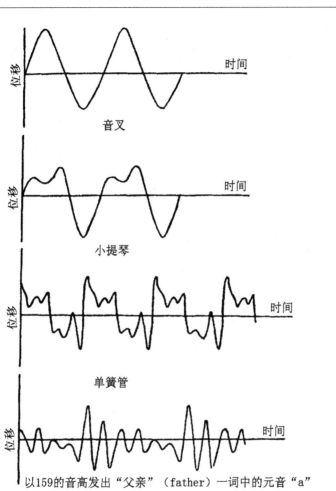

图 60 乐器和人发出声音的周期性

音的公式,是形如 $a\sin bx$ 的简单正弦函数表达式之和。而且,这些正弦的各项的频率,是其中最低一项频率的整数倍,即 2 倍、3

倍等等。

为了说明傅立叶定理的意义,让我们来分析一位自愿协助我们工作的小提琴师演奏出的声乐,比如说如图 60 表示出的一个图像。代表这个图像的公式基本上是[①]:

$$y = 0.06\sin 180000t + 0.02\sin 360000t + 0.01\sin 540000t$$

首先,我们注意到,按照傅立叶定理,这个公式是简单的正弦表达式之和。第二,第一项的频率在 t 的 360 个单位即 360 秒内是 180 000,在 1 秒钟内的频率就是 $\dfrac{180\,000}{360}$ 即 500。同样,接下来一项的频率是 1 000,第三项的频率是 1 500。因此,第二项和第三项的频率是最低频率的整数倍。这些简单正弦函数各项的图像如图 61 所示。

那么,傅立叶定理的物理意义是什么呢?在数学语言中,这个定理告诉我们,任意的音乐声音公式都是形式如 $a\sin bx$ 各项之和。由于每一项都可以代表一种如音叉这样具有适当频率和振幅的简单声音,因此这个定理表明,每一种音乐声音,无论多么复杂,都是一些简单声音——如由音叉发出的简单声音——的组合。

任何复杂的音乐声音实际上都由简单声音构成,这一数学推论能在物理上得到证实。实验表明,一根振动弦,如钢琴、小提琴的弦,弹出来的效果等同于同时发出的许多简单声音。每一种简单声音实际上都可以由特殊的仪器测出。

音乐声音的复合特征,通过这样的事实可以得到更明显的证

---

① 为简化起见,我们忽略了图形中相对来说不那么重要的因素。——原注

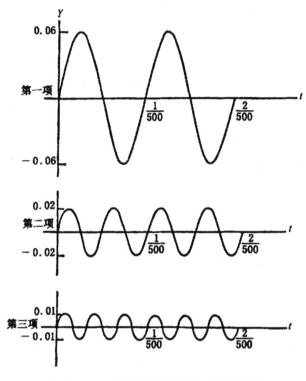

图 61　构成小提琴声音的正弦各项的图像

实:任何音乐声音,都能由音叉的简单声音经过适当的组合而完全表现出来。例如,一个音质实际上与上面所讨论的小提琴音质完全相同的声音,能够由 3 个具有适当相关音量的、每个频率分别为 500,1 000,1 500 的音叉同时发声而产生。这样的 3 个音叉同时作用于理想空气分子并使其振动,因此由声波显示仪记录下来的空气分子效应就是一个单独的图像。如果每个音叉在适当的时候开始发声,那么声波显示仪将记录下与小提琴演奏时相同的图像。

因此,从理论上来讲,完全可以由音叉来演奏贝多芬第九交响曲,
包括合唱曲《欢乐颂》(*Choral Ode*)。这是傅立叶定理令人惊奇的
298 应用之一。

　　这样,任何复杂的声音,都能由简单声音——单音经过适当的
组合而形成。单音,称为声音中的泛音(partials)或和声(和音)。
在这些泛音中,频率最低的一个泛音称为第一泛音或基本音。频率
次高的音称为第二泛音,按照傅立叶定理,它的频率是最低频率的
两倍;具有第一个最低音三倍频率的次高音称为第三泛音,等等。

　　将复合音分解为泛音或和声,能帮助我们用数学方法描述所
有音乐声音的主要特征。每一个这样的声音,无论是简单的还是
复合的,都具有使它与其他音乐声音区别开来的 3 个性质,这就
是:音高(又称音调)(pitch)、音量(loudness)、音质(又称音色)
(quality)。当我们说一个声音是高还是低时,这是指它的音高(音
调)。例如,钢琴的声音,按照键盘从左至右的顺序从低音上升到
高音。第二条性质即一个声音的音量,是难以立刻理解的。有些
声音弱得听不见;另一些则强得震耳欲聋。最后,一个声音的音质
是使它与另外具有相同的音高、音量的声音区别开来的性质,甚至
当一名小提琴师和一名笛子演奏家奏出具有相同音调、音量的声音
时,我们也能够意识到两者音质的不同,因为这两种乐器不一样。

　　音量、音高和音质的每一种特征,都能从数学上予以“解释”。
两个声音,音量较大者,在图形上的振幅(amplitude)较大。由于
图形的振幅是传送声音的空气分子位移的最大值,因此,一个声音
的音量取决于振动的空气分子的最大位移;位移越大,声音就越响
亮。这个结论是很容易接受的,因为我们从经验中得知,弹吉他时

发出响亮弦声的那一下,比漫不经心拨弄一下会产生更大的位移。

具有相同音高的声音产生的图像,其频率是相同的,而刺耳声音图像的频率比低沉的声音图像频率要大。在钢琴上,中音 C 的声音其图像的频率是每秒 261.6,而一个八度高音的频率是每秒 523.2。

一个复合声音的音高,或者说它的图像的频率,总是基本音的频率。考虑一下表示钢琴声音公式的例子。这些泛音相对应的频率为 500,1 000,1 500。这就意味着,当基本音的图形完成第一个周期时,第二个泛音的图形将完成两个完整的周期。类似地,当基本音的图形完成第一个周期时,第三个泛音将完成 3 个完整的周期。但是,当且仅当基本音经过了一秒钟的 $\frac{1}{500}$ 之后,复合图形才重复一次。这表明,空气分子在一秒钟的 $\frac{1}{500}$ 后将又开始循环运动。因为正是频率决定着一个声音的音高,所以我们就明白了,为什么复合声音的音高由基本音而定。

音乐声音的音质影响着图形的形状(shape)。如果考察由音叉、小提琴、单簧管连续演奏出的具有相同音高和音量的声音,那么我们将发现,不同乐器所发出的声音的图形有相同的周期和振幅,但是形状却不一样(见图 60)。而同一乐器不同音符的图形的一般形状总是相同的(见图 62)。这解释了为什么每种乐器有它自己的特征音质。

反过来,声音图像的形状,部分地依赖于声音中所出现的泛音,部分地依赖于这些泛音的相对强度。第二泛音,它的频率是基本音的 2 倍,可能很弱,以至于从总体上来说对声音没有什么影

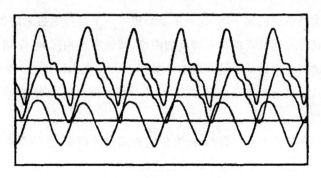

图 62　长笛的不同音符

响。用数学语言来描述则是,第二泛音的图形振幅很小,它对全部声音的图形形状没有什么影响。例如,在长笛的高音中,除了第一泛音外,所有的泛音都很弱,所以合成音实际上很简单。在这一点上,长笛就像具有类似音高的一位高音演员的声音。因此,长笛常被用在咏叹调歌剧中为高音演唱伴奏,共同产生出令人喜爱的艺术效果。在男中音中,泛音一般按六、七、五、三等顺序逐渐至最强音。这样的声音其图像如图 60 所示,在那里,男中音发出字母 a 的音高是每秒 159 个周期。在双簧管的声音中(如图 63),第四、五、六泛音比前 3 个泛音强。如图 60 所示的单簧管声音中,第八、九、十泛音比依次为第七、一、三泛音更强。

　　现在,应该明白了,不仅一般的音乐声音的本质,包括它们的结构和主要性质,都具有数学上的特征。傅立叶大笔一挥,无穷无尽的各种声音——人类的声音、小提琴的奏鸣、猫的哀泣——都可以归于一些简单声音的基本组合,而这些简单声音在数学上又不会比简单的三角函数更复杂。这些时常使高中生和大学生感到厌

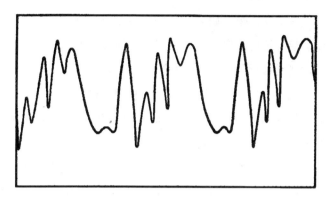

图 63　双簧管奏出的声音

301

烦、缺乏生气的抽象公式,却在我们周围到处真实地存在着。无论何时一张口,我们就会发出它们所代表的声音;无论何时竖耳静听,我们都能听到它们。

幸而有了傅立叶,现在我们对独特的音乐声音本质才有了清楚的了解。但是,关于声音的和谐组合,美妙的音乐作品的本质,音乐的“精神”,数学必须说些什么呢?答案是多方面的,所以我们在这里只能略示一二。

最动听的和音或音符的组合,如毕达哥拉斯学派所发现的那样,是由那些频率为简单的整数比的声音而组成的。例如,“三分之一长音阶”是一对如所称呼的音符或音程,它们的频率之比是 4：5;“四分之一长音阶”是一对频率之比为 3：4 的音符;而“五分之一长音阶”则是由频率之比为 2：3 的一对音符构成的。毋庸置疑,耳朵易于接受这些和谐的声音,它已经远远超出了对两者相关音调的数量关系的区分。

由于耳朵只接受诸如和音之类声音的适当组合,所以令人满意的音乐音阶结构就成了一个相当复杂的问题。为了演奏出愉悦的和音,音阶就必须给声音提供合适的频率比。除了这一要求之外,还引入了复调音乐或旋律配合法,利用各种不同的方法以达到能够描绘各种不同的感情效果。而且对音乐也提出了同样的要求。为了满足所有这些要求,许多音乐大师和数学家都做过努力。

由于使乐器具有无限多个或者甚至一系列的频率是不可能的,例如,钢琴上每一个音的频率都是固定的,因此只有利用平均调音音阶(equal－tempered scale)结构才能解决这一困难。这种音乐是由 J. S. 巴赫(J. S. Bach)和其儿子卡尔·菲利普·埃马努尔(Karl Philipp Emanuel)提出的,而且使得这套音阶体系在西方文明中永远适用。

平均调音音阶包括 12 个音符,比如说从 C 到 C′这个高八度音,就有 12 个音程。11 个中间音符的频率固定不变,所以每一个音符与前面一个的频率之比是相同的。由于从 C 到 C′有 12 个音程,而这两个音符的频率之比为 2,所以相连两个音符的频率之比是 1.0594,因为$(1.0594)^{12}=2$。这样,在平均调音音阶中,每一个音程都相同,称为一个半音(又称半音程、半音符)。因此,任何音符都可作为乐谱上的调。尽管这种音阶中的音符所形成的音程不总是十分精确,然而却是最悦耳的。为了产生五分之一音阶,其中两个音符之比是 3:2,在这种平均调音音阶中,最好选择两个频率之比为 1.498 的音符。四分之一音阶中,要求的频率之比为 4:3,可以说接近 1.335 的比例。这些区别似乎没有什么意义。但是,对于十分灵敏的听觉,这却能够分辨出来。当然,小提琴家可以调整琴弦的长度和张力,歌唱家也不必使自己局限于平均调音音阶的频率。虽然如此,由于钢琴是一种基本乐器,所以它在近200年西方音乐的调整音阶中仍占据主导地位。

在音乐中,数学的作用还推广到了作曲本身。一些大师如巴赫、勋伯格(Schoenberg)为音乐作曲构造、发展了大量的数学理论。在这样的理论指导之下,音乐作品创作的方式,与其说是不可言传的、精神上的感受,倒不如说是冷静的推理。

但是,诸如和音、音阶、作曲理论这些内容已经超过了我们所讨论的范围。我们虽然考察数学的文化方面,但也不能为此花太多的精力。刚才简单的描述仅仅是为了表明,自从第一次认识到天体音乐①能归结为数学的这样的时代起,数学已经深深地渗入到音乐领域中了。

当然,音乐声音的数学分析具有重大的实际意义。通过一个实例,也许会使我们充分相信这一断言。电话的发明,为的是试图真实地再现(当然首先是传播)声音。鉴于声音的多变性,有一个时期人们认为,为了实现这一目标,看来似乎仅仅利用简单的物理装置是不可能的。但是,傅立叶定理告诉我们,所有声乐作品的声音,不过是具有不同频率的简单声音的组合。因此,问题就至少被简化到重新产生简单声音的程度。根据傅立叶定理,再进一步分析实际生活中人的声音图像,结果表明,能够听见的仅仅是简单的、频率为每秒400至3000的声音。因此,电话的设计就直接朝

303

---

① 　天体音乐(music of spheres),原系西方神话,系指天体运动发出的美妙乐声,一般凡人听不到。——译者注

着重现具有刚才所提到的频率范围内的简单声音这个方向进行。结果，人们成功了，在重现声音音质方面的重大改进也实现了。

利用数学，也大大改进了音乐乐器。弦振动方面的数学分析研究，产生了在钢琴设计方面有用的知识；振动膜的分析被用于鼓的设计；而空气柱振动之类的数学研究则使得大规模改进风琴设计成为可能。音乐声音中和谐音的分析，也被钢琴制造商们加以利用，他们将其用于确定琴槌，以便调整不理想的和音。数学不仅对这些乐器的设计大有帮助，而且至少在某些方面可用于判断设计的优劣，人们现在使用数学而不仅仅依靠耳朵了。许多制造商通过声波显示仪之类的仪器，把他们所制造的乐器的声音转化为图形。然后，看看这些图形与这些乐器声音所对应的理想图形的吻合程度如何，由此来判断产品的质量。

不过，无疑地到目前为止，考虑在一般乐器的设计中，真正起作用的是经验而不是数学。然而，在再现声音的仪器如无线电收音机、电报、电影、扬声器系统的设计方面，起着决定性作用的却是数学而不是经验。实际上，在所有这些复杂仪器每个部分的设计中，傅立叶的音乐声乐分析都发挥了重要的作用，甚至当一个外行成了高传真技术的爱好者后，也会立刻学着使用傅立叶语言。鉴于数学对音乐思想的产生、再现做出的贡献如此之大，现代音乐爱好者显然应该把傅立叶的功劳看作与贝多芬同样伟大。

傅立叶的工作还有其哲学意义。美妙的音乐的本质当然主要是由数学分析提供的。但是，通过傅立叶定理，这门庞大的艺术本身以令人意想不到的美妙方式得到了数学描述。因此，人们清楚地认识到，艺术中最抽象的领域能转换成最抽象的科学；而最富有理性的学问，也有合乎理性的音乐与其有密切的联系。

第二十章　把握以太波

空中神秘莫测。

匿名者（Anonymous）

　　19世纪海王星的发现，表明我们的物质世界有了极大的扩展。我们已经讨论过，这颗行星是在数学家亚当斯和勒威耶预测了它的存在和位置后，才被人发现的。宇宙（我们所认识到的）中虽然增加了这颗比地球大许多倍的行星，但对人类的日常生活却几乎没有产生什么影响。哥白尼、开普勒、牛顿等科学泰斗们的在天之灵只不过是露出了些许满意的微笑，低声地说道："我跟你说过了吧！"

　　进入19世纪下半叶后不久，人们目睹物质世界又出现了另一次扩展。像海王星的发现一样，如果没有数学的帮助，这次扩展也是不可能的。但是与海王星不同的是，这次所扩展的是非实体性的东西。它没有重量，看不见，摸不着，尝不到，嗅不出；它是人们未知的物理现象。与海王星不同，这个像幽灵一样的"物质"，在西方文化中，对几乎每一个男人、妇女、小孩的日常生活，都产生了明显的甚至是革命性的影响。它使得眨眼之间就可以在全世界联络通信；它扩大了从街头巷尾到整个地球的政治交往；它加快了生活的节奏,提高了教育的普及程度,创造出了新的艺术、新的工业,并使战争发生了革命性的变化。

在第二个发现中,起着中心作用的杰出人物是一名苏格兰人,J. 麦克斯韦(James C. Maxwell),他于 1831 年出生于爱丁堡,曾是剑桥大学的学生,后来成为剑桥大学教授,尽管麦克斯韦年轻时就显示出在抽象方面的才华——在学校,他的数学成绩骄人,而且在 15 岁那年发表了他的第一篇论文——但是,他总是极想弄清自然现象和机械仪器的物理方式和原理。作为一个孩子,他曾经经常问:"它们为什么这样呀?"在他早期的一项研究中,他用一种模型结构补充了土星光环的理论分析,这样,他才感到满意。难以想象的是,这位对物理解释如此感兴趣的人,居然会利用纯粹的数学推理,对根本无法得到物理解释的神秘现象进行研究,并取得了最辉煌的成就。

为了了解麦克斯韦所面临的全部问题,我们必须回顾一下历史。几千年前,希腊克里特岛一位名叫马格内斯(Magnes)的牧羊人注意到,他草鞋上的铁钉和牧杖上的铁头,被地面上一种特殊的石头所吸引。这位牧羊人已经发现了天然磁石或天然磁铁,并且观察到了这种磁铁吸引铁的现象。12 世纪,欧洲人从中国人那里了解到,磁铁片能作指南针,但是直到伊丽莎白一世(Queen Elizabeth)的宫廷物理学家 W. 吉伯(william Gilbeit)探讨磁的性质,才开始了对磁现象的研究。特别应该记住的是,吉伯认定地球本身是一个磁体,并因此而解释了指南针的运动。尽管经历了种种努力,但是吉伯在弄清磁体具有吸引物质的真正本质方面而所取得的进步甚微,而且他的工作,对消除关于这一方面的迷信没什么影响。在他所处的时代以前甚至以后相当一个时期内,人们坚信,磁铁的特性是神奇的;他们认为,这种神奇的力量能够治愈百病,甚至可以使感情破裂的夫妻和好如初。磁体的吸引现象在今天是这样"解释"的:磁铁在它的周围形成一个场,进入场内的铁块受到场的作用。

希腊科学家泰勒斯作过一个与此极其相似的发现。泰勒斯注意到,一个摩擦过的光滑的琥珀吸引很轻的物体如稻草片和干树叶。明显地,摩擦过的琥珀像一个磁铁,建立了一个场,将这个场内的物体吸引到琥珀上,长期以来,这种琥珀与天然磁铁矿相联系的现象被认为是相同的。直到吉伯才指出它们是不同的;为了区分两者,他称摩擦过的琥珀的吸引力是电,希腊人对琥珀就是这样称呼的。

18 世纪下半叶,意大利的 L. 伽伐尼(Luigi Galvani)教授注意到,如果把两种不同的金属导体分别与蛙腿的神经肌肉接触,那么当连接两导体时,青蛙的腿就痉挛。另一个意大利人 A. 伏打(Alessandro Volta),意识到了这个发现的伟大意义,而且利用了这一成果。伏打认识到,在金属丝端点的两块不同的金属块,能产生一种力,现在称之为电动势,而且他将两块金属进行组合制成了一种具有更大作用的新产品,这就是电池。把青蛙的神经换成金属丝,并把金属丝的端点接到电池上,伏打证明这种力可以使金属丝中的微小的物质流动。这种微粒,后来被定义为电子,而微粒的流动,就是电流。尽管伽伐尼和伏打都没有认识到这一点,但在摩擦过的琥珀上出现的确实是电子,而且正是这些电子吸引了其他物体上的微粒。伏打电池使得这些电子得以流动,而不让它像在摩擦过的琥珀上一样聚集在一起。

　　电与磁两者之间最重要的联系,是丹麦物理学家 H. Ch. 奥斯忒(Hans Christian Oersted)于 1829 年发现的,当时他正在哥本哈根大学工作。利用伏打的新电池,强迫电流通过金属导线,奥斯忒发现当电流通过导线时,导线就像一块磁铁一样发生作用,也就是说,电流在导线附近建立了一个磁场。这样的磁场像天然磁铁矿石一样,吸引或排斥其他的磁铁。这一发现的确是出于偶然,但正如 L. 巴斯德(L. Pasteur)曾经说过的那样:“机遇只垂青有准备的头脑。”奥斯忒得到了这种垂青,从而使他完全能够做出这一发现。随后,法国物理学家 A. M. 安培(André-Marie Ampère)证实两条通有电流的平行导线类似于两个磁体。如果电流是同向的,导线互相吸引,如果是反向的,则互相排斥。

　　一直等到一位自学成才的、从前是书店装订学徒的 M. 法拉第(Michael Faraday)(他当时正在英国做工)和纽约奥尔巴尼(Albany)学院校长 J. 亨利(Joseph Henry)才发现电与磁之间的另一种本质联系,由此为麦克斯韦富有传奇色彩的研究工作迈出了关键的一步。如果通有电流的导线产生磁场,那么一个磁场在导线中产生电流吗? 就如同 100 多年前人们所证实的那样,它的答案是肯定的。这样就可以在一个磁场中让导线运动,为的是使导线周围的场发生变化。

　　让我们进一步考察法拉第和亨利作出的发现的本质。假设一个矩形金属框架(图 64)固定地连在杆 R 上,然后将金属框和杆放在一个磁场中。当利用水力或蒸汽使杆转动时,则金属线圈也旋转。再假设,杆以恒速按反时针方向旋转,导线 BC 从它的最低

位置开始旋转,当 BC 从这个位置朝着水平位置运动时,那么在右
边,导线中产生的电流流动的方向是从 C 到 B。当 BC 向水平位
置接近时,电流在强度上增加并在水平位置达到最大值。当 BC
继续向上运动时,电流量就减少,而且当 BC 位于最高位置时电流
消失。当 BC 继续旋转时,导线中再度出现电流,这时电流的方向
由 B 到 C。当导线旋转时,电流再一次增加,而当 BC 再一次到达
水平位置时,电流在新的方向达到最大值。当 BC 回到其路径的
最低位置时,流动的电流逐渐减少直到最后消失。随着金属杆做
一次完整的旋转,这种变化的周期也就重复一次。运动导线在磁
场中产生运动电流,这就是电磁感应现象。

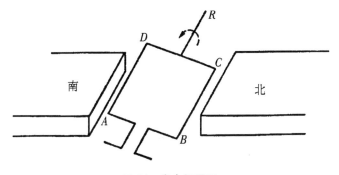

图 64　发电机原理

　　如此产生出来的电流,像由电池产生的电流一样,是数亿个微
小的、看不见的、被称为电子的微粒的流动。这种电子的流动是由
一种力而引起的,这种力在导线中与电流同时出现,而且经历着与
电流相同的变化;也就是说,它在上升和下降之后,本身又在新的
方向回转地上升和下降。这种力可以比作是引起水流沿水管流动

的压力。电流本身可以比作是水流。

　　由电磁感应产生的流动量和力,这两者都随时间变化,由于我
们正在讨论可测量的量,所以我们可以发现相关的函数关系。电
流和时间两者之间的关系肯定是周期关系,因为随着金属框完整
地旋转一次,电流本身则呈现出连续的重复变化。这种周期现象
与我们在音乐声音研究中所遇到的现象类似。这类现象太多了,
并且可以无一例外地使用正弦函数来处理。然而,自然界自身绝
不会停止与人类数学达成默契的关系。电流 I 和时间 t 两者之间
的关系形式是

$$I = a \sin bt$$

在这里,振幅 a 依赖于磁场强度,而频率 b 则依赖于金属圈旋转的
快慢。如果在 1 秒钟内旋转 60 次,那么由我们上一章对频率的讨
论,则 b 值是 60×360,即为 21 600。给大多数家庭提供的生活用
电,就在 1 秒钟内完成 60 个完全的正弦周期;因为这个缘故,这种
电流被称为 60 周交流电。

　　这样,电流能被想象成电子的流动,而且它能用数学公式表示
出来。但是,电磁感应产生电流的过程是怎样的呢?这个现象充
满了神秘色彩。磁场中导线的单纯运动产生了一种电动势,这种
势引起电流的流动。但是,没有人知道磁场是如何产生这种效应
的,或者在讨论这一现象时,人们也不知道磁铁是如何吸引铁块
的。在这两种现象中,都找不出引起结果的物质媒介。由于我们
对场的物理本质一无所知,解释电磁感应似乎比人们到达遥远的
星星还要困难。

　　幸运的是,物理无法解决的问题,人们却用数学方法解决了。

到了麦克斯韦那个时代,19世纪的物理学家们已经成功地将前几个世纪人们所研究的各种电、磁现象归结为定量的数学公式。与静止电荷比如摩擦过的琥珀上的电荷有关的场行为,以及磁场周围的场行为,都能用两条定律来加以描述,这在今天就是众所周知的静电磁定律。最早为法拉第和亨利观察到的电磁感应现象,被表达成第三定律,现在称为法拉第定律。最后,环绕着带有电流导线的磁场所发生的变化,这是奥斯试和安培所从事的研究工作,被表达成了第四定律,命名为安培定律。后两条定律称为电动定律,因为它们描述的是处于运动状态的电流或磁场的行为。遗憾的是,这4条定律都得采用微分方程形式,太复杂了,我们在这儿就不再进行讨论了。但是,我们可以考察一下麦克斯韦利用这些定律所从事的工作。

虽然这些电磁定律是合理有效的,但是麦克斯韦得出的一个推论却表明,这些定律与另外一些众所周知的连续方程的数学物理定律不一致。对于数学家来说,这一矛盾是不能容忍的,因此,麦克斯韦试图解决这个难题。他注意到,只要在安培定律中加上一个新术语,就可以使电磁定律获得一致性,因此他决定这样做。

仅仅是在数学上解决了一致性,谁也不会感到满意,也不会接受,所以,麦克斯韦必须寻找他已经做出的工作的物理意义。他立刻发现,这个代表一个变化电场的新术语,与安培定律中代表导线中运动电流的那个术语,具有相似的数学性质。麦克斯韦大胆地解释了他所引入的这个量。它的性质具有电流的性质。另一方面,电场随空间中存在的、而又是明显而众知的导线中电流的流动而变化。麦克斯韦断定,这个新术语代表穿过空间的一种流或波。

与导线中的电流不同,这种空间波的出现不需要物质载体,而且它运行的方式,对于他来说,在物理上还不清楚。但是,出于数学上的自信,麦克斯韦断言,它是存在的,而且创造了一个新术语"位移电流"(displacement current)来表示它。进一步研究表明,这样的变化电场,像导线中的电流一样,必须有一个伴随产生的磁场。两种场结合在一起,就是现在众所周知的电磁场。

310 　　修正后的电磁微分方程的解,使麦克斯韦认识到,当电磁场以适当的方式产生后,在空中的运动非常类似空气中的声波;在空间的任一点,每个场的强度都随时间的变化而呈正弦变化。运动的电磁场的每一个变化,与沿着一条水平方向延伸的杆运动的波相同,其中,杆的一端迅速地上下移动。这样,麦克斯韦得到了他的第一项伟大发现:电磁波的存在。

　　他的第二项发现可能是对他勇敢精神的嘉奖。他看到修改后的方程所描述空间中的电磁波的行为,与以前其他科学家所得到的光的运动方程是相同的。而且,电磁波的速度与光速相等。麦克斯韦毫不犹豫地做了如下的判断:电磁波在本质上与光波是相同的,两种波的运动具有一致性。光波也必定是电磁波,因此,已经得到的关于电磁波的数学和物理知识必定可以应用于光波。相应地,关于光的知识也可以用于研究电磁现象。换句话说,两个形式上独立的物理学分支被证明是相同的,因此对它们的了解也成倍地增加。

　　为了对他的数学理论作出完整的物理解释,麦克斯韦还必须解释传播他新发现的电磁波的媒介。在他所处的时代,科学家们接受了这样的事实:光波在一种称为以太(ether)的媒介中运动,这种"物质"在实验中无法得到验证，但却被认为渗透了整个空间和所有物体。按照他自己已经确定的电磁波和光波两者之间的关系，麦克斯韦认为，他的这种空间波也是通过以太运动传送的。许多现存的问题都归于这种虚幻的以太，所以，麦克斯韦这次也不例外地这样做了。

麦克斯韦所阐述的这种新的物理现象，以前从未被人提到过，而且他那个时代的科学家也不能从实验中证实这一现象，因此这的确是极其勇敢之举。他那个时代最杰出的数学物理学家 H. von 亥姆霍兹（Hermann von Helmholtz）和开尔文，拒不相信位移电流的存在。但是，根据人们对天才的理解，天才不是那么容易气馁的。麦克斯韦坚信空间中的电磁波具有物理实在性，而且进一步认为能够由仪器产生出这种电磁波。在麦克斯韦提出存在这种空间波后 20 年，德国物理学家 H. 赫兹（Heinrich Hertz）正是用麦克斯韦提出的方法，产生出了这种电磁波，从而证明了这种波的存在。而那时，麦克斯韦已去世整整 10 年了。

赫兹推断麦克斯韦的位移电流，或者说变化电场在本质上应该与静电荷或电子周围的场是相同的。他于是想出了一种办法，使电荷在一根导线上来回运动，从而使得与电荷相联系的场也处于运动中。当电荷交替运动的频率很高时，就足以使得一部分可以感觉到的场运动到广阔的宇宙空间中去，如同当一根绳索的一端上下移动得足够快的时候，波将沿着绳索传播出去一样。在空间的某处，这种场作用于另一根导线上的静电子，从而使得这些电子来回运动。赫兹证明，在第二根导线上将感应产生出电流。赫兹利用的这根导线就是现代天线——耸立在广播电台高塔之上的转播天线,或者经常在屋顶而现在又在收音机后面的接收天线的雏形。无线电报,仅需在无线电的传送中用或长或短的间隔来调节,其电波就能传遍世界各地。

但是,声音和音乐的无线传播,提出了另一个问题。在上一章已经讨论过,19世纪科学家们对音乐声音进行的数学分析表明,这些声音是由每秒几次到几千次频率的正弦空气波组成的。对导线的研究表明,这些声音能够转变成电流,而且电流具有与声音完全一致的数学性质。这种传送音乐声音的电流能直接变换成电磁波,然后穿过空间发射出去吗?理论上是可能的,可是由于无线电工程师熟知的原因,那就是发射每秒上百万周的高频电流比发射对应于噪声和乐音的低频电流容易,因此,就的确需要能找出几套办法,使得低频电流能转化成高频电流或附属于高频电流之上。

已经研制出了一些这样的办法。今天人们所利用的就是大家都熟悉的调幅系统。现在非常容易发射到空间的正弦高频电流的振幅,可以使需要发射的声波的振幅发生或高或低的精确变化,在每一个无线电广播电台,都有适合这种需求的设备。高频电流调幅后的结果,即载波(图65)被发射到空中,穿过空间运行数百数千英里而到达接收台。每个接收台"除去"载波,也就是将载波中变化后的振幅变换为接收电线中的低频电流,这种低频电流随时间精确地变化,就如同高频电流的振幅一样。然后低频率电流就使得扬声器振动从而产生声波。尽管中途要克服难以想象的失真,但正是利用这些方法,在无线电演播室演播的声音,只要一瞬间就能在千家万户再现出来。

实际上,一般广播电台调幅无线电波需要传送的频率分布在

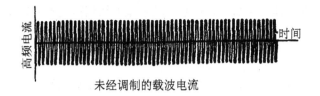

未经调制的载波电流

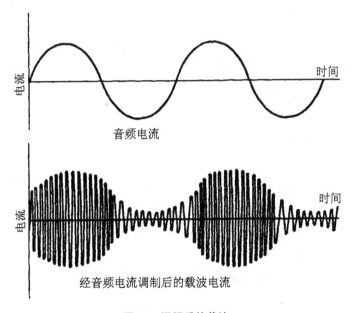

音频电流

经音频电流调制后的载波电流

图 65　调幅后的载波

每秒 500 000 周至 1 500 000 周之间。一个人将无线电收音机"扭"到一个特殊的位置,他也就是正在将其调整以接收某个电台播出的频率。

近年来,通过无线电传播声音和音乐的另一个系统发展起来了,并且投入了使用,那就是调频系统。在这个系统中,随着被传送的声音一起变化的不是正弦高频电流的振幅而是频率。假设在空中发射的无线电波或传送的频率是每秒 90 000 000 周,而需要转播的声音是每秒 100 周,振幅为 1。如果载波不调整,那么它当然继续以每秒 90 000 000 周的频率振荡。但是现在假设这个频率是从 90 000 000 周变到 90 002 000 周,又回到 90 000 000 周,然后到 89 998 000 周,然后又回到 90 000 000 周。这一系列的频率变化,即频率的振荡,应该是每秒钟出现 100 次,也就是,正好是乐音的频率。在传送频率中,变化的范围为 2 000 周,是由音乐的振幅决定的。如果振幅是 2 而不是 1,那么传送频率将增大两倍即达4 000 周之多,这样,传送频率将在 90 000 000 周附近以每秒 100次的速度在 4 000 周范围内变化(图 66)。

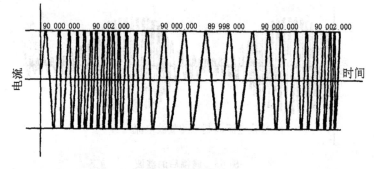

图 66　调频载波

在雷达设备中,甚至使用比这些用于调频广播更高的频率,发射到空中的电磁波的正弦频率甚至高达每秒 100 亿次。这些转瞬即逝的波每次持续约百万分之一秒(图 67)。如果这些脉冲击中了像飞机、轮船一类的金属表面,那么它们将反射给发射者,由此人们就能推导出反射表面的存在。

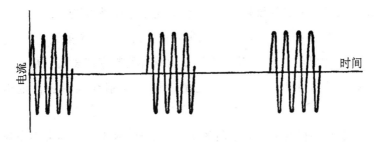

图 67　雷达脉冲

　　尽管这些频率之高令人难以置信,但是它们与光波中发现的频率相比,则算不了什么,甚至在麦克斯韦时代以前,人们已相信光是某种波的运动。麦克斯韦在本质上给出了光是电磁波的数学证明,使得人们清楚地认识到,光与无线电波的本质区别就在于以太运动的变化频率。

　　光波的频率是每秒在 1 后面接 14 个零。特别地,所有这些光波中,其频率分布从 4 乘 10^{14} 到 7 乘 10^{14} 的是可见光,对应于这些不同频率,我们的眼睛就看到不同的颜色。当接收的光线在上述范围内,对应于从最小的频率到最大的频率时,由于脑和神经的作用,视觉中的颜色就逐渐呈现从红到黄、绿、蓝,最后到紫色的变化。光的颜色因此可以类比为声音中的音调。如同将简单音组合起来可以产生复合音一样,我们也可以把简单颜色组合起来产生新的颜色。例如,白色光本身并不是一种单色光,而是一种"复合"光,是许多颜色组合的结果。这样,太阳光包含所有从红到紫的颜色,所有这些光的复合结果就是白光。

　　不久,越来越多的电磁现象被发现了。紫外线和远红外线,前

315

一种射线是通过它能使摄影照片变黑而被发现的,而后一种则是由于它具有加热的效果而被发现的,至于电磁波的频率都在这些光波频率的范围之外。19 世纪末叶首次被发现的 X 射线,也与电磁波具有相同的频率,甚至其频率比紫外线频率还要高。从放射性物质中发射出的 γ 射线,也是一种比 X 射线频率还高的电磁波。

　　各种各样的电磁波之间的密切相关性,麦克斯韦并未完全揭示出,而它们现在却被不断地加以利用。例如,家中的电灯,就是用导线将 60 周的电波传过来,然后再转换成光波。各类本质相同的、仍在使用的电磁波中,最令人惊叹的科学奇迹就是现在已经进入美国千家万户的——电视①。将要发射的图像中的各种光转换成电流,然后电流又通过高频无线电波发射到空中。家中的接收器将无线电波变换成电流,再将电流变换成光波,于是我们就能清晰地看到原来的图景。因此,一种电磁波能被转换成第二种,第二种再转换成第三种,这样的一系列的转换也可以倒过来进行。每次我们看的电影就是一种电磁波被转换成另一种。通过各种黑色胶片上声音轨迹的光线,打在光电管上;而光电管这种装置把转换后的光变换成一种变化的电流,电流又转送到扬声器。这样,侃侃而谈的热情男子的甜言蜜语,使我们得到了无可比拟的美的享受,进入浪漫的境界。

　　这些实际应用方面的成就的确十分引人注目,而且使平凡的生活中出现了奇迹。它们也产生了巨大的、难以估量的社会影响。

---

　　①　此书写于 20 世纪 50 年代初。——译者注

本章的开始就谈到了一些这方面的影响。政治演说中无线电的利用，充分地显示出了电磁科学对社会的重大影响和作用。

但是，电磁科学对社会和日常商业生活产生的难以估量的影响，与麦克斯韦所做出的贡献的价值相比，则显得相形见绌。人类并不仅仅为面包和政治倾轧而活着，人类还要探索自然，还要寻找人与自然的关系；试图满足自己对一些不断出现的现象如声、光的好奇心；希望给作用于感官与理智的各种事件整理出秩序。这些价值只有从对物理现象进行数学研究中才能得到。

在将各种变幻莫测的现象包括在一个数学定律的综合体系方面，麦克斯韦的电磁学理论甚至超过了牛顿万有引力理论。应用牛顿运动定律，人们能够对沙粒和天体星球的行为进行描述和预测。通过麦克斯韦的电磁定律，人们则能够描述和把握看不见的电子和太阳光。电流、磁效应、无线电波、远红外线、可见光线、紫外线、X射线、γ射线，从低到每秒60周，一直高到每秒钟1后面接24个零的各种频率的正弦波，都可以用一个统一的数学物理体系表示出来。这一理论，立刻显示出极强的综合力，以至于使人的想象力都相形见绌了。它揭示出了自然界的构造与秩序，不断地向人们展示着，这种构造与秩序甚至比自然界本身还要丰富。利用这一理论，人类独一无二的理性宣称，人类已从其他动物中脱离出来了，而且仅仅在相信自己重要性的基础上，获得了另一个胜利。人类再一次利用自己的思维，把握住了自然界腾跃的缰绳。

电磁理论向我们提供了利用数学力量探索自然界秘密的另一个力证。利用很久以前能工巧匠们制作的工作模型，人们有可能想象出潜水艇和飞机，甚至能使其具体化。另一方面，无线电波信号甚至在奔放的幻想中也很少发现，即使出现，也会立刻消失。其物理本质至今仍未弄清的无线电波，却被发现了。它几乎可以说得上是发明，因为数学推理断定了它们的存在。利用麦克斯韦博大精深的理论，科学正在系统化地探索广袤的电磁世界，使其能被清晰地描绘出来。

具有非凡重大意义的，并不是预测无线电波存在的一般的数学推理，而是坚持精确的推理。数学家首先重视的是方程中的逻辑一致性，不会放过任何细微的矛盾。他们也不允许接受被易错的、不确定的感觉限制的不恰当的物理解释。他们必须继续采取必要的措施以消除这种不一致性。数学家们倾心于精确推理，不再认为精确性是一种不必要的要求。所谓的实用主义者，甚至将数学的严密性与卖弄学问混为一谈的科学家、工程师，的确应该好好地认真思考麦克斯韦的工作。

从对电磁理论的这种简单考察中，我们甚至还能学到更多的东西。就算通过这一理论，数学已经把握了物质世界的另外一部分。也就算无线电、电动机、光学仪器以及 X 射线机的设计和运行都是根据这一理论的，从而无疑地使得数学正致力于研究现实现象。但是，产生出数学所描述的结果的物理媒介在哪里呢？它是什么呢？流过导线并引起发光的电子是什么？吸引和排斥物体而又相互作用的电场和磁场是什么？特别地，穿过空间而又弥漫在我们空气中的这种位移电流是什么？传送电磁波的以太是什么？尽管最伟大的数学家、物理学家都一直被这些问题困惑着，但却没有找到答案。最奇异的鬼神也不会比这些交织在一起的电磁物理现象更没有真实性，更不可认识。电子、静场、运动场和以太都不过是虚构的"臆测的幽灵"。电磁现象正如人们所声称的超自然的行为那样神秘和令人敬畏。

即使是最富有天才的人,在构建电磁感应的物理体系——麦克斯韦自己利用这一体系提高了他的思维能力——时都承认,在他试图理解整个的物理现象时遇到了困难。法拉第在 1857 年给麦克斯韦写过一封信,问他是否能将他的数学工作的结论"表达成像数学公式一样完整、清晰、确切的普通语言? 如果行,那不是对像我这样的人的恩惠吗? ——将这些难解的符号翻译出来,这样我们也可以以此为基础从事实验工作了……如果这是可能的,如果在这些领域内工作的数学家,为我们给出在这个普遍的、有用的、正在进行研究的领域内一些结论,就如同他们在其他领域内所做的那样,那将不是一件好事吗?"遗憾的是,法拉第的这个要求直到今天仍得不到满足。

在我们忽视真实性世界或它的终极本质方面,绝没有比忽视光学现象本身更令人可怕的了。当从一个光源如太阳或电灯发射出的光线射到我们眼中时,一定有某种穿越空间的东西。但是它是什么东西呢? 科学家们认真仔细地研究光的本质,到现在为止已长达 3 个世纪了。实验结果却支持两种含混、矛盾的理论:一种是,光是一种在以太中运动的连续波;另一种是,光是一种微小的、看不见的运动粒子或微粒。科学概念时常从一个理论转向另一个理论,由此留下了一个幽默:每月逢奇数日(逢单)信奉波动理论,每月逢偶数日(逢双)则信奉粒子理论。

麦克斯韦坚持研究每一个他所探索的现象的机械模型,这无疑是正确的。例如,他将电子的流动画成想象中的液体的流动,甚至从研究这种真正的液体中推导出可以应用于电子流动的数学定律。为了描述和研究电磁场的变化特征,他设计出粒子与齿轮传动有关的机械模型。但是,他没有忘记,液体和机械模型只不过是为了帮助他思考,最终他还是要全部抛弃它们,尽管他仍然保留由这些模型启发而得到的数学方程。1864 年,当他向英国皇家学会呈交他的经典论文"电磁场的动力理论"(*A dynamical theory of the electromagnetic field*)时,他用于建立数学结构的物理框架就已略去了。麦克斯韦的许多后继者的确要保留物理模型而且要将这些模型作为真实的解释,这也许是因为在他们的工作中,的确不能省却这些图景。对于所考虑的传播电磁波必不可少的媒介,不久就被他们满意地确定为"发光的以太的实在体和物质"。但是,这幅图景却不能说是经过深思熟虑的,因为它们是不充分的而且无法用实验证实。

运用定性的或探究本质的方法对电磁现象作出的无关宏旨的解释,与由麦克斯韦和他的合作者们所提出的精确定量的描述,产生了尖锐的冲突。如同牛顿运动定律给科学家们提供了研究物质和力的方法,但是不能解释以太一样,麦克斯韦方程也使得科学家们能在令人惊奇的电现象方面取得成功,尽管在理解它们的物理本质方面还有巨大的缺陷。定量定律是我们关于一致性、易于理解的说明方面的全部关键所在。数学公式是明确的、包罗万象的;定性解释是含混不清的,也是不全面的。电子、电场和磁场、以太波,仅仅是为出现在公式中的各种变量提供了一个名称,或者如亥姆霍兹所指出的那样,在麦克斯韦理论中,电荷只不过是一个符号的接收者。关于电磁现象的物理本质的最有决定性的命题是由赫兹提出来的："对于这个问题：麦克斯韦理论是什么？我知道没有比下述回答更简单明了的了：麦克斯韦理论就是麦克斯韦方程组。"

　　如果缺乏电磁现象在物理学意义上的理解和推理的力量，那么人类把握真实性这一命题的本质是什么呢？这又是在什么基础上宣称把握了呢？数学定律仅仅是探索、把握物质世界的方法，数学定律所揭示的种种神秘事情才是人类拥有的知识。尽管对这个问题的回答，那些没有进入到这座近代特尔斐神秘①之城的门外汉是不满意的，但是现在科学家已经学会接受了这一现实。的确，面对如此众多的自然界的神秘性，科学家非常高兴于把自己隐藏在数学符号之中，他们隐藏得如此彻底，以至于一代又一代的科学家并没有注意到他们是遨游于数学符号的王国里。

　　由于麦克斯韦的工作，物理学发生了新的转机。在他之前，自然界的机械论观点不仅很普遍，而且的确可以为自然现象的物理解释提供令人满意的推理。在相当长的一段时间内，电和磁甚至都被描述成流体的行为，尽管科学家们并不知道它们实质上到底是什么。以太被认为是一种具有高度弹性的固体，因此得出了光的传播的机械解释。但是电磁波的引入，以及光与这些波具有的同一性，否定了这些物理解释，科学家开始怀疑整个机械论自然哲学了，并为这种哲学准备好了坟墓，他们打算毫不犹豫地抛弃它。

　　因此，物理学就从机械论的基础过渡到了数学性的基础。以

320

---

　　①　特尔斐神秘（Delphic Mysteries），Delphi 原指阿渡罗神在特尔斐城所作的含义不明的神谕，今指含义不明、模棱两可的话。——译者注

前,数学是被用来重现、研究和强化对现象的机械论解释的。今天,数学解释却成了最本质的研究。事实上,除了在一个非常有限的领域外,机械论已经被抛弃了。任何近代物理理论实质上是一个数学方程体系。这样,微分方程,由牛顿时代物理思想的仆人,现在一跃成了主人。

尽管麦克斯韦的工作摧毁了机械论自然哲学,但却加强了与机械论观点同时生长的决定论哲学。对于19世纪的科学家来说,麦克斯韦的工作是哥白尼、开普勒和伽利略开创的研究事业中完美的成就。如此众多的新现象,现在都能统摄在精确的数学定律之中,因此,宇宙的数学设计是毋庸置疑的。的确,没有人比当时的科学家们更踌躇满志、自信满满了。由18世纪那些非常自信的、无疑也是最优秀的科学家所提出的所有目标,现在都已实现,他们虽然已不能为此而骄傲得意,但却使得其19世纪的后继者们沾沾自喜。

麦克斯韦本人并不包括在内。他非常清醒,没有因自己取得的巨大成就而陶醉。一个比他的合作者们更热心于形而上学的学生,再次证明了麦克斯韦在反对当时几乎所有人都坚持的宇宙决定论方面所具有的天才。麦克斯韦在与气体理论有关的分子运动论方面做了一些基础性的工作,他为这样的思想而深深地困惑着:任何普通的物质都由分子构成,每个分子都以炮弹的速度运动,但是它的平均位置却绝不会超出一个可见的范围。他区分了稳定现象和不稳定现象两者的差异。一块石头,沿着水平地面滚动是稳定现象,因为对这块石头施加的力小,产生的运动也小。而一块石头立在一座陡峭的山顶上,则是不稳定现象,因为轻轻地推一下,可能会一发而不可收拾。导致一场森林火灾的一根火柴，引发世界大战的微不足道的几句话，以及使我们成为哲学家还是成为白痴的极小因素，都是不稳定现象。这些不稳定因素，或者如麦克斯韦所称的奇点（singular points），在他看来是决定论世界中的瑕疵。在某些情形中不成立的、没有什么作用的定律，在另外的情况下，却可能起着决定性的作用。

麦克斯韦告诫同时代的科学家注意奇点存在的意义："因此，如果物理科学的耕耘者……从追求揭示科学的神秘性转向研究奇异性和不稳定性，而不是研究事物的连续性和稳定性，那么所增加的自然知识可能有助于消除决定论的偏见：即认为未来的物理科学，似乎只是以往物理科学的一种放大的图像而已。"

麦克斯韦，这位他所处那个时代的领袖，实际上是下一个时代的先知。他对气体理论所做出的贡献，为摧毁决定论准备了条件。他在这个领域内观察到的裂缝、瑕点不久就更为显著了，最终导致了决定论世界的崩溃。但是这场大崩溃，以及产生的一系列重大的后果，必须等到在后面的章节里进行适当的讨论。最不幸的是，麦克斯韦在数学物理学的许多领域内所进行的具有超一流水平的研究工作，由于他的去世而被迫终止了，此时，他年仅 48 岁。

第二十一章　关于人的本性的科学

最值得人类研究的,是人。

A. 蒲柏(Alexander Pope)

卢梭曾经说:"在所有科学中,最有用但最不成熟的是关于人的科学。"这位工匠的儿子环顾四周,看到的只是一个处于堕落和病态的人类社会。政治上的腐败,弱肉强食,少数人穷奢极欲而多数人困苦不堪,邪恶、贪婪、战争,军事占领下的人民惨遭奴役,以及当权者对民众的欺骗。这一切都使卢梭感到惶惑不解。

人类社会的一切与自然界的一切形成了强烈的对比。自然界的规律与秩序非常鲜明。行星按照指定的轨道运行,没有半点偏差。不管自然科学家们在何处考察,总能发现证明世界具有设计与和谐行为的规律和数学定律。自然界具有条理性、规律性、理性和可预见性。

然而人类是自然秩序不可分割的一部分,不也像物质世界一样是上帝的创造物吗?时髦的唯物主义哲学不是教导我们,人的意识与肉体是物质世界的一部分吗?因此人类的行为必然有普遍的自然规律。像行星一样,人类也受制于吸引力和排斥力,所以人的行动也应该是这些力作用的机械结果。类似地,从基本经济力量的相互作用中也能找出规律。人类对同胞的怨恨,政治上的混乱,普遍的贫困与苦难,这些弊端之所以被当作人类关系的特征,是因为人类还没有找到社会的自然规律。一旦发现了这些真正的规律,人类将生活得更美好,社会也会变得稳定而公正。因为它们最终会与"自然秩序"相一致。如果人类社会经过强制手段或经过引导而遵循这些规律,那么社会的弊病将会消失。

因此必须有一门人文科学。然而,卢梭指出,这门科学不能通过实验来研究,因为这要求最伟大的哲学家们想出方案,并且由最强大的王室来加以实施。幸运的是,没有必要进行这类实验。我们可以从主要的原理出发,用演绎的方法推导出真理。霍布斯以他特有的方式直截了当地陈述了这一思想。政治学、经济学、伦理学和心理学都必须简化为纯科学。人类一直仅仅依靠自身的经验来作为社会知识和伦理知识的源泉;但是使用这种方法所获得的教益,则仅仅只是更加谨慎而已,这种方法的作用一如从前。因此霍布斯接着说,只有依靠科学的方法才能使我们具有智慧。这种方法万无一失,并且赋予我们预见事物的能力。对霍布斯来说,科学仅仅是指这样的一门学科:"几何学,它是上帝赐予给人类的唯一科学。"康德也同意有必要设立一门社会科学,并且还说要发现人类文明的定律,应该有开普勒和牛顿才行。

人们最终相信,有必要建立一门关于人类的演绎科学。相应地,社会科学家们开始鉴别、分析和总结在人类关系中那些发挥作用的普遍规律。正如一位侦探通过找到一位女子,而满怀信心地期待着揭开一件最复杂的神秘案件一样,这些社会科学家们也希望,在发现一些基本的规律后,所有的问题都会迎刃而解。以前,思想领域被认为与数学分析毫不相干,但现在这一看法发生了变化。社会科学家们希望数学在这一领域能取得在其他纯科学领域内同样辉煌的成就。美酒、女人、歌曲,以及要获得这些享受所必需的财富,都成了数学的研究对象。在这一章里,我们将追溯数学思想在这些研究过程中的影响。

假如存在社会规律,那么社会科学家们将怎样发现它们呢?数学为提供答案树立了榜样。首先,他们必须发现一些基本的公理,这些从思想和经验中产生的公理,自身应该有足够的证据表明它们合乎人性,这样所有的科学家才会承认它们。然后通过严密的、完美的数学推理,从这些公理中推导出关于人类行为的定理。

正像数学定理与运动定律和万有引力定律相辅相成,产生了数理天文学一样,有关人类行为的定理与伦理学、政治学和经济学的特殊公理相结合,也将产生与各个领域相应的科学。这些新的社会科学中的理论,甚至可以用公式定量表达出来。这样,可以使用代数技巧推导出进一步的真理。

对构成人类行为科学基础的基本真理的寻求,一时出现了一股狂热的势头。研究人性的著述纷纷出版,令人目不暇接,这些书都着眼于发现基本原理。18—19 世纪有关这一方面的经典著作,就有洛克的《人类理智论》(*Essay Concerning Human Understanding*)、贝克莱的《人类知识原理》(*Principles of Human Knowledge*)、休谟的《人性论》(*Treatise of Human Nature*)和《人类理解研究》(*Inquiries Concerning the Human Understanding*),还有边沁的《道德与立法原理引论》(*Introduction to Principles of Morals and Legislation*)。J. 穆勒(James Mill)于 1826 年

出版的《人性分析》(*Analysis of the Human Mind*)一书,把这一
运动带入下一个世纪。在所有这些著作中,作者们纷纷就人文科
学提出自己的公理,并且根据演绎的方法推导出支配人类思想和
行为的规律。

这些著作中,有些关于人类行为的公理很值得重视,这不仅仅
由于它们本身的价值,而且由于它们代表了当时的基本假说和创
造性思想。它们都肯定人生而平等,知识与信仰来自感觉经验;趋
利避害是决定人行为的基本力量;人类对文化和环境的影响方式
是众所周知的、固定的;人都根据个人利益而行动。最后的这一
条公理尤其被人们着重强调,其普遍性可与万有引力定律相提并论。
虽然 20 世纪的人也许担心利己主义在社会中会起破坏分裂的作
用,可是 18 世纪的人却不这么认为,他们的看法是:

> 上帝和大自然确定了总的准则,
>
> 宣称利己自爱与社会并行不悖。

个人的不道德行为只要不对社会利益有害就行。当然,并不是以 325
上所有的公理都被当时那些理论家们接受和提倡,但它们的确在
当时十分流行。

要在短短的篇幅里对关于人的本性的科学自身众多的推理进
行评述,显然是十分困难的。幸运的是,我们没有必要这么做。只
要我们知道这门科学已经兴起就已足够了。

为了在伦理学、政治学和经济学等具体领域取得成果,核心的
纲领是,为每一具体的学科注入广泛的关于人的本性的科学的公

理。充满理性精神的学者们创建并发展了众多的伦理学体系,有其中之一对我们 20 世纪的文明直接或间接地产生了重大影响。因此,我们有充足的理由对此加以详细研究。这一体系由边沁(1748—1832)所创,它不仅是理性的和演绎的,而且是定量的。

如果有所谓的数学头脑的话,那么边沁就具有这种头脑。他的思维逻辑性最强,而且一丝不苟。对一个简单命题哪怕是有一丁点怀疑,就足以使他中止一部书的写作,而开始重起炉灶另开张。他坚持不懈地力图给所有的知识分类,根据正确的概念和逻辑关系加以组织。例如,将具体的概念归于一般的概念,将概念分解成基本成分。人们恰如其分地称他为编纂狂。

即使是他的缺点——特别表现在恋爱方面——也与他所结交的数学家有共同点。在过了 57 年不近女色的生活以后,他决定结婚,并且为自己的选择进行了一番细心的推理。然后,他给一位 16 年没见过面的女友写了一封求婚信,他被拒绝了。但他求婚的逻辑依然如故。于是,在过了 22 年以后,他再次向那位妇女求婚,在这期间,他重新仔细地论证了自己的推论,认为是无懈可击的。他希望那位女人在这一段时间里学了一些数学,这样她就可以认识到他的求婚逻辑是何等有力。显然,那位女人依然相信她的逻辑——即直觉,因为她再一次拒绝了边沁。

边沁不仅仅只对妇女才勇于使用逻辑信条。在当时各种各样的宗教组织依然很有势力的情况下,他也直率地指出所有宗教都是有害的,并且与教会和国家的联盟进行对抗。当确信了民主的睿智后,他勇敢地提出应该实行普选,给人们以普选权,推翻帝国和贵族阶层。他在《谬误书》(*Book of Fallacies*)的著作中抨击了特权阶层。在他的其他著作中，腐化的个人、法庭和虚伪的律师都受到了抨击。在《保密艺术原理》(当应用于特殊陪审团时)(*The Elements of the Art of Packing*)(as applied to Special Juries)这一小册子中，他把矛头直指王权本身，因为它使陪审团制度的运行机制丧失殆尽。

边沁关于人性的基本公理在前面早已论述过，即趋利避害是人类活动潜在的、决定性的客观存在。人总是追求享乐、逃避痛苦。当然，享乐和痛苦在这里具有广泛的含义。不道德的行为有时也使某些人快乐，因此也被归入享乐之列。

与关于人的本性的科学一致、实际上是从其中派生出来的伦理学体系，必须建立在趋利避害动机的基础上。根据这种伦理学，边沁提出，凡是增加人的快乐的行为都是正确的，那些减少人的快乐的行为则是错误的。由于一件特殊的行为对有些人有利，对另一些人有害，因此他附加上"最大多数人的最大利益是衡量是非的标准"。

在其伦理学漫长发展的新阶段，边沁再现了当时十分流行的观点，并且对它做了适当的阐释。随后，他通过引进数学概念开始探讨结论并进行修正。他的目标是衡量快乐与痛苦并且使"快乐达到最大的限度"。为了这一目标，这个道德世界的牛顿创立了"快乐的微积分"。

首先，他列出了十四条简单的快乐，如：感官、财富、技能和权力等。还有十二条简单的痛苦，比如仇恨、贫困等。他对每一个引起快乐或痛苦的行动都规定了一条标准。边沁认为，每一行动的数学价值取决于客观因素，即持续的时间、强度、纯度(与其他快乐或痛苦无关），以及准确性和多样性（产生其他快乐或痛苦的倾向）。每一因素对衡量由这一行动所产生的快乐或幸福都有影响。然而，在衡量一种行为时，必须对众多因素加以考虑。人，这一高度复杂的机器，在受到一种快乐或痛苦的影响时其敏感程度会不同。例如，两个人每人有 1 000 块钱，从其中一个人那里拿 500 块给另外一个人，这一行动所产生的快乐比痛苦少，因为接受者的财富仅仅增加了三分之一，而失主却损失了一半。因此财富是衡量某些行动敏感程度的手段。类似地，教育、种族、性别以及其他的因素都决定着人对事物反应的敏感程度。

327

一个行为的价值可以按如下方式计算：这一行为所带来的快乐的客观量度，乘以这个行为涉及的人的各种度，然后将所有乘积相加，得到的结果取正值。这一行为引起的痛苦也是以类似的方法计算，得到的结果取负值。这一行为的价值就是两者之差。通过这一"计算"，我们不仅获得了一个行为的价值大小，而且还能对这一行为的两个过程进行比较。

这一理论很快在实践中得到了运用。有人用边沁的道德算术来决定是否应该给儿童接种天花疫苗。当时由于有的儿童因接种疫苗而死亡，因此这一方法还未得到普遍的承认。主张接种疫苗者提出，有 10% 接种疫苗的儿童死亡，而如果不接种疫苗，就会有 50% 的儿童死于天花，因此，确定无疑地，有正当理由给儿童接种天花疫苗，因为最大量的生存对整个社会有益。

这一类论据，和边沁彻底的代数道德观点一样，对我们来说似乎是把数学带入了与它毫不相干的领域。有一点是肯定的，即他提出的价值，在具体的计算方面困难重重，这一缺陷应该忽略不计,因为"严格的逻辑学家是有许可证的幻想家"。重要的是,提出了关于建立人类伦理学体系的一种理性主义观点:他勇敢地把理性的旗帜带入了以前由权威及传统主义统治的领域。这种伦理学不是建立在宗教教义上,也不是建立在现存社会模式的理性化上,而是建立在人文科学的基础之上。不是上帝的旨意,而是人的本性导致了这一新的伦理学。特别地,美德不再是天堂里的报偿,而它本身就是一种回报。即使在今天,边沁的哲学也依然切合实际生活。

以边沁为代表的伦理学家们成功地完成了基本的计划。他们运用人性的规律和人与人之间相互关系的公理,创建了富于逻辑性的伦理学体系。政治学家们也开始仿效他们。在休谟充满信心的"政治可以简化成一门科学"论断的激发下,他们为自己的学科寻求公理。当然,不同的学派在公理的选择上也不相同。如霍布斯寻求为绝对君主制辩护的公理;其他的人,如伏尔泰,寻求确立开明君主政体的公理;还有一些人如以边沁为首的学者,则为要求民主而寻求公理。

在各种政治学理论中,至少有两种学说对我们这个时代至今还有无可比拟的重要意义,它们分别由洛克和边沁提出。洛克对政府的自然起源和政府存在之理由、目的进行了探讨,即寻求政府存在的逻辑基础。他的研究与政府形成的实际历史毫不相干。他以其著名的认识论中的原则作为论证的出发点:所有的人生下来时头脑是一片空白——白板论。人的知识和性格都是通过后天的经验形成的。既然人与人之间的根本区别是环境所致,那么人生来都是平等的。在假设的、最早的状态下,这在 18 世纪也被称为

328

自然状态,所有的人都拥有天生的、不可剥夺的权利,如自由,并且都有理性规律指导。为了获得生命、自由和财产的保障,人们制定了"社会契约",赋予政府对社会有害的犯罪行为的规定和惩罚的权力。一旦接受这一契约,人们于是同意按照大多数人的意愿行事,政府需要确定这一意愿并且照章行事。因此,如果统治者,主要是立法者,背叛了选民,那么选民们的暴动就是理所当然的了。对政府本质所作的上述探讨,回答了下面一系列问题:为什么政府会存在? 它从哪里获得了权力? 它在什么情况下超出了这一权力? 如何对待暴政?

最简明扼要地表述洛克这一关于政府的哲学,对政府所持的态度最具有理性化的,要算 18 世纪一份"数学性"的文件。这份文件是众所周知的①,它引用了许多洛克的话:

> 我们坚信这些不言而喻的真理:人人生而平等。他们都从他们的"造物主"那里被赋予了某些不可转让的权利,其中包括生命权、自由权和追求幸福的权利。为了保障这些权利,所以才在人们中间成立政府。而政府的正当权利,系得自被统治者的同意。如果遇有任何一种形式的政府变成是损害这些目的的,那么,人民就有权利来改变它或废除它,以建立新的政府。这新的政府,必须是建立在这样的原则的基础上,并且是按照这样的方式来组织它的权力机关,务必使人民认为那是最能够促进他们的安全和幸福的。

---

① 这份文件即 1776 年通过的美国《独立宣言》。——译者注

我们注意到,这份文件以不言而喻的真理作为论证的开头,这些真理与作为任何数学体系基础的不证自明的公理有同等的作用。文件接下来列举事实,表明国王(英国当时的国王)没有为人民提供以上所说的公理和政府应该保障的权利,因此,根据以上的另外一条公理,人民就有权推翻旧政府,建立新政府。

上述文件作者①的个人观点走得更远。T. 杰斐逊(Thomas Jefferson)提出,每一代人都应该制造自己的社会契约。他计算出,每过 18 年零 8 个月就有半数超过 21 岁的人将死亡,因此,每过 19 年就应该有一个新的契约和一部新宪法。

比《独立宣言》的数学形式更为重要的,是它所表现出来的政治哲学。这份文件开头第一句话最为明显:

> 在人类历史事件的进程中,当一个民族必须解除其与另一个民族之间迄今所存在着的政治联系,而在世界列国之中取得"自然法则"和"自然神明"所规定给他们的独立与平等的地位时,就有一种真诚的尊重人类公意的心理,要求他们一定要把那些迫使他们不得已而独立的原因宣布出来。

这里的关键词是"自然法则"。它简洁地表明了 18 世纪人们的信念:整个物质世界,包括人类,都受自然规律的支配。当然,这一信念建立在由牛顿时期的数学家和科学家们发现的有关世界结构的证据之上。显然,由于存在这样的规律,它们就必然给人类的理

---

① 美国《独立宣言》出自杰斐逊笔下。——译者注

想、行为和风俗习惯带来决定性的影响。因此,政府的有效法律必然要符合自然规律。

330 同样重要的词是"自然神明"。当然,人们祈求上帝的旨意、上帝的支持有各种不同的有时甚至是相反的原因。然而在这里,上帝的旨意并不是通过神的启示或《圣经》来传达的,这里的神明、上帝是通过自然来向人间下达旨意。理性揭示神明的旨意。因为作为人的一部分的理性,又是自然的一部分。事实上,18世纪思想家在实际运用中都把"正确的理性"与自然等同起来。

《独立宣言》是少数政治领袖们为了证明反抗大英帝国的完全合理性而撰写的。他们提出的理由得到了人民的支持,因为他们表达了人民的信念。正如杰斐逊自己指出的那样,他没有创造任何新的思想和感情;他仅仅是说出了大家的心里话。真正促成美国革命的,是这一被广泛接受的政治哲学,而不是邮票法案或茶叶税。实际上,美国革命和法国大革命都被普遍认为是自然和理性对谬误的胜利。

用于政治上的以数学形式表达出来的理性主义和自然权利的学说,产生了一种新的政府哲学,并使人们接受了反对非正义的坚强信念。然而自然权利学说在19世纪没有得到很好的实施,许多革命的领袖,其中著名的有 A. 汉密尔顿(Alexander Hamilton)、J. 麦迪逊(James Madison)和 J. 亚当斯(John Adams),他们更加注重保护有产者而不是广大群众的权利。另外,一些个别的辩护者们则把自然权利和新兴的商人阶层的权利、利益等同起来,他们要求摆脱政府干预,以便更好地赚钱,或者把这一原理解释为自由人的自然权利,以使奴隶制合理化。在英国,劳动者受教育的自然权利遭到了否认,原因是教育会使他们对自己的命运不满,变得乖戾,教育还会使他们能够阅读煽动性的小册子、坏书和反对基督教的出版物。另外,由于自然权利激起了法国大革命,它也因革命后的邪恶,如恐怖统治,拿破仑式的野心家,而受到了攻击。由于这种种的原因,这一学说竟失去了号召力和人民的支持。政府经过人民的允许而获得权力这一民主原则也失去了理论基础,民主实践也遇到了挫折。幸运的是,边沁重建了现代民主哲学,他比洛克更加意识到了理性的力量。这一新的哲学被称为功利主义。

331

在《道德与立法原理引论》(1789)一书中,边沁阐述了关于人性的观点以及他的伦理学体系。这部著作还涉及对政府的研究,因而实际上创立了政治学,以区别于作为道德哲学分支的治国术。边沁摒弃了自然权利和上帝意志学说,而寻求一种纯理性的学说以作为政府的基础。在他看来,政治领域的首要真理或基本公理是:政府应当追求绝大多数人的最大幸福。从这一基本原理中,他推导出了许多结论。正义本身并非目的;它是增加幸福总量的一种手段。法律必须考虑行为的后果,而不仅仅是动机,因为只有行为的后果对社会的幸福才是重要的。在刑罚学上,边沁提出应该通过惩罚手段阻止减少幸福的手段。由于惩罚意味着痛苦,因此只是为了防止更大的痛苦时我们才使用这一手段。

边沁考虑到下述明显的矛盾:统治者通常只追求自己的幸福,而政府应该努力使绝大多数人获得最大的幸福。怎样才能协调这两个互相对立的利益冲突呢?只有通过寻求统治者和被统治者的共同利益。要做到这一点,就应该使每一个人都享有权利。民主制是政府的最好形式。边沁通过"美国一帆风顺的转变"来充实他的论据。他声称在美国这个国家里没有腐化、没有浪费，也没有在英国存在的丑恶现象。

边沁的著名的追随者穆勒试图解决民主制中选民的问题。在排除了那些利益受人保护的投票者（如穆勒相信，妻子的权利受到丈夫的保护）之后，他得出结论说，只有超过 40 岁的男性公民才应该有投票权。

边沁可能对美国的情况一直有些错误的认识，但他的证据却是很有力的。普通的美国人是功利主义者，尽管他也许从没有听说过这个词。边沁的为绝大多数人的最大幸福和洛克的天赋权利哲学，以及社会契约论，共同铸造了美国的民主制，并且将其熔为一炉。

我们不必对政治意识形态再作更多的考察。不管怎样，理论家们在对政府的研究中取得的成就，不可能与数学理论在宇宙学中取得的成就相媲美。他们所做的只能是为普通人参与政治呐喊助威。但是通过理性的探索，他们至少区分和解释了民主运动的目标、理想和口号。

只有人们的经济状况发生了变化，他们才会具有充分的民主意识，因为在政治上自由而在经济上是奴隶的人，充其量不过是生活在自由的幻觉中。在 18 世纪，随着工业革命的临近，那些早已着手重新组织各种知识的伟大思想家们，不久就更加迫切地感到修改经济思想的必要性了。

新的经济学遵循政治学和伦理学中的理性的、渗透着数学思想的方法，它的基础仍然是关于人的本质的科学。经济学本身的公理与人的本质的科学相结合，由此得到一系列的推论。

18 世纪有两个主要的经济学派，一个是由魁奈创立的重农学派，另一个是由亚当·斯密（Adam Smith）以及后来的 J. 斯图亚特（John Stuart Mill）领导的古典学派。他们都承认公理性的经济真理的确存在着。他们也都认为永恒不变的经济规律是自然现象（"Physiocrat"的意思是自然的法则）。因此完全有可能创立一门有关财富的科学。经济学家必须探索和揭示经济规律。

这两个学派的公理对我们来说是非常熟悉的，并且直到今天，仍然是大多数人的主要观点。每个人都按照自己的利益行事。人人都享有自由、财产和安全的权利，以及土地和劳动力是财富的唯一来源，这些都是当时的公理。

从这些公理出发，我们不难推出自由贸易、无限制的竞争等定义，这些提法被并入自由主义和自由通商这两个词汇中。干涉别人正常的、自然的谋生手段，就是干涉上帝的宇宙构想，因此是胆大妄为。特别地，政府不应该干涉商业。商业应该让商人来管理，商人的精明足以确保经济体系的良好运行。政府只需保证和保护契约权。重农主义者坚信土地是财富的唯一来源，他们提倡征收土地单一税；另一方面，亚当·斯密虽然同情工人们的苦难，但他仍然提出征收收入单一税。

这些经济理论中有公理，还有在数学精神启发下的推论，但却没有克服经济弊端的规律。这些经济学家们不自觉地成了商人和有产阶级的辩护人。这些理论家从理性主义观点中借鉴他们所需要的、仅仅是为自由贸易原则所作的逻辑上的辩护。事实上，在 19 世纪初，随着工业化的深入，这一原则完全不能减轻劳动阶层的痛苦，它仅仅只能使富者更富、穷者更穷这一现象合理化。广大

333

群众终日在工厂劳动,但却挣扎在饥饿线上。不平等与不公正是如此之明显,以至于有的经济学家迫切感到有必要为这一现象辩护。他们的手段是,搜寻自然规律以证实这一切都是上帝的安排,证明妇女和儿童每天工作 16 小时是不可避免的。

T. R. 马尔萨斯(Thomas. R. Malthus)在人口规律中找到了答案。他所寻求的答案不辩自明,以至于他在写《人口论》(*Essay on the Principles of Population*)时,都不用再把眼光投向他周围的世界。《人口论》确立了马尔萨斯的权威地位,并为他争得了历史学和经济学教授的头衔。

马尔萨斯在开篇写道:

> 我认为可以提出两个假设。(照例论证以公理作为出发点。)第一,食物是人类生存所必需的;第二,性爱也是人类生存所必需的,并且它将保持现存的状况……(换句话说,性在人类社会中先天就存在。)如果我的假设能够被接受,那么我断定,人口指数要比提供给人类生存必需品的土地能力的指数大得多。

用亚当斯的话来说就是,人有两大要求:食物和姑娘。然而第二种需要是如此之强烈,以至于人们时常忘记了第一种需要。人们草率结婚,而婚姻的结果是儿女成群。因此导致人口的增长远远超过了生活资料的增长。

也许是为了从数学论证中获得一些权威性,马尔萨斯声称,人334 口以几何级数增长,而一个特定地区生活资料则仅以算术级数增长。他预计，人口每隔25年翻一番。如果不考虑其他因素，人口将在两个世纪里增加256倍，而与此同时，食物供应只增长9倍。

然而，马尔萨斯意识到，人口实际上并不以几何级数增长。为什么呢？答案是：饥饿、疾病、犯罪和战争这些因素抑制了人口增长。从长远来看，这些表面上邪恶的现象实际上是有利的；它们是自然的法则，虽然可怕，但却不可缺少。由于这些现象是神的安排的组成部分，所以任何法律也不能在多大程度上缓解人类悲惨的命运。人人都过着轻松、快乐、悠闲日子的社会是不存在的。于是，马尔萨斯强调教导人们自我节制的益处，因为这样人们就不会生下那么多他们无法抚养的孩子。这样，马尔萨斯实际上在《摩西十戒》中加上了第十一戒："在没有能力养活6个孩子之前，你不要结婚。"

通过求助于自然规律来证明贫困的社会状态其存在的合理性方面，并不是到马尔萨斯就终结了。从事这项工作的还有另外一位著名的经济学家大卫·李嘉图（David Ricardo）。首先，他对经济生活中的各种因素进行了归类，即分为资金、劳力、价值、使用价值、租金、工资、利润，等等。李嘉图认为，商业中每一件事情无一例外地遵循着包含这些因素的自然规律，这些规律都能从公理中推导出来。例如，必需品（商品）的价格由供求关系决定，这是一条不言自明的公理。把这一公理应用于劳动力这种商品中，就意味着劳动力有一种自然价格。如果工资增加超过这一水平，劳动者的家庭人口就会增多，这样又会增加劳动力的供应，于是会导致工资的下降，因此增加工资是毫无道理的。在其著名的工资规律中，李嘉图对诸如此类的研究进行了总结："劳动力的天然价格，是指为了维持劳动者生存以及他们那个阶层的成员既不增加也不减少所必需的价格。"因此在李嘉图,还有在马尔萨斯等人看来,贫穷、灾难和饥饿是应该存在且顺理成章的。劳动者、地主和资本家之间相互对立的关系,也是非常自然的。他们所提出的这些规律及其成立的条件,都是极有远见的上帝的旨意。

随着工业化的深入,这一经济"科学"在解决重大社会问题时,越来越显得无能为力。事实上,这种经济"科学"反对改革运动,反对工会,反对修改立法,反对慈善事业。在本质上,这种经济"科学"不是为人类服务的,而是为人类的敌人服务的。

经济学中的理性运动并非昙花一现。在 19 世纪,物理科学的奇迹比 18 世纪更为壮观,数学的威力也更加显著。然而,使用了数学和科学方法的经济理论却陷入了更大的混乱。有些经济学家意识到,现在他们所面临的问题是,虽然运用了数学方法,也努力在探索自然规律,但并没有把数学运用到任何明确的范围。还有,他们也许犯了食而不化的错误。较好的解决办法是分而治之。

于是,经济学家们尝试不是对整个领域,而是对某些特殊现象采取定量的推理研究方法,他们在小范围而不是在大范围内进行探索。第一个目标是在每一种情形中找到决定某一特殊现象的公式。第二个目标则是运用这些公式和数学方法,从而推导出结论。在这方面,越是对所探索的范围进行限制,经济学家取得的成就越大。

随着库尔诺(Cournot)于 1838 年发表的《财富理论中数学原理的研究》(*Researches into Mathematical Principles of the Theory of Wealth*),产生了一个新的经济学派——数理经济学派,这

一学派的代表人物还有 20 世纪的 V. 帕累托（Viifredo Pareto）。为了说明这一学派对具体问题的解决方法，我们简单介绍一下两个当代美国人对十分重要的人口增长问题所做的工作。他们是 R. 皮尔（Raymond Pearl）和 L. J. 里德（Lowell. J. Reed）。

对于下面的讨论，我们必须记住，我们所关心的不是中等城镇（Middletown）1947 年的人口数，所研究的是大范围内人口的变化，所要揭示的是人口增长的基本因素而不是某些偶然因素。按照研究问题的数学方法，皮尔和里德从可以用于推理的假设开始：

(a)物质条件决定着一个地区或国家人口的最高限度，这一限度用 L 表示。

(b)人口增长率与现有人口成比例。

(c)人口增长率与人口增长的能力成比例，即与 L 和现有人口之差成比例。

这些公理使数学家们得到了一个很容易解出的微分方程。这一结果就是人口增长的一般公式。如果用 y 代表从一固定的日期经过 t 年以后一个国家的人口数，那么这个公式是这样的：

$$y = \frac{L}{1 + a(2.718)^{kt}} \tag{1}$$

a 与 k 的大小取决于运用这一公式的地区。

我们不必为这个公式(1)中的细节伤脑筋。在图 68 中给出了这个公式相应的曲线形式。这是一条对数曲线，它表示所谓的增长周期。图 68 中的虚线表示的是如果人口按照马尔萨斯所声称的几何级数增长的曲线。

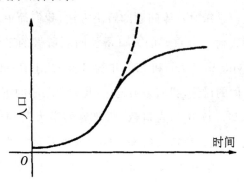

图 68　增长曲线

公式(1)给出了一个人口增长的一般规律,这一规律告诉我们人口应该增长多少及其方式。然而,人口真的以那种方式增长吗?通过对美国 1790—1910 年人口增长的调查表稍微作一些数学处理,皮尔和里德确定了公式(1)中 a 和 k 的大小。于是,得到了美国人口增长的一般公式

$$y = \frac{197.27}{1 + 67.32(2.718)^{-0.313t}} \tag{2}$$

337　t 表示自 1780 年以来的年数,y 代表人口数,单位是百万。图 69 表示出与(2)式相应的曲线。小圆圈代表实际的资料;图中曲线在 1790 年以前和 1910 年以后用虚线表示,所代表的是(2)式所预计的趋势。我们看到,从 1790 到 1910 年的资料都与(2)式相应的曲线吻合。

那么,1910 年后的人口增长数与公式所表示的有多大程度的吻合呢?根据公式,1930 年的人口应为 122 397 000 人,而调查结

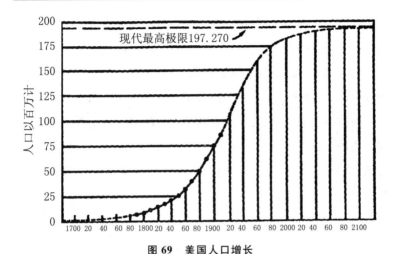

图 69　美国人口增长

果表明实际人口是 122 775 000 人。这一公式预计 1950 年美国人口为 148 400 000 人,而调查结果是 150 700 000 人,看来理论与事实之间吻合得很好。

从公式(2)中,我们还能推导出一些有趣的结论。它表明人口增长极限(指美国)是 197 270 000,而到 2100 年美国的人口差不多就能达到这一个数字①。从皮尔—里德公式中推出的另一个结论是,1914 年为美国人口增长的高峰期。人口增长的实际研究表明:纯理性和理论性的研究方法所得出的公式、规律,代表了客观事实,至少是主要方面的事实。

即使在以皮尔和里德的工作为典型的数理经济学领域,开展　338

——————————

①　实际上,到 1985 年时,美国人口就已经超过了这一数字,达到 240 000 000。——译者注

更加认真和严谨的研究,也不能确保总是卓有成效的,这主要是因为没有找出正确的前提。一大堆数学符号常常导致对一个问题毫无建树。然而,毫无疑问,以数学观点对某些具体的经济问题进行研究,确实产生出了一些有用的知识。

对数学的实用性、数学威力的毫无边际的乐观主义,导致了一些奇怪的结论。有一位心理学家曾试图发现爱恋程度的公式。自然地,这位心理学家从爱情开始,他断定,男女之间的爱情,与在一起的时间的平方成正比,与两人之间距离的立方成反比。在这一"定律"里,我们为"距离使心变冷"这一格言确定了数学公式。

另外一个值得怀疑的数学公式是由哲学家 D. 哈特利(David Hartley)推导出来的。他把其道德和宗教哲学浓缩在一个极其精练的公式里:$W = \dfrac{F^2}{L}$,W 代表对世界的爱,F 是对上帝的畏惧,L 是对上帝的爱。哈特利说,对这个公式只需要附加说明一点,随着一个人年龄增大,L 将增加至无穷大。它表明 W,即对世界的爱,将逐渐减少而且趋近于零。这就是有关道德真理的总结和核心。

我们已经考察了在人文科学中数学本身以及由数学产生的理性主义精神的影响。到目前为止,那种认为关于人类活动的自然、普遍的规律将被发现的设想——这是一个令人愉快的、过分乐观的设想,以及认为由此将解决一切社会问题的设想,理所当然地是错误的。总体来说,人未能了解和预测自己的行动。人类的肉体、情感和欲望,显然都拒绝服从僵化的规律和数学的约束。至少,不可能有一位思想家能够为整个社会科学创立一种定量的、推理的研究方法,使我们能够指导、控制和预测所有领域的所有现象。特别地,在经济学中,人类所取得的辉煌成就也是寥寥无几。

为什么人是人类自身的致命弱点呢?很早以前,霍布斯就对缺乏社会科学的原因作出了一种解释:"我毫不怀疑,如果三角形的内角和等于两直角这一事情与任何统治者的权力相对抗,那么不容分说,统治者就会将所有的几何学书籍查禁,然后焚烧。就人类来说完全有可能这样做。"

对 18—19 世纪社会科学家最严厉的批评,也许就是指责他们过于数学化而缺乏科学性。他们想在政治学、经济学理论中建立起公理或一般原则。然而,他们中很少有人像孟德斯鸠(Montes-quieu)一样考察社会本身,也很少有人首先检验这些公理的正确性,然后检验由此产生的一些推论。

不管在研究社会学和心理学中使用的推理方法有哪些长处或短处,其中的一种价值是显著的。伦理学、政治学、经济学或心理学的概念本身,以及建立这些科学的外在动机,都从牛顿时代理性主义的沃壤里汲取了养料。因此,清晰的理性之光至少照亮了由传统习俗、迷信的浓雾所笼罩的领域。特别地,对政府的理智分析——其目的不是为了使人安于现状,为现实辩护——因而,使许多人睁开眼睛看到了人间社会的不平等、非正义和残酷的现实。古希腊理性主义在数学中行之有效的东西、数学精神,都依次地被贯注于那些模糊的、被错误定义的、混乱的思想领域:它"在观念的废墟上建立起了理性的大厦"。

第二十二章　鲜为人知的数学理论：
应用于人类研究中的统计方法

> 在每一个地方,令脚踏实地的人感到烦恼的,是不断在他面前涌现的、他无法控制的大量的事情和事件。为此,所需要做的工作是对此从总体上予以把握。
>
> T. 麦茨(Theodore Merz)

桥牌中有一个非常好的战术:当手中的牌力不够强时,就从最弱的一门花色开始出牌。我们在这里所要讨论的是,对于科学之"手",这一战术也能发挥很好的作用。当社会科学家们认识到他们手中没有把握什么王牌时,他们意识到,如果利用这一战术,也能取得惊人的成就。

数学家、物理学家们取得成功的方法,可以简要地描述成是先验的(a priori)和演绎的。通过对一种现象各种可能有用的知识进行仔细的思考,他们得到了作为公理的、具有广泛用途的基本原理。然后,用演绎推理导出新的结论、获得新的知识。在这种"安乐椅"式的方法中,观察和实验可能有助于得到最初的原理,或者检验通过演绎得出的结论是否正确,但是真正起作用的因素却是思想而不是感觉。

总的来说,先验的和演绎的方法,由于一些非常重要的原因,对社会科学家是无用的。也许主要的原因是因为他们所研究的现象非常复杂,甚至在相当简单的问题中牵涉到的因素也很多,以至于难以挑出最主要的因素。例如,对于一个时期国家的繁荣程度,我们将如何考察呢?这一问题,取决于自然资源、劳动力供给、可利用的资本、外贸、战争与和平、心理情绪和其他因素。因此,无人能把握该问题的核心。这种状况丝毫也不令人惊奇。如果一位经济学家试图通过假设某些相关的因素来简化这个问题,那么,他很可能会使得这个问题变得不真实,并且不久就与实际情形相去十万八千里了。

在许多情形中,先验的和演绎的方法是不可能的,因为实际上没有对此行之有效的知识。有些治疗疾病的处方不能够事先开出来,因为我们对这些疾病的起因一无所知,而且传播疾病的许多因素我们也了解得甚少。对于生物学家来说,整个人体的化学构造和脑的功能还是一个很大的谜。对此,自然法则内在联系的机制几乎是一本未开封的书。在这些领域里,分析的方法几乎还没有开始,也无从开始。

在有些问题中,利用从公理出发的经典演绎方法也得不到基本定律,这则是由于所能得到的知识太多了,这似乎是一悖论。气体由分子构成,按照大家熟知的万有引力,这些分子彼此相互吸引。除此之外,分子必须服从牛顿运动定律。如果在一给定体积内的气体只有两三个分子,那么就可以像科学家预测行星的行为一样,能够预测出气体的行为。但是,在标准状况下,一立方厘米的气体含有 6×10^{23}(即 6 后面接 23 个 0)个分子。按照引力定律,每个分子都对所有其他分子产生影响。显然,我们不能把所有这些分子对其他分子的作用力之和加起来,从而来研究这一体积内气体的状况。因此,就需要有某些方法,允许将数量巨大的分子看作一个整体。

利用先验的和演绎的方法讨论社会问题之所以令人不满意,还有另一个原因,这是由 19 世纪的特点决定的。工业革命带来了大规模的工业化生产,从而使得都市人口激增。这些发展带来了一大批与人口增长相关的社会问题,诸如失业、商品的大量生产、消费和保险等问题。在拥挤的地区,由于不卫生的居住条件,导致疾病频发与流行。这些问题纷至沓来,全都压在科学工作者的肩上。问题来得非常快,即使他们能够利用先验的和演绎的方法解决这些问题,但是解决这些问题所需要的时间也许比所能节省的时间还要多。这种方法,即使哥白尼、开普勒、伽利略和牛顿这些天才都曾广泛地利用过,但是他们也花了百余年的时间才创立了运动定律和引力定律。因此希望在社会、医学等领域更快地取得成果是几乎不可能的。

由于这些原因,对社会科学家来说,先验的、演绎的方法是不适合的。看来,解决这些问题似乎必须要有新的方法。任何人,如果全神贯注地思考着,人们对得到科学定律所需要的新方法的要求是何等迫切,那么他一定会全力以赴地试图找到这种新方法。这种新方法,必须能迅速产生结果;这种新方法,必须能综合和总结对一种情形产生影响的众多变量的作用;这种新方法,必须能在那些完全缺乏研究的领域仍然有效;这种新方法,必须能涵盖一种现象中的难以记录的数百万个参加者的效应;这种新方法,必须能测量出本身不可测量的因素的作用。尽管这些非同寻常的要求,为解决科学问题的新方法,却依然被创立出来了,而且,新方法满足所有这些要求。

新方法开始于对事件状态的分析。社会科学家论证道,对一些现象,我们没有了解这些问题的内在本质,或者说即使了解了其内在本质,如在气体分子运动的情况下,但了解得很不充分,真正的目的却被忽略了。因此,我们没有能被用于作为演绎方法基础的普遍而明确的基本原理。另一方面,我们的挑战是,面临着大量的未经处理的、基本的事实,这些事实压得人们喘不过气来,使得人们愈发茫然无知,无所适从。

正是在这一点上,社会科学家们想起了桥牌中的战术。由于他们手中没有作为王牌的基本原理,所以他们决定从薄弱之处着手。他们宣称,如果我们无法知道落下的雨是如何对蔬菜产生作用的,那么我们就应该测量这一作用的结果;如果我们不知道接种疫苗为什么会防止死亡,那我们就应该将实际的结果列成表;如果我们不能彻底地了解复杂的国家繁荣状态,那么我们就应该列出一个适当的图表来描述其兴衰;如果我们不能理解植物、动物和人类的遗传机制,那么我们就应该重新培育这个种类,记录下它的后代再现的情况。让世界成为我们的实验室,让我们在这个实验室里收集、统计所发生的情况。

仅仅进行收集、统计并不是一种新思想,在《圣经》和古老的文献中也可找到统计的方法,新方法的新颖之处在于,统计能够作为一个重要的方法来处理社会科学问题。这种方法第一次取得成功,得力于 17 世纪一位富有的英格兰服饰杂货商人 J. 格兰特

(John Graunt)。作为消遣,格兰特研究过英国城市的死亡记录。他注意到,事故、自杀、各种疾病的死亡百分比固定不变。从表面上来看,这一情况似乎只是一种偶然的娱乐,但它却揭示了其中具有的惊人的规律性。格兰特也发现,男婴出生的比例超过女婴。在这个统计的基础之上,他得出了这样的结论:由于男人受到职业的危害和参加战争,因此适婚男人的数量大约等于女人的数量,所以一夫一妻制必定是婚姻的自然形式。

格兰特的工作得到了他的朋友 W. 佩蒂爵士(Sir William Petty)的支持和拥护,佩蒂是一位解剖学、音乐教授,后来成了军医。尽管佩蒂没有做过像格兰特那样引人注目的观察,但他还是值得引起特别注意,因为他的观点是深刻的。他坚持认为,社会科学必须像物理科学一样定量化。谈到他在医学、数学、政治学和经济学诸学科的著作时,他说:"我利用的方法是很不一般的;因为,我不是仅仅利用漂亮的辞藻、华而不实的结论,我采取的方法……是用数字、重量、测量来表示;仅仅利用实在能感觉的论据,只考虑一些自然界可见的基本原因。"他给统计学这门刚起步的科学。命名为"政治算术"(Political Arithmetic),而且定义为"利用数字处理与政府相关问题的推理艺术"。事实上,他认为所有的政治经济学的全部内容,只不过是统计学的一个分支。

当这些头脑清醒、目光远大的英国人谈论统计学的潜力时,当一位 17 世纪的牧师利用统计的方法与月相(月亮的变化)影响健康之类的迷信作斗争时,科学的新基础已经形成了。它的孕育期持续了大约 100 年。在这一时期内,得出的一般结论是,一个国家的定量材料应该受到重视;也就是说,政府官员应该思考数据。直到 19 世纪早期,继格兰特和佩蒂的工作之后,陆续有了一些成果, 即在数据的基础上得出了一些定律。这个时期,一批卓有成效的 学者意识到,先验的和演绎的方法对社会科学没有什么作用,同时 他们也意识到了统计学的潜力,并开始用它来解决一些重要的 问题。

格兰特和佩蒂是这一思想的开创者。但是,为了得到纯金子, 仅仅挖采矿石还远远不够,尽管这也是必需的。矿石必须经过筛 选、过滤、提炼才能得到金子。同样地,统计学仅仅本身取得一点成 就还不够。在一些非常简单的问题中,的确很容易从数据中得到结 论。从大量的数据中得到精确的知识,这要靠数学才能完成。

从数据中得到整理过的知识,最简单的莫过于数学方法中的 平均法。假设一些小的商业组织的雇员每周得到的薪金如下(以 美元计):

  20,30,40,50,50,50,60,70,80,90,100,1 000,2 000

每周每人的平均薪金是多少呢? 通常,我们将所有这些薪金 相加求出和,然后再除以领取薪水的人数。在这个例子中,和是 3 640,而领取薪水的人数为 13。因此平均数是 280。这种平均值 称为算术平均值(arithmetic mean)。

很清楚,这种平均并没有太多的信息。没有一个人实际上挣 得过这一数目的薪金。而且,13 个中仅仅有两人挣得较多,其他 人挣得的都较少。换句话说,如果一组数据中有些数与其他数相 比大得多,那么算术平均就不是一个具有代表性的数字。在这种 情况下,其他平均可能具有更多的内容。另一种经常利用的平均 法,称为中位数(median)法,就是选取一组按顺序排列的数据中中间的那个数。在上面的例子中,有 13 个数据。因此中位数所代表的薪水是 60,因为有 6 人挣得的薪水比该值少,6 人挣得的则比该值大。

在这个例子中,中位数的确是一个更具有代表性的数字。但是,它也不能告诉我们全部的情况。如果在中位数以下 6 人的薪水比上述这个数字少得多,在中位数以上的 6 人的薪水又比这个数字大很多,而中位数仍将是不变的。这样 12 个人挣得的薪水却都不能在"60"这个中位数中反映出来。因此,中位数通常也不是一个具有代表性的数字。

345　　　　众数(mode)是另一个经常利用的平均值。在数据中出现次数最多的数字,就是该数据中的众数。在这个例子中,薪水的众数是 50,因为挣得这个数字薪水的人最多。尽管这个平均值像其他平均数一样,给出了薪水分布的某些特征,但它依然不够完全。在众数上下分布的薪水,也没有在这个平均值中反映出来。

每一个平均值法都不能告诉我们在这个平均值上下数据的分布情况。平均法的确依赖所有的数据,但是却不能从中推断出其分布的性质。例如,如果最高的两份薪水,从 1 000 和 2 000 变化到 100 和 2 900,则相应的平均值依然相同,但是分布的性质却变化了。真正所需要的是测量在平均值附近的某种差量,即离差(dispersion)。为了这个目的,统计学家们使用了一种称为标准差(standard deviation)的量,用 σ 来表示。这个量的计算如下:首先,算出任何一个数据与算术平均值两者之差,即那数据与平均值的差。为了避免负数,则取这个差的平方。然后,把所有这些差的平方加起来,再除以数据的个数,即取差的平方的算术平均值。对这个平均数开方,这样就与早先所实施的平方运算抵消了。简单地说,一组数据的标准差,就是每一单个数据与算术平均值之差的平方和的平均值的平方根。

我们可以利用上述一组薪水来说明标准差的计算。不过,为了避免复杂的算术计算,我们还是来利用一组简单的数字。计算数组

$$1,3,4,7,10,13,18$$

的标准差,这个数组的平均值(算术)是 8。因此,平均差就是

$$7,5,4,1,2,5,10,$$

这些差的平方是

$$49,25,16,1,4,25,100,$$

这些平方的和是 220。因此,这些平方和的平均值就是 220 除以 7,即近似地为 31.4。这一平均的平方根约为 5.6。由于上述这一数组往后的数与平均值 8 相差较大,因此数组的离差(标准差)也较大。如果对薪水的那组数据作同样的运算,将得到标准差 556。我们记得其平均值为 280。我们再一次验证了这样的推论,即薪水的离差相对于平均值而言必定会大些。

当然,即使像平均值与标准差这样两个有代表性的数字,也没有数据本身说明问题。但是,由于我们的思维不能思考所有的数据,不能把握所有的数据,因此这些数字还是十分有帮助的。

记住所有收集到的数据,或者仅仅依靠上述两个具有代表性的数字,可以利用另一种方法——图形。几乎每个人读报纸新闻,都会看到数据的图形表示,这种图形可以使那些不用此方法将令人难以把握的事实变得一目了然。生活费用和股票价格的升降图

形,就是常见的例子。不过,展示数据的图形的方法,比这种单纯的升降示意法要产生出更深、更有意义的结论。

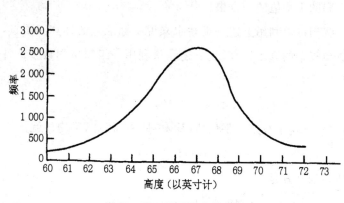

图 70　某一地区男人的身高

假定在某一个地区测量所有男人的身高。对应于每个高度,将有一个相应出现的频率(即具有同一高度的人的数目)。如果把所有男人的身高画成横坐标,而对应的频率作为纵坐标,那么将得到这些频率的分布图。实际数据的图形如图 70 所示,在这里,通过数据画出了一条光滑的曲线。这个图形所给出的曲线无疑地很容易记住,而且立刻显示出了包含在原始数据中的大量信息。

347　　关于身高分布以及许多其他我们不久将要讨论的分布,其最突出的意义是,这条曲线接近数学家作为理想分布的正态频率曲线(图 71)。事实上,一组身高包括的数目越大,则曲线就越接近理想形状,就如同正多边形的边数越多,就越接近圆一样。

正态频率曲线,或者说正态分布曲线,非常普通也极其重要,因此我们必须讨论一下它的主要特征。该曲线关于一条表示在所

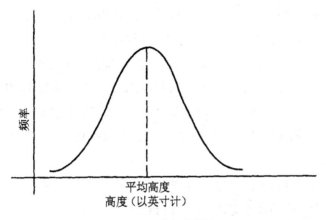

图 71　正态频率曲线

有数据中频率最大的垂线对称。当这条垂线沿曲线向左、向右时，曲线开始缓慢下落，随后变化得很快，最后，当它延伸直到最右边和最左边时，它就会趋近水平轴，但是不会相交于水平轴。这条曲线可以比喻成一口钟的形状，事实上，这条曲线也就被称为钟形曲线。

在正态分布中，对应于最大的纵坐标即最高频率的横坐标，必定是分布的众数，因为它是测量中出现次数最多的量。这个众数也是中位数，因为图形的对称性告诉我们，这个横坐标左、右两边出现的情形相同。非常明显，这个众数也是平均值，因为在众数两边的横坐标相等，远离众数的两边也有相同的频率，而且在平均值的计算中，所有与横坐标等距离的点对应的平均值将位于中间。因此，在正态分布中，众数、中位数、平均值恰好相同。

大约从 1800 年以来，天文学家、科学家对正态频率曲线已经很熟悉了，因为它经常出现在有关的测量中。假设一位科学家对

348

导线的精确长度感兴趣。部分地因为手和眼睛不是非常地准确,部分地因为受周围条件例如温度的影响,因此他测量一个长度不是只测量一次,而是要测量 50 次。这 50 次测量值彼此都不同,这种差异有时能感觉得到,有时感觉不到。在 50 次测量中,各种测量值对 50 次中每一测量值出现的次数的图形趋近正态频率曲线。事实上,测量得越多,则它们的频率分布就越接近这一正态频率曲线。

有充分的理由期望,仔细进行一组测量,将会出现一条正态曲线。测量中的误差应该归结为眼和手造成的随机误差以及所使用仪器的随机变化。这些误差本身应该分布在准确值的两边,而且紧紧地围绕着这个值,就如同一个步兵对准目标射击,如果他是神枪手,那么他所射出的子弹落在目标上的枪眼就应聚在一起,而且与中心的距离越来越小。

事实上,测量值服从正态曲线对科学家是非常有帮助的。在正态分布中,数据围绕着平均值,如上所述,即趋近准确值。因此,多次测量的平均值,如果它们看来遵循正态曲线,那么就是实际测量的准确值的最佳逼近。而且,如果大规模的测量呈现非正态分布,那么就表明有一些附加的影响已经渗透到测量中去了,因此应该予以清除。例如,如果在一间温度不断增高的房子里,测量金属的长度,那么测量的结果无疑地将会持续不断的增加,而不会呈现正态分布。这些测量的平均值也将会出现许多误差,获得的图形将立刻会反映出这种附加的因素。

正态曲线曾被上千次运用于确定天文距离;用于测量质量和速度;用于确定物质的熔点、沸点、结冰点的温度以及其他上百种化学性质。由于它在清除测量中的错误时的作用,正态曲线也因此被人称为"误差曲线"。正是误差曲线的存在表明了一个看似悖论,然而却是真实的结论:测量中的误差(随机误差)并不是随意出现的,而总是呈现为正态分布曲线。人类甚至也不是随意地犯错误!

在利用正态分布时,求解在任意给定的一个数量测量的范围内有多少种情况,这是十分重要的。例如,考虑 100 000 个美国男人的不同身高。在一条正态曲线上,已经画出了各种身高的分布频率。假设这一分布中的平均值和标准差相应的是 67 英寸和 2 英寸。这样(图 72)位于一个标准差即平均 2 英寸之内的理想身高的人占 68.29%;也就是说,68.29% 的男人身高在 65—69 英寸。除此之外,位于 2 个标准差即平均 4 英寸之内的身高的人占 95.4%;位于 3 个标准差即平均为 6 英寸之内的身高的人占 99.8%。位于任意给定的标准差与平均值范围内分布的百分比也能计算出和在表中找出。这样,如果研究正态分布的人计算出了平均值和标准差,那么从这两个量出发,就能得到所需要的关于分布的所有情况。

大约在 1833 年,比利时天文学家、气象学家、统计学家 L. A. J. 凯特勒(Quételet),试图借助正态曲线来研究人的特征及能力的分布。巧合的是,他的大多数数据,取自文艺复兴时代的艺术家阿尔贝蒂、达·芬奇、吉贝尔蒂(Ghiberti)、丢勒、米开朗琪罗以及其他人对人体各部位所作的上千次测量。凯特勒确立了自己的研究目标后,得到了数百名后继者的响应。人类几乎所有的精神和物理特征都呈现正态频率分布。任何肢体的尺寸、身高、头颅的大

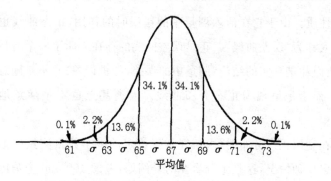

图 72   正态频率分布中落在不同区域的百分比情况

350 小、脑的重量、智力(通过智力测验测试)、眼睛对电磁光谱中可见光部分的每段频率的反应灵敏度——所有这些特征在一个"种族"或"民族"之内,人们发现总是呈正态分布。动物、蔬菜、矿物也同样如此。任何一种葡萄的大小和重量,任何一种硬币中麦穗的长度,等等,都呈正态分布。

    与测量中的误差分布一样,人的特征和才能也呈正态分布,这个事实对凯特勒来说具有非常重大的意义。他坚持认为,所有的人,就像面包一样,是从同一个模型中制造出来的,不同之处仅仅在于,在创造过程中,发生了某些意外的变化。由于这个原因,因此误差规律也适用于人类。自然界想创造完美的人,但是失败了,因此在每一方面都产生了一些误差。另一方面,如果没有任何一类人符合我们测量出的特征——例如身高——那么,在有关数据的任何有限数量关系或图形中,我们就将找不出任何特殊的意义。

    凯特勒注意到,他进行测量的次数越多,个体的变化就越不突出。因此人类的主要特征的趋向也就是十分明显的了。每个这个特征的中间值,就等同于理想的或"平均的人"。而且,平均的人就是一个引力中心,整个社会都围绕他旋转。凯特勒进而断定,中心特征起源于最一般的原因,社会也就由此而存在并且受到了保护。进一步说,如同在物理现象中一样,在社会现象中也出现了清晰的设计和决定论的特征。

我们将把凯特勒哲学所引出的推论留到下一章进行讨论。现在,让我们集中考察如何将正态曲线应用于社会和生理学的问题,从而导出一些领域的知识和相关定律。的确,今天人们深信,任何生理的或精神方面的能力分布,都一定呈现正态分布状况。这种信念根深蒂固,以至于在对大量的人所进行的任何测试中,如果得不到这个结果,就会遭到怀疑。例如,如果对一大群人进行一场新的考试,若没有得出呈正态分布的成绩,在这种情况下,关于智力分布的结论并不会受到人们的怀疑,而是会宣布这次考试失败了。

关于分布图形的研究,引出了一些十分有趣的结论和问题。我们看到,精神的和物质的特征呈现正态分布。但是,如果我们描绘收入的分布图形——也就是,各种各样的收入与具有这种收入的人的数目——这样的图形则看起来很可能如图 73 所示。这条曲线表明,大多数人都处于低收入的水平。事实上,研究表明,最普遍的收入即大众的收入,处于"狼点"(wolf-point)即处于仅仅维持生计的水平。曲线也表明,许多人所挣的只不过刚够维持生计,只有少数人挣得多。

收入频率分布图形立刻显示出,在收入水平上人类有极大的不同。这就使人们注意到,一方面是收入,另一方面是物质和精神

351

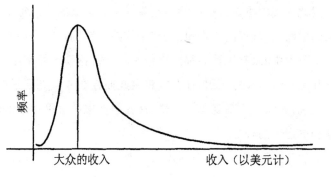

图73　收入频率分布

方面的能力,人类在这两方面存在着惊人的差异。面对这种差异,社会上自然地就要求能给出一种解释。为什么收入的分布,与挣得这些收入的人的能力的分布,两者之间会有如此巨大的不同呢?

　　真正有价值的结论,不仅在个别问题上有用,而且在理论方面也有重要的意义。这样的结论明显地也能从数据或以数据为基础的图形中得到。但是,按现代标准来判断,任何科学研究的要旨都是数学公式。公式中的结论具有双重价值。不但公式本身是一个简单的、有价值的结果,而且它还允许利用所有代数、微积分和其他的数学方法来推导出新结论。这一点,通过参考前面的例子,我352 们应该可以充分理解。万有引力的概念,本身就含有高度概括性的内容。但是,作为一个公式,它的作用也能够充分地显示出来,我们也可以将它与运动定律联系起来,从而推导出围绕太阳旋转的行星的轨迹。

　　将数据概括成言简意赅的公式——有时这是可能的——在这种情形中,过程与意义紧密相连。现在,我们来阐明用一个公式处理数据的过程。为了这样做,我们将考虑一个稍微特殊一些并经过简化了的问题。

假设我们研究几年内食品价格的变化。我们知道,食品价格的高低,与其他商品的价格一样,是通过"指数"(index number)来计量的,"指数"大致是一个平均价格,其计算方法与我们这里的讨论无关。下面这个表列出了美国许多年内零售食品价格的指数(用 y 表示)。在表中,x 代表自 1900 年以后的年份;也就是说 $x=1$ 对应于 1901 年,等等。

x	1	3	5	7	9	11	13	15
y	71.5	75.0	76.4	82.0	89.0	92.0	100.0	101.3

仅仅观察还不能得出与 x 和 y 相关的公式。下一步是画出这些 x 和 y 值的对应点,用横坐标代表 x 值,纵坐标代表 y 值(图 74)。画出的点似乎位于同一条直线上。事实上,线段通过点(3,75)和点(9,89),这两点的连线及其延长线非常靠近其他的点,不过其他的点也并不完全精确地位于这条直线上,所以,在确定考虑指数时,不可避免地会出现误差。至此,我们已经确定了,该函数的图形是一条直线。

在坐标几何(即解析几何)中,求出这条直线的方程是一个简单的问题。得到的结果是公式

$$y = \frac{7}{3}x + 68$$

此处 y 是对应于任意给定年份 x 的指数。这个公式适合于那些在图 74 中靠近该直线的点所对应的数据。

获得这个公式是一个十分巨大的成就。没有任何关于食品价

353

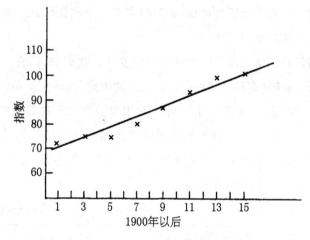

图 74　关于食品价格的数据图形

格上升和下落因素的知识,就得到了一条描述其过程的定律。这条定律无疑地适用于从 1900 年至 1915 年这段时期。而且,像其他科学定律一样,该公式能用于预测——在这种情况下,就是预测 1915 年以后某些时期内食品价格的变化。

　　还有更进一步的问题。这个公式给出的食品价格的变化规律,在所有时期都真实吗? 当然不会! 事实上,存在着一个根本的问题:是否食品价格会遵循任何不变的模式。无论如何,食品价格不会持续上升,因此,上述公式不过是在一个短时期内,仅仅近似地表示出真实的规律。这个公式之所以不能更具有代表性、规律性,部分地是因为它得以建立公式的数据太少,部分地也许是因为食品价格的指数不可靠。

　　食品价格高低这个特殊的问题,可能不会导出任何具有普遍意义的或基本的定律,但是,利用上面所描述的方法,却能够导出这样的规律,这些规律是存在的,也就是说,数据的确遵循着一种固定的模式。其方法是,根据数据画出图形,然后再确定适合于图形的公式。可以预料,这些图形不一定碰巧会是直线,这样该过程可能要涉及某些复杂的数学知识。

从数据中得到一个更有意义的公式的例子——这个公式可以被称为真正的经济学定律——是由著名的政治经济学学者帕累托提出来的。帕累托通过对某个社会收入分布状况的研究,提出了一个公式:$N=Ax^m$,此处 N 代表收入等于和高于任意给定量 x 的人的数目,A,m 是两个常数,它们由一个国家或地区的数据确定。帕累托也发现,m 的值大致相同,在每一个地区测量得到的结果都近似地为 -1.5。从一个国家到另一个国家,这个数字都相同,而且反复出现了帕累托所提出的情况。因此,其他许多经济学家都认为该公式具有深远意义。

帕累托本人认为,对经济结构不同但人口自然分布相同的许多国家来说,存在着相同的收入分布定律。他利用自己提出的定律来反驳卡尔·马克思(Karl Marx)的观点。马克思认为,资本主义社会的趋势是越来越多的人的收入减少。帕累托还利用这条定律断言,国家不应该试图通过法律的形式来改变收入中的不合理状况。

现在,我们可以针对帕累托的收入研究,提出与前面对食品价格情形相同的问题。存在一个普遍的收入分布定律吗? 如果存在,帕累托的公式能代表着这一定律吗? 有比在食品价格情形中更充分的理由相信,在收入情形中存在着这样的定律。我们可以坚信,在所有社会、所有时代,影响收入的主要因素将以大致相同

354

的方式产生作用。至少,这种情况的可能性,与行星年复一年地遵循不变的轨道的可能性,在先验的基础上来说,一样有利,一样好。

实际上,帕累托的定律是否正确,经济学家们一直有争论。第一次提出这个定律是在 1895 年,从那以后,从许多国家选取数据对这一公式进行过测试。在许多测试地区,如 19 世纪至 20 世纪早期在英国进行的测试,数据与公式十分吻合。但是另一方面,数据与公式相悖的情形,也不一定意味着推翻了这一定律,因为数据的可靠性总是存在一些问题。

实际上,我们不能肯定从数据适合的公式中得到的定律都是正确的。制作了指数与时间的关系表后,我们选择了一条尽可能过更多的点、与其他点非常接近的直线(见图 74)。如果我们改变这条直线,使得该直线的公式也可以从给定的数据中推导出来,那么将存在着不止一条直线,能够过那些点而趋近于其他的点。当然,在实际运用中,两条直线的差别可以忽略不计,但是,对于这一点,人们事先并不能完全确定。

公式可能比上面讨论的精确度更小。在关于物价(指食品)指数的图形中,图形中的点几乎全都位于一条直线上;然后,再假定图形是一真正的直线,如不符合就认为是收集数据中出现了误差。然而,真实的情况可能是,数据是准确的,这些点却并不位于一条直线上,而位于过所有这些点的另一条曲线上。如果是这样,则我们所找出的公式肯定是不正确的,尽管也许这个公式与实际情形充分接近,或对实际情形有用处。

对于在确定适合数据公式的过程中产生某些误差,我们能进行哪些工作呢? 我们真正所能做的全部工作,就是利用昨天和今天去指导明天。利用得到的公式进行预测,然后检查所作的预测与实际发生的情况是否一致。如果预测不正确,我们可以将新数据与原有旧数据合并,从而找到适合于这样得到的更大的数据库的新公式。尽管从这些数据中所作的预测,和建立在由此而来的这类公式基础上所作的预测,还依然具有不确定性。但是,确定无疑的,这类公式最大限度地总结和代表已知的数据。而且,适合于数据的这些公式,已经被证明是可以经常应用的,而且它们也发挥了极其重大的作用。它们似乎表示了自然界永恒的行为,如牛顿运动定律和万有引力定律一样,这一事实的重要意义将在下一章进行讨论。

在某些统计研究中,公式这一概念不能再套用,但是我们还是希望能从数据中获得某些知识。让我们来考察 F. 高尔顿爵士(Sir Frantis Galton)研究过的一个问题。高尔顿是达尔文(Darwin)的表弟、优生学的奠基人。他研究的一个问题是:异常的身高是否有遗传性。他采用的方法其实质是这样的:选取 1 000 名父亲,记录下他们的身高,然后记录下他们儿子的身高。一般来说,第一个变量的每一个值,将刚好产生第二个变量的一个值。例如,公式 $y=3x$ 中,对每一个 x 的值,将出现一个 y 值。然而在这里,一位父亲的高度,相应的却可能有几个儿子的高度。因此,用公式来表示是毫无可能的。高尔顿所做的创造性工作之一,是在这一研究中引入"相关"(correlation)的思想。两个变量相关,是它们之间相互关系的一种度量。这个度量或数字,是通过把变量中的单个的值代入到一个特别的结构表达式中得到的。众所周知,相关系数取从 -1 到 $+1$ 间的值。

相关数为 1,表示一种正比关系;当一个变量上升或减少时,另一个变量也上升或减少;当一个变量较大时,另一个变量也较大。相关数为 -1,则意味着一个变量与另一个变量存在着反比关系;当第一个值高时,第二个值在其范围内就低,反之亦然。相关数为 0,则意味着一个变量的行为与另一个变量的行为无关;它们的变化彼此独立。相关数为 $\frac{3}{4}$,就是指一个变量的行为与另一个变量的行为类似,尽管它们不完全相同。

高尔顿发现,父亲的身高和儿子的身高两者之间有一种确定的正相关。一般来说,高个父亲有高个儿子。高尔顿也发现,儿子与同龄中等水平的偏差比父亲与同龄中等水平的偏差要小——也就是说,父亲是高个儿,儿子一般也是高个儿,但儿子却不像父亲那样在同龄人中显得那样高,他们的身高将向中等身高退化。高尔顿在智力遗传的研究中,也得到了类似的结果:一般说来,天才是遗传的,但是,天才的孩子们却较他们的父母平庸,而一般智力水平的父亲,其孩子却极有可能是超群的天才(那些因为自己在智力上不特别突出而为孩子感到痛苦的父母,应该看看这个研究结果)。

像凯特勒一样,高尔顿为自己的研究所揭示的内容而激动不已。在发现他得到的关于身高和智力方面的结果能应用到人的许多其他特征方面之后,他得出结论:人的生理结构是稳定的,所有有机组织都趋于标准状态。

在高尔顿的研究中,最有价值的内容是相关的思想。这个思想能够立刻被证明是有用的。为了研究一个国家工业生产的水平,需要收集详细完整的数据。但是,如果工业生产与证券交易所的股票生意高度相关,后者的数据很容易弄到,因而能被用来反映工业生产的水平。如果一般智力与数学方面的能力高度相关,那么具有较高智力的人可以希望在数学上有所作为。若中学的成绩与大学成绩两者之间,或大学成绩与后来一生的成就两者之间密切相关,则学校成绩在预测许多人的未来发展方面,将能够发挥巨大作用。

统计方法的应用中,存在着不少困难。它们并不是数学上的问题,而是需要人们作出谨慎的判断。其中一个困难是由术语的含义造成的。假设我们打算研究美国的失业问题。哪些人失业了呢?这个术语包括那些不必工作但是想工作的人吗?或者包括那些每周两天被雇用,但又希望做全职工作的人吗?或者包括那些找不到比开出租车更好的工作的优秀工程师吗?或者包括那些不适于雇用的人吗?

统计结论的解释也充满了困难。统计表明死于癌症的人在逐年增加。这是否意味着现代生活更易于使人患癌症呢?不能这么说。50年前许多死于癌症的人,由于医疗技术不够发达,因而没有能够查明死因。今天,人们的寿命比50年以前更长,由于癌症主要是老年人的疾病,所以发生得更频繁。许多年前死于肺结核的人,如果他们活得更长久一些的话,就可能患癌症。最后,今天的记录更完整。换句话说,癌症现在可能"杀死"的人比以前多,但我们不能推断说,现代生活更易造成癌症,或者说生活在今天的人们更易生病。

遗憾的是,统计方法应用中的这些困难,被那些广告商、宣传家为了"宣布"他们的结论而精心掩盖起来或是加以粉饰了。统计学的滥用,已经导致了不恰当的怀疑,败坏了统计学的名声。统计学家被描绘成试图在从模糊的假设到预料中必然的结论中画出一条精确界限的人。无疑地还有一种类似的讽刺:谎言、弥天大谎以及统计学。

统计学中的种种弊端,不应该使我们看不到它所发挥的作用。统计学在人口变化、股票市场运行、失业、工资、生活消费、出生与死亡率、酗酒与犯罪的关系、物理特征与智力分布,以及疾病发病率的研究中发挥着作用。统计学是人寿保险、社会安全系统、医疗保健、国家政治和许多繁杂事情的基础。即使是头脑精明的商人,也利用统计学方法来确定最好的商场,控制生产过程,检验广告效果,判断人们对新产品的兴趣程度。统计方法摒弃了随意性的猜测、吹毛求疵的个人判断,而用十分有用的结论取代了它们。

的确,说统计方法只是已经在许多问题上取得了成功,那是一种保守的说法。它们在使科学脱离臆测和摆脱落后方面,起着决定性的作用。事实上,统计学已经在所有领域中成了一种处理问题和思考问题的方法。测量的思想,当今在西方文化的所有活动中已蔚然成风。很久以前,著名的 W. 奥斯勒(Dr. William Osler)宣称,当医生都学会了计算时,医学就成了一门科学。统计研究的重要性使得 A. 法朗士(Anatole France)说,实际上,不能计算的人才不愿计算。从"为政治家提供的数据"中得出数学结论,的确正在成为一种国际潮流。

第二十三章　预测与概率

> 一门开始于研究赌博机会的科学，居然成了人类知识中
> 最重要的学科，这无疑是令人惊讶的事情。
>
> P. S. 拉普拉斯(Pierre Simon Laplace)

J. 卡当(Jerome Cardan)，这位文艺复兴时期的数学、医学教授，在其教授生涯的 40 年里，才华横溢，但却不讲道义，并且热衷于赌博。他从很早起就认为，除了花时间研究学问外，如果一个人不玩牌赌博，那么他就枉活了一生。他不希望把时间花在不能获利的事情上，因此，他认真地研究获得 7 点以及在一副牌中获得"A"的概率。为了帮助赌友们，他把自己的研究成果编成了一本手册，题为《赌博的游戏》(*Liber De Ludo Aleae*)。这部著作不仅披露了他在这方面进行研究的成果，而且还传授了一些实战经验。例如，他指出，把牌擦上肥皂，那么在抽牌时，得到一张特殊牌的机会将会大大增加。卡当在当时所创立的这一数学分支，现在已是气体分子理论、保险业、原子物理学的基础。

大约 100 年以后，另一位赌徒 C. de 梅累(Chevalier de Méré)，面临了一类概率问题。可是他不具有像卡当那样的上帝所赐予的数学天才，所以他不得不就这一问题去请教数学奇才帕

斯卡。帕斯卡爽快地答应了他的请求,之所以这样,这很可能像他
自己所解释的那样,概率论将解决整个一生中困惑他思想、耗损他
身体、折磨他精神的复杂而根本的问题。

360　　　没有任何人的行为比帕斯卡的行为更加矛盾了,让人觉得是
一个谜。信仰与欲望的冲突,使他产生了奇怪的举动,并使得他在
献身宗教与亵渎神明两者之间犹豫不决。在文学创作方面,他既
写出了严肃的神学辩论之作,也有对爱情忠告的箴言。《外省人来
信》(Provincial Letters)就是他在神学辩论中的精美文体的杰作;
在爱情的忠告方面,他写下了诸如《爱情对话》(Discourse on the
Passions of Love)的著作。《圣经》中的教义与罗马天主教会的信
条,两者之间的不同深深地困惑着他。不过,在与妹妹争夺遗产继
承权时,他对这两种都不予理睬。帕斯卡曾提供了一笔钱,以作为
当时科学家科学竞赛的奖金,但却把奖金授予自己,然后还抱怨其
他学者在追求知识方面缺乏真诚。他建议,人们的爱,甚至哪怕是
对小孩子的爱,也应采取理智而严肃的态度,而不受激动的感情所
左右,但他自己却毫不犹豫地去亲自体验《爱情对话》中的结论。
尽管他为救世之路焦虑不安,但却非常想急于找到这条路。他像
圣徒一样热衷于宗教事务,但自己对他人的伤害行为,却比一名罪
犯有过之而无不及。作为一位对最富有理性的人类活动——数
学——做出过巨大贡献的功臣,他坚持认为真理来源于心灵。他
十分笃信奇迹,但他参与创立的概率论却一再证明,奇迹是多么的
渺茫,以至于不能真正相信会有什么奇迹发生。他是宗教的卫道
士,然而正是宗教帮助他开创了理性的时代。

　　甚至帕斯卡的科学生涯也充满了冲突与戏剧性。由于担心过

度用脑会损害儿子的健康,父亲禁止幼小的帕斯卡学习数学。最终,在 12 岁那年,当帕斯卡提出想了解数学到底讲的是什么玩艺时,父亲居然同意了! 于是,他就开始如饥似渴地学习数学。两年后,他被允许参加当时伟大的法国数学家的每周科学会议。16 岁时,他就证明了我们在研究射影几何中所讨论过的那条著名定理[①]。梅累向他提出概率论问题时,他已经 31 岁了,而他一生只活了 39 岁。帕斯卡就梅累的问题与费马通了信,而且在由此而建立的通信中,帕斯卡和费马创立了概率论中的一些基本结果。

概率论的潜在作用应该说是十分明显的。不用说关于我们未来的事情,甚至从现在起的一小时后,也均无任何肯定的东西存在。一分钟后,我们脚下的地面可能就会裂开。但是,宣称这种可能性吓唬不了我们,因为我们知道,出现这种情况的概率极小。换句话说,正是一个事件是否发生的概率,决定了我们对该事件的态度和行动。

在日常生活中,我们所使用的概率思想,仅仅满足于估计它是高还是低而已。而且,可能做出概率上的数量判定,也经常只是粗略的估计。但是,这种估计过于宽泛,不能满足一些诸如在大规模的工程、医疗、商业风险中的基本需要。因为在上述情形中,必须知道特殊事件的准确概率值。要达到这个目的,就只好求助于数学了。至于事件中有不确定之处,那么数学也会告诉我们这种不确定性有多大。只有像这样依靠由数学计算出来的概率值,才能够可靠地指引我们的行动。

361

---

① 参见第十一章。——译者注

我们来看看如何利用数学得到精确的概率值。例如，抛掷一枚骰子，出现"4"的概率是多少？解决这个问题的一种方法是，掷 100 000 次骰子，然后计算出现"4"的次数。出现"4"的次数与 100 000 的比就是所求的答案，或者差不多会接近真实的答案。不过，数学家们绝不会采用这种方法，除非强迫他们这样做。他们懒得动手掷骰子，而乐于静坐默思去找出解决这个问题的方法——不过，有时也许会有例外，如卡当在赌场上。这样，就不仅要动手、动脑子，还要加上赌金呢！

然而，帕斯卡和费马却是这样论证这个问题的：一个骰子有 6 个面，由于在骰子的形状上或者在扔骰子的方式中，没有任何因素有利于某一面的出现，所以得到每一面正面朝上的可能性是相同的。六面出现的可能性相同，而仅仅只有一面也就是出现"4"的一面是有利情形，因为这就是我们所要求的那一面。因此出现"4"的概率就是 $\frac{1}{6}$。如果我们对出现 4 或 5 这两面都感兴趣，我们则得到其概率为 $\frac{2}{6}$，即 6 种可能性中的两种对我们有利；如果我们对出现 4 或 5 不感兴趣，那么将有 4 种有利的可能性，因此概率应该为 $\frac{4}{6}$。

一般地，计算概率值的定义是：如果有 n 种等可能性，而有利于一定事件发生的情形是 m，那么这个事件发生的概率是 $\frac{m}{n}$，而该事件不发生的概率是 $\frac{n-m}{n}$。在这个概率的一般定义之下，如果没有有利的可能性发生，也就是说，如果事件是不可能的，则事件

的概率为 $\frac{0}{n}$，即为 0；而如果 n 种可能性都是有利的，也就是说，如果事件是完全确定的，则概率是 $\frac{n}{n}$，即为 1。因此，概率值在从 0 到 1 的范围内变化，即从不可能性到确定性。

作为这个定义的另一个例子，我们考虑从 52 张普通的未擦肥皂的一副扑克牌中，选取一张牌"A"的可能性。这里有 52 种等可能选择，其中有 4 种是有利的，因此，这个概率是 $\frac{4}{52}$，即为 $\frac{1}{13}$。

从 52 张一副的扑克牌中选取"A"的概率是 $\frac{1}{13}$。围绕着这一命题的意义，经常会产生一些疑问。这个命题是否意味着，如果一人在这副扑克牌中取了 13 次（每一次都重复取牌，即将取过的牌又放回），那么将一定会选中一张"A"呢？并不是这样，他可能取了 30 次或 40 次，也没有得到一张"A"。不过，他取的次数越多，则取得 A 的次数与取牌总次数之比将会趋近于 1 比 13。这是个合理的期望，因为选取的数目越大，每一张牌被取出的次数越有可能相等。

与此相反的一个错误想法是，假定如果一人取了一张"A"，比如说正好是在第一次取得的，那么下一次取出一张"A"的概率就必定小于 $\frac{1}{13}$。实际上，概率依然将是相同的，即为 $\frac{1}{13}$，即使当 3 张"A"在被连续取出来时也是如此。一副牌或一枚硬币，它们既没有记忆也没有意识，因此已经发生的事情不会影响未来。必须指出的是，概率为 $\frac{1}{13}$ 告诉我们的是在大量选取中所发生的情况。

在与概率命题有关的问题中经常使用的一个术语是"优胜比"（odds）。掷一枚骰子掷出"4"的概率是$\frac{1}{6}$，掷不出的概率是$\frac{5}{6}$，掷出"4"点的优胜比就是第一个概率与第二个概率之比，也就是$\frac{1}{6}$比$\frac{5}{6}$，即为 1：5。掷不出"4"点的优胜比为$\frac{5}{6}$比$\frac{1}{6}$，即为 5：1。再看一个例子，抛掷硬币时，掷出正面的概率是$\frac{1}{2}$；掷不出正面的概率是$\frac{1}{2}$。掷出正面与掷出反面的优胜比都是 1：1。在这种情况下，就说优胜比是公平的。

我们所讨论的概率定义非常简单，在应用中也是显而易见的。但是，假定我们断定说，一个人安全穿过街头的概率是$\frac{1}{2}$，因为只有两种可能性存在：或者安全穿过，或者没有安全穿过，两种可能性中有且仅有一种出现。如果这个命题成立，则读者应该明智地放下本书去准备后事了。这个命题的错误就在于，"安全穿过"与"没有安全穿过"这两种可能性，并不是同等可能的。美中不足的是，费马和帕斯卡所给出的定义仅仅适用于同等可能性的情形。

由于机会均等在概率定义的应用中如此重要，我们也许应该重新考虑在抛掷骰子的情形中，各面出现的可能性是否完全相同。这正是我们常常看到掷骰子者仔细瞧瞧骰子的原因，原来我们是在检查各面出现的次数是否会真正均等。

但是，如果真的必须用掷骰子的方法来验证由概率的数学理论所得出的结果，那么我们倒不如抛弃这个数学理论。事实上，在将骰子扔向空中的情形中，即使不做试验,我们也能正确地判断可能性是相等的。当然,这是逻辑上的假定,但是,这个假定是以关于六面体——不一定是骰子——的知识为坚强支柱的,就如同平面几何公理受经验的支持一样。因此,只要我们可以肯定同等可能性的存在,就可以应用上述费马和帕斯卡的方法。

现在,我们将这一方法应用于抛硬币的问题。假定将两枚硬币抛向空中,那么其情形将有:(a)两枚正面朝下;(b)一面为正面、一面为反面;(c)两枚反面朝上,这有3种落下来的情况。这3种情况的概率分别是多少呢? 为了计算这些概率,首先我们必须注意到,将有4种不同的情况出现,而且这4种情况将是同等可能的。它们分别是:出现两枚正面;两枚反面;第一枚出现正面第二枚出现反面;第一枚出现反面第二枚出现正面。在计算中,后两种可能性有时被错误地仅仅看作是一种情形,因为两者都是出现一枚正面一枚反面。但是,如果我们考虑像一便士和五分镍币那样的两枚硬币,那么很清楚,一便士出现正面、五分镍币出现反面的情形与一便士出现反面、五分镍币出现正面的情形是不同的。这样,在这4种可能性中就仅仅只有一种有利于出现两个正面,因此两个正面的概率是 $\frac{1}{4}$。同样,两个反面的概率是 $\frac{1}{4}$。但是,一个正面、一个反面的概率却是 $\frac{2}{4}$,因为在硬币落下的4种方式中这种结果出现2次。

如果把抛掷硬币的问题继续扩大到3枚硬币的情形,那么首先就必须分析同等可能性。只要再一次将3枚硬币看作是不同的,比如说为一便士、五分镍币、一角的银币,那么问题依然很简 364

单。当然,出现 3 枚正面仅仅只有一种可能。但是,两枚正面、一枚反面却有 3 种可能,因为可以是其中任何一枚为反面而其余两枚为正面。一枚正面、两枚反面也有 3 种可能。3 枚反面只有 1 种可能。总的可能数目是 8,因此出现各种情形的概率分别为:3 枚正面,$\frac{1}{8}$;两枚正面一枚反面,$\frac{3}{8}$;两枚反面一枚正面,$\frac{3}{8}$;3 枚反面,$\frac{1}{8}$。

作为一种纯粹的智力游戏,我们现在可以考虑抛掷 4 枚、5 枚……硬币时所涉及的概率。可惜的是,随着硬币数目增多,可能性的情形也将大大增加,因而增加了问题的难度。令人欣慰的是,为此,帕斯卡造出了一个非常有趣的"三角形",为数学家们解决这样的问题帮了大忙。现在,人们就以他的名字将此命名为"帕斯卡三角形"[①]。让我们考察下面这个由数字排列而成的三角形:

$$
\begin{array}{ccccccccccccc}
 & & & & & & 1 & & & & & & \\
 & & & & & 1 & & 1 & & & & & \\
 & & & & 1 & & 2 & & 1 & & & & \\
 & & & 1 & & 3 & & 3 & & 1 & & & \\
 & & 1 & & 4 & & 6 & & 4 & & 1 & & \\
 & 1 & & 5 & & 10 & & 10 & & 5 & & 1 & \\
1 & & 6 & & 15 & & 20 & & 15 & & 6 & & 1 \\
\cdot & \cdot & \cdot & \cdot & \cdot & \cdot & \cdot & \cdot & \cdot & \cdot & \cdot & \cdot & \cdot
\end{array}
$$

---

① 在中国则被人称为"杨辉三角形"或"贾宪三角形"。——译者注

在这个"三角形"中,每个数都是上一行最邻近的两个数之和(必须补上0,否则两个数会漏掉一个)。这样,第五行中的4是1与3之和;6是3与3之和,等等。因此,仅仅利用加法,我们就能够将此"三角形"逐行写出来。

帕斯卡三角形真正有趣的特点是,它立刻给出了抛掷硬币中所涉及的概率。例如,第四行的数字,即1,3,3,1,相加为8,这就是抛掷3枚硬币时落下的所有可能的数目。而且,如果把这一行中的每个数字除以8,就有$\frac{1}{8},\frac{3}{8},\frac{3}{8},\frac{1}{8}$,这样,我们就得到了各种不同可能性,即出现3枚正面、两枚正面一枚反面等等的概率。如果我们希望知道抛掷5枚硬币时各种可能性的概率,就应该利用第6行。这一行各数字之和为32,这就是抛掷5枚硬币时落下的所有可能的数目。同理,可以形成分数$\frac{1}{32},\frac{5}{32},\frac{10}{32},\cdots$我们就得到了出现5枚正面、4枚正面1枚反面、3枚正面2枚反面等等的概率。"三角形"最顶端的数1,明显地表示抛掷零枚硬币时的情形。事实上,它的确给出了如果抛掷零枚硬币将不会输钱的概率。

历史上,概率论最初是为了给赌徒们提供咨询而产生的。现在它已经对许多学科都十分有帮助,倒是在大规模的赌博活动中不怎么借重这一数学理论了。而且,统计方法已经被扩展到应用于工业、经济、保险、医疗、社会学、心理学等许多问题上了,这些问题甚至只有利用概率理论才能解决。为了正确评价这门学科在当今的实用范围,让我们来考查一下与这一理论有关的实际应用。

一个最早且最富有影响的应用,是由修道院院长G.J.孟德尔(Gregor Johann Mendel)做出的。1865年,他利用自己在杂交豌豆方面极其漂亮而精确的实验,奠定了遗传科学的基础。假设有两种纯种豌豆,绿的和黄的。如果让它们杂交,则第二代要么都是绿的,要么都是黄的。对于这种现象,孟德尔解释说,这是两种颜色中的某一种统治并支配了另一种的结果。

假设绿色是支配颜色。但第二代绿豌豆与第一代并不相同;第一代是纯种的,而第二代是杂交种的。如果使第二代豌豆杂交,则可以设想遗传基因将混合在一起,并且可以假定遗传特征的传递形式是这样的:在混合遗传基因中,两份杂交的豌豆可能是绿色与绿色、黄色与黄色、黄色与绿色、绿色与黄色。这些与抛掷硬币的正、反面有着明显的联系。因此,第三代中,$\frac{1}{4}$ 应该是绿—绿杂交,$\frac{1}{4}$ 是黄—黄杂交,$\frac{1}{2}$ 应该是绿—黄和黄—绿杂交。由于绿色是支配色,所以,所有这些包含有某些绿色基因的第三代豌豆,当其他的豌豆呈黄色时,它们应该呈绿色。因此第三代的结果是 $\frac{3}{4}$ 呈绿色,$\frac{1}{4}$ 呈黄色。由概率论所预测的这种比例,由孟德尔,以及随后许多其他实验者在实际中证实了。关于这一比例的命题,就是孟德尔遗传特征第一定律。

孟德尔继续考虑从第三代的各种杂交中产生的后代所应该出现的比例,以及当几个独立的特征同时交叉繁殖时应该出现的比例。概率的数学理论所预测的每一种情形,在实际试验中都产生了。

利用这一类的知识,园艺学、动物畜牧学方面的专家现在已经在实际中产生了极好的效果,他们培植了新的水果、花卉,培养出了更加高产的奶牛,改进了动、植物的品种,还育出了抗锈病的小麦、无筋的菜豆,而且哺育出了体形小、含肉量高且适合储存在家用电冰箱中的火鸡。

将概率论运用于人类遗传研究具有特别重要的价值。科学家不能控制男、女婚配。即使他能这样做,那么实验结果也不会如此快地轻易得到。因此,他们必须从如刚才上面例子的思考中推断出遗传事实。也因为人们对性别的判断、喜欢有偏见,因此在这方面数学方法的客观性比在动、植物研究中重要得多。

概率论也决定了美国最大的企业——保险业——所做出的每一项决策。考虑一家保险公司面临的与约翰·琼斯(John Jones)有联系的问题。在琼斯交纳年度保险费的前提下,保险公司同意,在20年届满或在这之前如果他死去了,将付给他或其家属1 000美元。公司要求琼斯先生支付的年度保险费应该是多少呢?明显地,这取决于琼斯先生可望活多久。

为了确定这个概率,公司可以将各种可能导致死亡的原因列成表——癌症、心脏病、糖尿病、汽车事故、犯罪,以及其他一些因素。然后就能决定这些因素如何对约翰·琼斯起作用了。为了解决这个问题,公司还必须研究其家庭情况、个人历史以及琼斯的日常活动;还必须研究他身体所有器官的状况。利用这些信息,然后开始进行计算,以便求出答案。经过几天的计算之后,可以肯定出现的只有一件事:最好是将所有的计算都扔进废纸篓里!对琼斯先生单个个人进行分析,无法使保险公司确定各种致死因素何时会对他产生作用。

　　解决这个问题的方法,是通过另外一个完全不同的途径实现的。约翰·琼斯正好是保险公司所投保的数十万人中的一员。如果公司知道,在一个非常小的误差范围之内,对一般人最有可能发生的是什么,则公司的经营就一定是安全的。因为在琼斯身上的损失,可以在史密斯身上得到补偿,其结果自不待言——但最终保险公司将是赢家,这种情况很像赌博。

　　保险公司所做的工作,乃是在随机选取的 10 岁以上的100 000人中,研究他们的死亡记录。譬如,在 40 岁时,这些记录表明 100 000 人中有 78 106 人依然活着。这样,公司决定取 $\dfrac{78\ 106}{100\ 000}$ 作为任何年龄为 10 岁的人将活到 40 岁的概率。同样,为了得到年龄为 40 岁的人活到 60 岁的概率,公司就用活到 60 岁人的数目除以 40 岁时活着的人的数目。

　　上述保险公司确定死亡率的过程,阐释了概率计算的一类基本方法。实质上,对原始数据的数学推理,经常是借助于经验进行的。利用经验得到概率的方法,严格地说来已经超出了数学定律。数学方法是在知道概率后才开始使用的,而且数学家只关注如何对这样得到的数字进行推理。例如,如果一家保险公司希望发行一种涉及一对夫妻的 30 年期保险单,那么最重要的是要知道,自保险单开出时起至夫妻双方活到 30 年以上的概率。假设夫妻双方当时都是 40 岁。现在,一位 40 岁的人活到 70 岁的概率大约是0.50,因为在 40 岁的 78 106 人中,有 38 569 人在 70 岁时还活着。这就是扔一枚硬币出现正面的概率。因此,夫妻俩都活到 70 岁的

概率,就是抛两枚硬币出现两个正面的概率;因此,夫妻俩都活到

70 岁的概率是 0.25。这里所讨论的,不过是个很简单且十分普通的问题。如所预料的那样,数学可用来解决在保险业中出现的更为复杂的概率问题。

在医学问题中,利用经验得到基本概率是不可避免的。例如,假设从大量的记录中得知,得了某种疾病的人中将有 50% 的病人会死去。那么这种病的死亡的概率就取为 $\frac{1}{2}$。现在,可以将这个概率用于实际问题。一位医生确信,他有一种新的治疗方法,因为他用这种方法治疗 4 个病人,结果他们全都被治愈了。这一结果是否意味着,这种新疗法是有效的,并可适用于所有这类病呢?

乍看来,这种疗法似乎确有值得称道之处。本来我们预计有 2 人死亡,但一人也没死。利用概率论,却促使我们重新估价这一疗法。在 4 个病人的这个特例中,必死 2 人这个命题并不正确。在这组情形中,可能会全死了,也可能一人都没死,即死亡数可以是 0 与 4 之间的任意一个数目。仅仅在大量的情形中,50% 这一结论才有效。这种情形在数学中等同于抛掷硬币。任何一位患这种病的人痊愈的机会,就是抛掷一枚硬币出现一次正面的机会。4 个人痊愈的概率,就是在抛掷 4 次硬币时出现 4 次正面的概率。参考帕斯卡三角形第五行,发现在抛掷 4 枚硬币时出现 4 次正面的概率为 $\frac{1}{16}$。因此,这个数字也是医生从所有病人中选取不使用新疗法所治疗的一组 4 位病人都痊愈的概率。这个概率意味着,如果选取大量的患这种病的 4 人组,那么一般说来,16 组中将有一组(中含 4 人)的人将全都痊愈。现在,对一个 4 人组实施其新疗法的医生,也许正好碰上了 4 位病人均可康复的那一组。因为这种情况并非绝对不可能发生——在赛马赌博中，100 对 1 中彩的情形也不少呢——因此，宣布这种新疗法有效是不安全的。任何结论在宣布以前，应该经过多次试验和尝试。

　　到目前为止，我们所考虑的问题仅涉及为数不多的几种可能性发生的情形。例如，当一个人掷骰子时，出现的相关结果正好是 6 种。在死亡率问题中，可能性则仅有两种。但是，在大量的概率问题中，可能出现的结果，或者是无穷，或者数目很大以致在数学上当作无穷来处理比较合适。例如进行长度测量，测量得出的结果中，仅仅只是所能进行的无穷次不同测量中的几个。因此，如果要计算这几次测量值的平均数恰巧正确的概率，就必须考虑测量值的无穷多种可能性。同样，一台生产成千上万个某种款式零件的机器，其产品也是不尽一致的；每个零件都有差异，尽管很小，但终因数量庞大，以至于其总体可看作无穷集合的组成部分。

　　处理其可能结果是无穷的问题的理论——连续概率论——是由一位农夫、贵族、政治家、第一流的数学家 P. S. 拉普拉斯（1749—1827）创立的。卡当、帕斯卡、费马曾被赌博中的概率问题吸引了。拉普拉斯则对"不切实际"的天体方面也同样有兴趣。利用概率论，他得到了从数据中导出的数值结果的可靠性，并设法确定某些天文现象应归于某种确定的原因，而不是纯粹的偶然因素使然。一种旨在为天文学家提供服务的数学理论，居然会对上千种不同职业的人十分有用，这对我们来说也没有值得大惊小怪的。不过，我们还是来考察几个实例，看看数学的应用范围是多么广阔。

　　在一种特定现象发生的可能性为无限的情形中，各种可能性的频率分布常常呈正态分布。因此,这样人们有可能将从这些分布中所获得的知识运用到连续概率的问题上。事实上,在考虑正态曲线的各种应用时,仅仅只需稍许作一些变换即可。我们可能还记得,正态分布是依据平均值、标准差为其特征而确定的。而且,68.2%的情形落在一个标准差之内(即一个 σ 以内);27.2%的情形落在 σ 与 2σ 之间的区间内;4.4%的情形落在 2σ 与 3σ 之间的区间内;剩下的情形,也就是 2%的情形,落在 3σ 以远的部分。这些命题只需要变换成概率就行了。例如,任何在一个平均数 σ 内的数据的概率必定是 0.682,因为事件中的 68.2%落在这个区间。确定这个事实的另外一种方法是,平均 1 000 种情形中有 682 种将落在一个标准差的范围内。当然,其他区间的百分比也应该作这种变换。由于正态频率分布曲线能按上述形式重新解释,因此它经常被看作是正态概率曲线(图 75)。

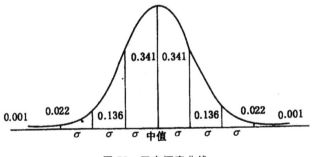

图 75　正态概率曲线

让我们考虑一两个利用正态概率曲线的例子。所有美国男人身高的频率,实际上符合一正态分布,其平均值约为 67 英寸,标准差为 2 英寸。那么,随意选取一位美国男人,其身高在 65 英寸与

69 英寸之间的概率是多少呢？由于所有 65 英寸与 69 英寸之间的高度都位于离平均数(值)一个 σ 的范围内，而且由于在这个范围内的高度占 68.2%，因此其概率为 0.682。同样，随意选取一人，其高度在 67 英寸与 71 英寸之间的概率是 0.477，因为 67 英寸到 71 英寸的范围，是从平均值起向右边移 2σ，而在这个范围的高度占 47.7%。

应该注意到，我们没有提出这样的问题：随意选取一人，其高度准确地为 68 英寸的概率是多少？答案是零，因为这是无穷多种可能性中的任一种可能性的概率。这样的问题没有多大的意义。所有的测量都是近似的，如果测量高度的误差是 0.1 英寸，那么提出下列问题一定更有意义：任取一人，其身高在 67.9 英寸与 68.1 英寸之间的概率是多少？这一问题可以通过参考正态曲线的数据而给出答案，正如我们在上一段中所回答的问题一样。

当我们试图从一个有限的事件(即样本)中去求一概率时，便会产生一个更有趣的问题。作为典型例子的是，男女婴的出生比例是否具有等可能性。某地区的统计表明，在 3 600 个样本中，出生男婴的数目是 1 890，女婴是 1 710。这种情况偏离了 50：50 比率的情形，这是否意味着男、女婴不是等可能出生呢？未必如此，因为我们说男、女婴的出生是等可能的，或者说男婴出生的概率为 $\frac{1}{2}$，这仅仅意味着，在大量的选取的样本中，男、女婴的出生数将大致一样多。那么，从对 3 600 个选样的数据中，我们究竟能得出什么结论呢？

首先，假定男、女婴的出生是等可能的，然后，我们再计算在

3 600名出生的婴儿中，男婴为1 890名的概率是多少，由此就可以解决上面提出的问题了。既然在3 600名出生的婴儿中，可能的结果是个有限数，也就是，零个男孩，1个男孩，2个男孩……依次类推，直到3 600个男孩。由于一个男孩的概率，与一枚硬币出现正面的概率一样，假定为$\frac{1}{2}$，所以我们就能够利用帕斯卡三角形的第3 601项，从而得到出生1 890个男孩的概率。但是，借助帕斯卡三角形来进行这样的计算，即使通过快速的代数方法，也是一件繁重而无聊的事。

　　但是，我们可以将3 600名出生的婴儿考虑为包含巨大（严格地说是无穷）数目的集合中的一个子集合，其中每个集合都有3 600名婴儿。在这许多种集合中，有些集合将出生零个男孩，有些出生一个男孩，等等。如果我们将这样的集合与每一组男婴的数目建立一种对应关系，这样，就会得到一个正态频率分布。（这个事实，差不多可以从前面帕斯卡三角形的研究中预测到。例如，第7行告诉我们，扔6枚硬币，3枚正面3枚反面将在64次中出现20次，而其他结果则对称地分布在这个结果的两侧。）假设男、女婴是等可能出生的，则在最大的数集中将有1 800名男婴，1 800名女婴。因此，男婴的这个数目就是男婴的平均数。现在，我们必须使用一个统计公式（在此不详细讨论）来求出该频率分布的标准差，在这种情形$\sigma=30$，亦即有68.2%的集合其中男孩的数目在1 770和1 830之间，在有3 600个婴儿的集合中，实际观察到的男孩数目是1 890。这个数目位于平均值右边的3σ范围内。而出现在3σ或者位于平均值右边3σ更远范围以外的概率仅仅为0.001，即 1 000 次中才出现一次。由于这个概率实在太小,因此,我们关于男、女婴等可能出生的假设必定是错误的。事实上,数千种出生记录表明,男、女婴出生之比是 51:49,这可能是上帝英明的决断,或是女孩生来要比男孩珍贵一点这一事实的真实写照。

我们考虑的以上一些问题,大多是求一种特殊事件出现的概率,如在 3 600 名出生的婴儿中有 1 800 名男婴的概率,这种可能的情形位于整个可能性分布的某个特殊区间内。只要参考正态概率曲线,便很容易求出这一问题的答案。下面要讨论的是一个稍微不同的另一种类型的问题。

一位纱线制造商以平均每个纱球重一磅①来出售产品。他宣称,每个纱球出厂时其重量与一磅的标准重量之差将不会超过0.1磅。一位零售商买了 2 500 个这样的纱球,称得其总重量为 2 450磅,也就是这些纱球平均一个重为 0.98 磅。这样,纱球的平均重量就完全落在制造厂商所宣布的 0.1 磅的误差范围内。反之,制造商也可能故意制造 0.98 磅的纱球,从而暗中获利。这位制造商诚实吗? 也就是,从制造商所提供的产品中任意选取 2 500 个纱球,可能正好就平均每个少 0.02 磅吗?

这个问题涉及样本平均的性质。样本平均与母群体(工厂的总产品)的平均数,要有多接近才能使我们相信它是产品中的一个样本呢? 这个问题可由研究所有含 2 500 单位的可能样本的平均数的频率分布来找到答案,在这里,我们不准备进一步讨论平均值的分布理论。必须说明的是,这些平均值足以形成一正态分布;而

且,这种平均值的频率分布的平均值可以等于 1,这种平均值分布的标准差能被证明是 0.000 6,在这个特殊的问题中,消费者得到的纱球平均重量为 0.98 磅。这一平均值与平均的 1 磅相差 0.02 磅,因此这大约是 0.006 的 30 倍,即大约在这一类平均值左边 30σ 处。一个数据落在离平均值 30σ 处远的概率非常非常小,可以忽略不计。因此,消费者买到的 2 500 个纱球,尽管的确是制造商解释的一磅纱球这种样本产品的可能性,但是仍然是不可信的。我们有充分的理由作出这样的判断:厂商故意制造了每个重量平均少于一磅的纱球。

　　概率的数学理论最新近的最有趣的应用,是"证明"了超感觉能力(extra—sensory perception)的存在。在这里,这个证明又再一次以样本和母群体两者之间的关系为基础。J. B. 莱恩(Joseph Banks Rhine)教授和其他人一直坚持主张,存在着超感官的知觉,因为的确存在着特殊人,他们能够猜出从一副扑克牌中抽出的牌的花色与数字,其准确率比依据数学概率算出的要大得多。也就是说,在给定的事件中正确预测的概率是 $\frac{1}{5}$,即被实验者能够猜中的正确次数大约为总次数的 $\frac{1}{5}$。但是,假定说在 800 次实验中,被实验者居然猜对了 207 次而不是所预料的 160 次,在 800 次实验这种特殊情形中,超过所预料的 160 次(多出了 47 次)究竟是一种偶然呢,还是一个十分有意义的结果呢? 在莱恩看来,超过预计猜对这样大数目的情形,意味着在被实验者看不到扑克牌标记的情况下,有非同一般的超感官知觉的智能在起作用。这额外猜对的 47 次是否确实说明问题,现在仍处于争论之中。莱恩计算出,在

800 次特殊的实验中,多猜对 47 次的概率仅为 $\dfrac{1}{250\ 000}$。这个概率很小,因此莱恩认为,不能把这么多猜对的情形归结为纯属偶然。

　　到现在为止,我们所考察的应用中,概率论一直被用于测量某些事件的可能性或可能情况。由于概率论不甘于只替科学和工业做奴仆,这门学科演变成了一个强有力的主人。其所以能发展到这一步,其中的原因我们在前面已经提到过。气体中的分子按牛顿运动定律互相吸引。但是,由于分子的数目巨大,任何企图在牛顿运动定律的基础上预测分子的运动、膨胀、压缩、温度变化的努力,都会变得毫无希望。数学不能精确地解决这个问题,甚至不能解决一个分子在受到其他几个分子的引力作用下的运动问题。

　　麦克斯韦成功地解决了这个问题,其方法就是由概率论提供的。将一定体积内无穷多数目的分子,都由一个理想的或具有代表性的分子取代,这个分子的大小是所有气体分子中最具可能的大小,其速度是最具可能的速度,其与其他分子的间隔是最具可能的间隔,其他的性质也总是具有其最大可能的。这样,这个理想分子的最大可能的行为,就可被看作是气体本身的行为。令人惊奇但又千真万确的是,用这种方式得到的定律所描述、预见的气体行为的准确性,就和天文学定律预见行星的运动一样,丝毫不差。大体上来说,气体最可能的行为在实际中都出现了,可见是气体真实的行为。

　　概率论应用于气体运动的巨大的潜在意义,随后将进行讨论。现在,引人注目的是,概率论因而从被作为处理数据和假设的工具的地位,转变成了一种引人注目的获得定律的基本方法。

概率论在科学研究、哲学思想方面的重要作用,早在帕斯卡的著作中就隐约提到了。关于这一理论,他以运用于赌博为起点,而以运用于上帝的行为作为终点。帕斯卡处于历史的转折点,当时正是新科学开始向旧信仰发动强有力挑战的时候。正如那个时代的每一位思想家一样,他卷入了这场科学与宗教的冲突运动,而且致力于寻求解决这一冲突的哲学方法论。一方面,他那不可抑制的本性使他热心于宗教信仰,另一方面,作为一位对科学、数学做出了杰出贡献的学者,他对这场冲突的感受要比其他任何人深刻得多。由于他对双方都观察得十分清楚,而且对双方都有感情,因此在他的脑海中就形成了一个战场。在一段最引人注目的话中,他毫不掩饰地表达了他的迷惘:

　　　　这就是我所看到的令我不安的一切。环顾四周,发现到处一片漆黑。自然界中的万物无一不令人怀疑、不安;要是我无论在何处都看不到上帝的印证,我将会否定他的存在;如果我在每一处都看到了上帝的光辉,我将安心于我的信仰。但是,看到的太多了,以致无法忘却和抛弃,可信的太少了,以至于无法确认。我处于可怜兮兮的境地,我上百次地祈祷,如果上帝支配着自然界,则自然界就应该毫不含糊地显示神迹;或者,如果上帝的印记是谬误,那么自然界就应该把上帝的迹象抹去;大自然要么道出全部真理,要么一言不发。要真能这样,我也就知道我该站在哪一边了。

375

　　但是，上帝拒绝泄露天机。因此，帕斯卡专心致力于早期的概率论研究，他为此而解决了赌博中的问题。但是，这一理论对宗教信仰问题有何种启示呢？其答案就是当今众所周知的帕斯卡赌注。

　　一张彩票的价值，就是中奖概率与奖金的乘积。中奖的概率可能很小，但如果奖金巨大，那么这张彩票的价值依然很大。所以，富于理性的帕斯卡认为，尽管上帝存在的概率和基督教教义正确的概率微乎其微，但是作为信仰的奖赏却是永恒的欢乐。因此，这张天堂的彩票其价值仍可谓大矣。另一方面，如果基督教教义是错误的，那么由于坚持这一点而失去的价值，恐怕就是整个生命乐趣的丧失了。因此，我们还是把赌注压在上帝存在这一方吧！

　　帕斯卡的赌注并不是毫无价值的说教。这是绝望的呐喊。他所面临的问题以一种稍许改头换面的方式重新出现了。通过他所创造的理论，最近这个问题又再度引起了人们的关注。

第二十四章 无序的宇宙：
用统计观点看世界

至此我们确信：

通过各种各样的定律

宇宙的第一推动

无处不在，无所不在。

A. 蒲柏（Alexander Pope）

宇宙是有规律、有秩序的，还是其行为仅仅是偶然的、杂乱无章的呢？地球和其他行星是将继续围绕太阳运行，还是将会有来自遥远太空的某个人所不知的物体窜入我们的行星系，然后改变每个行星的轨道呢？太阳会不会像其他恒星每天都在进行的那样，在某一天爆炸，把我们都烤成脆酥的面包呢？人类是被有意地安置在这一为他们的存在而特殊准备的行星上呢，或仅仅只是宇宙中偶然的、无足轻重的伴随物呢？

富有思想的人对这些问题的答案的寻求，甚于其他任何问题。相比之下，人类关于联合国的伟大计划，对货币的关切，以及日常生活中的烦恼，都是微不足道的。对宇宙命运的不可抑止的渴求，造就了人类自身的崇高品质；驱使人类不断地探索关于人类自身、关于神秘的自然界、宇宙的结构以及使宇宙间一切活动得以进行的力量的知识。正因为如此，人类自身的存在也赋有了特殊的意义。答案也许从来就不会全部为人们知晓，多亏了伟大的数学家，人类才获得了许多有意义的认识自然的端倪。不巧的是，人们对这些端倪却有种种不同的解释。

377　　其中有一种解释我们已经很熟悉了。通过对牛顿时代揭示出的数学规律进行不断深入的讨论，18世纪的思想家们建立了近代最为全面、最有影响的哲学体系。这种哲学体系设计了一个有序的世界，并使其按照人们的设计而运行。数学定律明白无误地揭示出了这种设计。科学预测所得到的完整无缺的实现，则为人们坚信这种设计提供了证明。当然，支配行星和其他无生命物体运动的定律，并不能准确无误地适用于人类活动。但是，自然设计的论据是千真万确的，而人又不被包括在其内，这岂不是值得怀疑的咄咄怪事。

　　这种决定论哲学仍然统治着我们的思想，支配着我们的信仰，并指导我们的行动。遗憾的是，对近代科学创立者来说，那种极简单而又和谐的自然界的秩序，由于19世纪、20世纪广泛而有效应用的概率论、统计学的猛烈的冲击，如今正分崩离析。

　　毋庸置疑，数学家本身为他们引入了处理统计数据的新思想、新方法而骄傲。他们也为把概率论的直觉思想转变成了一种指导人的行动的极其有用的工具而高兴。但是大多数在其他领域的学者的喜悦却是短暂的，因为正是统计方法和概率论的成功，打破了他们头脑中自然界的有序结构。

　　如果用新方法得到的公式、定理是不准确的，那么这种方法就必须抛弃。只有在从完全可以接受的数学、科学公理导出结论的方法失败时,概率论、统计学方可作为一种不可靠的替代方法。的确,如果统计方法仅仅是大致近似的,那么这种新方法也就没有什么太大的哲学意义。但是,事实完全不是这样。事实上,这种新方法出奇的准确、有效,因此关于概率论、统计学的新方法就大有文章可做了。

让我们深入到这个问题的核心,考察由于统计方法的出现,决定论哲学所面临的挑战。在此,让我们特别借用柏拉图的对话体裁,来展开我们的讨论。争论的正、反方分别由具有相当高学术水平的决定论先生和概率论先生主演。概率论先生是一位年轻的学者,先由他对问题作一概括性的说明,以此拉开讨论的帷幕。

他指出,最不可思议的是,利用统计方法、概率论,我们得到了 378 全然没有料到的完全可靠的定律。例如,考察智力分布的问题。任意选择几组人,用设计好的试题进行智力测验;测试的结果是,他们的智力分布将近似地呈正态频率曲线。而且,测试的组数越大,曲线则越接近于标准的正态分布。显然,决定智力的人的素质、禀赋千差万别,捉摸不定,怎么能指望会显示出什么规律呢;但智力分布却遵从一条具有规则表达式,保持一种不变关系的曲线。

再考虑遗传现象。在受精卵中,双亲的染色体是自由结合在一起的,而且从受孕到成熟期间,产生了无穷无尽的转化。然而,只要利用概率论,我们就可以准确地预测遗传特征的转变过程。

然后,我们来对一段长度进行多次测量,并且画出各种测量结果的频率图。在测量时,由于手、眼的不精确性,应该导致相当程度的不规则性,然而其误差曲线几乎总是呈正态分布,而且测量的次数越多,则曲线就越接近正态分布。这就表明,甚至人所导致的误差也有规律可循。概率论先生的结论是:总之,使我们感到惊奇和不安的是,所有本应无规律可循的现象,其结果都可以描述成是有规律的。

决定论老先生反问道,要是隐藏于现象背后的规律,无一是所期望的,则还有什么不安可言呢?我们为什么不为具有这么多的规律而高兴呢?它们不是正好加强了决定论的观点吗?很明显,宇宙的固有设计在任何地方都表现出来了,即使是在你不希望它存在的地方也是如此。

这正是我为什么不安的原因,概率论先生回答说。我们不仅没有理由期望在这些情形中存在着规律,而且完全有理由不作这种期望。因为,我们的确拥有支配这些情形的定律,那么,对于现存的从牛顿科学产生的数学定律,我们可赋予它多大的意义呢?为什么要从这些定律的存在中,推导出所谓的固有设计和决定论呢?

请说慢点,决定论先生建议道。假定我们同意你刚才所说的,我们似乎具有了这样一些数学规律——这是我们最优秀的知379 识——这些定律似乎描述的乃是偶然的、无序的现象。正是由于这个原因,你对我们总是把这些定律看作是宇宙设计的证明,而提出了质疑。但是,情况可能并非如此,即这种似乎是无序的现象的确遵循着物理规律,但由于这些现象非常复杂,以致相对于我们的知识而言,似乎是随机的结果。

你的论据听起来似乎颇有道理,概率论先生回答说。他只需要用几句话就可以说服对方。如果仔细考察气体分子的运动,便可以发现它们的运动是完全不规则的,但是物理学家坚信,每个分子都遵循地球在其轨道上绕太阳旋转所遵循的相同的定律。类似地，这也可用于智力测验和遗传过程分布的讨论，这种分布遵循有序的物理过程，这些物理过程则精确地确定了每个个体的状况。但这些物理过程太精细、十分复杂，以致超出了我们的知识所能把握的程度。经济现象、死亡率，以及其他类似的无规则的事情，也都同样如此。因此，那些看来似乎是无序的现象，可能是亦已完全被确定了的，从统计研究中所得到的数学定律，可能仅仅反映了这些现象存在着潜在的有序物理过程。

现在，一方面，决定论先生有点得意忘形；而另一方面，概率论先生则准备要利用概率论进行攻击了。

现在让我们来考虑下面的事实，决定论先生。当同时抛掷 6 枚硬币时，出现正面的次数可以是从 0 至 6 的任意结果。我们之所以没有办法确定准确的正面数，那是因为有许多已知的、未知的因素决定着结果：风的强度，抛掷硬币时手所施加的力，硬币落下时地面的形状，以及其他的原因。我们假设掷硬币的结果是一随机事件。而且抛掷的次数越多，则随机因素所起作用越大。而且，如果将 6 枚硬币抛掷很多次，则概率论先生会使得我们事先计算出，不出现正面的情形是多少次，出现一次正面的情形是多少次，等等，直到最后一种可能性——即出现 6 次正面的情形是多少次。抛掷的次数越多，其结果就越接近理论的预测值。因此，不管硬币是否落下了，它都受某些不变规则的支配，机会均等且各自独立决定结果的假设，产生了预测结果的数学定律。

概率论先生继续说，事实上正是利用我刚才所描述的硬币落地的这种方法，19 世纪的物理学家得到了一些非常著名的如气体行为的定律。在研究气体中数亿个分子的运动所遇到的困难,物理学家们通过把这些分子想象为是一个理想的、虚构的分子而予以解决了,这是一种行之有效的方法。这个理想的、虚构的分子的质量、速度,以及其他性质,具有气体中所有能够出现的各种分子的质量、速度的最大概率值。而通过对这个理想分子进行推理而建立的定律,同数学、科学产生的任何定律一样是具有实用性的,尽管事实上这些定律所描述的仅仅是气体的最可能的行为,而不是必定会产生的行为。因此,单个分子遵循一种事先设计的规律的信念,根本就没有为大量分子有规律的行为所证明。这种信念也确实无济于事。

决定论先生打算绝不在其观点上让步。

概率论先生,你同意气体中分子的运动和落下的硬币可能遵循一定的、确定不移的规律,但是为方便起见,你假设每个硬币落下的结果是随机的,气体分子则具有最可能的特征。正是因为这种随机行为的假设和概率数学方法使你们的预测获得了成功,所以,我们就不应该忽略存在着根本的、基础的定律这一信念的极端重要性。尽管对复杂现象利用概率方法是方便的、有成效的,但它本身却不会导致人们怀疑存在着潜在的规律。事实上,仅仅因为有这些定律的存在,才使得利用概率方法,产生了有意义的、有用的结论。

决定论先生,到目前为止,你还没有理解我论点中的精髓。你将会看到,你坚信任何必然定律的确是错误的。例如,考虑下落的硬币,特别是就其重量而言,其中涉及了描述其运动的牛顿定律——这是任何人都承认的。

在硬币下落的这段时间内,其重量甚至不是常数。硬币由大量的但是连续变化的分子组成,因为每个固体都处于连续增加分子而又失去分子的过程之中。当硬币下落时,吹在硬币上的风由数亿个分子组成,在硬币周围以极其不同的方式,产生我们不知道是如何作用的运动。地板表面其形状也不是固定的,由于木头的分子或离或合,其形状也就因此而变化,所以硬币击中地板的角度也不确定。硬币下落的距离也千变万化。假定我们试图测量硬币中心到地板表面的距离,那么形状连续变化的硬币其中心在哪里呢?自然,地板表层的分子是完全不规则的,那么地板表面该从哪儿开始呢?我们将用尺去测量距离吗?毕竟,甚至尺子的长度比质量更难具有确定性。两端分子的分散聚合,使得尺子的长度也不断发生变化。

由于我们看到了物质结构中的复杂性,概率论先生马上又接着说,所以因此而不能大胆地谈论所有的科学定律了吗?所有这些定律研究物质、研究质量、表面、长度、压力、密度以及其他对任何物体都不为常量的性质,仅仅由于我们的手、眼和测量仪器粗糙,使我们就误以为,有诸如固定的长度和质量之类的事物,我们才能谈论精确的科学定律。定律涉及质量、长度、体积、重量和其他方面的性质,而人们却仅仅只能利用这些量的平均值。因此,定律也不过是为了方便起见,对不规则物理状态的总结,而且在这种状态下,各种变量均围绕平均值波动。总之,决定论先生,通过对某些定律明显地包含无序现象这一事实的考察,我们可以得出如下的结论:所有的科学定律皆如此——皆为对无序现象的描述。那么,关于存在一个有序的自然界的科学定律之意义,我们将还有什么好说的呢?

381

概率论先生，要是我没理解错，你的论点是，当我们考察物质本身的结构时，我们发现表面上不变的量实际上是在不断地连续变化。于是，你问，那些确定不变的科学定律只是关于平均效应的方便说明，犹如一位中等收入的工人可代表全部工人的平均收入那样，对此，我们如何能谈论确定的、不变的科学定律呢？但是，请您思考一下，概率论先生，为什么仅仅由于一些微小的、对定律所囊括的主要事件无甚影响的不规则性，而怀疑这些应用广泛且能揭示事物本质，并得到了严格证明的定理呢？

也许你说的是正确的，决定论先生，如果情形不比我到现在为止所描绘的更糟。我们不妨对物质本身的特性再深入地探究一下，让我们考虑分子本身吧。你知道，分子是由原子构成的，而原子又由一些自由电子和一个有着非常复杂结构的原子核构成。现在，决定论先生，我再向您说一两件有关原子核和电子的事情，请您务必仔细听听。您也许会把这些微粒看作是极其微小的一种物质，以为它们中的每一微粒在任一时刻都处于一个确定的位置。不错，数年前科学家们也是这样认为的。但是，我们今天再也不这样认为了。我们必须说，每个电子以及原子核的每一个构成成分——即更为基本的粒子——无处不在，只不过在每一处概率的大小不同而已。实际上，近代原子论表明，你并非坐在房间这个角落的椅子上。按照各处概率的大小不等，你在每一处都存在，只不过在你认为你所坐的那个地方概率最大而已。你会说，真是个不可思议的原子理论，是不是？就像中世纪地狱的概念一样不可思议，是吗？也许是，但正是因为这个理论，才使得原子弹这个恶魔进入了我们这个世界。

现在,决定论先生,那个美好的、过时的、服从令人不可不信的精确的数学定律的实在的世界何在? 一次,约翰逊博士(Dr. Johnson)曾奋力踢开一块石头,试图以此来证明物质世界的真实性,并认为由此澄清了数学理论概率论中的混乱分布。为攀登宇宙之巅,笛卡儿、伽利略、牛顿、莱布尼茨架起的云梯,却立在一座不稳固的,不断移动的基石上。

我没看到这一点,概率论先生。就我们目前的理解力而言,你适才的简要说明表明,原子结构如此复杂,以至于科学家们只有借助概率方法才能把握它。这证明了什么呢? 你只不过是将论据从硬币的下落扯到了原子的结构而已。我不怀疑原子结构的复杂性,也不怀疑使用概率论来研究其结构为一明智之举。就像存在智力分布或遗传特征的定律一样,关于原子存在的定律其本身并没有否定那潜在的、被决定了的行为的可能性。爱因斯坦博士曾就这一点说过:"我绝不相信上帝会在这个世界上掷骰子!"

也许是这样,决定论先生。但我的观点——你说你没有看到——是,你不可能得到这样的结论:即获得其自身具有必然确定性的自然界一成不变的秩序,获得具有固定设计的因果性的定律。一句话,你不可能确证决定论。当然,我知道,你仍认为可以找出一些现成的事实来力争。你会争论说,尽管物质结构十分复杂,但仍存在着描述物质行为的定律,这不是进一步证明了:在宇宙设计中存在这些定律吗?

当然,概率论先生之所以在此说出决定论先生的论据,在于他发现,现在要中止他们之间的对话十分困难,甚至在他自己决心停止讨论时也是这样。由于年轻人所持有的充分的自信,他认为,由他说出决定论先生的观点，也许要比决定论先生本人表述得更好些。按照国会辩论的程序，概率论先生有权继续阐述他那一方的论据。

让我为你得到一条定律，决定论先生，我们会看到，你对此将会有多么高兴。请为我列一下在过去50年中，反映国家繁荣的数据，以及这些年间所出现的太阳黑子的强度的数据。当然，确定适用于这些数据的公式的统计过程，你是知道的。这个过程将给出一个公式——一条关于国家繁荣程度和太阳黑子强度的数学定律。关于这两个变量之间存在着的必然发生的这种关系，我们应该得出什么结论呢？什么也没有！不是吗？然而，这个公式与许多科学公式——如你所说的，是宇宙的定律——之间的区别又是什么呢，我们如何对两者进行区分呢？

决定论先生情绪激动地从椅子上站了起来（他应是无处不在的，只是在各处的概率不同而已）。

答案是明确的，概率论先生。科学定律将永久地具有确定性，但适应关于太阳黑子和国家繁荣的公式却不具有确定性。以开普勒定律为例。在过去的400年里所作的所有观察，都是这些定律的坚强后盾。在如此长的时间内，地球一直遵循着相同的规律，难道这不具有重大意义吗？

很高兴，你选取开普勒定律作为一个例子。决定论先生，首先，我要提醒你的是，开普勒定律最初是通过寻找适合数据的公式得到的。经过许多年的艰苦努力，在反复尝试了约50余种曲线之后，开普勒才发现火星的轨道是一个椭圆。哥白尼和第谷的所有观察都支持他的结论。对开普勒甚至对整个科学史来说，幸亏这些观察都不大精确。今天,从理论上和更加精确的观察中,我们知道,真正的轨道并不是一个椭圆,由于其他行星万有引力的作用,产生了各种摄动,这些累积效应的结果使其轨道与椭圆有一定的偏差,发生了某些变化。因此,开普勒定律碰巧只是描述了行星的平均行为。严格地说,这些定律在今天不成立。

更重要的是,开普勒定律的命运,就是所有科学定律的命运。384 它们在一段时期内是成立的,随着科学知识的逐渐增加,因此必然要对它们作某些改进。事实上,开普勒定律本身就是哥白尼理论的改进,而如我们所知,哥白尼理论则又是对托勒玫理论的重大改进。由于开普勒吸收了早期天文学理论中的长处,因此,他的定律被证明是个能说明问题的好定律。但是,我们依然可以看到,甚至即使是开普勒的工作,也并非就是最后的结论。

也许不是,决定论先生毫不迟疑地反驳道。他来回急促地踱着步,并不时地稍微停一会儿。但是,你也认为,随着历史的演进,这些定律会越来越完善,那么,这种不断完善会导致什么呢? 无疑地会得出真正的定律;开普勒定律,如果不是终极真理,则也应是非常接近真理的。但如果不存在什么真正的定律可追求,则我们又怎么有逼近真正的定律可言呢?

决定论先生,这个问题的答案是,如果地球自身的运动是准确地遵循着一个模式,亦即最近似于开普勒定律,那么,也仅仅只能说,这个模式乃是最有可能的行为。就如同我们不可能知道以一定频率出现正面的硬币,何时必然出现正面一样,我们也不知道地球继续这种最大可能的事情的必然性。换句话说,如果你停止你那神经质般的踱步,或许你会更集中精力进行这样的思考:不应对起作用的定律之存在性喋喋不休,而应该把重点放在其意义上面。

　　概率论先生,如果我的蹑步打扰了你,那么请你原谅。现在,请允许我向你陈述一个有利于开普勒定律及其他科学定律的主要论据,这个论据不利于你的统计规律——即通过适用于数据的公式而得到的定律。让我们记住,伽利略和牛顿曾成功地分析过的运动现象。结果,我们就有了通过引力来对行星运动做出的物理解释。正是这个引力使得行星保持在自己的轨道上运行,并服从开普勒定律。的确,这些定律是引力定律的数学推论,甚至行星轨道中的摄动,现在也能由引力作用得到解释。

　　决定论先生,我真为您感到不好意思!去你的这种见鬼的解释吧!你那纯属无稽之谈的引力理论。你一定很清楚,那不过是天方夜谭。保持行星在自己轨道上运行的引力指的是什么?请别再舞文弄墨了,以致无谓地损耗我们的精力,这简直无异于试图理解太阳是如何发挥它对地球的吸引作用一样荒谬。其实,我们可以找到许多更富理由的关联公式,来表达太阳黑子与国家繁荣两者之间的关系。如果说,我们有理由赋予诸如开普勒定律、万有引力定律之存在的哲学意义上的重要性,则更有理由赋予太阳黑子和国家繁荣相关的某个公式以哲学意义上的重要性。

　　决定论先生再次坐回到了他那心爱的安乐椅上。不过,他开始对安乐椅的真实存在发生怀疑了。概率论先生则继续进攻,决定使决定论先生彻底明白概率论方法的长处。

　　让我们回顾一下,他停顿了一会儿说。难道还不能使我们之间的争论平息,而归结为一种一致的观点吗?以一些自然定律的知识为基础,你已经建立起了一种自然哲学。然而,统计方法和概率论的引入，使得我们现在意识到，那些已经被发现的，或者我将要谈到的那些被制造出的定律，它们所包含的真正的知识的确少得可怜！

决定论先生几乎没法听了，他陷入了沉思。对手那喋喋不休的各种论据，已经明显地使他打心眼里认识到：甚至在先前认为是有规律的现象中，也存在着潜在的不规则性和无序性。由化学家、物理学家发展出来的原子理论，揭示了这个领域的新问题和不确定性，而且肯定这是明显的事实：物质本身要比学者们发展的这种理论复杂得多。按照快速运动的分子观点解释热现象的热力学理论，已经使人们明白了，冷、热现象不过是上亿个分子不规则运动的总体效应。液体的恒定压力，并不是一个单个的力，而是液体中单个分子对容器壁不规则轰击的总体效应。光滑镜子的表面，实际上只不过是一群分子的集合，尽管整体上产生的是稳定的，按照数学定律反射的光的单纯效应，但每个分子的行为却都不相同。人和各种音乐乐器发出的声音，现在都能得到几乎完全忠实的再现，而且还能用数学公式表示出来，但它们也不过是空气中大量分子的不规则运动的平均效应。高尔顿利用统计方法去寻找遗传定律——在他寻求和理解决定论失败之后——使得这些现象也以随机运动的方式出现了。动、植物，甚至人类的形式和变化是无限的。天气甚至也与人类作对，而不是天遂人愿了。人类不能预测，更不能控制旱灾、飓风、暴雨。以往，人们之所以赞美大自然的力量，正因为它简单、有秩序和不变性，其中甚至包括不能预料和不可解释的海啸、火山爆发和地震。突然，自然界显得不可预料、荒谬、反复无常了。

　　因此,正是 18 世纪认为是按照不变的数学定律严格决定、设计的这个相同的世界,现在表面上看来则陷入了混乱、无规律、不可预测的境地。现实显得完全缺乏目的了,现实成了一个"由白痴讲述的充满声音、恐怖、不表示任何意义的故事"。特别地,人类只不过是瞎猫逮着的一只死耗子,一个偶然发生的事件。科学中大量的数学定律,不过是对无序事件的平均效应所进行的便于利用的综合性总结。宣称自然界是混乱的、不可预测的,自然界的定律不过是对平均效应所进行的方便的、暂时的描述,这种对待自然界和自然界规律的态度,就是众所周知的观察自然界的统计观点——用统计观点看世界。

　　这种统计观点与决定论观点是针锋相对的。尽管它们双方都同意科学定律是存在的、可利用的,但它们在对这些事实的解释方面却有极大的不同。决定论坚持认为,科学定律是关于客观自然界的必然的、不可变更的、普遍行为的命题。统计观点则认为,这些定律仅仅只是具有较高概率的命题。决定论者相信,在定律中所涉及的相关物体之间有着本质的联系,如开普勒定律中的太阳和地球。统计理论家则坚持认为,定律仅仅是对一种暂时状态的考察,只是描述了同时并发的偶然事件,其意义就如同我正在系一根棕色领带,而我的邻居同时在吸烟一样。决定论者坚持认为,自然界现在的状态,决定了其不可改变的未来。如果我向空中扔一块石头,那么它必定会沿一条抛物线再次正好落在地球上。统计学家则说,不仅这块石头可能在任何情况下都不遵守抛物线定律,而且它有可能直接向太阳的方向运行。

　　通过一两个例子,将有助于进一步澄清这两种观点的不同。

假定一位击球员击一个球。按照决定论观点,当击球手击球时,他所使的力将迫使球沿固定的运动轨迹飞去,其轨迹能够事先确定下来,而且能够用数学运动定律来予以描述。给定几个定量的事实,就可以肯定地预测出球的运动。按照统计观点,我们所能够说的是,球上有数十亿个分子,当他所用的力接近球上的分子时,在分子漫无目的的运动中将很有可能击中这许多分子中间的第二组分子,从而使得它们具有一定的速度。由于球中有许多分子受到了作用,球本身将可能沿着一个方向开始运动,这个运动的方向,就是球上被触击的分子聚集得最多的方向。球向这一方向运动的概率很大,我们几乎不能想象有任何因素使它偏离这种所期望的方向,但至少有完全偏离这个方向的可能。干草堆中的确藏着针,尽管发现它的概率非常非常小。

另一个例子,也许会进一步澄清决定论与统计学观点两者之间的区别。在正常岁月里,一个国家可以看作呈现为一幅连续、正常运行的景象。人们工作;吃饭;男女结婚建立家庭;老人、小孩各自享受天伦之乐;举行选举,获胜者执政。如果我们对一个国家没有了解到这里所列举的更多的事实,如果这些行为能从非常有理的关于人类的公理中推导出来,那么我们就会试图断定,国家的运行,甚至人类社会生活本身是由某些超人设计、决定的,而且迫使人们遵循这种不变的设计。但是,持统计观点的人则会提出反驳意见,建议我们作更仔细的观察。当考察单个个人本身的行为时,你发现了什么呢?许多人不去工作;他们行乞、借贷、偷窃。有些人不吃,他们在挨饿;有些人不结婚,或者结婚而没有孩子;选举时仅仅只有一部分人投票;其他的人,有些是对此不关心,有些则是被剥夺了选举的权利。考虑到这些事实,我们对作为一个整体的人类行为将说些什么呢? 他们遵循不变的、预先确定的定律吗? 关于一群人的行为仅仅只描述了一般的、普遍的效应,这样的命题,不是隐瞒了各种各样的对立行为、不规则性,甚至是无序性吗? 统计观点则认识到了个体活动中的变异性、偶然性。然而,它却预测了各种各样五花八门行动中的全部效应,尽管其中个体之间是不同的,但却必然将会在整个国家的运行中产生出一个平均结果。但是,它又特别考虑到群体效应随时发生革命性突变的可能性,以及在人们的日常行动中发生根本性变化的可能性。

388

　　看待自然界的观点,究竟是决定论正确还是统计论正确呢? 这不是一个学院式的学术问题。在一个具有设计和秩序的世界中,生活就会有意义,而且有目的。相信这种设计,能给予人们生活、建设的勇气、理智。它增强了人们对上帝的信仰,因为上帝存在的最强大的理性证据,正是以宇宙具有设计的论据为基础。一个富有思想的、全知全能的上帝、伟大的设计者,几乎总是一个富于数学指导的自然界的必不可少的先知。上帝的存在,又给物质世界赋予了巨大的宗教和道德空间。另一方面,如果关于自然界的统计观点是正确的,那么物质世界、人在其间的责任就是不合理的。由于事件仅仅是随意、偶然发生的,因此没有任何明显的目的,也不知道下一步将是什么。整个宇宙会受到某种宇宙中意外事件的冲击,甚至可能会在明天毁灭。生活给予人们的不过是毫无意义的快乐和片刻的痛苦。

　　无疑地,正是因为保持着如此重要的心理平衡,使得决定论先生又重整旗鼓,继续进行辩论。通过阅读宇宙设计、因果性方面的著作，他又找到了许多新的理由，决定论者重又引入了开普勒、伽利略、牛顿定律。他这时已经准备好了新的论据。让我们"血战到底"吧！决定论先生自言自语地说。

他宣称，统计规律和牛顿经典公式两者有一本质的区别。前者以数据表或概率论的论据为基础；而后者则是从无可怀疑的、对于自然界是真实的数学、科学公理中推导出来的，尽管事实上物质的内部结构很复杂，而且大部分内容我们并不清楚。因为这个原因，我们能够断定，牛顿定律也是精确的真理，因此，必定是自然界所遵循的真正的定律。

当然，概率论先生也极力准备再次维护自己的观点，他满怀信心地开始辩论，相信这场讨论不久必定会得出令人满意的结论。

决定论先生，你所举的论据是以公理的真理性作为基础的。且慢！公理究竟是描述了宇宙中内在的事实，或者还是它们仅仅与经验基本一致，就如同零售商品价格适合于实际价格的定律一样呢？例如，考察关于引力的牛顿公理。这条公理指出，一个物体吸引另一个物体的力，等于二者质量的乘积除以它们之间距离的平方。这条公理已经被多次证明是十分精确的，而且在此基础上推导出了大量结论，在误差允许的范围内，这些结论与观察是吻合的。但是，将这条公理应用于地球围绕太阳的运动，或者月亮围绕地球的运动中，只有在对天体进行多年观察之后，在对质量、距离、时间间隔进行多次测量之后，才能探出真相。因此，这条公理也许只不过是对自然界总体行为的一个适当的、近似的描述。事实上，在牛顿宣布他的公式之前，人们曾用过与他的公式非常相似的另外一些公式，由于它们没能给出像牛顿公式那样精确的结果，因而

389

被人们抛弃了。为什么牛顿的公理就应该是终极真理呢？明显地，没有任何一个人能肯定，这样的科学公理，比他所能得到的关于食品价格的一条定律更具有真实性。

决定论先生可能一直在期望着辩论向这方面展开，因为他已经对这方面的问题做好了充分的准备。所以，他立刻就回敬道：

很好，概率论先生，你可能会怀疑科学定律的绝对真理性，就因为它们依据于如牛顿引力定律一类的公理。但是，你必须承认，纯粹数学定理本身是无可挑剔的真理，因为它们所依据的公理是不证自明的。而且这些公理与测量一点都不相干。你将能对"整体大于它的部分"、"一个三角形的内角之和是 180°"这些公理提出挑战吗？由于公理是确定无疑的，因此纯粹数学定理就是关于自然界及其结构的确定的定律。宇宙结构中这些定律的存在，使得其他定律也作为绝对真理而存在。

决定论先生的论据似乎是毋庸置疑的。但是概率论先生一点也不惊慌。最近，他刚完成学业，而且已经通晓了新的、被数学家们创立的能像欧氏几何一样应用于物质空间的非欧几何。因此，他满怀信心地开始反驳决定论先生提出的观点。

这是一个极好的论据，决定论先生。但是遗憾的是，落后时代100 余年了！可以肯定，你已经听说过非欧几何。在必要的时候①，我们将考察一下这门学科。在此，让我假定你已经熟悉非欧几何的公理、定理，它们与欧氏几何是矛盾的，但在描述物质空间方面，非欧几何至少与欧氏几何一样好。因此，我们没有任何最微

---

　　① 　见第二十六章。——原注

不足道的证据来表明欧氏几何的真理性。没有任何一点证据。

如我们想象的那样,决定论先生的确被难住了。他所提出的每一个论点、论据都马上被推翻了。但是,突然眼前一亮,一种温和的激情闪现出来了。他开始小声地,而又有些嘲讽地说:

无疑地,概率论先生,你听说过概率论,对吧? 你也承认牛顿定律、开普勒定律——我们都承认它们是广泛有用的——是非常简单的定律,是吗? 那么,在一个应该简单但却杂乱无章的状态,产生无序宇宙中的定律的概率是什么呢? 将这一概率与发现在按设计运行的宇宙中的简单定律的概率相比较,你将信奉那一种概率呢?

概率论先生意识到,这个论据的说服力实在是太好了。决定论先生是反对概率论的。经过一阵仔细的考虑后,他开始慢慢地陈述自己的反对意见。口气十分和缓,就像是在户外散步一样,娓娓道来。

在对金星经过几千次的观察后,他继续说道,开普勒发现其轨道是一个简单的椭圆。但这并不意味着他所得到的所有观测数据都能严格地符合一个椭圆轨迹;在测量中出现的一些程度不同的误差被忽略了。开普勒坚信,上帝是利用数学来构造宇宙的,而且对椭圆很爱好,因为椭圆提供了一个简单的运动定律。但是数学家们会争论说,开普勒所做的所有工作是,在观测所允许的误差范围内,从许多条适合于这些数据的曲线中选出一条曲线来。如果他愿意选取一条更复杂的曲线,那么,他将会找到一条比椭圆更适应于观测数据的曲线。开普勒要是选择一条更简单的曲线,而又使得这条曲线与观测的误差相差较多,那么,他这样做对吗? 显然,我们不能给予肯定的回答。由于没有任何观测是绝对精确的,因此这种不确定性永远不能消去。以科学定律的简单性为基础,关于宇宙设计的观点可以简单地概括为:在允许的误差范围内,从许多人们能够发现的描述一种自然现象的公式中,选择其中最简单的一个。从这个角度来说,简单性的观点,与其说是反映了自然界的状态,倒不如说反映了人们心中的爱好。

391　　　这时,尽管决定论先生已暗地里准备放弃自己的观点了,但由于他年事已高,觉得这样做面子上有些过不去。更何况,他也不是毫无希望了,他还有一些论据呢!

他说,我看,至少还有一些重要的论据能证明,科学定律的确具有真理性和必然性、必要性:它们在实际应用、工程中有着广泛的应用。在桥梁、房屋、水坝、机车、发电厂的建设中,这些定律都发挥了必不可少的作用。以这些定律为指导、为基础建造的桥梁没有垮掉,制造的发动机能够如其设计的方式工作。如果这些定律中没有大量的真理,如果自然界不是理所当然服从这些定律,为什么它们会应用得如此广泛,效果如此好呢?

先生,在您的论证过程中,激情已超过了逻辑推理的力量。几千年来,人们都在这样的假设下生活、工作——而且深深相信这一假设——那就是:地球是平坦的。在过去的那些岁月里,在人们所居住的地理区域内,这个假设非常好,以至于足以使人们得出的结论与经验相一致,十分吻合。然而,这个假设却是错误的。同样地,从牛顿时代以来,科学家们一直在利用其定量的引力定律,而且该定律被广泛地应用于每一个工程设计方案中。但是,今天随着相对论的创立,我们知道牛顿定律并不精确,而且,相对论这一新理论完全不用引力了。但是，200多年以来，牛顿的万有引力定律已经成了科学的信条。它之所以还在为人们利用，就是因为在人们的普通世界中，它还能为大多数实际问题给出非常好的结果。因此，一个公式、一个理论的应用，与其真理性，或者与宇宙中是否存在这样的设计没有什么联系。决定论先生，您犯了个错误，相信一个理论使用了多年就必定是真理，这是一个非常普遍的错误。实际情况是，这个理论只不过是一个实用的假设而已。托勒玫理论、地平学说、欧几里得几何、引力概念等，都有错误。实际上，人类一直是在迷迷糊糊地从对自然界的一种描述又转向另一种描述。仅仅由于我们难以发现自己的错误，而需要改正的错误很多，改正起来又很慢，所以长期以来，我们都在幻觉中为发现了自然界的定律而感到欢欣鼓舞。幸亏有了像哥白尼、牛顿、爱因斯坦这样的人，才使得我们没有最后陷入错误信念的泥潭中，永远不能醒悟过来，爬起来。

当然，决定论先生避而不谈这个问题了。我可以放弃所有科学定律的广泛应用，甚至可以放弃比这更好的，以刚才所讨论的简单的数学定理的广泛应用为基础的决定论观点。一句话，我可以放弃决定论观点。虽然，我的数学知识不是最新成果，但是，概率论先生，我知道，在数学中，我们所进行的一长串推理是与经验绝对独立的。我们所得出的结论常常离公理很远。例如，欧几里得阐述的下述命题：圆的切线与过该切点的圆半径垂直。从公理出发，经过数百步推导后才得出这一最后的结论。但是，这个定理却像公理一样，与现实经验联系得很紧，为什么经过许多步纯粹推理而得到的结论，与经验有如此密切的关系呢？这不是因为自然界本身具有合乎理性的设计和富有规律性吗？自然界不允许人的思维中出现任何矛盾。

决定论先生，既然你坚持如此朴素的观点，那么我必须问你，你怎么知道一长串的推理将继续得出与自然界一致的定理呢？人类的推理活动，难道不像一辆沿着公路行驶的汽车一样，有时会不知不觉地偏离道路，最后掉进阴沟吗？阴沟也许就在漂亮的理性战车的下面，当战车最后陷入阴沟时，理性也就被扔到学院废旧车棚里的一辆四轮马车上了！这就是建立在自然界秩序基础之上的论据。

也许将会出现这样可怕的事故，概率论先生。但是，具有严密逻辑而又异常复杂的、其定理应用于自然界如公理一样广泛和有效的数学发展，被认为受不同于决定论的哲学的指导，这才堪称一大奇迹！

决定论先生，实际上并非如此。这个奇迹也很容易解释。人们是如何得到能使他导出您所指的几百条定理的推理原则的呢？例如，假设我要进行这样的推理：所有易犯错误的生物是人，因为所有数学家是人，所以所有数学家是易犯错误的。您将怎样判断我是否利用了正确的逻辑呢？您会检查其中所涉及的原理与您熟知的那一类客体的经验是否一致吗？换句话说，决定论先生，人们是通过研究自然界的行为而学会推理的。然后，他才发现，如果公理与自然界一致，则逻辑过程所得出的结论与自然界一致。这种一致性有什么大惊小怪的呢？您所说的逻辑原理，只不过是自然界表面行为的抽象公式化而已。

决定论先生的防线看来似乎全都崩溃了。绝望中，他决定孤注一掷进行攻击。

作为统计观点的代言人,概率论先生,你如何解释自然界有组织的系统中,与你的观点似乎相矛盾的现象呢? 势能是自行消失的,因此它不可能按照需要而为人们所利用;例如,水从高处落下来以后就变得没有势能了,因此,就再也不能用于发电了。但既然能量以太阳热、煤、油、原子释放过程和瀑布这一类对人类有利的形式出现,那么似乎可以说,能量是被特别创造成为能被利用的形式的,而没有一种作为分子的杂乱排列的结果出现。事实上,在我们这个地球上,能量以这种方式存在的概率,比任意选取 100 万人其高度完全相同的概率还要小得多。

概率论先生胸有成竹,因此他充满自信,觉得能够进行有力的反击。

决定论先生,你的论点似乎依据于这样的事实:在我们这个行星上发现特殊的能源系统是一件极不可能的事情。的确,这是极其不可能的。但是,现在考虑在卖出的 100 000 张彩票的情形,这其中只有一张可以中奖。握有这张中奖彩票的可能性是 1:99 999。但是,一张这种彩票的持有者,却具有这种可能性,因此他就中奖了。因此,再考虑我们地球上的状况。的确,具有这种构成是很不可能的,但这种状况仍然是可能的,而且的确已经出现了。对此,自觉的设计并不是必不可少的。进一步来说,天空中有数百万颗行星,而在地球上找到了这一特殊的能源系统,的确是不易遇到的。但它在一个行星上出现却是没什么值得大惊小怪的。

尽管这个答案最终是不能驳倒的,但决定论老先生现在觉得,至少他已经赢得了精神上的胜利。他已经迫使概率论先生承认,我们的地球是宇宙的最为难得的一个球体。最好是在整个辩论中他能够得到最有利形势时结束这场讨论，于是，他借口说由于必须完成一个新电磁学定律的证明而结束了对话。

也许在将来他们重新开始讨论时，我们能再来听听。在结束这个题目之前，我们注意到，在这两种观点之间，即世界是有序的、有确定的组织的观点，与世界纯粹是偶然性居于优势的一片混乱的观点，这之间有许多中间观点。一种观点认为，自然界既不是有规律的也不是混乱的、无序的。人类头脑中按这些术语进行思考，又无意识地给予自然界这些性质，就如同人类在自己的想象中制造上帝一样。思想在自身的范围内具有按照数学定律的形式组织经验的愿望。思想也具有如这些精确定量定律所涉及的概念，具有精确的几何形式，并且为了理解经验，也将这些概念运用于经验中。由此产生的定律，在宇宙中根本不存在，这些定律，不过是我们人类愿望的自然的透视，这一方面反映了思维的本质；也许还反映了思维的局限，这非常像恋人通过对自己所爱的人的描述，反映出他正在恋爱一样。

探讨关于自然界定律所有各学派的思想，这并不是我们的意图。所有这些学派，从绝对的决定论到完全的随机论，应有尽有。在此，我们必定会对所要陈述的主题的结论感到满意，这一主题就是：数学思想与方法的发展，一直决定性地支配着人们对待自然界的态度，因此，决定着人们对待宗教、社会的态度。

第二十五章　无穷的悖论

> 在几何中,我们不仅承认无穷量——就是比任何指定的量都大的量——而且我们承认那些无穷量无穷增大,一个比一个大。这的确令我们的大脑感到惊奇。人类最大的脑袋也仅仅只有约 6 英寸长、5 英寸宽和 6 英寸深。
>
> 伏尔泰(Voltaire)

特里斯特拉姆·山代(Tristram Shandy)感到困惑不解,甚至有些绝望。他曾经动手写自传,却发现在一天的时间里仅仅只能记录半天的经历。即使从一出生就开始写,即使能长生不老,他也不可能记录下自己的整个一生,因为在任何时候他都将只能记录自己生命的一半历程。但是,如果他的确能长生不老的话,他就应该能够记录整个一生,因为头 10 年的经历将在 20 岁时记录下来;头 20 年的经历将在 40 岁时记录下来,等等。这样一来,他每一年的生活都将在适当的时候能被记录下来。因此,按照他的推理,他是能写完自传,又不能写完自传! 特里斯特拉姆对这个悖论思考得越久,他就越发糊涂,似乎就越理不出头绪。

特里斯特拉姆不能解决这个悖论,乃在预料之中,因为他所面临的问题涉及时间的无限性。从希腊时代开始,最伟大的数学家、哲学家就一直为涉及无穷量的问题而心烦意乱,而且没有取得任何实质性的进展。例如,伽利略认识到整数的个数是无穷的;也就是说,整数的数目比任何能够写出的有限数都大。他还认识到,偶数的个数也是无穷的。于是他问道:这两个无穷集合哪一个较大呢？一方面,似乎应该是第一个较大,因为它不仅包含第二个集合中所有的数,而且还包含有其他的数(奇数)。但另一方面,对于第一个集合中的每一个数,在第二个集合中都有一个确定的数与之对应,如 5 对应于第二个集合中的 10。对于第二个集合中的每一个数,在第一个集合中也有一个确定的数与之对应,如 10 对应于 5。按照两个集合中间这种一一对应(one-to-one correspondence)的关系,第一个集合应该与第二个集合一样大。伽利略据此得出结论说,比较无穷量是不可能的。后来他也就不再思考这类问题了,他说:"无穷量和不可公度量(无理量)在本质上对我们来说是不可理解的。"莱布尼茨也考虑过类似的问题,他得出的结论是:"所有整数的个数"这一提法自相矛盾,应该抛弃。

在最终成功地解决无穷问题的几年前,19 世纪天才的数学家高斯也表达了他对无穷量的惊恐情绪:"我反对使用无穷量……这在数学中是绝不允许的。"

无论有多少数学家在无穷量面前退缩,或者否定其存在,到 19 世纪中叶时,数学中却再也不能没有这个概念了。从 1600 年到 1850 年的这段时间里,数学已经取得了巨大的进展。在这一英雄的时代里,伟大的智力冒险家们凭借他们的天才和远见卓识,敢于越过困难的断层,而大胆地向所追求的目标前进。这些开路先锋们期望有人能够为断层架起桥梁,以帮助那些打算追随他们的更为谨慎小心的思想家们,让这些后来者能迈出坚实的步伐。

但是,架设桥梁可不那么容易。人们试图填补英雄时代所留下的空白,但却受到悖论、矛盾和更多的悖论的阻挠。如果想继续前进,就迫切需要一批富有想象力和大胆批判精神的思想家,这些勇敢的思想家将能够不顾、甚至蔑视直觉和常识。这一时代的要求最终实现了。可是,无论是谨小慎微的学者,还是那些开路先锋,都不可能预见这一令人惊奇的、具有重要意义的、产生具有批判性成果的新突破。

第一位开始对无穷问题进行研究并取得成功的是数学家 G. 康托尔(Georg Cantor)。父亲希望他学习工程技术,因为这会比教书获得更多的收入,但是康托尔却开始走上了数学研究这一脚踏实地的生涯;他最终对数学中最抽象的领域做出了巨大的贡献。他的工作受到了革新家们通常所遭遇到的那种经历——被人忽视、嘲弄,甚至虐待。一位同时代的数学家 L. 克罗内克(Leopold Kronecker)对康托尔的成就进行了猛烈的攻击。稍微温和一点而更典型的评价,是由 19 世纪末最著名的数学家 J. H. 庞加莱(J. Henri Poincare)给出的,他说:"后人将把(康托尔的)集合论当作一种疾病,而人们已经从中恢复过来了。"这一历史向人们昭示,在不遵从逻辑、思想保守、互相倾轧方面,数学家们丝毫也不亚于大多数人。像其他思想保守的人一样,他们在固有的思维方式的帷幕后面隐藏自己的愚钝,而疯狂地猛烈攻击那些将摧毁这幅帷幕的人。在经历了几次这样的攻击后,康托尔甚至也开始怀疑起自己的工作来了,他因此而变得十分沮丧,最后导致了精神分裂。

在他去世前(康托尔于 1918 年逝世),他的与常识相反的而又在逻辑上可靠的成就,终于得到了几位数学家同行的认可。为反驳庞加莱的上述观点,本世纪(20世纪)最伟大的数学家D.希尔伯特(David Hilbert)稍后对康托尔的成就作出了令人欣慰的评价:"谁也不能把我们从康托尔为我们创造的伊甸园(乐园)中赶出去。"今天,康托尔的工作已经被完全、广泛地接受了。许多思想深刻的数学家们都十分愿意致力于解决由于接受康托尔的工作随之出现的一系列进一步的问题。

　　现在,让我们来看看康托尔如何处理无穷问题。最为人们所熟知的无穷集合的例子,是整数集合、分数集合和全体实数,即整数、分数以及诸如$\sqrt{2}$,$\sqrt{3}$,π一类无理数的集合。为了得到这些集合中的元素的个数,通过数数的方法是不可能的,因为这个过程无穷无尽。另一方面,将它们描述为无穷则等于什么也没说。因为"无穷"这个词就说明它们不是有限的。这种描述,与直立猿人不是奶牛这个命题所提供的信息差不多。如果可能的话,必须对无穷集合中有多少个元素这个问题给出肯定的回答。

　　康托尔当然认识到,一个无穷集合或无穷类中元素的个数,通398 过计数是不可能得到的。但他更认识到了另一个初看似乎很肤浅的观点的较深层次的意义。假定有两个由元素构成的集合,人们意识到二者之间有下述特征:第一个集合中的每一个元素,对应且只对应第二个集合中的一个元素,反之亦然。例如,如果一小队每人手里都握有一支枪的士兵从我们面前通过,这样,在士兵与枪两者之间正好有一种这样的对应关系。两类集合之间如士兵和枪两者之间的关系,用专业术语来说就可以描述为是一一对应关系。明显地,两个一一对应的集合所包含元素的个数必定相等。而且,更为重要的是,无须数遍整个集合就能得到这一结论。

康托尔的伟大之处就在于,他理解了一一对应原理的重要性,并且有勇气继续去研究这个原理的推论:如果两个无穷集合能建立起一一对应的关系,那么按照康托尔的说法,它们所含元素的个数相等。例如正整数集合

$$1,2,3,4,5,6,\cdots$$

与这些数的倒数所组成的集合

$$1,\frac{1}{2},\frac{1}{3},\frac{1}{4},\frac{1}{5},\frac{1}{6},\cdots$$

是一一对应的,因为第一个集合中的每个数对应于且仅仅对应于第二个集合中的一个数,也就是它的倒数。同样,第二个集合中的每一个数对应且只对应第一个集合中的一个数。因此,这两个集合中元素的个数相同。代表这类特殊集合的元素个数的数,康托尔用 $\aleph_0$(阿列夫－零,aleph-null)来表示。并称之为一个超限数(a transfinite number)。

将正整数的数目,以及任何与正整数集合一一对应的集合中的元素个数都称作 $\aleph_0$,这似乎并没有对每个集合中究竟有多少个元素的问题给出实质性的回答。读者可能会说,他对 $\aleph_0$ 感到奇怪,觉得莫名其妙, $\aleph_0$ 并没有提供关于正整数数目的任何信息。这种反对意见是不正确的。这个数就像数 10 亿个 10 亿一样有意义。如同 $\aleph_0$ 表示正整数的全体个数的数目一样,10 亿个 10 亿也只不过是代表一类特殊集合中的元素数目的一个符号。

当然,读者可能会反驳说,他能数出一个集合中的 10 亿乘 10 亿个元素,但是他却不能数出 $\aleph_0$ 个元素。因此,前一个数对他来

说有点意义,而后一个数则什么意义也没有。这种区别是正确的,但意义却不大。有谁数过 10 亿乘 10 亿个元素?从理论上来说,这样做是可能的,但是从理论上来说,数出无穷集合元素的个数也是可能的。如同关于两个都含有 10 亿乘以 10 亿个元素的集合的知识,是确定的、有价值的一样,两个含有元素数目相等、并且事实上能用同一个数来表示它们的无穷集合的知识,也是确定的、有价值的——的确,我们将看到,也许其价值比 10 亿乘以 10 亿个数目的知识的价值更大。

有利于康托尔所给出的定义的论据十分充足。$\aleph_0$ 就像数"3"一样有意义。这个数"3"对我们是有一定意义的,因为现在我们能很容易地记住这个数代表着某一类元素的集合。而对于刚开始学数数的小孩来说,数"3"却毫无意义。但是,就如同小孩通过将"3"与 3 个指头、3 块木头联系起来而把握了"3"的意义一样,人们也可以通过把自己熟知的集合变为具有 $\aleph_0$ 个元素的集合的方法,来把握 $\aleph_0$ 的意义。康托尔理论使我们能够确定哪些集合含有 $\aleph_0$ 个元素。

从康托尔的定义出发,我们再来思考一下曾使伽利略迷惑不解并且阻碍了他对无穷量进行探索的困难问题。如上所述,伽利略已经认识到,在正整数集合与正偶数集合两者之间有一一对应关系,但他无法承认这一事实与下述事实是一致的:第一个集合中除了包含第二个集合中所有的数之外,而且还含有其他的数。

康托尔对这个进退两难问题的解答是,正整数集合和正偶数集合两者都含有 $\aleph_0$ 个元素,尽管第二个集合事实上包含在第一个集合之中。整数的数目与偶数的数目是相等的,因为这两个集合的数(元素)之间可以建立一一对应关系。

正整数集合与其真子集合正偶数集合含有同样多的数,岂不荒谬可笑吗?但是,如果我们接受一一对应关系作为决定无穷集合中的数量的基础,那么就必须同意这种似乎荒谬的结论。当然,任何不严谨的推理都会导致矛盾。因此,我们必须静下心来,正视这一使人惊奇的事实。在康托尔的无穷数概念中,没有任何逻辑上的困难和缺陷。我们之所以认为正偶数与正整数一样多是荒谬的,仅仅是因为我们处理有穷集合时的那一套有效的思维习惯在作祟,这种针对有穷集合的思维方式,在指导无穷集合研究时就失效了。在数学史上,我们再一次看到了逻辑与传统思想之间的冲突。我们也再一次看到了学者们在十字路口所面临的抉择。正是由于康托尔以前数学家们的失败,使得康托尔等数学家们认识到,必须抛弃关于量的传统习惯思维方式,因为这种思维方式会阻碍发展无穷数这一学科。19世纪富有批判精神的思想家不是那么容易灰心丧气被吓倒的。

事实上,他们不畏艰难,勇于探索。在无穷集合理论发展过程中,早于康托尔的哲学教授 B. 波尔查诺(Bernard Bolzano)曾提出了这样的想法:一个无穷集合可以定义为是一个能与其真子集合建立一一对应关系的集合,而有穷集合则不能。这样,正整数集合就是无穷集合,因为正整数集合与正偶数集合两者之间有一个一一对应关系,尽管正整数集合仅仅是正整数集合的一部分。

每一个无穷集合都能与正整数集合建立一一对应关系吗?绝不是这样。0与1之间所有数的集合,这个集合包括整数、分数、无理数,它就不能与正整数集合建立一一对应关系。这个证明很容易。通过假设,在正整数集合与 0 至 1 之间所有数的集合之间,能够建立任何一一对应关系的话,必将导致矛盾,从而证明了上述结论。但是,详细的证明过程我们就不叙述了。

既然 0 与 1 之间所有数组成的无穷集合不能与正整数集建立一一对应关系,那么这两个集合的数目就不能相等。0 与 1 之间所有数的数目用超穷数 C 来表示。因此任何与 0 至 1 之间的数能够建立一一对应的集合,也必定包含着 C 个元素。

另一个含有 C 个元素的集合,是一条直线线段上所有点形成的集合。考虑一条直线和在直线上的一个固定点 O。让我们以直线上的每一个点对应于从 O 点到该点的距离所表示的数,并且加上这样的条件:O 点右边的距离为正,O 点左边的距离为负。这样,从 0 到 1 之间的数与该直线上表示这些数的点,两者之间就建立了一一对应的关系。这一关系意味着这些点的数目是 C。

401　我们已经定义了 C 为 0 与 1 之间所有实数的数目。这个集合与全体正实数是一一对应的。我们将从几何上证明这个事实。实数集合本身与直线上的点,与在解析几何中所使用的 x 轴,是一一对应的。因此,让直线 L(图 76)上点 O 右边的点代表所有正实数,让 OA 代表单位长度,这样 OA 上的点就与 0 至 1 之间的实数一一对应。画一个长方形 $OABC$,画出其对角线 OB。现在,P 是 O 右边任意一点。画出 CP 使得它与 OB 相交于 Q,从 Q 向 L 引一垂线,这样得到 P'。按这样的构图方式,就决定了一种对应关系:

L 上点 O 右边的任意一点 P,对应且只对应于 OA 上的一点 P'。反过来,如果首先在 OA 上确定任意一点 P',然后再画出一

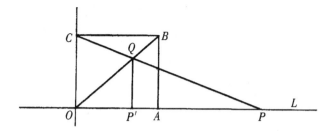

图 76 单位线段上的点与半直线上的点一一对应

条在 P' 与 OA 垂直的垂线，则这垂线将与 OB 在 Q 点相交。然后我们画出直线 CQ，这样 CQ 将与 L 相交于 P，因此我们就有点 P 对应于 P'。由于 OA 上的点与直线 L 上右边所有的点一一对应，这样 OA 上的点的数目，以及全部半直线上的点的数目就都是 C。用算术方法表示就是，正实数集合与 0 至 1 之间的实数一一对应，因此正实数的所有数目是 C。

一条线段上的点的数量，与整个半条直线上的点的数量是相等的，尽管事实上一条其长度是无穷大，而另外一条只不过为一个单位长。实际上，OA 不论是两个单位长或是其他有限长度，我们的结论都相同。因此，在任意线段上点的数量总是 C。

这一结论，像上面确定的其他结论一样，似乎与我们的直觉相悖。但是，我们有什么理由期望两条线段中，较长的一条其上面的点就多些呢？支持这种期望的关于点和线的精确知识是什么呢？欧几里得几何的确要求任意线段包含有无穷数量的点，因为任意线段能被分割得任意小，但是这种几何并没有说一条线段上点的数量。康托尔理论则明确地告诉我们：任意两条线段，无论它们的长度如何，都具有相同数量的点。这个理论不仅在逻辑上是成立的,而且也能使我们解决关于空间、时间、运动的本质的一些使人困惑的问题,这些问题已经使哲学家们困惑了 2 000 多年。

我们对空间、时间的直觉表明,任意长度、任何时间间隔,无论它们多么小,都能被进一步分割,这些概念的数学表达也考虑到了这种性质。例如,按照严密的欧几里得作图法,任意线段都能分割。数学上的直线还有进一步的性质。任意长度都由点组成,每个点都没有长度;而且,这些点与其他每个点的关系就像实数系中的数一样。任意两个数之间有无穷多个其他的数;例如,1 与 2 之间有 $1\frac{1}{2}$, $1\frac{1}{4}$, $1\frac{1}{8}$,等等。因此,任意两个点之间有无穷多个其他的点。同样,时间的数学概念认为,时间由时刻(瞬时)组成,每个时刻都没有间隔,而时刻相继就像实数系中的数一样。这样,12点整是一个时刻,对应于12点整以后的任何秒数,都有一个时刻,我们并可以为之命名。因此,千真万确的是,时刻就像一条直线上的点,任意两个时刻之间有无穷多个数量的时刻。

长度、时间的数学概念中的困难,首先是由希腊哲学家芝诺(Zeno)阐述出来的,但是,利用无穷集合的理论,我们现在能解决这些问题了。让我们来考虑由罗素表示的阿溪里与乌龟的悖论。

阿溪里是一位赛跑健将,他与乌龟进行赛跑。由于龟爬得很慢,因此允许龟先从起点出发,而阿溪里则在稍后一些时间再开始跑。人们会承认,赛跑终了时,阿溪里将超过龟而先达到终点。但在赛跑过程中的每一个时刻,阿溪里与龟都位于各自路程中的某一点,而且在同一点两者都不会停两次。这样,它们跑的时刻数是相同的,因此,龟与阿溪里跑过的距离的点也同样多,另一方面,如

果阿溪里想追上龟,则他必须跑过比龟更多的点,因为它必须跑过
更大的距离。因此阿溪里绝不可能超过龟。这是数千年来人们的
思路及其困惑。

上述论据中只有一部分内容是站得住脚的。我们必须承认,
在从起点到终点的赛跑中,龟跑过的点与阿溪里跑过的点一样多。
因为在赛跑中这段时间的每一时刻,他们各自要占据一个确切的
位置。因此,龟所通过的无穷多个点的集合,与阿溪里所通过的无
穷的点的集合,两者之间有一种一一对应关系。但是,说什么因为
他必须跑过更长的距离才能赢得赛跑,所以他必须比龟跑过更多
的点,则是错误的! 因为就我们现在所知道的那样,阿溪里必须跑
过的那一条较长线段上点的数量,与龟所跑过的线段上点的数量
是相同的。我们必须再次注意到这样的事实:一条线段上点的数
量与其长度无关!简而言之,正是康托尔的无穷集合理论解决了
阿溪里与乌龟这个问题,而且拯救了我们的时空数学理论。

在反对时空无限可分方面,芝诺提出了使他的对手困惑不已
的其他悖论,这些悖论只有通过时空的现代数学概念和无穷集合
理论,才能给出令人满意的回答。试考虑一支飞动的箭。在任何
时刻它都处于一个确定的位置。芝诺说,在紧邻的下一个时刻,它
将处于另一个位置。什么时候这支箭从一个位置飞到另一个位
置呢?

到紧邻的下一个时刻时,这支箭是如何处于一新位置的呢?
答案是,没有下一个时刻! 而人们在争论中却假设有这么一个时
刻。互相前后相继的时刻,就像实数系中的数一样,如同在 2 或　₄₀₄

$2\frac{1}{2}$以后没有下一个（紧接着）较大的数一样，在一个给定的时刻之后也没有下一个时刻。在任何两个时刻之间，介乎其间的其他时刻的数量是无限的。

但是，这种解释仅仅是把一个困难转变成了另一个困难。箭从一个位置到任何一个临近的位置之前，它必须穿过无穷数量的中间位置，一个位置对应于无穷个时刻中的一个。如果它必须穿过其间的无数个位置，那么它是如何到达最近的位置的呢？这也不是一个困难问题。为了穿过一个单位长度，物体必须穿过无穷个位置，但是所需要的时间也许只不过是一秒钟，因为即使一秒钟也包含有无穷多个时刻。

但是，关于箭的运动还有一个更大的困难。在它飞行的每一个时刻，箭头都占据一个确定的位置。在这个时刻，箭不能运动，因为一个时刻没有持续的时间。因此在每一个时刻箭都是静止的。既然这一结论对每一个时刻都是适用的，因此，运动的箭总是静止的。这个悖论总使人感到惊奇：它本身看来似乎是违反逻辑的。

现代无穷集合理论，能够对上述问题给出一个令人感到惊奇的解答。运动是一个由静止构成的序列。运动不过是位置与时间的时刻这两者之间的一种对应，位置、时刻各自形成一个无穷集合。一个物体在"运动"期间中一段时间的每一个时刻，它都占据一个确定的位置，因此可以说它处于静止状态。

这一运动的数学概念适合我们关于物理现象的运动概念吗？直觉告诉我们，运动不就是一个物体在不同的时刻处于不同的位置吗? 因此,这再次向我们表明,不能对直觉过于相信。"动"画片只不过是在屏幕上以每秒 16 格的速度显示出一系列静止的图片而已。也就是说,它由不动的画片组成,这些画片以一定的速度呈现给眼睛以运动的形象。因此,这种运动不过是一系列的静止图片。运动的数学理论应该更能适应我们的直觉,因为它考虑了在时间的任何间隔内的无穷多个"静止"。由于这一概念解决了困惑人们的悖论,因此我们应该完全接受它。

超限数代数也有一些令人惊奇的特征,并能帮助我们解决时空思想中的其他困难。考虑两个集合(a)与(b)的元素:

$$(a) 1 \quad 2 \quad 3 \quad 4 \quad 5 \quad 6 \quad 7 \quad \cdots$$
$$(b) 6 \quad 7 \quad 8 \quad 9 \quad 10 \quad 11 \quad 12 \quad \cdots$$

两个集合明显地一一对应,因为在集合(a)中的每一个数,对应于在其下方的集合(b)中的一个数,反之亦然。因此,两个集合中元素的数量相同。这个数量是 $\aleph_0$,因为它是正整数的数量。但是,第二个集合比第一个集合含有的数量少 5 个。也就是:

$$\aleph_0 - 5 = \aleph_0 \tag{1}$$

方程(1)揭示了一个有趣的事实,那就是,如果我们从一个无穷数中减去一个有限量,依然有相同的无穷量。大约公元 100 年的罗马诗人卢克莱修(Lucretius)将这一事实——除了不怎么简洁之外——表达得更富有戏剧性:

只要你高兴,你可以万寿无疆;然而,不朽的死亡将等待着你;现在的人,他在今天结束其生命,比他在若干年前就已寿终正寝所度过的时间,并不会更长。

由于正偶数集合能与正整数集合建立一一对应,而由于正偶数与正奇数一样多,因此奇数的数量与偶数的数量就是一样的,都是 $\aleph_0$。但是,所有正偶数、正奇数的集合在一起,正好就是正整数的集合。前者包含有 $\aleph_0 + \aleph_0$,即 $2\aleph_0$ 个元素,而正整数集合包含 $\aleph_0$ 个元素,因此

$$\aleph_0 = 2\,\aleph_0 \tag{2}$$

如果我们认真思考一下,就能利用方程(2)所表述的事实解决本章开头特里斯特拉姆所提出的进退两难的问题。特里斯特拉姆百思不得其解的是,因为他在一天仅仅只能记录半天的经历,即使他活到无穷岁,明显地他也只能记录一半的生活。另一方面,他同样清楚的是,如果他永远活下去,则生活中的每一年都将在适当的时间被记录下来。无穷量的数学理论支持后一种观点。如果他活到 $2\,\aleph_0$ 岁,则他能记录 $\aleph_0$ 年的生活。但活到 $\aleph_0$ 岁就是活到了 $2\aleph_0$ 岁,所以,特里斯特拉姆将因为写下了完整的自传而受到子孙后代的敬重。

如(1),(2)这些涉及 $\aleph_0$ 的方程,在我们看来似乎是不正确的,因为我们已习惯于按照处理有限数的方式来进行思考。但是,这在逻辑上是站不住脚的。有限数具有的性质,超限数不必或不一定具有,反之亦然。这一命题的逻辑,与我们说尽管猫、狗都是四足动物,但有些关于猫为真的命题对狗则不真,这样的逻辑没有什么不同。

我们对康托尔在研究无穷量方面的贡献所进行的简单考察,表明他的理论具有十分重要的价值。但是,在入口处却还有另一处暗礁,这值得引起人们的高度注意。

无穷量研究中的基本概念是集合、类，或者元素的集合。例如，数的集合，直线上点的集合，时间的时刻集合。遗憾的是，这些初看起来简单的基本概念，却困难重重。到目前为止，我们还没有考虑过这一类困难。现在，让我们举几个例子来说明这一问题。

第一个例子是古典的，曾以几种不同的形式出现在许多古代文学作品之中，其中包括《新约》。耶稣门徒之一，在非犹太人中传播基督教的圣·保罗（Saint Paul），在致罗马皇帝提图斯（Titus）使徒的信中说，克里特岛（Gretan）人"很可能是他们自己的先知曾经说过：克里特岛人总是说谎，极其残忍，而又不思进取，易于满足。所有这些，后来都被证明是正确的"。《圣经》对克里特岛人进行了更进一步的丑化："克里特岛人埃皮米尼得斯（Epimenides）宣称，所有克里特岛人总是撒谎。"但是，如果埃皮米尼得斯是正确的，那么他所讲的就是真话，因此克里特岛人总是撒谎这一命题就不为真。另一方面，按照他自己所宣称的，作为一位克里特岛人，他也是撒谎者，因此他所宣称的"所有克里特岛人总是撒谎"就是谎言。在这两种情形中，埃皮米尼得斯自相矛盾。明显地，他无法使"所有克里特岛人总是撒谎"这一命题在逻辑上完备，即使事实很可能是这样。他的断言遇到了逻辑上的困难。

我们再考虑诚实的乡村理发师所面临的进退两难的境况。他非常自信地宣称，尽管他不给自己刮脸的人刮脸，但却给所有自己不刮脸的人刮脸。一天，当他给自己脸上擦肥皂沫时，突然产生了一个疑问：是否应该给自己刮脸。如果他给自己刮脸的话，则他是给自己刮脸的人；因此，按照他自己所说的，他不应该给自己刮脸。另一方面，假如他不给自己刮脸，这照他自夸的，他应该给自己刮脸。简单地说,如果他给自己刮脸他就不应该给自己刮脸;如果他不给自己刮脸他就应该给自己刮脸。这位可怜的理发师所定义的人中,既包括他自己又不包括他自己。遗憾的是,我们必须离开理发师了,离开他那准备好的剃须刀和已涂好了肥皂的脸,去为他探索使他从自己的断言中解脱出来的道路。

在下面这个相当有趣的例子中,也能发现与此有关的困难。"单音节的"(monosyllabic)这个词不是单音节的,而"多音节的"(polysyllabic)这个词却是多音节的。第一个词不能描绘本身的情况,而第二个词则描绘了本身的情况。我们称那些不能描写它们自身的词是异己的(heterological),如"单音节的"这样的词。因此,我们说,若 x 自身并非 x,则词 x 为异己的;但是,假设 x 就是"异己的"这个词,那么我们会说,"异己的"是异己的,如果"异己的"这个词本身不是异己的。换句话就是,我们说,某事是某事,如果它不是某事的话。关于这一点,所有能说的一切就是,某些东西是有错误的。

所有这些悖论都涉及元素的类的区别,克里特岛人的类,被刮脸人的类,最后一个例子中异己的类。分析表明,这些关于类的命题是自相矛盾的。但这些困难,正是由于康托尔利用了集合、类的概念才引入到数学中来的。因此他的工作引发了人们暴风雨般的批评,集合论成了引起激烈争论的学科,就丝毫也不奇怪了。

与此相关,令人不安的是,这些问题还未被人们解决。因为它们涉及逻辑与数学之间的问题,这两门科学因此也已经发展出了几种不同的方法。尽管到现在为止还没有一种方法是令人满意的,但每一种方法都有人宣称它是正确的。数学家们现在也为此形成了几个思想流派,每个流派都发展出了自身的数学哲学基础。

应当指出的是,并非全部数学都受到了怀疑。而且,即使是这些充满矛盾内容的学科,甚至暂时也不必抛弃。而且幸运的是,这些内容还有其实际效果及其应用价值。正如所有的人都在对微积分的可靠性进行热烈讨论时,微积分已被应用推导出了伟大的定律一样,今天,这些有争议的定理也在运用,而且被证明是非常有用的。微积分的历史也鼓舞着人们,因为正如微积分所面临的困难终于被解决了一样,我们可以期望现在所面临的困难,将来也能解决。

这种对数学基础的怀疑,至少给数学家们提供了对他们自己的工作开玩笑、自嘲的机会。认识到每个时代都有为该时代的创造进行严密化的事实后,使得杰出的美国数学家 E. H. 穆尔(Moore)评论说:"今天的严密性问题就够人受的了,哪里还管得了未来。"其他的数学家发表的评论,则更加愤世嫉俗。有人讥讽地说,证明所告诉我们的是哪些地方最值得我们怀疑。另外有人说,逻辑就是由于自信而导致谬误的艺术。

尽管康托尔的工作导致了悖论,而且这些悖论仍在等待用一种完全令人满意的方法来消除,但是许多数学家已经认识到,康托尔作出了仅仅只有人类才能取得的真正的进步。数学家的创造依靠的是观察、直觉的艺术。然后用逻辑来认可、证明直觉所获得的东西。正是由于有了这种逻辑上的卫生学,数学实践才得以保持其思想的健康与强壮。而且,整个数学结构是建立在不确定的人的直觉的基础之上的。在各处,直觉都应该除去,而代以稳固的思想支柱;但是这种支柱则是建立在某些更深的,或许是定义更不清楚的直觉的基础之上。尽管用精确的思想取代直觉的过程并没有改变数学所最终依赖的基础的本质,但是却的确增加了数学结构的强度和高度。

我们觉得给本章做总结应该小心谨慎。前面谈到的悖论和难解之谜非常多,以致读者可能认为超穷数(无穷数)理论是数学娱乐(mathematical divertissement)。但这绝不是正确的评价。我们应该看到的是,精确的思想是如何应用于含糊不清、最不可捉摸的直觉阴影中的。在提出把精确的定量化思想应用于无穷集合中去后,康托尔解决了从亚里士多德时代直到现代所产生的大量的哲学争论。

无穷数理论只不过是 19 世纪富有批判精神的思想家的创造之一。其中所包含的内容几乎都稀奇古怪,但它却是合乎逻辑的、有用的。我们要考察的下一个数学创造,因为它甚至是更令人不可思议,也许它会使那些门外汉瞠目结舌。但是这一创造却被证明具有坚实的基础,以致带来了数学、科学、哲学思想领域革命性的深刻变化。初看来,似乎是 19 世纪的数学家为了恢复希腊人首先引入的严密性,而被迫远离正常的思维方法去进行创造。其实,这些数学创造所解决的是 17 世纪所遗留的问题,那时,数学家们为了匆匆跟上科学的步伐而将这些问题忽略了。

第二十六章　新几何，新世界

> 我已得到了如此奇怪的发现，使我自己也为此惊讶不已：
> 我已从乌有中创造了另一个新世界。
>
> J. 鲍耶（John Bolyai）

第一位向欧几里得挑战的是欧几里得自己。这位被人们最为普遍接受的思想体系——永恒的真理、哲学与科学的摇篮——的创造者，甚至在将他的思想体系公之于世之前，已对其结果产生了怀疑。欧几里得自己的疑虑，标志着 2 000 年来从"幕后"攻击为人们广泛接受的、显而易见真理的开端。

众所周知，欧几里得几何学以 10 条公理为基础，这些公理的真理性不证自明、不言而喻，所以没有一位"神智健全"的人胆敢对此表示怀疑。从如此坚实的基础出发，经过完美、严谨的逻辑推理，从而产生出了更多的"真理"，它们也像公理一样，富有吸引力，并能立刻为学者们广泛接受。牛顿时代的成功，为这些真理增添了坚实、充分的无可置疑的证据，从而使这些真理在 2 000 多年的应用中达到了光辉的顶点。许多世纪以来，为经验所支持的逻辑和为传统所支持的常识，使得人们把欧几里得体系当作神圣不可侵犯的圣物。到 1800 年时，受过良好教育的人更加愿意对着欧几里得定理发誓,而不愿意对着《圣经》发誓。

无论是诉诸于经验、信仰康德哲学的人,或者明显地持反对态度的人,都毫不迟疑地得出了这样的结论:欧氏几何是真理,真理就是欧氏几何。尽管有这样令人羡慕的评价,但从其诞生时起,随着时光的流逝,欧氏几何一直令包括欧几里得在内的少数人忐忑不安。他们被两条显然是无懈可击的公理困惑着。

第一条公理指出,一条直线线段能够在两个方向随意延长。第二条公理是平行线公理,这条公理说,通过不在直线 L 上的一点 P,有且仅有一条直线 M(在 P 和 L 的平面上),无论 M 和 L 延长多远,M 都不会与 L 相交(图77)。如果欧氏几何的公理为人们所接受,是由于物理空间的经验迫使我们不得不如此,那么这些公理就开始值得怀疑了。任何人直接经验的范围都没有超出地球上几英里。真正能肯定的是,这些公理在我们实际生活的有限区域内似乎是真理,甚至在这样的范围内,我们也不能肯定地断定这些结论,因为如同我们在讨论射影几何的那一章里所指出的那样,即使在我们周围最近的空间中,我们也绝对看不到平行线束。当我们从远距离看欧几里得所描述的平行线时,发现这些平行线似乎相交了。

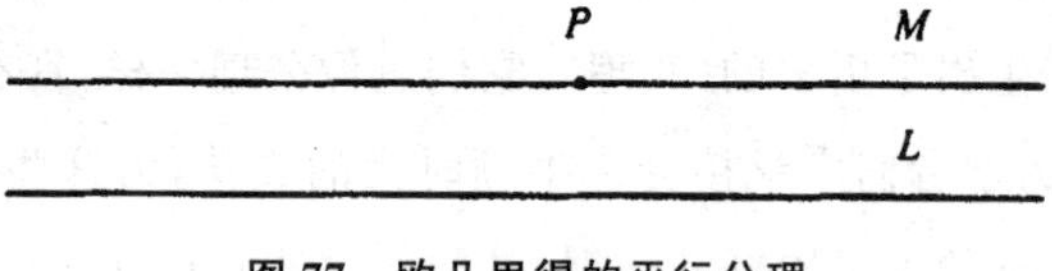

图77 欧几里得的平行公理

欧几里得在利用这些公理的过程中,显示了他对这些公理的关注。平行公理是两条令人疑虑的公理中最值得怀疑的,他在证完了许多无须用平行公理的定理之后才使用它。他同样关注直线的无限延伸性。考查他的几何定理,结果表明,他的确利用了线段(两点之间的直线),但是从未假设过最初的公理中所出现的无限长的直线。当必须将线段沿两个方向延长时,也仅仅只延长到定理所需要的长度为止。这并不能由此推断出欧几里得怀疑这些公理的正确性的结论;他这样做似乎强烈地暗示,他的确喜欢从更简单的公理中推导出结果。

在每个时代,都有一些过于严谨的思想家,他们像欧几里得一样,也在利用公理时表现得犹豫不决,就像讲求实际的商人将赌上他的家当一样小心。为了消除困扰心头的疑虑,这些人从密苏里(Missouri)开始,一直在尝试着做同样的努力。他们集中于讨论平行线公理,试图从其他公理中推导出平行线公理,或者找出一条更能为人们所接受的公理替代平行线公理。数百名最优秀的数学家做出了最有价值的努力,但都以失败告终。到1800年时,平行线公理已经成了几何学瑕疵的标志。

评论数学家们为此所做的大多数努力几乎没有必要,也没有多大益处。但是,耶稣会牧师 G. 萨凯里(Girolamo Saccheri)的工作却值得我们注意。他是比萨大学的数学教授,一位爱好逻辑的学者。萨凯里有一个崭新的想法。他的新奇之处就在于,把平行线公理归结为事实上讨论这样的问题:给定一条直线 L 和一点 P,那么或者(a)恰好有一条通过 P 且平行于 L 的直线;(b)没有过 P 平行于 L 的直线,或者(c)至少有两条过 P 平行于 L 的直线。选择(a)就是欧几里得的平行线公理。假设它被(b)所代替,若后者与欧几里得的其他9条公理组合在一起,将被证明推导出了相互矛盾的定理。这样,选择(b)肯定是不正确的。同样,如果选择(c)和另外 9 条欧氏公理也推导出了矛盾的定理,则选择(c)也是不正确的。那么,这样一来就证明了,欧几里得的平行线公理是唯一可能的。

选择(b)与其他 9 条欧氏公理,萨凯里的确推导出了互相矛盾的定理。但是,从 9 条欧氏公理和选择假设至少存在两条平行线的公理(即选择(c))中,他没有导出矛盾的结论。尽管他的努力是决定性的、富有成效的,尽管他所推导出的结论与欧氏几何的类似结论相比是令人惊奇的,但结论之间的确没有矛盾。

萨凯里正处于做出划时代发现的门槛上,但他拒绝迈出这一步。现在,我们留给读者来决定,以未能发现结论之间相互矛盾这一事实为基础,萨凯里应该得出什么样的结论。就萨凯里本人来说,他对从自己的一套公理中获得的奇怪的定理毫无思想准备,以至于他认为欧几里得的平行线公理必定是正确的。正因为如此,他于 1733 年在一本名为《无懈可击的欧几里得》(*Euclid Vindicated from All Defects*)的著作中发表了他的结果。很显然,当一个人开始为另一个人辩护时,他将很有可能妄顾事实。

关于萨凯里以及许多其他人失败的一个解释是,这些伟大的数学家都接近了平行线公理所提出的问题,然而谁都没有足够的判断能力认识到,必须抛弃 2 000 多年的思维习惯。但是,19 世纪初叶,在数学界内部发生了一场知识背景的变革,由此而来对基本信念进行了一场彻底的清查和批判性的再考查。无疑这场变革是因为这样的事实:高斯、N. 罗巴切夫斯基(Nicholas Lobatchevsky)、鲍耶 3 人,在相互不了解各自思想的情况下,大约同时各自发现了萨凯里工作的正确意义;几年之内,罗巴切夫斯基和鲍耶各自在发表了他们的成果。

　　这三人中最伟大的,并能与牛顿和阿基米德并驾齐驱的学者是高斯。高斯在许多领域都表现出了令人难以置信的早熟,尤其是在他喜爱的数学方面。当他还是一位少年的时候,就证明了能用直尺(没有刻度)和圆规作出正17边形,他为此高兴异常,为了研究数学而放弃了想成为一位语言学家的强烈愿望。他不仅在数学的众多分支领域中做出了杰出的贡献,而且也实现了成为一名发明家、实验大师的愿望。尽管他的贡献在数量和深度方面丝毫不亚于其他数学家,但高斯却非常谦虚。他说:"如果其他人像我一样对数学真理进行长期深入的思考,他们也将会取得我的那些成就。"那些坚信天才是百分之九十九的勤奋但又对自己的数学能力绝望的人,也许在高斯的名言中能找到安慰。

　　平行线公理问题第一次引起高斯注意时,他还是一位少年。开始,他冥思苦想希望用一条更加简单的公理取代平行线公理,然而他失败了。随后,他沿着萨凯里的思路,选择一条与欧几里得几何相矛盾的平行线公理——本质上是萨凯里的第三种选择(选择(c))——从这条公理和欧几里得的其他9条公理出发,推出了一系列结论。像萨凯里一样,他得出了许多奇怪的定理。高斯没有被这些奇怪的结论吓住,而是迎难而上。他得出了一个全新的、即使伟大的人物也想都不敢想的令人惊奇的结论。他宣称:确实能够存在类似于欧氏几何的其他几何。

　　高斯具有创立非欧几何的智力和勇气,但却没有勇气面对那些乌合之众,这群乌合之众把非欧几何的创造者称为疯子,因为19世纪早期的科学家们生活在康德的阴影之中,康德曾宣称,统治知识世界的只能是欧氏几何。正因为如此,高斯关于非欧几何的研究成果,人们在他去世后才在其论文中找到。

两位应该享受创立非欧几何荣誉的人中,第一位是富有天才的 N. 罗巴切夫斯基。他 1793 年出生于一个贫穷的俄罗斯家庭,在喀山大学学习、接受教育,23 岁时成为该校教授。罗巴切夫斯基也为平行线公理问题所吸引。他说,他难以相信这样的事实:最伟大的数学家们经过 2 000 多年的努力,居然没有创造出一条更好的公理。因此像萨凯里和高斯一样,他在与欧氏几何矛盾的平行线公理的基础上,创立了一门新的几何。那些最令人难以置信的定理,正像没有吓住高斯一样,也丝毫没有使他沮丧。这些定理是经过严密的推导而得出的,而严密的推理是无可怀疑的向导。因此,罗巴切夫斯基也宣布了必须做出且具有革命性的结论:有不同于欧几里得的几何学,其真实性与欧氏几何是一样的。

与罗巴切夫斯基分享发现非欧几何荣誉,并有勇气发表自己成果的是匈牙利人约翰·鲍耶(John Bolyai)。像高斯、罗巴切夫斯基一样,鲍耶也天赋极高,而且除此之外,他还受到了也是数学家的父亲沃尔夫冈·鲍耶(Wolfgang Bolyai)的鼓励和影响。沃尔夫冈为平行线公理问题伤透了脑筋,在这方面花费了多年的时间。他把自己在这方面所做的工作交给了儿子,而鲍耶在 1825 年年仅 23 岁时,茅塞顿开。他坚决主张,存在着与欧氏几何矛盾的能被作为新几何学基础的公理。通过与父亲进行了一番争论后,1833 年在其父亲教科书的附录中,鲍耶发表了自己的观点及研究成果。

罗巴切夫斯基和鲍耶的划时代的论文是如何被人们接受的

呢？科学家们对欧氏几何有了竞争对手这一爆炸性新闻的反应如何呢？极富理性的哲学家对这一完全与当时最流行的哲学背道而驰的理论作何反响呢？罗巴切夫斯基和鲍耶全然不顾这一切，而毅然决然地发表了自己的研究成果。而且，在 1847 年时，尽管罗巴切夫斯基在工作中做出了杰出的贡献，而且忘我地工作，但还是被大学辞退了 ①。如果鲍耶是一位教授而不是一位奥地利军官的话，他也可能会遭到同样的命运。

大约在罗巴切夫斯基和鲍耶发表了他们的划时代著作 30 年后，高斯关于非欧几何的通信在其逝世后与其他论文一同发表了。高斯的巨大声望，引起了人们对非欧几何的关注。不久，数学界开始阅读罗巴切夫斯基和鲍耶的有关著作。

为了理解他们在平行线公理问题方面的工作，现在必须回过头来再看看。考虑任意直线 L（如图 78）和任意不在 L 上的点 P。欧几里得平行线公理宣称，过 P 有且仅有一条直线 K 与 L 不相交。现在设 Q 是 L 上的任意一点。当 Q 向右移动时，直线 PQ 就绕着 P 按反时针方向旋转，似乎要趋近直线 K。同理，当 Q 沿着 L 向左移动时，直线 PQ 就围绕 P 按顺时针方向旋转，同样也趋近 K。这样，在每一种情形下，PQ 都趋近一条直线，并且是同一条极限直线 K。

但是，鲍耶和罗巴切夫斯基却假定 PQ 的两个极限位置不是同一条直线 K，而是过 P 的两条不同的直线，而且这些极限线 M

①　M. 克莱因在这里太夸张了。罗巴切夫斯基一直在喀山大学及全俄国很受重视，并于 1827—1846 年担任了长达 20 年的喀山大学校长。只是于 1846 年辞去校长职务后，改任喀山学区副督学，使他有一种失落感。——译者注

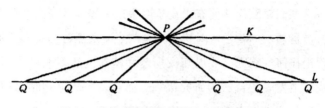

图 78　作为唯一极限线的欧几里得平行线

和 N（图 79）与 L 不相交。他们还假定，每一条过 P 且在 M 和 N 之间的直线如 F，都与 L 不相交。因此罗巴切夫斯基和鲍耶的平行线公理断言，存在无数条过 P 且平行于 L 的直线。（这些人依然用平行线一词来表示极限线 M 和 N，但我们将利用它来代表任何过 P 且与 L 不相交的直线。）

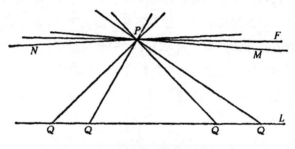

图 79　罗巴切夫斯基和鲍耶的平行线公理

　　读者也许会像与鲍耶和罗巴切夫斯基同时代的数学家一样，觉得做这样的假设非常荒谬。图形本身就暗示出，如果 M、N 和 L 这 3 条直线充分延长，那么 M 和 N 必将与 L 相交。但是，让我们记住，鲍耶和罗巴切夫斯基的兴趣在公理的选择，而不考虑公理是否描述了我们所居住于其间的空间。从逻辑上来说，这一公理是可以选择来替换欧几里得的平行线公理的。由于从这一公理和所保留的欧氏几何的公理推导出的定理，仅仅只依赖于推理，根本不用考虑它们与图形的一致性问题，因此，公理与视觉不吻合就无关紧要了。

利用他们的公理，鲍耶和罗巴切夫斯基能够证明什么样的定理呢？当然，没有利用欧氏几何平行线公理证明的所有欧氏几何中的定理，自然地也是鲍耶和罗巴切夫斯基的几何定理，因为他们保留了欧几里得的其他公理。我们可以指出这些定理包括：直角相等；从点 P 出发，至多能向一定直线引一条垂线，以及在一个三角形中，等边对等角。

在鲍耶和罗巴切夫斯基几何中，最令人吃惊的定理的确与他们的平行线公理紧密相关，当然它们在欧氏几何中是不可能找到的。这些定理像所有的数学定理一样，是利用我们熟悉的演绎推理方法证明的；但是，与欧氏几何不同的是，图形在证明的步骤中几乎没有什么作用，图形也不能说明定理的意义。

最出人意料的定理是：任何三角形的内角和总是小于 $180°$。而且，两个三角形中，具有较大面积的三角形，则具有较小的内角和，甚至更使人惊奇的是，新几何推翻了欧氏几何中的重要概念，即两个几何图形形状相同但它们的大小可以不同。在这样的情形下，我们就说这两个图形相似而不全等。在新的几何学中，两个相似的三角形也必定全等。我们需要提到的作为新定理的最后一个例子是：两条平行线之间的距离，沿一个方向趋于零，而沿另一个方向则趋于无穷大。

利用许多令人惊奇的定理，罗巴切夫斯基和鲍耶成功地创造了一门新几何学。但是，他们的研究仅仅是一种逻辑训练吗？首先，我们认识到，新几何演绎出了数百条互相不矛盾的定理。这就意味着，原先欧氏几何中的平行线公理不能从其他欧氏公理中推导出来；否则，新几何中所作的假设将必定会在体系内导致矛盾。欧氏平行线公理不能从其他的欧氏公理中推导出来，这已不是什么新鲜事，这个事实很早以前就为人们猜到了。

鲍耶和罗巴切夫斯基的研究工作的第二个重要性，则未曾预料到。即我们不能希望，通过选择另一平行线公理从而出现矛盾的方法，来确立欧氏平行线公理是颠扑不破的真理。因此，很清楚，早期数学家为了证明平行线公理而利用的两套体系，绝不可能都能获得成功。

但是，新几何学最伟大的意义则是完全没有预料到的。尽管逻辑训练结束了，但结论却在人们心中激起了层层波澜。有不同于欧氏几何的几何学。一位掌握这种知识的数学家，就像一个手中有气枪的小孩一样，想使用它的诱惑力太强大了，以至于忍不住要试一试。众所周知，欧氏几何精确地描述了物质空间。另一方面，鲍耶和罗巴切夫斯基的非欧氏几何，似乎不能描述物质空间，而且似乎也不适合应用于物质世界——那么，它能有什么用呢？

对这个问题的最初反应，人们一般都持否定态度。如果欧氏几何是正确的，那么这门新的、与欧氏几何冲突的几何学何以也是正确的呢？而且，这些荒谬的定理如何能应用于我们熟悉的世界呢？稍微思考一下就足以表明，否定的态度太轻率了。我们有什么理由担保欧氏几何是正确的呢？确实，欧氏几何被应用了数千年，它也适合人们长期以来所形成的思维习惯。但是，让我们回顾一下欧几里得自己关心平行公理的原因。是否这种新几何所给出

的是关于远离人们日常生活经验的空间区域的命题呢？空间非常　418
巨大，而我们所能接触的区域相对来说，不过是地球表面上的一个
点。我们谁知道火星表面的世界的几何，或者甚至是地球表面上
空 10 英里的事情呢？我们根据什么断定它们必须与应用于地球
上的东西相同呢？比起成百条曾经在一段日子里很有效，但最终
必定还是为人们所抛弃了的科学定律来，欧氏几何不一定会比那
些定律好。

正是在对这个问题进行仔细思考以后，高斯提出了一条判断
欧氏几何真理性的标准。在欧氏几何中，一个三角形的内角和等
于 180°，而在新几何中这个内角和则小于 180°。因此测量一个三
角形的内角和，将判定出哪一种几何更适应物质世界。由于存在
着两个原因，因而必须选择非常大的三角形。首先，在一个较小的
三角形中，出现的误差将较大；其次，当三角形的形状变小时，三角
形的内角和趋于 180°，这正是罗巴切夫斯基和鲍耶几何中的一条
定理。因为一个小三角形的内角和非常接近 180°，所以测量仪器
可能不能满足误差的要求。

高斯亲自进行了实验。他在 3 座山峰上每一处都安排了一位
观测测量员。每位测量员测量他所发出的光线到另外两位测量员
所形成的角度。结果测得的三角形内角和与 180°相差 2″。它是
如此接近 180°，以至于这个误差可以归结为仪器误差。因此这个
实验不具判决性。

高斯三角形实验中让人诟病的地方是，即使是在最佳实验条
件下，也不能证明空间是欧氏的，因为即使测量出内角之和为
180°，那么由于测量时总会产生误差，因此从可能性方面来说，真

正的内角之和将小于 180°。实际上,实验涉及两个无根据的假设,它们中的任何一个都可能使实验中得出的结论变得不真实。第一,假设由 3 座山峰所形成的三角形相当大;第二,假设在三角形各边所形成的光线沿直线传播。实际上,光线可能会稍微有些弯曲,只不过是我们察觉不到而已。

我们可以将高斯的实验工作看作是一个有趣而无结果的尝试。可是,非欧几何的实用性这样一个更大的问题却依然值得我们注意。从所有试图决定两种几何哪一种更适宜于物理空间的尝试中,所得出的有趣的事实是,两者旗鼓相当。我们已经阐明了,在新的几何学中,三角形越小,其内角和越趋近 180°。如果我们利用非欧几何,并由此利用稍微小于 180°的内角和,那么从实用的观点来看并无害处。同样,如果我们假设给定一点 P 和一条直线 L,在 P 和 L 所在的平面上存在无数条过 P 点、平行于 L 的直线,这同样也没有什么害处。

我们可能认为新几何学不能应用于物质世界,因为它宣称相似三角形必定全等。画出两个真实的三角形使它们相似而不全等,这肯定是有可能的。事实上,一个三角形能够画得很大,而另一个则画得很小。但是,无论怎样仔细地画两个三角形,我们都不能断定它们是真正相似的——也就是说,它们的对应角完全相等。按照非欧几何的新观点,三角形越小,则内角和越大,只不过这种差别不易测得罢了。因此,从所有实际目的出发,我们是否接受新几何学的观点,这本身并不构成什么问题。换言之,没有什么方法能断定哪一种几何学能应用于物理空间;两种几何学都可以利用。我们的成见和习惯偏向于欧氏几何,这可能是因为,有时它比非欧几何更为简单。但是，这些钟爱欧氏几何的原因，并不能否认新几何学的有效性。

无疑，读者对上述说法并不满意。也许，他会对其他更令人高兴的、证明非欧几何能应用于物理世界的证据感兴趣。

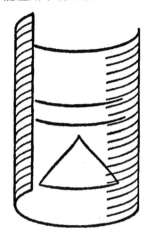

图 80　欧氏几何的新的图形解释

现在，我们再回到欧氏几何。想象有一张很大的纸片无限地向四周延伸。这张纸片就是数学平面的一个物理解释。在平面上，欧氏几何定理成立。现在，假设我们将这片巨大的纸的左右两边弯曲，改变纸的形状，从而形成一个曲面（图 80），但又继续使它像平面那样向四周无限地延伸。这样得到的曲面就是众所周知的柱面。形状改变后的结果之一是，以前平面上的直线都变成了曲线，这些曲线像平面上的直线一样，是联结曲面上两点之间的最短路径。我们称这样的曲线为短程线（geodesics）。平面上平行的两条直线成了平行的短程线，这是在曲面上两条不相交的短程线。

原先平面上的三角形变成了由曲面上短程弧线所构成的图形。我们也称新的图形为"三角形"。由平面上的圆变化而产生的图形,我们也称之为"圆"。

现在,我们得到了一个非常奇怪的事实。对于柱面上的图形,通过一种转换——即我们将直线、三角形、圆这些词按如上所示的方式进行解释,那么,欧氏几何中的每一条公理依然成立。因此,利用演绎法(这个过程与我们所画的图形毫不相关),从公理中推导出的欧氏几何定理,对曲面上的图形也成立。例如,曲面上的一个"三角形"的内角和也是 180°。

读者可能会反对这个观点,其理由是,直线和根据直线所定义的图形,已不再具有原来的正确意义了;它们已经失去了直线的性质。现在,我们首先利用在第四章已经指出的事实,即几何中的基本概念,如点、线是不加定义的。我们仅仅利用在公理中得到详细解释的这些概念。对于某些直线的新的真实的图形,如果说直线具有公理所需要的性质,那么它就可能适应于这种新的图形。因此,把全新的真实的图像和欧氏几何的图形联系起来,在逻辑上是合理的。

421　　　刚才所给出的欧氏几何的新的物理解释,同样适应于非欧几何。如果我们的确能自由地选择直线和其他图形的物理解释,那么我们将得到一种凭直觉就可接受的新几何——非欧几何的解释。

图 81 所示的曲面,是众所周知的伪球面(pseudosphere),在其上面两点之间的最短路径——这些特殊的曲线也称为短程线——具有罗巴切夫斯基和鲍耶公理中直线所具有的性质。例

如,两点决定着一条且只有一条直线的公理适用于这些短程线。伪球面上的两点(图 81 中的 C, D)决定着一条且只决定着一条短程线,即两点之间最短的路径。同样,罗巴切夫斯基和鲍耶的平行公理,即过不在曲线 L 上的点 P 有无穷条线不与 L 相交,也适用于伪球面上的短程线。

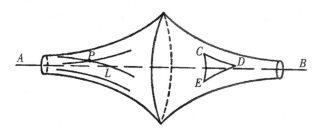

图 81 罗巴切夫斯基和鲍耶的非欧几何的图形解释

因为罗巴切夫斯基和鲍耶的公理适用于伪球面上的短程线,因此作为公理的逻辑推论的定理,必定也能适用于伪球面上的短程线。由此可知,三角形内角和小于 $180°$ 的定理,对于短程线所形成的三角形 CDE 也成立。我们仅仅只是对直线图形做了一些合理的小变化,就得到了非欧几何的一个直观解释。

对新几何做了"感官"处理之后,让我们再回到原来的问题。新几何能描述我们居住的物质世界吗？正如读者早就猜到的那样,物理空间的几何特征依赖于我们所选择的直线概念的物理意义。经验告诉我们,如果选取一绷紧的弦作为直线,则欧氏几何非常适用。但是,既没有必要也不需要让直线在所有物理应用中都代表一根绷紧的弦。现在让我们考虑一下,那些生活在山区国家的人,他们会对自己国家表面的几何学感兴趣。对他们来说,直线的最有用的物理解释就是短程线,也就是两点之间长度最短的曲线。关于这些"直线",第一个有趣的事实是,它们随着山脉形状的不同,而从一个地区到另一个地区改变它们的形状。这些"直线"遵从什么样的公理呢?几乎肯定不会遵从任何一条欧氏公理。例如,某些地区的地形可能就是这样,在有些点对(两点)之间有几条最短的路径。通过不在一条短程线上的一个点,可以作许多条短程线,如此等等。

在天文测量中,绷紧的弦也不是直线的实际解释。在这里必须用光线取而代之。当用光线作为直线时,什么样的几何学最适用呢?我们将在下一章和读者讨论这个问题。现在,我们最好是再回到非欧几何的数学方面。我们要考查更多的数学世界。

罗巴切夫斯基和鲍耶的注意力集中在欧氏平行线公理上,但他们接受了欧氏几何中另一条值得怀疑的公理。即一条线段可以朝两端无限延长这一公理。在此,人们也声称这条公理描述了远离地球的遥远空间的情况。我们怎么能肯定这条公理是正确的呢,也就是说它能适用于物质世界吗?

在罗巴切夫斯基和鲍耶对平行线概念进行研究后不久,数学家锐利的目光开始注意直线的无限性,试图设法弄清这条公理的丰富内容。多病而早慧的 B. 黎曼(Bernhard Riemann, 1826—1866),曾不得不乞求他的父亲,一位路德教的牧师,允许他放弃为谋求牧师职业而进行的训练,并使他能研究数学。被应允后,他转而开始研究取代这条公理的可能方案。

他的最有价值的思想之一是,我们必须区别无界和无穷。例如,地球赤道是无界的但却是有穷的。按照这种区别,黎曼提出了

取代欧氏公理中直线无穷性的一种方案，即所有直线有限却无界 423
的公理。

　　这一思想随后也引发了对平行公理的反思，这与罗巴切夫斯基和鲍耶相似，但是在这种情况下导出的结果却不相同。当 R 沿 L 向左移动，Q 向右移动时（图 82），两个点最后必定相交，因为黎曼假设直线 L 是有限的。结果是，直线 PR 将围绕 P 向 PQ 旋转，而且始终与 L 相交。这表明，应该没有过 P 而与 L 平行的直线。图 82 不能告诉我们，按照一般的直线概念，PR 绕 P 的旋转是何以能实现的，图示也不能更多地揭示黎曼几何的思想。这些反思对黎曼来说意味着，为了接受直线的有限性这条公理，其结果必然是不存在平行线。

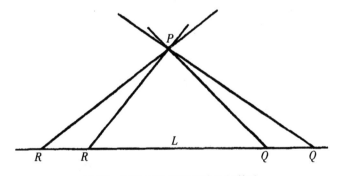

图 82　黎曼平行线公理的几何基础

　　似乎这两点与欧氏几何的根本区别还不算太大，黎曼又提出了第三点：他采用了两点可以决定不止一条直线这条公理，取代了两点决定一条且仅有一条直线的公理。

　　在进行讨论之前，我们提请读者记住，这些公理现在被用来纯粹作为新几何逻辑发展的基础。这种相当任意的体系与现实世界两者之间的关系,随后我们将进行讨论。

424　　　　黎曼几何,与罗巴切夫斯基和鲍耶几何一样,有些定理与欧氏几何是相同的。直角相等定理和一个三角形中等角对等边的定理,在 3 种几何中都成立,因为这些定理仅仅依赖于三种几何中共同的公理。

　　黎曼几何中有些定理与欧氏几何有惊人的不同。例如:一条直线的所有垂线相交于一点(图 83)。在这个奇怪的新世界中的另一个事实是,两条直线围成一个封闭的区域(图 84)。因为在罗巴切夫斯基和鲍耶几何中我们发现,相似的三角形必是全等的。所以另外两条定理差不多可以猜出来:第一条定理是,任何三角形的内角和大于 180°。第二条定理是,两个三角形,具有较大面积者则具有较大的内角和。

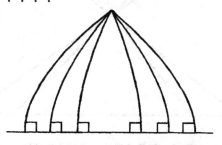

图 83　一条直线的所有垂线都相交于一点

图 84　两条直线围成一个封闭的区域

　　现在,我们可能会提出与前面讨论罗巴切夫斯基和鲍耶几何时相同的问题。除了对数学的智力训练有意义外,黎曼几何还有任何可能的意义吗?在这里,答案再一次是肯定的。黎曼几何可以被应用于具有通常理解的直线所刻画的物理世界,而且几何命题,与物理描述之间绝不可能会出现任何差异。此处有关黎曼几何与所刻画的物理世界的论据,和罗巴切夫斯基和鲍耶几何学与物理世界的关系的论据,完全一样。

进一步通过变换直线图形,我们将发现另一个直觉上令人满意的黎曼几何解释。如同我们能在柱面上展示欧氏几何,在伪球面上展示罗巴切夫斯基和鲍耶几何一样,我们也可以在一个熟知的球面上展示黎曼几何。在一个球面上,联结两点的最短路径所形成的曲线——是通过这两点的大圆的弧。我们所指的大圆的中心也就是球心。因此,对于过 A 点和 B 点的两个圆(图 85)来说,圆 $ABCDE$ 是大圆,而圆 $ABFGH$ 则不是。

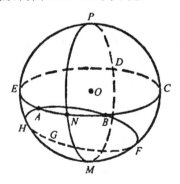

图 85 黎曼几何的图形解释

我们来考察,如果将公理中的直线解释为代表球面上的大圆弧,黎曼几何的公理是否能应用于球面上呢?首先,大圆是无界的,但长度却是有限的;其次,在球面上没有平行线,因为任何两个大圆都相交。事实上,它们不只相交一次而是相交两次。例如,大圆 ABCDE 和 MNPD 在 N,D 处相交。两点可以确定不只一条直线,这一公理在球面上也适合。诸如像图 85 中的两点 N,D,不止一个大圆通过它们,而通过像 A,B 这样的两端就只有唯一的一个大圆。

由于黎曼几何公理正确地描述了关于球面的事实,因此利用正确的演绎推理所推导出的定理,在球面上也必定是正确的。让我们来检验几个定理。其中一个定理是,一条直线的所有垂线都相交于一点。在图 86 中取大圆 L 作为直线,我们发现 L 的所有垂线都相交于 P 点。例如,如果 L 是地球上的赤道,则 P 点将是南极或北极。

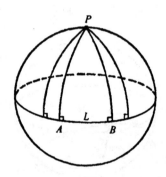

图 86 球面上的一个大圆的所有垂线都相交于一点

426 另一个定理是,一个三角形的内角和大于 $180°$,由于公理中的直线是大圆,因此,一个三角形就是由大圆的弧所形成的图形,图 86 所示的 ABP 就是这样的三角形。由于这个三角形的两个角是直角，因此，3 个内角和必定大于 180°。这个事实对球面上的每一个"三角形"都是正确的。

不难理解一个明显的观念：黎曼几何中的每一条定理，仅仅通过把定理中的直线想象为球面上的大圆，那么在球面上都能得到解释。因此对黎曼几何而言，我们能给出几何上、直觉上都令人满意的解释和意义。不仅如此，这种几何还对现实中涉及球面几何关系的科学问题提供了标准答案。因此，在一定范围内，它肯定是关于物质世界的一种几何学。事实上，物质世界理论的每一条依据，如果能适用罗巴切夫斯基和鲍耶意义上的非欧几何，那么同样也可以很好地应用于黎曼几何。非欧几何对我们居住的世界的适用性，在相对论这个题目之下，将作更进一步的讨论。

回溯往事，非欧几何的创立史，就是人类的判断力不断丧失的历史。人类居住在地球表面，假定人类想建立一种几何学使之恰好适应这种地球表面，那么人们就不会认为这种特殊的表面位于三维欧氏世界之中。哪一种几何学将会得到发展呢？在这种几何学中，球面上的"直线"应该显然是联结任意两点所组成的路径为最短的曲线，因为这种曲线将是最有用的。如我们已经看到的那样，这种曲线就是连接这些点的大圆。另一方面，肯定不会选择欧氏几何意义中熟知的直线作为基本曲线，因为它在地球的表面甚至不存在。

对于这种大圆，几何学家将会选择什么公理呢？它们将正是黎曼所选择的那一套公理体系，其中不存在平行线，直线的长度将是有限的。换句话说，自然界的几何或实用的几何，在我们一般经验意义上来说，就是黎曼几何。

　　几千年来,这种几何一直就在人们的脚下。但是,在所有的那些岁月里,最伟大的数学家从未想过试图通过检验球的几何特性而攻击平行线公理。而且作为几千年发展的顶峰,康德在欧氏几何毋庸置疑的真理观之上,建立了他深奥的哲学体系。的确,几乎不可能想象还有除欧氏几何之外其他的几何学。但是,人类却一直都生活在(如果不是住在其内的话)一个非欧几何的地球之上。

　　既然几何学产生于测量地球的活动,那么欧氏几何又是怎样首先发展起来的呢? 答案是,人类居住在一个非常有限的区域内,地球的确看起来是平坦的,在一个平坦的表面上,最短距离的确是在一般意义下所接受的直线。利用绷紧的弦表示直线,这就自然发展出了欧氏几何的公理和定理,一旦平面几何发展起来了,球就必须纳入欧氏几何的框架内。任何人,甚至包括特别青睐球的希腊人,都没有想到通过设计一套公理去发展球的几何,以直接适用于球面。这一历史表明,人们是多么深深地被习惯思维、社会习惯(习俗)和常规束缚着。可以肯定,罗巴切夫斯基和鲍耶的先辈们之所以没有成功,并不是他们缺乏技巧,或者缺乏解决数学中困难问题的能力。他们没有解决平行线公理问题,仅仅是因为他们不能打破习惯思维——欧氏几何。这种精神停滞不前的历史,是莱基(W. E. H. Lecky)在他的《欧洲理性主义历史》(*History of Rationalism in Europe*)中的极好的例子,他把这一历史现象描绘为时代的精神和时代的必然性,它使得人们偏爱一种观点或信仰,而不管其论据是正确的还是错误的。因此它使得康德以及直到1800 年的所有数学家都是如此。坚信欧氏几何的真理性、不可更改性和唯一性,使得任何人甚至都不可能思考另一种几何的可能性，即使非欧几何出现在他们面前时也是如此。

非欧几何的重要性，在思想史上无与伦比。像哥白尼日心学说、牛顿的引力定律、达尔文的进化论一样，非欧几何对科学、哲学、宗教都产生了革命性的影响。在整个思想史中，从来没有发生过具有如此强烈影响的事件。我们这样评价，一点也不过分。

首先，非欧几何的创立，使得人们一直意识到了的，但从未认识到的区别变得清楚了——数学空间和物理空间两者之间的区别。由于错误的理解，致使人们最初认为两者是相同的。人们认为，转瞬即逝的观察、视觉和触觉，都表明欧氏几何公理就是真实的物理空间，从这些公理中推导出的定理，经过视觉和触觉的进一步检验，然后它们得到了极好的验证——至少就感官所揭示的内容来说是如此。因此，欧氏几何就被当作了物理空间的精确描述。这种习惯思维在几百年中被牢固地确立起来了，因此，任何一种新几何观念都被认为是毫无意义的。几何就意味着物理空间的几何，而这种几何就是欧氏几何。但是，随着非欧几何的创立，数学家、科学家和大众最终都被迫接受这样的事实：建立在物理空间命题基础之上的思想体系与物理空间是不同的。

这种区别对于理解自1880年以来数学、科学的发展是至关重要的。我们必须强调的是，一种数学空间显示了一种科学理论的本质。因此，只有当它适合于经验的事实和满足科学需要时，才能被应用于物理空间的研究。但是，如果一种数学空间能够为一种在扩充了的科学范围内更接近论据的另一种空间所取代，那么它必然被取代，就如同托勒玫天体运动理论被哥白尼理论取代一样。如果读者发现这种可能性在他阅读下一章时已被证实，那么将不应该感到惊奇。

因此，我们应该把任何关于物理空间的理论都看作是一种纯粹的主观构造，而不要责备它与现实相悖。人们创造出一种几何，欧氏几何或非欧几何，然后由此决定其空间观。这样的好处是，尽管不能肯定空间具有在自己思想创造的结构中的任何特征，但却能对空间进行思考，并且在科学研究中利用这一理论。这种空间观、自然观一般并不否认诸如物质世界这样的内容，它仅仅强调了这样的事实：人们关于空间的判断、所获得的结论，纯粹是自己的创造。

非欧几何的创立扫荡了整个真理王国。在古代社会，像宗教一样，数学在西方思想中居于神圣不可侵犯的位置。数学庙堂中汇集了所有真理，欧几里得是庙堂中最高的神父。但是，通过鲍耶、罗巴切夫斯基、黎曼，这三个为神所不容的"邪恶之人"的研究工作，却摧毁了狂热的宗教徒、最高的神父和所有信教者所信奉的神圣的宗教法令。的确，这些勇敢的有识之士在他们的研究中，只关心由新的平行线公理推导出的结论的逻辑问题。开始时，他们肯定还没有对真理本身进行挑战。只要他们的工作被认为仅仅是一场精巧的数学魔术，那么将不会导致严肃的问题。但是，当人们认识到非欧几何可能真实地描述了物理空间时，它本身则以不可回避的问题呈现在人们面前。一向宣称是描述关于数量和空间真理的数学，现在怎么出现了几种相互矛盾的几何学呢？这些几何学中，只有一种可能是正确的。的确，甚至更使人恐惧的是，也许所有不同的几何学都是正确的。因此，新几何学的创立迫使人们认识到这样的事实：所有的几何学都可能是一种关于数学公理的

"假设"，假设欧氏几何的公理是关于物质世界的真理，那么其定理也是。然而，遗憾的是，我们不能先天地决定欧氏几何的公理——或者任何其他几何的公理——是真理。

　　在数学丧失了作为真理总汇的地位以后，非欧几何的创立使人们丧失了对真理的极大的尊重，也许甚至丧失了对任何事物具有确定性的希望。1800年代以前，每个时代，人们都坚信存在着绝对真理；差异仅仅是，人们所选择的绝对真理的源泉不同而已。亚里士多德，这位基督教、《圣经》、哲学和科学之父，在那些年代里总是被当作是客观的、永恒的真理的主宰者。在18世纪只有人的理性是确定的，这是由于它在数学和在具有数学精神的科学领域所产生的作用。拥有数学真理一直特别令人满意，因为数学真理昭示着未来更多的希望。现在，希望破灭了！欧氏几何统治的终结，就是所有绝对标准统治的终结。哲学家可能依然宣称坚信深刻的思想的真理性；艺术家可能深情地坚持认为，他们的专门技巧使得理解真理成为再明显不过的事实；神学家可能觉得，雄伟的教堂充满着神的回音；而浪漫派诗人也许在使我们的有识之士昏昏入睡之后，再使人们不假批判地接受他那迷人的诗篇。也许，这些都是真理的源泉。也许还有另外其他的源泉。但是，吸取了非欧几何教训的富有理性的人，至少会小心防范以免落入陷阱。即使他接受任何真理，除了时刻警惕之外，他的确还会如此这般的进行试验。吊诡的是，尽管新几何学对人类获得真理的能力提出了非难，但它们却提供了人类思想具有无穷力量的最好实例。因为为了建立这些几何学，思想必须摧毁和战胜习惯、直觉和感觉。

　　真理神圣性的丧失，似乎解决了关于数学自身本质这一个古老问题。数学是像高山、大海一样独立于人而存在,还是完全是人的创造物呢?换句话说,数学究竟是数学家们经过辛勤劳动挖掘出的深藏了若干世纪的宝玉,还是他们制作出的一块人造石头呢?甚至在19世纪后半叶,非欧几何已经为人们所知晓的情况下,卓越的物理学家 H. 赫兹还说道:"人们不能不感到惊奇,这些数学公式独立地存在着,而又具有自己的智慧,它们比我们更聪明,甚至比这些公式的发现者更聪明。从这些公式中我们得到的,比开始注入到其中的更多。"尽管有这种观点,但数学的确似乎是人造的、易犯错误的思想的产物,而不是独立于人的永恒世界中的东西。数学并不是建立在客观现实基础上的一座钢筋结构,而是人在思想领域中进行特别探索时,与人的玄想连在一起的蜘蛛网。

如果说非欧几何的创立,粗暴地使数学丧失了真理性基础,那么另一方面它也使数学获得了自由发展的境地。实际上,罗巴切夫斯基、黎曼和鲍耶的工作,给予了数学家们自由处理他们所需要的千奇百怪的研究的权力。因为非欧几何最初的目的,就是为了研究有趣的逻辑严密性的问题,这被证明具有无可比拟的重要性。现在,这一点似乎已经很清楚了,数学家应该探索任何可能的问题,探索任何可能的公理体系,只要人们对这种探索有兴趣;运用于现实世界的这一数学研究的主要动力,依然为人们所遵从。数学史上的这一阶段,使得数学摆脱了与现实的紧密联系,使数学自身从科学中分离出来了,就如同科学从哲学中分离出来,哲学从宗教中分离出来,宗教从万物有灵论和迷信中分离出来一样。现在,可以使用 G.康托尔的话了:"数学的本质就在于它的充分自由。1830年以前,数学家的处境可以比作是一位非常热爱纯艺术,而又不得不接受为杂志绘制封面的艺术家。从这种限制中解脱后，艺术家就可以无限制地发挥他的想象力和创造力，创造出众多的作品。非欧几何正是这种解脱的因素。"19世纪中叶以来，数学活动的大量扩张，以及在数学家的工作中更加强调美学作用，就是新几何学影响的例证。

非欧几何在思想史上所具有的无可比拟的重要性，就是使2 000多年来有关"无用"的逻辑问题发展到了顶峰。这样，数学提供了一个不受实用性左右，而是受抽象思想和逻辑思维支配的范例，并且也是灵机一动的智慧摒弃感觉经验的范例。这就如同哥白尼要求我们对待他的日心学说一样，因为日心学说也是人类思想的创造物。

第二十七章　相对论

马塞斯疯疯癫癫，放荡不羁，

物质世界的锁链根本不能使其驯服，

突然，看到了纯洁无瑕的空间，欣喜若狂，

于是，他进入了正常的人生旅途，变得温文尔雅。

A. 蒲柏（Alexander Pope）

有一句古老的忠告：当心你的朋友；你的敌人你自会留意。在科学活动中，这句话的意思就是：怀疑明显的东西；这样你将能清除科学真理中那些含混不清的内容。任何能对明显的东西进行挑战的人，必定是十分勇敢的英雄。因为人们会认为这种挑战是疯狂的行为。然而，这一勇敢的行为，经常是天才才有的举动。也许是因为这个原因吧，在一般词语的意义上，天才似乎的确等于疯子。

但是，天才的勇敢丝毫不是漫无目的地虚张声势。在科学和数学王国中，挑战具有正统地位理论的目的，是为了保持所研究的现象在逻辑上的一致性。为达到这种目的所表现出的热情，就是科学家的标志；对真理的辨别能力和对理性的信念，就是对天才的考验。

当代，相对论的创立者最卓越地显示出了这种伟大的特征。

A. 爱因斯坦尽管才华横溢,但他仍然保持着谦逊的本色。他对人们习以为常的观念发起了挑战,并且使几乎所有的科学、哲学思想都产生了革命。他的挑战直接针对着的是物理学中长期为人们接受的、似乎是最牢不可破的概念和假设。

在这些假设中,最牢固的假设之一是遵从欧氏几何定理所界定的空间和空间中的图形。当然,在爱因斯坦提出挑战的时代,非欧几何已经存在了大约 75 年,这是千真万确的。那时也认识到没有什么能保证物理空间具有欧氏几何的特征。但是,没有一个人怀疑科学中的几何结构必定是欧氏几何。人们坚信,物理空间是欧氏空间,并且进而坚信物理空间具有一致的性质,即地球上及靠近地球的空间,以及最遥远的星际空间,都具有相同的几何性质。

19 世纪的物理学家依然以牛顿所引进的、而且为随后的科学家乐意接受的某些形而上学假说作为其工作基础。为了理解这些假设的本质和作用,我们来考察最基本的物理过程——长度的测量。假定一位旅客在一艘正在航行的船的甲板上从一个位置到另一个位置散步。从他的起始位置到终止位置的距离是多少呢? 这个问题是容易回答的。旅客通过选定一个尺度就能测量出距离。假定因为这位旅客运动的方向与船运动的方向一致,而在靠近这只船的另一只停泊的船上,有一位观察者也在测量这位旅客从起始位置到终止位置的距离。他发现,他测得的距离比旅客本人测得的距离长,因为船的运动带着旅客运动了一定距离。

当然,这其中没有涉及不可克服的困难。旅客测出的是相对于船的距离。静止的船上的观察者测出的是相对于海水的距离。

433

　　如果两人都考虑行驶的船的运动,则两个观察者都会同意需做某些修正。但是,必须认识到的是,测量的距离是因人而异的。谈论从一个起始位置到一个终止位置的距离是毫无意义的,除非我们指出是谁测量了这段距离。

　　由于最重要的科学定律,诸如确定速度、加速度、力的定律,都与距离直接或间接相关。因此,科学定律明显地依赖于观察者,在建立科学定律时要用到观察者所进行的测量。但是,通常理解一个科学定律却不是这样。牛顿坚信,我们的感觉向我们保证存在着绝对空间和绝对时间,因此,他假定,有绝对的定律存在,尽管我们必须满足于依赖在一艘正在行驶的船——这艘船称为地球——上的一位观察者所得到的那些定律的确切陈述。牛顿相信,绝对定律对于超人的观察者——上帝来说是显而易见的,上帝观察的空间和时间是绝对的。这个世界中数学定律和科学定律之间的理想公式,就是上帝依靠他的绝对测量所能得到的定律,仅仅只需要知道地球与固定观察者即上帝有关的运动,人们就能把上帝的定律转变成为正确的形式。这样,我们看到牛顿的科学思想最终依赖于与上帝、绝对空间、绝对时间、绝对定律等有关的形而上学假设。

　　在 19 世纪科学思想中,给人印象最深的假设之一就是引力的存在。按照牛顿第一运动定律,一个物体如果没有力的作用,则将保持静止或沿直线继续运动。因此,如果没有引力,一个握在手中的球,只要手一松开,则将会悬浮在空中。同样,如果没有引力,行星将会沿直线路径在空中穿行。但这些奇怪的现象没有出现。因此使人认为,宇宙的行为好像有一种引力。

尽管牛顿的确证明了,支配所有地球上的物体和天体的引力作用的结果具有相同的定量定律,但是引力的物理本质却一直没有弄明白。远离地球 93 000 000 英里的太阳是如何吸引地球的,地球又是如何吸引临近其表面的各种物体的?尽管对这些问题没有给出回答,但是物理学家们一点也不着急。引力是一个非常有用的概念,以至于物理学家们心安理得地对反对意见视而不见。的确,如果不是在 1880 年左右出现了一些更为紧迫和困难的问题,物理学家们将会一直对引力的知识心满意足。

另外,由引入引力而产生的问题也被不经意扔在一边了。在第九章,我们指出,每一个物体具有两个明显不同的性质:质量和重量。质量是一个物质对速度变化或运动方向的反抗。重量则是地球对一个物体的吸引力。一个物体的质量是不变的,而其重量则依赖于该物体与地球中心的距离。尽管物体的这两个性质不同,但所有物体的重量与质量之比,在一个给定的地区总是相同的。这个事实令人惊奇,就像如果每年煤产量与小麦产量之比完全相同将会令人惊奇一样。如果煤和小麦产量有这种关系,那么我们将会寻求对这个国家经济结构的一种解释。同样,人们也要求对重量与质量的恒定比给出一种解释,这种解释直到爱因斯坦才给出。 435

在考察爱因斯坦的工作之前,我们必须讨论一个更重要的物理假设。试图解释光的本质的努力可以追溯到希腊时代。从 17 世纪以来,最广泛地为人们所接受的观点是,认为光是一种像声音一样的波的运动,如果没有一种传播波的媒质,则想象一种波的运动是不可能的,因此科学家们断定,必定有一种传播光波的媒介。但是,光波运行所穿过的遥远的星际空间是一种真空,不能有任何传播波的物质性实体。因此,科学家们必须假设存在一种新的"物质":以太(ether),它既看不到,尝不到,嗅不到,称不出其重量,也接触不到。而且——尽管这对我们并不重要——以太必须是一种固定的媒质。它弥漫于地球和其他天体运动的所有空间。引入传播光波的以太后,使得科学家们觉得心里踏实了,并自我陶醉了200多年。但是,到1880年时,人们以为以太必须具有的性质出现了深刻的矛盾,因此,物理学家们开始怀疑以太是否存在。

　　尽管19世纪末叶在物理学基础方面,人们面临着许多可疑的、难以理解的假说,但是,在任何时代都没有科学家像当时那样,深信那些已经为人们所发现的宇宙定律。18世纪人们是乐观的;19世纪,人们则是自我满足的。200多年来部分的成功已经使科学家、哲学家们自负起来,以至于宣称牛顿的运动定律和万有引力定律是思想定律和纯粹推理的直接结论。在科学文献中没有出现假说(assumption)一词,尽管事实上如牛顿所强调指出的那样,引力和以太概念是假设,而假设的东西根本不能理解为是实在的。但是,对牛顿来说无法想象的事情,对于19世纪的科学家们来说,则整个地颠倒了,成了确定无疑的事。

436　　　1881年,当两个美国科学家决定用实验核实地球通过静止的以太运动这个结论时,意味着物理学遇到了相当严峻的猛烈挑战。A. A. 迈克尔逊(Miehelson)和 E. W. 莫雷(Morley)以一条非常简单的原理为基础设计了一个精巧的实验。

　　通过算术运算就可以证明,对于一段给定的距离,在激流中划船顺流而下然后再返回所花的时间,比在静水中一个来回所花的时间更长。例如,如果一个人在静水中能以每小时4英里的速度划船,那么,在流速为零的情况,6个小时他能划来、回各12英里。但是,如果水流的速度是每小时2英里,那么那个人将以每小时(4 +2)英里的速度顺流而下,而以每小时(4-2)英里的速度逆流而上。以这两种速度一个来回所花的总时间就是(2+6)即8小时。这里涉及的原理是,如果速度恒定,如水流的速度,则其使运动滞后比帮助运动的时间长(在这个例子中是6小时对2小时),而且其最后总的结果是使得所花的时间更多。

迈克尔逊和莫雷按照如下的方法利用了这个原理,从地球上的A点(图87)发出的一束光到达位于地球上B点的一面镜子上;从A到B的方向就是地球绕太阳运动的方向。可以预料,光线将以通常光运行所具有的速度穿过以太到达B,然后再反射回到A。但是,由于地球的运动,当光线向B点运动时,位于B点的镜子运动到了一个新的位置B′。因此,地球的运动使得光线到达镜子的时间延迟了。在B′点,光线朝着A反射。但是,当光线朝着B运行时,地球使得A移到了A′,而当光线反射回来时,地球使得A移到了A″。因此,在光线从B′到A″运行过程中,地球的运动帮助了光运行。但是从B′运行到A″的距离比从A′到B′的距离短。这样,地球的运动与上面例子中水流的速度具有同样的效果。因此,利用在前面一段中所描述的原理,光线从A到B′再到A″运行所花的时间,比起如果地球在稳定的以太中所运行的AB距离的两倍所花的时间,应该更多。但是,尽管利用非常灵巧、精密的测试仪器,如众所周知的干涉仪,迈克尔逊和莫雷还是未能探测出这一增加的时间。地球穿过以太的运动明显地没有出现。

物理学家们面临着进退两难的境地,传播光所需要的以太必

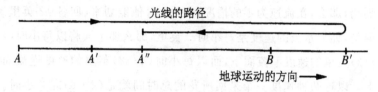

图87 迈克尔逊－莫雷实验

须是地球运动时穿过的一种固定的媒质。但是这种情况又与实验的结果不一致。理论与如此基本的实验之间的矛盾,使人们对此无法置若罔闻。到这时,物理学家们意识到,他们的学说需要进行一些彻底的修正。

尽管他们已经被某些根本性的问题痛苦地困扰着,但是,1905年爱因斯坦进一步注意到,在长度、同时性和时间这些基本概念方面面临着更大的困境。爱因斯坦指出,在某些情形下,两个观察者一致认定两个现象或两个事件的同时性,在理论上来说是不可能的,因为这一点,观察者将不会一致认定两个事件之间的距离和时间。我们来看看,为什么这种不一致性会必然出现。

假设一个人位于一列很长的、快速行驶的火车的中部,同时看到两束闪光,其中一束来自火车前部的车厢,另一束来自火车尾部的车厢。站在火车前部和尾部铁轨旁地面上而又位于这一距离中间的观察者也看到了两束闪光,然而却不是同时的。火车尾部的一束光先射到他的眼中。需要考虑的问题是:闪光是同时发出的吗?

两个观察者都会同意它们不是同时发出的,就位于地面上的人来说,因为他精确地位于两道闪光之间,两束光线必须穿过相同的距离,因此闪光到达他那儿所花的时间是相同的。由于他首先

看到来自尾部的闪光,因此这束闪光必定是首先发出的。在火车
上的人将会推理说:相对于他来说,来自尾部的光线的速度是光速
减去火车的速度。另一方面,相对于他来自前部的光线的速度是
光速加上火车的速度。由于两束光到达他那儿时已经运行了火车
的一半长度,而且由于来自尾部的光线需要较多的时间,因为两束
光线是同时到达他那儿的,所以来自尾部的光线必定是先发出的,
在这种情形中,似乎没有什么困难。

　　两个观察者之所以同意闪光发出的顺序,是因为他们都假设
在地上的人相对于以太来说是静止的,而火车上的人相对于以太
来说是运动的。但是,假设火车上的人采取非正统的观点,认为火
车相对于以太来说是静止的,而地球朝着火车的尾部运动,按照这
种观点,在火车上的人将会得出正确的结论——闪光是同时发出
的。在地面上的人无疑地会倾向于坚持他以前的观点,即他和地
球相对于以太都是静止的,来自尾部车厢的闪光先发出。现在,我
们对两束闪光的同时性之所以意见不一致,其原因就在于我们对
于谁相对于以太是静止的这个问题意见不一致。谁相对于以太是
静止的呢?

　　遗憾的是,地面上的人被假定坚信地球在以太中是静止的,火
车上的人同样被假定坚信火车相对于以太是静止的,但因为迈克
尔逊和莫雷实验已经向我们表明,我们不可能探测出任何穿过以
太的运动。由此,两个相对运动的观察者必定不赞成两个事件的
同时性。

　　如果两个观察者关于两个事件的同时性意见不一致,那么他
们对距离的测量意见也会不一致。假设一个观察者在火星上,而

一个在地球上，共同测量地球到太阳的距离。由于这个距离是变化的，因此他们必须同意在一个给定的时刻进行测量。但是对于给定时刻的观察者，两者必定同意事件的同时性，诸如表示时刻的钟的鸣响，由于两个观察者相对运动，因此他们不会一致赞成这些事件的同时性。"在给定的时刻"，他们得到的从地球到太阳的距离将是不同的。

两个相对运动的观察者不仅对距离的测量不能取得一致意见，而且对时间区间的测量也是如此。否则，为了对事件的同时性达成一致，观察者将必须对时间区间的起始达成一致。这在他们是不可能做到的。

关于处处是欧氏空间，存在着绝对长度、绝对时间和绝对定律，在整个宇宙中引力都起作用，而且存在着固定的传播光波的以太的假设——以及由这些假设所带来的问题，已经数不胜数，积重难返，以至于当时的科学难以解决这些问题了。除此之外，当认识到同时性、时间区间、长度并不具有唯一的含义时，那么也就很明显地表明所有这些困难不可能仅仅依靠对旧理论修修补补而予以解决。因此物理学理论的革命很快呼之欲出。如同当一个国家的经济、政治结构不能为人民提供基本的需要时，就要发生政治革命一样。

1905 年，25 岁的爱因斯坦开始了重新建立整个物理理论所需要的一系列彻底变革。迈克尔逊—莫雷实验已经证明，地球的运动不影响相对于地球的光速，由于科学不能与实验事实相悖，所以爱因斯坦接受了这样的基本假设：光速对于所有宇宙中的观察者都是相同的，而不论他们是如何相对运动的。因此，在与这一基本假设相关的物理理论中，实验结果与理论一致。他接受了另一受实验启发而得到的公理：即任何物体的速度都不能超过光速。

　　牛顿构造宇宙定律所需要的绝对空间、绝对时间概念，爱因斯坦都抛弃了。在接受了两个相对运动的观察者对空间、时间的测量不能取得一致意见的事实后，爱因斯坦引入了局部长度（或当地长度，local length）和局部时间（或当地时间，local time）的思想。两个相对静止的观察者将会对两个事件之间的距离和时间取得一致意见。对这些观察者来说，距离和时间是局部距离和局部时间。两个处于相对运动的观察者在两个相同事件之间将测量得到不同的距离和时间。每个人的测量结果，都是他的局部长度和局部时间。换句话说，人们生活在不同空间和时间的世界中。

　　例如，如果一个火星人想要测量地球上两个事件之间的距离和时间间隔，他将发现测出的数量与我们在地球上测得的结果明显不同。我们也发现，我们测量出的火星上的长度与火星上两个事件之间的时间间隔，跟火星人得到的也不一样。

　　应该强调的是，当讨论不同的观察者在测量中得到不同的长度时，并不是说这是由于视觉或光学误差带来的。即使当火星正靠近我们时，我们测量火星上的长度，也依然发现这些长度与火星人测量的长度不同。当我们讨论时间间隔长度结果不一致时，并不是在谈论一种心理学的或感情的效应。局部时间理论揭示的是，两个相对运动且具有同样时钟的观察者，记录的时间间隔是不同的，因为观察者生活在不同的时间世界里。

　　考虑一个具体数字的例子。在地球上的一位观察者发现，在一艘以每秒 161 000 英里的速度相对于地球运动的火箭上，火箭上的人将发现，地球上的人所测得的速度只有火箭速度的一半。

火箭上的人所使用的时钟对于地球上的观察者来说将只"运动得一半快"。火箭上的观察者对地球上的物体和事件在大小、时间方面将得出同样的结论。两类测量都是正确的,每一类都是在各自空间、时间的世界中进行的。

在局部长度和局部时间的概念中,我们得到了相对论的令人惊奇的一个新观点。房间的长度,我们工作日的时间跨度,并不是一个固定量。对我们来说的一件事情,对于与我们作相对运动的观察者来说,它们则是不同的一件事情。这些奇怪的观念不应该妨碍我们认识到这样的事实:与牛顿的绝对观念相比,这些观念,在实验事实的一致性方面远胜一筹,对上述所考察的同时性问题的阐释合理得多。的确,如果不是这样,科学家们将无论如何也不会接受相对论的观念。

由于抛弃了绝对空间、绝对时间,因此爱因斯坦必须采用一套新的概念来构建宇宙的数学定律。他的结论是,没有独立于观察者的绝对定律。一个定律必定是按照一个特殊的观察者的测量形成。如果一位观察者按照他所测量的空间、时间形成了一条定律,那么另一个观察者通过两个观察者测量长度和时间的相关公式,以及涉及的相对速度,仍能将这条定律变换成为另一种形式,但是在任意的事件中,定律总是与观察者紧密相连的。

尽管爱因斯坦抛弃了绝对空间、绝对时间、绝对定律,但是,对所有观察者来说,依然有如何测量与空间、时间相关的量的问题。441 在这方面,他发现了一个非常重要的量。在讨论这个量之前,我们必须回顾前面章节的某些思想。为了表示二维平面上的点,需要两个坐标 x 和 y;为了表示三维空间中的点,需要 3 个坐标 x,y 和

z。为了表示与事件相关的测量空间和时间,按习惯利用 4 个字母 $,x,y,z$ 和 t,前面 3 个表达在空间中的位置,第四个表示时间。当讨论两个不同的点或事件时,按习惯使用下标;这样 x_1,y_1,z_1,t_1 表示第一个事件,x_2,y_2,z_2,t_2 表示第二个事件。

现在,我们来看看坐标几何中的一条定理。平面上两点之间的距离,其中一点的坐标是 (x_1,y_1),另一点为 (x_2,y_2),由表达式给出为

$$\sqrt{(x_1-x_2)^2+(y_1-y_2)^2} \tag{1}$$

空间中两点 (x_1,y_1,z_1) 和 (x_2,y_2,z_2) 之间的距离,由

$$\sqrt{(x_1-x_2)^2+(y_1-y_2)^2+(z_1-z_2)^2} \tag{2}$$

给出。

考虑两个事件 (x_1,y_1,z_1,t_1) 和 (x_2,y_2,z_2,t_2),爱因斯坦发现了量

$$\sqrt{(x_1-x_2)^2+(y_1-y_2)^2+(z_1-z_2)^2-186\,000(t_1-t_2)^2}$$

$$\tag{3}$$

此处假定距离以英里计,时间以秒计,对所有观察者都不变。这个绝对量称为两个事件之间的时—空区间(space—time interval)。很明显,事件的四维世界中的量,是通过与上面给出(1)和(2)进行的类比得来的。数字 186 000 是每秒以英里计的光速。

很明显,为了找到一个绝对量,一个对所有观察者都相同的量,表达式必须是由涉及距离和时间的公式组成的。在这样的表达式中,时间测量与空间测量的处理没有什么不同。由于空间和时间总被认为是不同,因此,像测量空间一样处理时间值,如公式

(3)那样,似乎是为了产生一个绝对量而进行的一种人为的设计。

442 但是在 1908 年,一位俄国数学家 H. 闵可夫斯基(Minkowski)却认为不是这样。他同意我们所设想的连续流动的时间独立于任何空间的观念是真实的。然而,当我们观察自然界的事件时,我们还是同时经历着时间与空间。而且,时间本身总是通过空间的意义测量的,例如,通过时钟的指针所运动的距离,通过单摆在空中的运动,或者通过日晷的阴影运动的距离,我们才能够测量时间。我们测量空间的方法,也必定与时间相关。即使是在最简单的测量距离的过程中,也利用一根竿,以及逝去的时间。没有任何测量是瞬时完成的。因此,从本质上来看,事件应该用时空的组合来描述。也就是,按照闵可夫斯基的观点,世界是一个四维时—空连续体。

的确,不同的观察者在测量两个事件之间的时—空区间时,会得到不同的空间和时间测量值。但这是不足为奇的。考虑三维空间本身。两人在地球的不同地区看到的是相同三维空间,但是一个人把空间依照自己的经验分为垂直的和水平的方向,与另外一人将空间依照自己的经验分为垂直的和水平的方向,则可能不同。但是,我们依然认为整个空间是三维的,而不是一种水平的和垂直的延伸技巧的组合。同样地,不同的观察者,不可能把时—空分解为不同的空间和时间的组合。这种分解对一个人来说是真实的、必需的,就如同一个沿楼梯拾级而下的人将在水平的和垂直的两者之间进行区分一样。但是,这是人为进行的区分。自然界显示出来的,则是时空紧密相连的情形。

爱因斯坦继续利用闵可夫斯基的思想,即世界应该被认为是一个四维的时空世界。爱因斯坦狭义相对论令人惊奇的变革,也没有一劳永逸地解决在本章开始所列举出的所有困难。到现在为止,关于引力是如何把物体吸引向地球,它是如何"保持"行星在其轨道上,或者在一个固定的地方,以及为什么质量和重量总是保持常数比,这些问题都没有得到解释。与此同时,随着现代天文仪器的改进,人们开始对牛顿理论进行了检验。这些仪器能够发现水星的实际位置与引力理论所预测的位置的误差。对这些问题进行研究后,爱因斯坦创立并发表了他的广义相对论。广义相对论保留了狭义相对论的主要观点,但把它大大扩充、完善了。

443

认为空间和时间是一个四维整体的思想,在爱因斯坦的广义相对论中是按下述方式应用的。早先,我们表明公式(3)被认为是四维世界中的一个时—空区间。它是二维和三维世界中两个点之间的距离所给出的公式(1)和(2)的相应的推广。由于公式(1)和(2)是在欧氏几何基础上推导出来的,仅仅是表示距离的一种代数方法。由于公式(3)在本质上是(1)和(2)的一种推广,因此,爱因斯坦早期的时—空理论也是欧氏的(精确地说,在(3)中我们所表述的命题负号应为正号,但这只是一个细节问题。)。

但是,假设我们利用这样的表达式

$$\sqrt{2(x_1 - x_2)^2 + 3(y_1 - y_2)^2 + 7(z_1 - z_2)^2 - 100\,000(t_1 - t_2)^2}$$

$$(4)$$

取代(3)。如果在公式(4)中取公式(3)中所讨论的两个相同事件——坐标为 (x_1, y_1, z_1, t_1) 和 (x_2, y_2, z_2, t_2) ——它们之间的时—空区间的数值,那么,这两个事件之间的间隔值也必定不同于由(3)所给出的值。在二维或三维空间中,如利用上述类似过程,两点之间距离的数值,也必然与欧氏几何的公式(1)和(2)所给出的不同。那么,改变距离值或者时—空区间值,其意义是什么呢?

选择一个距离公式,决定着我们用的是欧氏空间还是非欧空间。我们来看看,为什么会是如此。假定我们利用在第十二章讨论的三维直角坐标来描述纽约和芝加哥所对应的数学上点的位置的距离。利用公式(2)计算从纽约到芝加哥的距离,我们将得到该公式应该给出的结果,即连接两个城市的直线的长度。我们也能利用不同的公式,例如,其中之一就是地球表面上纽约和芝加哥之间的大圆之弧的长所给出的距离。

444　　　现在,假设我们的讨论涉及三个城市,纽约、芝加哥、里士满(Richmond)。这三座城市呈一个直角三角形。如果利用公式(2)计算这一三角形的边长,我们将得到属于由直线所形成的三角形的边的长度。另一方面,如果我们打算利用求大圆弧长的公式去求每一对顶点之间的长度,我们将得到属于由球面上的大圆之弧所形成的三角形边的长度。也就是说,选择距离公式将决定我们必须思考的三角形是平面三角形,还是球面三角形。两类三角形的性质不同,一类是欧氏几何中的三角形,另一类是黎曼非欧几何中的三角形。因此,选择距离公式,决定着利用哪一种几何学去描述物质世界。

同样,通过采用如(4)的公式取代(3)来表示在时—空中两个事件之间的间隔,我们将使在这种四维数学世界中的几何图形具有不同于欧氏几何中图形所具有的性质;即,我们在这种时—空中确立了一种非欧几何。这并不意味着这种新几何是在前面一章所考察的罗巴切夫斯基或黎曼几何,而是说,它是其意义将不同于欧氏几何的非欧几何。

选择距离公式不仅决定几何，而且也决定短程线的形状，即两个事件之间最短距离所给出的图形。在欧氏几何中，短程线是直线线段；在黎曼几何中，短程线是大圆的弧；在罗巴切夫斯基和鲍耶几何中，短程线是如第二十六章图 81 所示的那一类曲线。现在，我们必须看看爱因斯坦是如何利用所选择的一个"距离"公式的。

首先，我们应该意识到，一颗行星的位置通过四个坐标就能确定，三个表示其在空间中的位置，第四个表示行星占据在该位置的时间。连续各点的位置位于四维数学世界中的一条曲线上。爱因斯坦的光辉思想就是，选择了一个时—空区间上的公式，从而使得每颗行星的"路径"都是合成几何中的短程线。

通过这种精巧的数学达到了什么目的呢？它将使人们回忆起，引入引力的概念所考虑的是这样的事实，那就是行星的运动呈椭圆，而不是如牛顿第一定律所说的那样它们应沿直线运动。如果我们现在将牛顿运动第一定律修改为：在没有外力作用下，物体将沿爱因斯坦时—空中的短程线运动，那么，我们就可以按照这种方式，在无须引入一种虚构的引力的情况下，修改行星绕太阳运动的第一定律[①]。

但是引力也被用来说明地球吸引靠近它的物体的原因。而且，苹果从树上掉下的路径与行星运动的轨道并不相同。爱因斯坦如何处理万有引力现象呢？对此，他也是利用时—空短程线而摒弃了这种虚构的力。在选择的时—空区间的公式中，他用函数

---

① 即开普勒第一定律，见第九章。——译者注

取代公式(4)中的系数 2,3,7 和 100 000,该函数的函数值在时——空中处处依据所出现的质量而变化。既然地球的质量不同于太阳的质量,因此地球周围"场"的几何结构也不同于太阳周围场的结构。由此,短程线的形状也在时——空中"处""处"变化。通过在时——空区间的公式中选择合适的函数,爱因斯坦形成了他的时——空观。就是说在物理世界中,质量将决定时——空的本质以及质量周围的短程线,差不多就像在一个范围内不同形状的山脉,决定地球表面不同的短程线一样。特别是,靠近地球表面的物体仅仅只会沿着这个地区时——空中的短程线运动,因此在考虑其路径时就再也不需要引力了。

　　先前考虑的引力效应,通过时——空的几何学予以解释后,则圆满解决了另一个悬而未决的问题,即,为什么在地球上或靠近地球的地方,所有物体的重量与质量之比是常量。根据物理意义解释,这个不变的比值就是所有物体落向地球所具有的加速度[①],而且按照牛顿力学理论,它是因地球对物体的万有引力作用而产生的。因此,重量对质量的不变比值意味着,物体在落向地球时,所有的质量都具有同样的空间和时间特性。那么,按照爱因斯坦对引力现象的重新阐述,先前认为是由于地球引力的吸引,而现在成了靠近地球时——空形状的作用。所有自由下落的物体按照重新考虑的第一运动定律,就必须沿着时——空的短程线运动。换句话说,所有靠近地球的物体的质量,都应该显示出相同的空间和时间特性。因此,通过摒弃作为科学概念的重量,和提出一个更为令人满意的先前归

---

　　① 见第十六章。——原注

于重量效应的解释，相对论解决了重量与质量的恒常比这一问题。

作为这些成就的光辉顶点，相对论解决了曾经令科学家绞尽脑汁而未能解决的两个其他问题。第一个问题考虑的是水星的运动。这颗行星绕太阳的路径并不是一个标准的椭圆。实际上，近日点——即水星的椭圆轨道上最靠近太阳的一点——从一点运行到另一点时，产生进动。大约 100 年[①]以前，法国天文学家勒威耶证明了近日点的这种进动，是由于其他行星的万有引力的结果。直到创立相对论后，科学家们才找到完美的解释。在新的时—空理论中，所计算出的水星的"路径"，在实验误差范围内，与观察到的运动是一致的。换句话说，利用新理论，我们得到了比牛顿理论更为精确的计算结果。

第二个困扰科学家们的问题是，他们观察到，从恒星发出到达地球的光线在经过太阳附近时出现了弯曲的现象。如果这不是由于光线没有质量这一事实引起的，那么这种弯曲就可以解释为太阳对光线的引力作用。如果按照重新考虑过的第一运动定律，我们只需假设，光线正沿着时—空区域的短程线绕太阳运动，光线的弯曲就得到了解释，而且测量到的偏离直线的误差，与以新理论为基础所作的计算结果是完全一致的。

许多考察了由相对论引入的奇怪原理的人，以及最终认识到其数学世界是多么复杂的人可能会惊呼："别干涉我的以太、我的引力，给我留下简单、直观、令感觉满意的牛顿世界。你们那扭曲的结构也许可能更接近实验，更接近严密的推理，但那东西认真地

447

思考起来的确是太荒诞了。"遗憾的是,生活在今天的人们没有这种选择的自由。相对论由于两个预言的成功,使它现在对于科学已是必不可少的了。

第一个预言是关于质量的相对性。当然,握在一个人手中的球有一定的质量。如果他或她把球扔出去,那么新理论将说,对这个人来说,球的质量将随着其速度的增加而增加。一个运动物体其质量的增加,当速度接近光速即每秒 186 000 英里的时候,就值得考虑了。这样的速度,在数以百计的各种无线电真空管中的电子和其他的许多种比原子还小的基本"粒子"中却是司空见惯。所有这些装置的有关理论必须考虑相对增加的质量。

相对论的另外一个预言——在我们这个世纪任何有识之士再也不能对此视而不见了——指出,从物理学意义上来说,一定量的能量等于一定量的质量;一束光的能量在本质上与一片木头中的能量并没有什么不同。精确的定量表达式,即给定的一定量的质量中的能量等于质量乘以光速的平方(在适当的单位中),这在现在已是众所周知。除了确定这一公式外,爱因斯坦还指出,物理学家通过对放射性现象的考察,可以使质量转化为能量。他的预言被证明是合理的。几年前,人们学会了控制将质量以电磁波的形式转换为能量的过程,并且制造出了原子弹①。

尽管相对论戏剧般地得到了令人惊奇的证实,但许多人却觉得四维的非欧世界并不能令人完全满意。谁也不能想象出四维的

---

① 1945 年成功地制造并实战使用了原子弹,后来又和平开发核能,并将其用于发电。此书写于 1950 年左右。——译者注

非欧几何世界。但是,任何现在坚持与科学、数学有关的概念,必须是看得见、想象得出的人,那么其智力发展依然还处于蒙昧阶段。几乎从与数字打交道时开始,数学家们进行的代数推理,已与感觉经验无关。今天,数学家们有意识地构造和应用的几何,仅仅只存在于人类的大脑中,绝不意味着能呈现具有视觉效应的图形。当然,所有与感官感觉有关的内容并没有被抛弃。如果逻辑结构和推理对科学是有用的话,那么由几何、代数思考而预测的关于物质世界的结论,就必定与观察、实验相一致。但是,过分强调在科学研究中的每一环节,甚至在几何推理中的每一步,都必须对感官有意义,那么就否定了数学和科学 2 000 多年来的发展成就。

　　支持相对论的证据,我们可以举出很多。在前面一章中,我们看到,在一个山区比如说在落基山脉(Rocky)地带,地球表面的几何性质将是非欧几何的。在这一地区的表面,没有直线,没有圆,也没有其他规则的路径。而且,两个特殊点之间的最短距离所给出的任何一条曲线,都不能应用于其他两点之间。因此,由测地线的本质所决定的几何学特征,处处都在变化。这就正好是爱因斯坦理论中的情况。如同山脉的质量引起了落基山脉的几何结构逐点变化一样,所以在相对论的时—空中,几何学特征和短程线的形状,受该处的质量如太阳或地球质量的影响。

　　在新理论中,我们被要求接受局部空间和局部时间的概念,一种到现在为止我们尚不清楚的时间和空间的相对性。一个能够完全肯定的结论是,相对运动的观察者们的时间世界必定是不同的。很早以前,人们已认识到时间经验的主观特征。如果我们凭个人的感觉,判断主体所经历的一段持续的时间,那么对于任何一段确定的时间来说,每个人对这段时间长短的主观感受性,肯定会明显的不一致。因此,仅仅只需用一种人工装置,如时钟作参考,人们会惊奇地发现,不同的观察者对同一段时间产生的感觉差异是多么的不同。我们曾假设,所有利用同一时钟的观察者应得到相同的结果,但是现在我们必须认识到,任何一种标准计时仪器,都不可能提供独立于观察者的时间。

进一步思考,我们应该对爱因斯坦提出的革命性理论心平气和地予以接受。设想一下,当人们第一次得知地球是一个圆的球体,而不是一个建立在某种未知的基础之上的平面时,必定遭到过普遍的反对。什么样的数学解释能满意地回答为什么地球的另一面的物体仍然还在地面上呢?除此以外,再想象一下,当他们了解到地球和其他行星以极大的速度绕太阳旋转,同时又在自转,这些都与他们的感觉经验相悖时,他们是多么的困惑。哥白尼理论——今天已经完善了——的这些断言,对 16 世纪人们的冲击,比相对论高深的命题对我们的冲击必定要大得多。牛顿对为什么人会留在地球上,以及地球保持自己的轨道运转的解释——神秘的引力——没能令人非常满意。另一方面,爱因斯坦抛弃了对这种神秘的力的依赖,还抛弃了那些实际上与我们的感觉经验不矛盾的假设。

尽管所有的论据支持爱因斯坦的理论,但是如果爱因斯坦的思想对我们来说,的确艰涩难懂,那我们也不应该感到沮丧。一般人不会花太多的时间去思考我们周围自然界所具有的神秘特性。因而关于时间、空间、物质和引力的新的数学和科学思想,会使他们感到惊奇、手足无措,这是一点也不奇怪的。这种手足无措比起哲学家们受的严重冲击来说要小得多,因此人们又能从中获得些许安慰哲学家们毕生在这些领域中探索,试图以他们所经历的物质世界为基础,进而创立合理的思想体系。

我们经常说数学与哲学两者之间有着密切的联系,在相对论中,我们找到了数学创造引起近代哲学革命化的一个极好的例子。

相对论所提出的空间、时间的统一,以及物质对时—空的影响,这些思想对 20 世纪早期的哲学家们来说似乎荒诞不经,现在,这些思想却成了自然哲学中越来越被广泛接受的具体内容了。自然界本身显示,时间、空间和物质是一个有机整体。过去,人们在分析自然界时,选择了一些自认为是最重要的性质,然后把它们当作完全不同的实体分别进行研究,却忘记了它们是从一个整体中抽出的若干方面。当了解到,必须把这些思想上分开的概念重新组合在一起,得到一个统一完整的、令人满意的综合知识时,人们却大吃一惊了。

亚里士多德最先提出了空间、时间、物质是经验的最主要组成部分这一哲学观念。此后,这种观念为科学家们接受并且为牛顿所利用。在他以后,我们已经习惯于把空间和时间想象为物质世界的基本的、明显的组成部分,并将空间、时间从物质中分离出来,以至于没有认识到,这种观点是人为的,只不过是多种可能成立的观点中的一种。当然,在近代哲学家中,其中有当代的怀特海,并不认为这种对自然的分析是无意义的。相反,它已经被证明是十分有价值的,甚至是本质的。但是,我们应该意识到,这一观念是人为的,我们不应该错误地把我们对自然界的分析当作自然界本身,正如我们不能错误把解剖后的人体器官当做活人本身一样。

450

　　相对论打破了因果关系这一科学中的基本哲学假设。在因果关系的一般概念下,一个结果的原因必定是在先的。但是,按照新理论,两个事件的顺序不再是绝对的。当我们讨论同时性问题时,发现两束闪光的顺序依赖于观察者,如果将两束闪光用事件来代替,那么对某些观察者来说,有些事件被认为是原因,有些则被认为是结果,但其他的观察者却认为,事件呈现的顺序并非如此,对他们来说,原来称为结果的事件可能出现在原因之前了。这些概念在顺序上明显地颠倒了。

　　自由意志的存在,似乎与因果关系是一致的,或属于一类。自由意志指的是,思想的自由活动能引起身体的相应行动。对一个人来说,使他对"自由意志"苦恼的,确实是事件的顺序,但对另外一些观察者来说,事件的顺序可能在时间上倒过来了,以至于身体的行动似乎导致了人的思想的产生。后一种观点使我们想起了近代情感理论,这种理论宣称,例如,因为我们躲避了灾难才害怕,而不是因为我们害怕才去躲避灾难的,人类是否具有自由意志的问题,明显地必须按照相对论的观点重新思考。

　　新理论的革命性观念,已经使我们把注意力集中在接受思维模式的态度方面,因为我们是与这些思维模式一起成长起来的。牛顿理论教导我们按照数百万英里之外的太阳所具有的,并且使得行星在自己轨道运动的引力来思考问题。这一概念在 18 世纪大受欢迎,因为它给出了精确的预测,我们一直接受它而没有任何异议。将来,过两三代后,年轻人无疑地会嘲笑我们天真、轻信。

451　　相对论也使人们对另一思维过程予以重视,这一思维过程影响了科学的发展。这一思维过程是,人们无意识地做出各种的假设。我们为人们做出的那些不严谨、经不起推敲的假设而深感内疚，例如，时间、距离和对世界上所有的人都具有同时性的假设。数学家、科学家们现在认识到，必须对假说的含义比对假说的说明、详细的表述给以更多的注意。

作者也许应对下述毫无根据的假设感到内疚：即读者不仅能很快地吸收、理解相对论的主要思想，而且还能很快地领悟它的哲学意义。以此为基础，让我们简要地回顾一下其重大事件：19世纪的物理学是建立在欧氏几何、绝对长度、绝对时间、事件的绝对同时性、牛顿的运动定律、引力，还有以太概念的基础上的。每一块基石都涉及被认为是得到了严密证实的关于物理世界的假设。迈克尔逊—莫雷实验说明了，在涉及利用以太作为光波的传播媒质的物理理论中，存在着不一致的问题。随后，爱因斯坦证明了，绝对长度、绝对时间以及同时性的假设也是没有根据的。因此，物理学思想发生了革命。局部长度、局部时间和事件的相对秩序的思想取代了绝对性的思想。随着我们认识到必须把空间和时间结合起来以产生一体性的时—空，由此终结了对新的绝对量的研究。闵可夫斯基随后使我们理解到，世界在本质上是一个四维的时—空整体，空间和时间的分离，尽管为了实际推理的需要有时是必需的，但这种分离都是不真实的。通过发展出一种物体在新的时—空中的自然路径，并对牛顿的引力作用给出非欧几何的解释，爱因斯坦把闵可夫斯基的思想贯彻到底了。

随着相对论的发展，数学、科学史上影响深远的潮流达到了顶峰。前面我们谈论了科学的数学化。在这一进程中，17世纪的科学家们迈出了有决定意义的一步。他们决心依据定量关系，来形成他们的思想,和指导他们的研究过程。因此,运动、力、声、光、电现象的成功研究和应用,只有当把它们变换成数学后才能完成。随后,许多科学领域的发展,变成了仅仅是定量的数学学科的延伸。

现在,我们可以欣慰,许多科学的内容已经以几何形式数学化了。从欧几里得时代以来,物理空间的定律就一直不过是几何定理。因此,希帕霍斯、托勒玫、哥白尼、开普勒用几何术语描述天文运动。伽利略利用望远镜,把几何学的应用扩大到了无穷的空间和几百万英里之外的天体。当罗巴切夫斯基、鲍耶、黎曼告诉我们,如何去构造不同的几何世界时,为了使我们的物质世界适合于四维的数学世界,爱因斯坦采纳了这种思想。因此,引力、时间和物质就与空间结合在一起,变成了仅仅是几何结构的内容,这样,古希腊人关于世界能够通过几何学而得到准确理解的信念,以及笛卡儿的对于物质和运动现象通过空间几何能得到解释的文艺复兴信念,都得到了极具决定性的肯定。

相对论是 20 世纪对形成我们的文明和文化起着决定性作用的数学成就之一。公正地说,在 20 世纪,我们应该研究另一个相关的,也许甚至更有影响的量子理论的发展。相对论在处理涉及宏观距离、时间、速度的现象方面非常有用,而量子论则能使科学家处理原子内部的微观世界。因此,宏观世界和微观世界的科学,两者都发生了革命性的变化。遗憾的是,20 世纪科学已经远远脱离了"常识"和直观概念,脱离了简单的物理图景,越来越多的科学正在借助于复杂的数学。物理学成果既不完整,甚至也不一致,尽管这些成果事实上是真实的,并能轻而易举地用来设计和制造原子弹。因此,哪怕是企图尽可能简单地考查量子现象的成果,在这里也无法办到。令人遗憾的是,对于 20 世纪上半叶这一最重大的第二个发展,我们仅仅只能顺便提一提而已。

第二十八章　数学:方法与艺术

> 纯粹数学在近代的发展,可以说是人类性灵最富于创造性的产物。
>
> A. N. 怀特海(Alfred North Whitehead)

在前面的章节中,我们考察了数学本身的某些观念,并在现代背景下审视了这些观念的起源,以及它们对其他文化分支的影响。在近代,这些观念以令人吃惊的速度发展着。相应地,数学的影响在数量、深度和广度上都逐渐增强了。任意找出一个曾在某段时期与数学有着紧密联系的领域,欣赏它们之间持续、广泛而紧密的联系,都是轻而易举的事情。然而由于篇幅与时间的限制,在这部著作中不可能对数学与艺术、科学、哲学、逻辑学、社会科学、宗教、文学以及其他众多的人类活动与利益的关系作综合性的论述。我希望,本书所表明的观念——数学在现代文化的形成过程中扮演了一个重要的角色——给出了充足的论据。

然而,还有一个几乎被人忽视的方面——数学本身是一个充满活力的繁荣的文化分支。经过几千年的发展,数学已发展成为一个宏大的思想体系,每个受过教育的人都应该熟悉其基本特征。虽然古希腊人在数学方面所作的贡献已使现代数学的本质初现端倪,但在最近几个世纪所发生的一连串的事件,特别是非欧几何的创立,更是使得数学的作用和特征发生了剧变。对20世纪数学的性质进行研究,不仅修正了人们对数学的错误的认识,而且还使我们得以了解数学力量的增长、数学在人类精神活动中地位得以提高的原因。

　　从更本质的方面来说,数学主要地是一种方法。它具体体现在数学的各个分支中,如关于实数的代数、欧几里得几何,或任意的非欧几何。通过探讨这些分支的共同结构,我们对这种方法的显著特征将会有一个清楚的了解。

　　任何数学系统或数学分支都研究一套相应的概念。比如欧氏几何研究点、线、三角形、圆等等。对这些概念给出精确的定义,是建筑整个精美大厦的基石。遗憾的是,并不是每一个概念或术语都能够从其他的以某一定义为开端的方式而予以定义。确实,一个未被定义的术语可以用实际例子来表述。代数中没下定义的"加"这一概念,可以通过计算两群分开的牛合到一起的数目所用的术语来表示。但是,这种用物质术语所作的说明,并不是数学固有的组成部分,因为数学所要求的只是逻辑独立性和自足性。当然,有的概念可以借助于未被定义的概念来表达。如圆可以用点、平面、距离等术语来定义,即:在同一平面内,到定点的距离等于定长的点的集合就是圆。

　　既然说有的术语未被定义,并且那些我们在习惯上联结这些术语的现实图像、过程都不是数学固有的组成部分,那么我们的数学推理是以什么作为基础的呢?答案是:公理。这些关于给出了定义的和未给出定义的术语的断言——未经证明就为我们所接受的公理,它们是对被讨论的概念做出结论的唯一基础。

　　然而,我们怎么能够知道哪些公理是可以接受的呢?特别是有的公理还包括未被定义的术语?我们是不是像狗追逐自己的尾巴一样,最终只是劳而无功呢?至于未被定义的术语,通常是由经验给出解释,为人们提供其意义。人们接受有关数和欧氏几何的公理,因为事实和物质世界的现实图景已经证明了它们的可靠性。在这里,我们还要注意,不能把经验当成数学固有的组成部分。数学只是以这些公理作为出发点和基础,而不考虑这些公理是从什么地方得来的。直到 19 世纪,经验还一直是公理的唯一来源。然而,考察非欧几何诞生的历史,则发现这门学科的产生,是源于人们受到想用一种与欧氏几何中所引用的完全不同的平行公理的愿望的驱动。在这一过程中,数学家们有意识地违背了经验常识。

　　虽然非欧几何的公理以与人们日常经验截然相反的面目出现,然而非欧几何所导出的定理却完全适应于物质世界。这一事实似乎表明,在公理的选择中,应该有非常大的自由。这有一部分的正确性,因为任何一个数学分支的公理之间必须相容,互相一致,否则就会造成混乱。相容性并不仅仅要求这些公理本身不互相矛盾,而且要求由它们所导出的定理也不能互相矛盾。

　　近年来,对一致性的要求已开始在现代科学中呈现出重大的意义。数学家认为,只要他们的公理和定义是绝对真理,他们的研究就不会产生矛盾,除非在逻辑推理的过程中出现了错误。自然界具有一致性,因为数学通过自身的公理来阐释自然界,并且从中导出了其他的真理,这些真理并不能立刻在自然界得到确证,所以人们要求数学必须是一致的、相容的。非欧几何的创立使数学家们认识到，他们必须有自己的主见和立场。他们的工作目标并不是记录自然，而是阐释自然。而任何阐释不仅可能是错误的，而且可能前后矛盾。随着康托尔的贡献（关于集合论、超穷数的理论）而导致的数学发现，使得相容性、一致性问题显得更加突出了。

也许，通过直接验证，我们可以证明一个公理系统中的公理彼此不矛盾。但是，我们怎么能确信，由它们导出的成百个数学定理也不互相矛盾呢？要回答这个问题得花很大的篇幅。而且到现在为止，还没能产生出一个令人十分满意的答案。确立众多的数学分支的一致性，是当前数学研究的焦点。至少到现在为止，数学家们要证明包含一些有关实数的公理和定理的数学系统的一致性，依然困难重重。这的确是一种令人困窘的局面。前些年，一致性曾代替真理成了数学中的上帝，现在，似乎连这个上帝也不存在了。

除了公理的彼此相容，一个数学分支中的公理还应该简单明了。道理很简单，既然公理是未被证明而被接受的，那么我们应该能准确理解我们所承认的内容。简洁将增强这一理解过程的保险性。数学系统中的公理必须彼此独立，即不可能存在这样的一条公理，该公理能从其他的一条或几条公理中推导出来。这一要求虽然不是必需的，但却更可人意——使人们感到满足。通过推导而能得出的公理，最好是当作定理来看待，因为这样将尽可能地减少了未经证明的命题的数目。最后，数学中的公理还应该是能结果实的，就像精选出的良种应该结出丰硕的果实一样，因为数学活动的一个宗旨是获得新知识，以及找出蕴涵在公理中的意义。欧几里得之所以对数学做出了重大贡献,在于他选择了一套简单明了的公理,使之从中得出了数以百计的定理。

假定已经选出了一套满足所有必要的和合乎要求的公理,那么数学家们是怎样知道该证明什么样的定理,又是怎样证明的呢?我们将对此逐项进行考查。

潜在的、可能的定理有许多来源。在这些源泉中,经验是最主要的和最能导出成果的。物质世界真实的三角形的经验,会使人想到许多有关数学中的三角形的结论。而以公理为出发点的推理,或者能证明这些结论,或者推翻、否定这些结论。那些被证明了的结论就是定理。当然,我们应该在广泛的含义上理解"经验"一词。毫无目的的观察,有时也能导致一个可能的定理,从实验室、观察室中所产生的科学问题同样可以导致一个精确的定理,甚至像如何在一个平面上表现出厚度这样一个艺术问题,也能产生出精美的数学定理。

在很大程度上,数学提出了很多有关自身的问题。很多潜在、可能的定理,正是通过对所观察的数以及几何图形加以总结得来的。例如,一个常与整数打交道的人,毫无疑问地会观察到:前两个奇数之和,即 $1+3$ 是 2 的平方(2^2);前 3 个奇数之和,即 $1+3+5$ 是 3 的平方(3^2)。类似地,前 4,5,6 个奇数之和也是如此。于是,通过这一简单的运算,就暗示着可能存在一个普遍规律,即前 n 个奇数之和,n 为任意一个自然数,等于 n 的平方(n^2)。当然,仅仅通过以上的计算,并不能证明上述结论是一个定理。这一定理,也不可能通过类似的计算而得到证明,因为没有人能通过计算证明这一结果适合于任意一个自然数 n。但不管怎样,这样的计算为数学家们提供了一定的线索。

让我们再看看下面一个例子,以便更好地理解怎样通过归纳启发而得到数学中潜在或可能的定理。三角形是一个有 3 条边的多边形。在欧几里得几何中,三角形内角之和是 180°。人们自然要问,是否存在一个有关任意多边形内角之和的定理呢? 一个很古老的定理给出了回答,多边形内角之和等于边数减去 2,然后再乘以 180°。

在欧几里得几何中,我们已经清楚地看到,从寻求更可接受的公理导出有关平行线公理的过程中所产生的纯粹逻辑问题,是怎样导致了非欧几何的产生。一旦抓住了这类几何中的主要思想,就可以通过寻求欧氏几何定理的类似方法,而得出许多可能的定理。例如,在其他非欧几何中,类似于四边形内角之和等于 360°这条定理的结论是什么呢?

以上有关数学家们获得潜在、可能的定理的介绍,不过是众多方法中微不足道的几个例子。即使将那些更偶然的来源都算上,如纯粹的巧合、猜想,或歪打正着,我们还是忽略了潜在的定理的最有用、最有价值的来源——天才的想象、直觉和洞察力。大多数 458
人会漫不经心地看着一个四边形(图 88),而不会意识到,如果连结四边形 4 条边的中点,能形成了一个平行四边形。这种知识的获得,并非靠逻辑推理,而是依靠一刹那间的灵感和顿悟。

在代数、微积分以及高等分析等数学领域,第一流的数学家依靠的是像作曲家那样的灵感。作曲家们觉得自己把握了一个主题,一个乐章,经过适当的发展和修改,将会形成美妙的音乐。经验和有关的音乐知识使作曲家能够得心应手地进行创作。类似

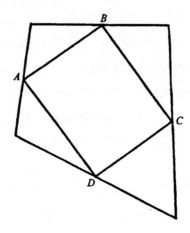

图88 联结任意四边形中点形成一个平行四边形

地,数学家们预感到一个合乎某一公理的结论,经验和数学知识引导他们的思路进入正确的轨道。当然,在形成一个正确的、令人满意的定理之前,一两次修正是必要的。但是本质上,数学家和音乐家是受一种神圣的灵感所驱动,这种灵感使得他们能够在打下基石之前就能洞悉大厦的全貌。

在确定了要证明的内容是什么之后,接下来不可避免地涉及如何证明的问题。一位数学家可以在研究了一定条件下的已知事实之后,确信能根据它们来证明一个定理。但直到他能提供这一定理的演绎证明之后,他才能确定它,然后运用于实际之中。通过一些经典的例子,我们可以看到,在确信一个定理成立,与完全证明其成立,这两者之间,还有相当一段的距离。古希腊人曾提出了3个著名的问题,即用无刻度的直尺和圆规把一个立方体扩大一倍(倍立方)、三等分一个角(三等分角)、把一个圆变成正方形(化圆为方)。在长达 2 000 年的时间里,许多数学家确信,在规定的条件下,不可能作出这些图形,但是,直到 19 世纪,才给出了关于这些作图问题的不可能性的明确证明,这些问题才被证明解决了。

下面的一个著名猜想也是一个极好的例子,这个猜想的真实性似乎是毋庸置疑的。任意一个偶数可以用两个素数之和来表示。素数是指一个只能被 1 和其自身整除的整数,因此 13 是一个素数,而 9 则不是。根据这一猜想,2＝1＋1,4＝2＋2,6＝3＋3,8＝3＋5,10＝3＋7,如此下去。接下来,我们试验其他偶数,发现这一猜想也是成立的。但是,这一猜想却不能称之为一个数学定理,因为迄今为止还没人能够证明它 [①]。

毫无疑问,定理只能在经过一系列由公理出发的演绎推理确认为正确之后才能成立。几千年来,数学家们为做出这些证明而勤勤恳恳地工作。当我们日常使用"数学准确性"与"数学精确性"等词汇时,让我们向为达到无懈可击的知识而不懈努力的探索者致意!

显然,在提出所要证明的问题之后,为了寻求证明的方法,还必须做大量的数学工作。对那些曾为几何习题而绞尽脑汁的读者来说,这一点已无须强调。在这种练习里,所要证明的命题已经给出,要求学生从已给出的条件、已知的命题出发进行证明。在寻求证明的方法时,如同提出所要证明的内容一样,数学家们必须运用想象力、洞察力和创造能力,数学家必须有旁人所不能及的洞察

---

① 此即著名的哥德巴赫猜想(Goldbach's conjecture),中国现代数学家陈景润、王元等人在该猜想方面做了出色工作。——译者注

力,找出整个证明开始的步骤,还必须要有坚忍不拔的毅力,找不到答案绝不罢休。我们不知道数学家在研究数学问题时脑子里想的是什么,正如我们对激发济慈(Keats)写出精美诗句的思维过程,和是什么原因使得伦勃朗(Rembrandt)用双手和大脑创作出反映心灵深处的油画一无所知一样。我们不能给天才下定义,我们只能说,数学中的创造才能需要卓越的心理素质和精神气质。

也许,有人会觉得我们对数学家的创造性有些夸大其词。数学家在提出并证明一个定理之后,是否真的学到了某些新的东西呢?不管怎样,数学家仅仅是从那些公理中推导出早已存在的结论,因为所有这些结论早已在逻辑上暗含于那些公理之中。数学家们借助于公理花若干个世纪所推导出的定理,不过是对这些公理所包含内容的详细描述。用哲学家维特根斯坦(Wittgenstein)的话来说,数学,仅仅是一种伟大的同义语的反复。

但是,这的确是伟大的工作啊!从表面上看来,把数学中的逻辑结构称为同义语的反复是合情合理的。然而实际上,这种看法就如同把米洛的维纳斯看作仅仅是一位大姑娘一样。持上述观点的人在描述数学时,把一套公理的选择当作购买一座矿藏——丰富的宝藏都在那里面。但是,这一描述却忽略了寻宝过程中耐心的、勤奋的挖掘,精心的筛选,忽略了这些挖掘出的财富的价值和美,也忽略了成功的欢乐与喜悦。

定理的提出与证明,使得一个数学分支的结构得以完善。于是,这一数学分支就包括一系列的术语,其中有定义过的和未被定义的公理,还有建立在这些公理之上的定理。这种对数学系统的分析,描述了与数相关的数学结构以及各种几何学的结构,它似乎已揭示了数学的本质。但如果我们希望对数学有更进一步的理解，则需要作深入的研究。

每一数学系统都包含未被定义的术语，例如：在几何系统中的点、线这些术语。在讨论非欧几何时，我们发现，可以赋予直线以实际意义，这种实际意义与数学家们创造这门学科时所设想的无限延伸的线这一概念有很大不同。在一定程度上，对某些未被定义的概念，我们可以有自己的理解，可以对这些概念给出并非确凿无疑的解释，这些事实意味着，在这些术语中存在着比至今所发现的内容更为深刻的意义。

现在，让我们暂且抛开数学，思考一个不需过多逻辑思维的外交方面的问题。某国际机构的一位官员正在着手组建一系列职能不同的委员会细致的工作，他觉得，应该根据以下原则来进行这项工作：

（a）任何两个国家应该至少参加同一个委员会。

（b）任何两个国家至多只能同时在一个委员会中。

（c）任意两个委员会中，至少应该有一个国家是相同的。

（d）每个委员会至少应该由三个国家组成。

尽管这位官员所提出的这些原则似乎是很明智的，但他却对由此带来的一些无法预见的复杂性感到惴惴不安。于是，他去请教一位数学家。这位数学家立刻指出了如下的几种结论：

（1）任意两个国家组成的集团参加并且仅仅参加同一个委员会。

（2）任意两个委员会中，将有一个而且仅仅只有一个国家是相同的。

(3)在任意委员会中,将有至少三个国家,而且许多三个国家组成的集团将不会在任何委员会中出现。

这位数学家之所以能够很快得出以上结论,是因为他意识到,那些有关国家与委员会的原则,与数学中有关点和线的命题完全吻合:

(a′)任意两点都至少在同一条直线上。

(b′)任意两点都只能位于一条直线上。

(c′)任意两条不平行的直线必有一交点。

(d′)每一直线至少包含 3 个点。

这两个集合中仅有的不同就是,点、线这两个词取代了国家和委员会。数学家根据从(a)到(d)的条件推导出的有关点与线的定理,完全适用于国家和委员会,因为仅仅只需用从(a)到(d)的事实就能确立这些定理。数学家只要把这些定理中的点和线用国家和委员会这两个词来代替,就可以得到他给那位国际官员所提供的结论。事实证明,点、线这两个术语缺乏确定无疑的含义,的确大有裨益,具有重大意义。

现在,我们应该明白这样一个具有重大意义的事实:在从明白无误的公理中得出的演绎证明中,这些未被定义的术语的含义是各不相关的。当代数学家们已经意识到,只要包含未被定义术语的公理能适用于实际意义,这些实际意义就能与点、线,以及其他未被定义的术语一一对应。如果这些公理确实成立,那么与其相应的定理也适合于对现实的阐释。

我们对数学本质所持有的新观念,似乎剥夺了数学的意义。数学概念似乎不再是与一定的物质概念紧密联系着的,并且不再能给予人类以洞察物质世界的力量，而成了一些空洞的、"毫无所指"的词句。然而，与其相反的另一方面的意义，则是千真万确的，数学比以前人们所理解的具有了更丰富的内涵、更广阔的范围、更加广泛的用途。除那些以前与数学概念相联系并且仍然适用的现实含义外，数学概念还存在着无穷无尽的各式各样的意义，它们也同样适用于数学系统内的公理。在这种新条件下，数学系统的定理有了新的含义，因而产生了新的用途。

　　然而，纯数学本身并非马上或在产生之初，便与那些赋予未被定义术语的特殊意义相联系。它在更大程度上与从公理和已被定义的概念中推导出的结论相关。另一方面，应用数学则与被赋予了物理意义的纯数学中的概念有关，这些概念使与之相关的定理在科学工作中具有实际用途。从纯数学到应用数学的转变，常常是在不知不觉中进行的。圆的面积等于 πr^2 是纯数学中的定理。而一块圆形土地的面积，是 π 乘以这块土地的半径的实际长度的平方，这则是应用数学中的一个定理。

　　我们所得出的纯数学与应用数学之间的区别，正是罗素在说下面一段看似无理、实则充满睿智的话时心里所想的，罗素说："数学可以定义为这样一门学科：我们不知道在其中我们说的是什么，也不知道我们说的是否正确。"当然，许多人不需要罗素这一番提示，就已经认识到了这一点。然而，他们可能不知道这样理解数学是何等的正确，而且也无法对这种正确性加以证明。数学家们不知道自己所说的是什么，因为纯数学与实际意义无关；数学家们从不知道他们所说的是否正确，因为作为一位数学家，他们从不费心去证实一个定理是否与物质世界相符。对于这些数学定理，我们只能问：它们是否是通过正确的推理得来的。

　　数学系统的抽象特征，以及这一特征与实际意义的关系，可以通过音乐中的类似情况来予以说明。贝多芬创作了"第五交响曲"，普通人则对它给予了种种解释：希望、绝望、胜利、失败、人类与命运的抗争，所有这些主题都在贝多芬的这首曲子中体现出来了。然而，音乐和数学一样，它们都可以脱离"实用"而存在。

　　我们可以相信，对纯数学来说，从有关未被定义术语的公理中推导出结论，是一个特殊过程。我们暂时讲一件有些离题的事情。通过这件事情，会使我们相信，类似数学中的逻辑其实毫无新奇之处。让我们来看看典型的律师的思维过程。每位律师都知道一个公理——虽然他喜欢称之为原则或规定——这就是：每一自治地都有管辖权（又称警察权，police power）。根据联邦政府对州的定义，纽约州对地方事物有自治权。纽约州发展工业，这完全是地方事务。因此，纽约州政府对本地区的工业有管辖的权力。根据法律定义，在纽约雇用电梯工是一种在州内进行事务，因此，纽约州政府在这类事务上，特别地对雇用女电梯工有管辖权。

　　通过运用一些包含有关概念与术语的公理，这位律师已经得出一个结论。然而，在这里我们应当注意的是：在上述这个推理过程中，没有给出或用到"管辖权"的定义。这位律师所利用的，只是每一自治地有管辖权这一公理。因此，如同被数学家运用的点和线一样，"管辖权"只被当作一个未被定义的术语来使用。进一步，那些缺乏法律经验的读者，在同意这一推理过程的同时，会把"管辖权"（police power）同警察（policemen）联系起来。然而，在一般的法律上，对管辖权的解释是这样的：为健康及一般福利所提供的权力。作为法律史上的一个事件，在相当一段时期内，管辖权并没有包括妇女的最低工资。因此，我们的推理会导出这样一个结论，纽约州政府不能限制女电梯工的最低工资。但后来法院作出决定，管辖权包括妇女的最低工资限度。因此，根据管辖权的这一定义，纽约州政府则可以确定女电梯工的最低工资。于是，管辖权这一未被定义的术语，可以有完全相反的两种解释。然而，在两种互相矛盾的解释的情况下，通过推理得到的结论却依然成立。

通过这个例子，我们看到，律师和数学家一样，他们从事的是对一系列包含未被定义的术语的演绎推理。只有当需要利用所得出的结论时，他们才赋予这些术语以实际的意义。就像数学家们在不同情况下，给未被定义的术语如"点"以不同的，甚至是矛盾的现实意义一样，法院在不同的时期也对未被定义的法律术语，如"管辖权"赋予互相矛盾的含义。

数学过程和法律过程的相似性，超出了它们都在一系列的演绎推理中运用了未被定义的术语。法律原则并不是数学公理，它们属于特定的系统，如同公理属于数学系统一样，而不同的系统则可以有彼此矛盾的原则。例如，个人有权经营企业，就是资本主义政府的原则，这就如同平行公理是欧几里得几何系统中的公理一样。法西斯的、民主的、共产党的政府形式的区别，正是基于它们基本原则的分歧，正像几个几何系统中不同的定理来源于不同的公理系统一样。正如每一种几何被用来试图处理物质空间，每一种政治制度也被用来试图管理社会秩序。

不仅法律界的律师们运用推理的数学体系——这一点我们已经做了说明——而且政党的政客们也一样。在每次竞选运动来临之际,政客们纷纷投机经营。每个政党的领袖们制定一个政纲,其中的每一准则,实际上就是这一政党的基本政策,如同数学中的公理一样。从这一政纲的条文中,我们可以推测出一个政党在未来立法活动中的立场。到这一步时,一切都很顺利。这些政客未说明——更不用说强调指出了——在政纲中所自由使用的那些未被定义术语的意义,如自由、正义、美国化、民主等等。不用说,在这些方面,使用未被定义的术语自然有其深刻的用意。

通过讨论数学系统中未被定义术语的重大意义,我们对数学思维的抽象性应该有所理解了。这种数学的抽象性,是数学本身适当地舍弃了原来与这些术语相关的物质意义的结果。数学方法的抽象性,还表现在另外一个方面。在自然界所提供的复杂的经验中,数学抽出某些特殊的方面并加以研究。这种抽象,目的在于减少所考察的事物的属性。例如,数学中的直线与桌子边或由铅笔所画的线相比,所具有的属性就少得多。数学中的直线所具有的属性,通过一系列公理而得以表达出来,如两点决定一条直线。而现实中的直线除具有这一属性外,还有颜色,甚至有亮度和厚度;除此之外,现实中的直线都由具有复杂结构的分子所构成。

也许,有人会不假思索地说,仅仅通过事物的少数属性来研究事物的本质,似乎不可能会得出什么有价值的结果。然而,数学具有强大威力的奥秘,部分地就存在于这种抽象之中。借助于这种抽象思维,我们可以摆脱烦琐的细节,从而比把我们面前的事物的属性全部加以考虑取得更多的成果。抽象过程的成功,尤其是在对自然界进行抽象时的成功,就依赖于这一分而治之的规则。

除了能给所研究的问题确定范围以外,集中考虑经验的某些方面还有其他的优点。实验科学家因为直接与实物打交道,所以他们的思维经常局限于由感观所观察到的事物,从而束缚了手脚。数学家通过从事件中提取抽象的概念与属性,可以借助于抽象思维,而遨游于由视觉、声音、触觉等构成的物质世界之上。于是,数学就可以"处理"诸如"能"这一类的物质,当然,对他们也许不能进行定性的描述,因为它们显然超出了感觉世界的范围。例如,数学能够"解释"万有引力,而万有引力作为宇宙的一种属性,则是缥缈难测的。通过类似的方法,数学还能用来处理并"揭示"电、无线电、电磁波、光等种种神奇的现象。而关于这些现象的物理图景,则常常是推测性的,并且总是不那么充分。然而,抽象的形式——数学公式,则是我们处理这些现象的最有意义,并且是最有效的方式。

从物理现象中抽取定量的方面加以分析,常常能出人意料地揭示出事物的本质联系——规律,在一些互不相关的现象中,量的规律总是呈现出惊人的一致。麦克斯韦发现的电磁波与光波具有相同的微分方程规律,就是这方面的一个极好的例子,这一微分方程立刻揭示出,光波和电磁波具有同样的物理属性,这种联系在后来得到了无数次的证实。正如怀特海所说:

> 没有什么比这一事实更令人难忘的了,数学脱离现实而进入抽象思维的最高层次,当它返回现实时,在对具体事实进行分析时,其重要性也相应增加了……最抽象的东西,是解决现实问题最有力的武器,这一悖论已完全为人们接受了。

466

　　有的人在承认这一悖论的同时,却指责自然科学(物理科学)为了取得成功,不得不借助于数学的抽象性。其实,他们应该好好想一想,在借助科学揭示物质世界的本质时,除了数学以外还能有什么途径呢?爱丁顿(Eddington)的回答是,自然科学所能给予我们的,不过是一些有关数学关系和结构的知识。金斯(Jeans)说,对世界所进行的数学描述乃是最真实的。照他看来,帮助我们更好地理解的图景和模型,反而使我们愈发远离现实,它们就像是"精神的雕像"。而超出了数学公式,则一切该由我们自己承担责任了。

　　我们一直在论述数学作为一种方法,这一方法被应用于研究量和空间的关系,以及从这些最初的研究领域中产生的概念。然而,今天数学的研究范围不再有什么明确的限制了。非欧几何的产生,如同我们所看到的那样,已经使数学家们从产生真理的束缚中解放了出来,使数学家们得以自由地采用公理,并且能够研究那些也许对帮助我们认识世界无明显作用的思想。这因此驱使数学家们扪心自问:到底是什么东西促使自己选择研究方向,自己进行数学研究的动机是什么,是什么使数学家的工作区别于浅薄的谜语、填字游戏,甚至胡说八道呢(那些想马上回答这个问题的读者,未免有些操之过急。)? 近百年来,数学家们已开始认识了古希腊人的思想和主张,但他们却又忽视了这样一个事实:在自古希腊以来的若干世纪里,数学一直是一门艺术,数学工作必须满足审美要求。

　　毫无疑问,有很多人认为,把数学归入艺术是没有道理的。最强烈的反对理由认为,数学没有感情因素。当然,这一论据低估了数学在某些人心里所引起的反感。这种反对的原因,部分地也在于人们低估了当数学的创造者们成功地形成他们的数学思想以及确立巧妙而独特的证明时所体验到的快乐。实际上,即使是学习初等数学的学生,当他们成功地证明了研习很久的练习题,通过自己的努力和能力获得了见解,欣赏到其中蕴涵的意义、秩序时,他们也会觉得欢欣鼓舞,而在这以前他们却还处于无知与困惑的状态。

不管怎样,数学确实不像音乐、绘画和诗那样过多地借助情感。完全有理由坚持认为,艺术的基本功能是激发人的情感。根据艺术的这一定义,一张令人欣赏的剧照,将比很多伟大的油画更具有艺术性,而抽象绘画与现代雕塑则会不被当作艺术,并且也使人们对建筑雕刻与陶瓷艺术产生怀疑。毕加索(Picasso)那静止的生命的油画,印象主义画家莫奈(Monet)的有关空间与光学效果的研究,修拉(Seurat)和塞尚(Cézanne)的作品,立体派艺术家的"组合",都不符合艺术的上述要求。事实上,现代的纯艺术强调绘画的理论化和正规化,强调线条与形式的使用,强调艺术技巧方面的问题。这些艺术创作在更大程度上要依靠理性,而不是感情(见插图27)。文艺复兴时期的绘画,尽管包含理性研究的成分,但仍是直接受感情支配的产物。现代艺术作品必须首先"设计出来",要求艺术作品激发情感,这在今天尤其显得不合时宜。

艺术必须为人类创造性的行动提供表现的机会。回顾数系系统的产生过程,计数方法的发展,由于艺术、科学和哲学方面的问题而产生的新分支及其发展,以及建立在严密的逻辑基础上的理论的不断完善,这一切都说明,数学家们也在进行创作。确定一个定理时所进行的精确的陈述,以及使之得以成立的论证,这些都是创造活动。如同艺术创作活动一样,数学研究最终成果——从提出定理到给出证明,直至构造体系——的每一个细节,并不是发现,而是创作。

当然,通过创造性的活动,必须产生出一部具有设计、和谐与美的作品。这些特征在数学的创造活动中也得到了体现。设计,系指结构上的式样的体现,当然还包括秩序、对称、平衡的体现。很多数学定理揭示的正是这样一种设计。例如,考察下面一个平面几何中的定理:所有面积相同的 n 边形,以正 n 边形——边长相等且内角相等的 n 边形——的周长最短。就这一点来说,在面积相等且边数相同的情况下,一个正多边形的周长比任何一个非正多边形都短。现在,让我们看一看面积相等但边数不同的正多边形,哪一种周长较短呢?答案是:边数最多的正多边形其周长最短。当然,我们可以画一个有任意多条边的正多边形,但在面积相等的情况下,哪一种的周长最短呢?在这里,通过构图,直觉告诉了我们答案。随着正多边形边数的增加,它在形式上更接近圆,而圆的周长最短。这就是一个数学定理,诸如此类的定理是秩序和设计的核心。

设计并非仅仅偶然地存在于数学中,在任何逻辑结构中,它都是必然存在的。正是通过有意义的设计,欧几里得才从最初的几个公理开始,发展起整个欧氏几何。

在数学创造中,体现设计原则的一个极好的例子,是高维几何的建立。$x^2 + y^2 = r^2$ 是平面上一个圆的方程。$x^2 + y^2 + z^2 = r^2$ 是三维空间中一个球的方程,$x^2 + y^2 + z^2 + w^2 = r^2$ 开始时则被当作是四维空间中一个超球的方程。因此,二、三维坐标几何的设计,可以审慎地移植到高维几何。

在许多艺术作品的创作中,各个部分之间,以及部分与总体之间必须是和谐的。在数学创作中,和谐则是以逻辑相容的形式部分地得以显示出来。任何一个数学系统内部的定理,都必须彼此相容。然而,还有另一种形式的相容与和谐。欧氏几何的整体结构与整个数学是相协调的。通过平行的手段,我们可以用代数的形式解释几何概念,反过来,代数方程也有几何解释。因此,这两种创造彼此协调、和谐。

数学的核心内容一直彼此协调、和谐。在我们所作的简要的说明中,已涉及几何学的四个不同的分支——欧氏几何、射影几何以及两种非欧几何。诚如我们所看到的那样,这些分支显得各不相同,并且有时还彼此不相容、不协调。然而,近代一个最令人欣喜的数学上的贡献表明:射影几何可以被看作是公理性的基础,这样,其他三种几何中的结果,都可以看作是射影几何中的特殊定理。换句话说,所有这四种几何的内容现在已经形成了一个和谐的整体。

数学还提供了另外一种和谐。数学所描绘的自然的状况,或所揭示的大自然的图景,使得紊乱不堪的世界变得和谐完美、井然有序。这是托勒玫、哥白尼、牛顿和爱因斯坦所做出的最伟大的贡献。

当然,很可能存在着这样的情况,一种创造具有艺术品的所有形式特征,但却不属于艺术品的范畴。许多听过现代音乐或看过现代绘画的人,对当今的艺术品可能就持这种态度。对一件艺术品的最终判定,是看它是否给人以愉悦和美的享受。幸运或不幸的是,这只是一种主观考查,主要依靠对特殊的审美趣味的培养。因此,数学是否包含美这一问题,只能由研究数学的人来回答。

事实上,对美感愉悦的寻求,一直影响并刺激着数学的发展。从一大堆自相夸耀的主题或模式中,数学家们有意或无意之中,总是选择那些具有美感的问题。古典时期的希腊人钻研几何,是因为几何的形式和逻辑结构对他们来说是美好的。他们重视发现自然界中的几何关系,并不是因为这些发现能帮助他们更好地征服自然,而是因为这些发现揭示了美的结构。我们看到,哥白尼之所以提出关于行星运动的新观点,就是因为这一理论中的数学结构给予他美感愉悦。开普勒推崇日心学说,也是因为这一缘故。"在我的心灵深处,我已经证明了日心学说",他说:"我以一种令人难以置信的狂喜,对它的美加以欣赏。"受到哥白尼的启发和鼓舞,开普勒一生都在寻求具有美感的数学规律。牛顿也把对美的追求,当作自己进行数学和自然科学研究的终极动力。他说,上帝最感兴趣的是,欣赏宇宙的和谐与美。类似的言论,还可以在大多数数学家的著作中找到。

的确,真正的数学家心中对美感的渴求,比最泼辣的主妇们吵架的欲望还要强烈。他们为早已确证的定理寻求新的证明方式,因为旧的证明已经失去了美的吸引力。有的数学演算仅仅只是令人信服,但却不能给人以美感,用著名的数学物理学家瑞利勋爵(Lord Rayleigh)的话来说,有些证明是为了"寻求官方同意",另外一些证明则"使人神魂颠倒,它们展示出光明,使人不由自主地赞叹:阿门,阿门!"一个别出心裁的证明,书写出来便是一首诗。

对数学问题的不可抑制与动人心弦的探索,使人精神专注,使人能够在这个无休无止争斗的世界中,保持精神的安宁。这种追求,是人类活动中最为平和的生活,又是没有争端的战斗,是"偶然发生灾难时的避难所",在为当代千变万化的各类事件弄得疲惫不堪的意义面前,数学领域就是美丽而恬静的终南山。

罗素曾用华丽的语言,描绘了数学推理的超然性和客观性所带来的魅力:

> 远远离开人的情感,甚至远远离开自然的可怜的事实,世世代代逐渐创造了一个秩序井然的宇宙。纯正的思想在这个宇宙,就好像是住在自己的家园。在这个家园里,至少我们的一种更高尚的冲动,能够逃避现实世界的凄清的流浪。

而且即使一般人也对数学研究的艺术特征深信不疑。梭罗(Thoreau)说:"最突出的与最美的真理,最终必然以数学形式来表达。"那些仍不为所动的读者,至少应该通过了解到数学家们一直在寻求美,而对数学家们的态度和努力有所了解。

从以上的分析看来,数学符合通常的艺术标准。尽管还有很多人拒绝承认数学的地位。可是,他们依然在无意识中的确承认了数学的重要性。没有谁在提及一个人有关历史、经济学,甚至生物学的知识时,会认为它们是一种天生的才能,可是,几乎每个人在谈到数学才能时,都认为它是一种天赋,只不过有时通过由于缺乏这种才能所显示出的失望情绪来表达。正因为如此,人们才将数学才能与艺术才能相提并论。

遗憾的是，我们对数学的主要内容、本质及其影响不能作更深入的探讨。如果时间允许我们对数学的更高深的分支进行讨论，471 则我们对数学在文化发展中的贡献将会有一个十分清楚的了解。可惜的是，要精通数学理论必须进行多年的研究，而且又不存在可以缩短这一过程的捷径。我希望，本书所提供的材料至少能消除人们头脑中的以下成见：数学是一本封闭的书，是希腊时代的故事，在人类历史上只是次要的章节。我还希望，本书能使人们对数学在人类文明与文化中的地位有所了解。

可惜的是，数学并没有解决人类所面临的一切问题。理性、公理性方法、定量分析，并不能作为解决人类生活所有问题的方法。艺术家可以运用数学透视原理，但数学透视原理本身并不等于艺术。虽然 18 世纪的思想家深信，可以通过数学方法发现社会规律并且解决所有社会问题。不幸的是，当今的社会秩序比 18 世纪时更加复杂。我们也不提倡把数学当作解决爱情、婚姻问题的手段，虽然人类学家在最近的一次专题讨论会上，确实鼓励人们使用数学方法解决这些问题。数学的范围是有限的，这一有限性的原因，下述警句已做了简要的说明：人类是一种有理性的动物。人的理性仅仅是其动物性的一种修饰，因为人的欲望、感情与本能只是其动物性的一部分，它们难以与理性和谐共处，甚至常常与理性发生冲突。纯粹的理性不足以引导也不能控制所有人的行为。当然，这并不意味着，在人类事物中理性的运用过分了。

人们对数学有各种不同的描述：数学是一个知识体系，一种实际工具，哲学的一块基石，完美的逻辑方法，理解自然的钥匙，真实的自然，一种智力游戏，理性的冒险，美感的经验。在本书中，我们考察并指出了上述各种描述的背景。当我们考察受数学影响的领域,以及数学为我们在这些领域中提供的部分或全部的方法时,我们会情不自禁地称数学为一种通向物质、思维和情感世界的方法。从人类理解大自然的努力中,从人类为物质世界出现的混乱事件注入秩序的努力中,从人类创造美的努力中,从人类为满足健全的大脑锻炼自身的灵性的努力中,从人类所有这些努力中积淀的精密的思想,正是人类智慧最纯净的升华。我们,生活在一个主要应归功于数学才成就斐然的欣欣向荣的文明之中的人们,能够为人类所作的这些努力作证。

参 考 文 献

Armitage, Angus: Copernicus, W. W. Norton, New York, 1938.

Sun, Stand Thou Still, Henry Schuman, New York, 1947; paperback under the title, *The World of Copernicus*, New American Library, New York, 1951.

Ball, W. W. Rouse: *A Short Account of the History of Mathematics*, Macmillan, New York, 4th ed., 1908; reprint, Dover Publications, New York, 1960.

Becker, Carl L.: *The Declaration of Independence*, Harcourt, Brace, New York, 1922.

The Heavenly City of the Eighteenth Century Philosophers, Yale University Press, New Haven, 1932.

Bell, Arthur E.: *Newtonian Science*, Edward Arnold, London, 1961.

Bell, Eric T.: *Men of Mathematics*, Simon & Schuster, New York, 1937; paperback, 1961.

Berkeley, George: *Three Dialogues between Hylas and Philonous*, Open Court Publishing Co., Chicago, 1929.

Berry, Arthur: *A Short History of Astronomy*, John Murray, London, 1898; reprint, Dover Publications, New York, 1961.

Bohm, David: *Causality and Chance in Modern Physics*, Routledge and Kegan Paul, London, 1957.

Born, Max: *Einstein's Theory of Relativity*, Dover Publications, New York, 1962.

Bridgman, P. W.: *The Nature of Physical Theory*, Princeton University

Press, Princeton, 1936; reprint, Dover Publications, New York, 1949.

Bronowski, J., and B. Mazlish: *The Western Intellectual Tradition*, Harper & Bros., New York, 1960; paperback, Harper & Row3, New York, 1964.

Bunim, Miriam: *Space in Medieval Painting and the Forerunners at Perspective*, Columbia University Press, New York, 1940.

Burtt, Edwin A.: *The Metaphysical Foundations of Modern Physical Science*, 2nd ed., Routledge and Kegan Paul, London, 1932; paperback, Doubleday, New York, 1964.

Bury, J. B.: *A History of Freedom of Thought*, Oxford University Press, London, 1952.

The Idea of Progress, Macmillan, New York, 1932; reprint, Dover Publications, New York, 1955.

Bush, Douglas: *Science and English Poetry*, Oxford University Press, New York, 1950.

Butterfield, Herbert: *The Origins of Modern Science*, Macmillan, New York, 1951; paperback, Collier Books, New York, 1962.

Cardan, Jerome: *The Book of My Life*, E. P. Dutton, New York, 1930; reprint, Dover Publications, New York, 1962.

Carr, Herbert Wildon: *Leibniz*, Constable, London, 1929; reprint, Dover Publications, New York, 1960.

Caspar, Max: *Kepler* (translated), Abetard—Schuman, New York, 1960; paperback, Collier Books, New York, 1962.

Cassirer, E.: *The Philosophy of the Enlightenment*, Princeton University Press, Princeton, 1951.

Chamberlin, Wellman: *The Round Earth on Flat Paper*, National Geographic Society, Washington, D. C., 1947.

Childe, V. Gordon: *Man makes Himself*, Watts and Co., London, 1936; paperback, New American Library, New York, 1951.

Clark, Kenneth: *Piero della Francesca*, Phaidon Press, London, 1951.

Cohen, Morris R. , and E. Nagel: *An Introduction to Logic and Scientific Method*, Harcourt, Brace, New York, 1934; paperback, Harcourt, Brace and World, New York, 1962.

Coolidge,Julian L. : *The Mathematics of Great Amateurs*, Oxford University Press, London,1949; reprint, Dover Publications, New York, 1963.

Crum, Ralph B. : *Scientific Thought and Poetry*, Columbia University Press, New York, 1931.

Dampier—Whetham, William C. D. *A History of Science and Its Relations with Philosophy and Religion*, Cambridge University Press, London, 1929.

Dantzig, Tobias: *Number, The Language of Science*, 3rd ed. , Macmillan, New York, 1939; paperback,Doubleday,New York,1964.

Descartes, Rene:*Discourse on Method*, E. P. Dutton, New York, 1912; paperback, Penguin Books, Baltimore, 1960.

Dijksterhuis, E. J. : *The Mechanization of the World Picture* (translated), Oxford University Press, New York, 1961.

Dreyer, J. L. E. : *History of the Planetary Systems from Thales to Kepler*, Cambridge University Press, London, 1906; reprint, Dover Publications, New York, 1953, under the title *A History of Astronomy from Thales to Kepler*.

Duhem, Pierre: *The Aim and Structure of Physical Theory* (translated), Princeton University Press, Princeton, 1954; paperback, Atheneum, New York, 1962.

Eddington, Sir Arthur S. : *The Nature of the Physical World*, Macnillan, New York, 1928; paperback, University of Michigan Press, Ann Arbor, 1958.

Space, Time, and Gravitation, Cambridge University Press, Cambridge, 1920; paperback, Harper& Row,New York,1964.

Farrington, Benjamin: *Francis Bacon: Philosopher of Industrial Science*, Henry Schuman, New York, 1949; paperback, Collier Books, New

York, 1961.

Greek Science, 2 vols. , Penguin Books, Baltimore, 1944 and 1949.

Freund, John E. : *Modern Elementary Statistics*, 2nd ed. , Prentice− Hall, Englewood Cliffs, 1960.

Fry, Roger: *Vision and Design*, Penguin Books, Baltimore, 1937; Meridian Books, New York, 1956.

Galilei, Galileo: *Dialogue on the Great World Systems*, University of Chicago Press, Chicago, 1953.

Gibson, James J. : *The Perception of the Visual World*, Houghton Mifflin, Boston, 1950.

Gilson, Etienne: *Painting and Reality*, Pantheon Books, New York, 1957; paperback, Meridian Books, New York, 1959.

Gombrich, E. H. : *Art and Illusion*, 2nd ed. , Pantheon Books, New York, 1961.

The Story of Art, Oxford University Press, New York, 1950.

Hall, A. Rupert: *From Galileo to Newton*, London, 1963.

The Scientific Revolution, Longmans, Green, New York, 1951; paperback, Beacon Press, Boston, 1956.

Hall, Everett W. : *Modern Science and Human Values*, D. Van Nostrand, New York, 1956.

Hamilton, Edith: *The Greek Way to Western Civilization*, Norton, New York, 1930; paperback, New American Library, New York, 1948.

Hardy, G. H. :*A Mathematician's Apology*, Cambridge University Press, London, 1940.

Hazard, Paul: *The European Mind*, Yale University Press, New Haven,1953.

European Thought in the Eighteenth Century, Yale University Press, New Haven, 1954.

Ivins, William M. , Jr. : *Art and Geometry*, Harvard University Press, Cambridge, 1946; reprint, Dover Publications, New York,1964.

Jeans, Sir James H. : *The Growth of Physical Science*, , Cambridge University Press, London, 1951; paperback, Fawcett, New York, 1958.

Science and Music, Cambridge University Press, London, 1937, paperback, 1961.

Jones, Richard Foster: *The Seventeenth Century*, Stanford University Press, Stanford, 1951.

Kline, Morris: *Mathematics and the Physical World*, T. Y. Crowell, New York, 1953; paperback, Doubleday, New York, 1963.

Mathematics: A Cultural Approach, Addison — Wesley, Reading, Mass. , 1962.

Kuhn, Thomas S. : *The Copernican Revolution*, Harvard University Press, Cambridge, 1957.

Lawson, Philip J. : *Practical Perspective Drawing*, McGraw — Hill, New York, 1943.

Lecky, William E. H. : *History of the Rise and Influence of the Spirit of Rationalism*, 2 vols. , Longmans, Green, London, 1882; reprint, George Braziller, New York, 1955, in one volume.

Levinson, Horace C. : *The Science of Chance*, Rinehart, New York, 1950; reprint, Dover Publications, New York, 1963, under the title *Chance, Luck and Statistics*.

Miller, Dayton C. : *The Science of Musical Sounds*, 2nd ed. , Macmillan, New York, 1926.

More, Louis T. : *Isaac Newton*, Charles Scribner's Sons, New York, 1934; reprint, Dover Publications, New York, 1962.

Mortimer, Ernest: *Blaise Pascal: The Life and Work of a Realist*, Harper & Bros. , New York, 1959.

Nicolson, Marjorie Hope: *Newton Demands the Muse*, Princeton University Press, Princeton, 1946.

Ore, Oystein: *The Gambling Scholar*, Princeton University Press, Princeton, 1953.

Panofsky, Erwin: *Meaning in the Visual Arts*, Doubleday, New York, 1955.

Peierls, R. E. : *The laws of Nature*, Charles Scribner's Sons, New York, 1956; paperback, 1962.

Pope—Hennessy, John: *The Complete Works of Paolo Uccello*, Phaidon Press, London, 1950.

Randall, John H. , Jr. : *Making of the Modern Mind*, rev. ed. , Houghton Mifflin, Boston, 1940.

Reichmann, W. J. : *The Use and Abuse of Statistics*, Oxford University Press, New York, 1962.

Russell, Bertrand: *The ABC of Relativity*, Harper & Bros. , New York, 1925; paperback, New American Library, New York, 1959.

　Our Knowledge of the External World, George Allen and Unwin, London, 1926; paperback, New American Library, New York, 1960.

　A history of Western Philosophy, Simon & Schuster, New York, 1945; paperback, 1957.

Sampson, R. V. : *Progress in the Age of Reason*, Harvard University Press, Cambridge, 1956.

Schrodinger, Erwin: *Science and the Human Temperament*, G. Allen and Unwin, London, 1935; reprint, Dover Publications, New York, 1957, under the title *Science, Theory and man*.

Singer, Charles: *A Short History of Scientific Ideas to Nineteen Hundred*, Oxford University Press, New York, 1959.

Smith, Preserved: *A History of Modern Culture*, 2 vols. , Henry Holt, New York, 1930.

Snow, C. P. : *The Two Cultures and a Second Look*, Cambridge University Press, London, 1963; paperback under the title *The Two Cultures and the Scientific Revolution*, New American Library, New York, 1964.

Stephen, Leslie: *The English Utilitarians*, 3 *vols.* , G. P. Putnam's Sons, New York, 1900.

Strong; Edward W. : *Procedures and Metaphysics*, University of California Press, Berkeley, 1936.

Taylor, Henry Osborn: *Ancient Ideal*, 2 vols. , 2nd ed. , Macmillan, New York, 1913.

Thought and Expression in the Sixteenth Century, 2 vols. , 2nd ed. , Macmillan, New York, 1930; paperback in 5 volumes, Collier Books, New York, 1962: Bk. 1, *The Humanism of Italy*; Bk. 2, *Erasmus and Luther*; Bk3, *The French Mind*; Bk. 4, *The English mind*; Bk. 5, *Philosophy and Science in the Sixteenth Century*.

Taylor, Lloyd William: *Physics, the Pioneer Science*, Houghton Mifflin, Boston, 1941; reprint, Dover Publications, New York, 1959.

Toulmin, Stephen: *The Philosophy of Science*, Hutchinson's University Library, London, 1953; paperback, Harper & Row, New York, 1964.

and June Goodfield: *The Fabric of the Heavens*, Harper& Bros. , New York, 1961.

Whitehead, Alfred North: *Science and the Modern World*, Macmillan, New York, 1925; paperback, New American Library, New York, 1948.

Willey, Basil: *The Seventeenth Century Background*, Chatto and Windus, London, 1934; paperback, Doubleday,1964.

The Eighteenth Century Background, Chatto and Windus, London, 1940.

Nineteenth Century Studies, Chatto and Windus, London, 1949.

Wood, Alexander: *The Physics of Music*, Methuen, London, 1944; reprint, Dover Publications, New York, 1962.

索　引

（下列数码为原书页码，本书边码）

图书在版编目(CIP)数据

西方文化中的数学/(美)克莱因著;张祖贵译.—北京:
商务印书馆,2013(2020.5 重印)
ISBN 978 - 7 - 100 - 09402 - 3

Ⅰ.①西… Ⅱ.①克…②张… Ⅲ.①数学—普及读物
Ⅳ.①O1 - 49

中国版本图书馆 CIP 数据核字(2012)第 213688 号

西方文化中的数学

〔美〕莫里斯·克莱因 著

张祖贵 译

商 务 印 书 馆 出 版
(北京王府井大街 36 号 邮政编码 100710)
商 务 印 书 馆 发 行
北京市松源印刷有限公司印刷
ISBN 978 - 7 - 100 - 09402 - 3

2013 年 6 月第 1 版　　　　开本 850×1168 1/32
2020 年 5 月北京第 2 次印刷　印张 20⅜　插页 8
定价:53.00 元